软件测试基础教程

（第2版）

曾　文◎主编

肖政宏　盘茂杰　周　原◎副主编

清华大学出版社

北京

内容简介

本书介绍了软件测试的基本概念、基本测试原理、基本测试方法、基本测试过程等知识，内容包括软件测试与软件开发的关系、软件测试的过程模型、白盒测试、黑盒测试、单元测试、集成测试、系统测试和面向对象的测试；并介绍了自动化测试的基本概念，以及自动化测试的两种测试工具(QTP 和 LoadRunner)的使用；还介绍了软件测试管理与软件质量保证；最后以手机软件测试案例说明了软件测试的过程。

本书实用性较强，适合作为高等院校计算机、软件工程专业高年级本科生、研究生的教材，也可供软件测试人员、开发人员、广大科技工作者和研究人员参考。

图书在版编目(CIP)数据

软件测试基础教程/曾文主编．—2 版．—北京：清华大学出版社，2023.4(2025.2 重印)
ISBN 978-7-302-62982-5

Ⅰ．①软…　Ⅱ．①曾…　Ⅲ．①软件—测试—教材　Ⅳ．①TP311.55

中国国家版本馆 CIP 数据核字(2023)第 039716 号

责任编辑：刘向威
封面设计：文　静
责任校对：胡伟民
责任印制：沈　露

出版发行：清华大学出版社
网　　址：https://www.tup.com.cn，https://www.wqxuetang.com
地　　址：北京清华大学学研大厦 A 座　　**邮　　编**：100084
社 总 机：010-83470000　　**邮　　购**：010-62786544
投稿与读者服务：010-62776969，c-service@tup.tsinghua.edu.cn
质量反馈：010-62772015，zhiliang@tup.tsinghua.edu.cn
课件下载：https://www.tup.com.cn，010-83470236
印 装 者：三河市龙大印装有限公司
经　　销：全国新华书店
开　　本：185mm×260mm　　**印　　张**：19.75　　**字　　数**：493 千字
版　　次：2016 年 6 月第 1 版　2023 年 4 月第 2 版　　**印　　次**：2025 年 2 月第 3 次印刷
印　　数：2001～2800
定　　价：59.00 元

产品编号：099538-01

前　言

最近几十年，计算机技术突飞猛进，不仅计算机硬件发展迅猛，软件的开发和使用也越来越普及，越来越高端。从早期的数值计算，到现在的大数据、云计算、互联网+、电子商务、5G数据通信等，软件的应用涉及各行各业，软件中存在的问题或安全漏洞也越来越多地在各行各业出现，因此，软件的质量保证越来越重要。目前，我国的软件测试从业人员数目较为缺乏，并且在IT行业中受重视的程度不够。本书作者从事软件开发及软件测试教学多年，结合自己在测试行业的工作经验，将软件测试内容进行概括和总结，通过本书系统地介绍软件测试的基本理论知识，并联系实际操作说明测试的具体实施过程。本书内容由浅入深，易学好用。

本书从软件测试的基本内容起步，以软件测试与软件开发的时间关系作为主线，介绍软件开发的基本过程、测试计划、测试用例设计与实施、测试报告的撰写以及测试分析。本书介绍了单元测试、集成测试、系统测试等各个阶段的测试工作；在不同阶段选择不同的测试方法和技术，如静态测试、白盒测试、黑盒测试、灰盒测试等，并分别介绍怎样使用自动化工具对相关软件进行测试，主要介绍了功能自动化测试工具QPT，以及性能测试工具LoadRunner的基本使用方法。本书的特别之处是理论与实践联系紧密，以中国移动手机软件实例测试操作为案例，讲述怎样对测试软件进行测试需求分析、测试用例设计、测试实施、测试操作记录、测试报告撰写、测试结果分析等。

全书共分为12章。第1章和第2章着重介绍软件测试基本概念和测试原理，软件测试与软件开发的关系，测试方法分类，测试的过程模型。第3～6章介绍软件测试的核心方法和技术，分别介绍白盒测试、黑盒测试、单元测试、集成测试、系统测试和面向对象的测试的知识点和相关技能，并辅以实例说明，从不同的角度选择不同的方法和技术进行测试用例的设计、测试用例的实施，以帮助读者全面理解和掌握软件测试的知识、方法和技术。第7～9章介绍自动化测试的基本概念和自动化测试工具的使用，特别介绍了功能测试工具QTP和性能测试工具LoadRunner的基本内容和使用方法，并辅以上机操作实例。第10章介绍软件测试管理的基本知识，软件测试管理的过程，测试的进度安排，风险控制，测试范围分析及测试工作量的估算，测试报告的撰写及评估，管理工具的使用。第11章介绍软件质量保证的基本标准和指标，介绍了软件能力成熟度模型(CMM)、ISO 9001、IEEE的相关概念及内容。第12章是手机软件系统测试的一个案例，从手机的基本构成、功能等入手，主要以中国移动智能终端系统(CRM)为案例，对软件需求分析、测试用例设计与实施、撰写测试报告、测试结果分析等过程进行了详细的介绍，并对手机测试相关工作人员的素质和技能提出了要求。

本书的特点如下：

(1) 软件测试知识点全面。本书内容既包括基本的软件测试理论知识,也包括当今业界常用的测试和使用方法。

(2) 采用了科学的、系统的工程观点和方法。全书秉持软件工程开发系统的科学思想方法,将软件测试贯穿整个软件生命周期,介绍了软件测试在软件生命周期中各个阶段采用的方法和应用。

(3) 理论联系实际。本书各章均提供了大量的应用实例以说明各个测试知识点的运用,并在第12章以中国移动智能终端系统的测试案例,全面说明了软件测试的过程。各章后均附有习题。

第2版教材将第1版中的疏漏之处进行修改,并补充了教学大纲、上机实验等内容。本书适合作为高等院校计算机、软件工程专业高年级本科生、研究生的教材,也可供软件测试人员、开发人员、广大科技工作者和研究人员参考。

本书由曾文任主编,肖政宏、盘茂杰、周原任副主编。分工为：肖政宏编写第1章、第2章；曾文编写第3～7章、第12章；盘茂杰编写第8章、第9章；周原编写第10章、第11章。在本书的编写过程中,得到了广东技术师范大学计算机学院的老师和学生的支持,在此表示感谢。

编　者

2023年2月

目　录

第1章　软件测试概述 ………………………………………………………… **1**

1.1　软件测试的背景 ………………………………………………………… 1

1.1.1　软件的缺陷及其影响 …………………………………………… 1

1.1.2　软件测试的产生与发展 ………………………………………… 3

1.2　软件测试的基本概念 …………………………………………………… 4

1.2.1　软件测试的定义 ………………………………………………… 4

1.2.2　软件测试用例 …………………………………………………… 5

1.2.3　软件测试环境 …………………………………………………… 7

1.2.4　软件测试人员的要求 …………………………………………… 8

小结 ……………………………………………………………………………… 9

习题 ……………………………………………………………………………… 9

第2章　软件开发过程与软件测试 ………………………………………… **10**

2.1　软件开发过程概述 ……………………………………………………… 10

2.1.1　软件开发的阶段、活动及角色 ………………………………… 10

2.1.2　软件开发的过程模型 …………………………………………… 12

2.1.3　软件测试与软件开发的关系 …………………………………… 14

2.2　软件测试的基本原则 …………………………………………………… 15

2.3　软件测试方法的分类 …………………………………………………… 16

2.3.1　静态测试与动态测试 …………………………………………… 16

2.3.2　黑盒测试、白盒测试与灰盒测试 ……………………………… 17

2.3.3　人工测试与自动化测试 ………………………………………… 18

2.3.4　其他测试分类 …………………………………………………… 19

2.4　软件测试方法在软件开发过程中的运用 ……………………………… 19

2.5　软件测试的过程模型 …………………………………………………… 20

2.5.1　V-model(V模型) ………………………………………………… 20

2.5.2　W-model(W模型) ……………………………………………… 21

2.5.3　H-model(H模型) ………………………………………………… 22

2.5.4 X-model(X模型) …… 22
2.5.5 Pretest-model(前置测试模型) …… 23
2.5.6 测试模型的使用 …… 25
小结 …… 25
习题 …… 25

第3章 白盒测试 …… 26

3.1 白盒测试基本概念 …… 26
3.2 静态白盒测试方法 …… 27
3.2.1 检查设计和代码 …… 27
3.2.2 正式审查 …… 27
3.2.3 编码标准和规范 …… 28
3.2.4 通用代码审查清单 …… 30
3.3 程序复杂度及度量方法 …… 32
3.3.1 流图的概念 …… 32
3.3.2 环形复杂度 …… 33
3.3.3 图矩阵 …… 35
3.4 动态白盒测试方法 …… 35
3.4.1 逻辑覆盖 …… 35
3.4.2 基本路径 …… 43
3.4.3 循环测试 …… 45
3.4.4 数据流测试 …… 47
3.5 白盒测试的流程与要求 …… 51
3.5.1 白盒测试流程 …… 51
3.5.2 白盒测试要求 …… 52
3.6 白盒测试运用实例 …… 66
小结 …… 70
习题 …… 70

第4章 黑盒测试 …… 71

4.1 黑盒测试的基本概念 …… 71
4.2 黑盒测试方法 …… 72
4.2.1 等价类划分法 …… 72
4.2.2 边界值分析法 …… 78
4.2.3 决策表法 …… 81
4.2.4 因果图法 …… 84
4.2.5 其他黑盒测试方法 …… 87
4.3 黑盒测试的依据和流程 …… 89

4.3.1 黑盒测试的依据 …… 89
4.3.2 黑盒测试的流程 …… 90
4.4 黑盒测试运用实例 …… 90
4.5 黑盒测试与白盒测试的比较 …… 93
4.5.1 白盒测试的优缺点 …… 93
4.5.2 黑盒测试的优缺点 …… 93
4.5.3 黑盒测试与白盒测试的区别 …… 93
小结 …… 94
习题 …… 94

第5章 单元测试、集成测试和系统测试 …… 95

5.1 单元测试基本概念 …… 95
5.1.1 单元测试的任务 …… 95
5.1.2 单元测试的环境 …… 97
5.1.3 单元测试的过程 …… 98
5.2 单元测试的策略与方法 …… 99
5.2.1 静态测试与动态测试相结合 …… 99
5.2.2 白盒测试与黑盒测试相结合 …… 99
5.2.3 人工测试与自动化测试相结合 …… 100
5.3 集成测试的概述 …… 100
5.3.1 集成测试的定义 …… 100
5.3.2 集成测试的目标 …… 100
5.4 集成测试的方法 …… 101
5.4.1 大爆炸集成测试 …… 101
5.4.2 自顶向下集成测试 …… 102
5.4.3 自底向上集成测试 …… 103
5.4.4 三明治集成测试 …… 103
5.4.5 其他集成测试策略 …… 104
5.5 集成测试阶段的测试过程 …… 105
5.5.1 集成测试计划阶段 …… 105
5.5.2 集成测试设计阶段 …… 106
5.5.3 集成测试实施阶段 …… 107
5.5.4 集成测试执行阶段 …… 108
5.5.5 集成测试评估阶段 …… 108
5.6 集成测试与单元测试的比较 …… 109
5.6.1 测试的单元不同 …… 109
5.6.2 测试的依据不同 …… 109
5.6.3 测试的空间不同 …… 109

5.6.4 测试使用的方法不同 …… 109
5.7 系统测试概述 …… 109
5.7.1 系统测试定义和技术要求 …… 109
5.7.2 系统测试的内容 …… 110
5.8 系统测试的方法与过程 …… 113
5.8.1 系统测试方法 …… 113
5.8.2 系统测试过程 …… 115
小结 …… 117
习题 …… 117

第6章 面向对象测试 …… 118

6.1 面向对象测试的基本概念 …… 118
6.1.1 面向对象技术的特点及其对软件测试的影响 …… 118
6.1.2 面向对象的测试模型 …… 122
6.2 面向对象的测试方法概述 …… 123
6.2.1 面向对象的测试方法 …… 123
6.2.2 面向对象测试的相关概念 …… 123
6.3 面向对象的单元测试(类测试) …… 125
6.3.1 基于服务的测试 …… 125
6.3.2 基于状态的测试 …… 128
6.3.3 测试驱动的实现与代码的组织 …… 136
6.4 面向对象的集成测试和系统测试 …… 143
6.4.1 面向对象的集成测试 …… 143
6.4.2 面向对象的系统测试 …… 145
小结 …… 147
习题 …… 147

第7章 软件测试自动化 …… 148

7.1 软件测试自动化的基本概念 …… 148
7.1.1 测试自动化的定义 …… 148
7.1.2 自动化测试使用的术语和技能 …… 149
7.1.3 自动化测试的设计和体系结构 …… 150
7.1.4 自动化测试的过程模型 …… 151
7.1.5 自动化测试的脚本编写与测试运行 …… 153
7.2 自动化测试的方案与选择 …… 153
7.2.1 自动化测试的前提条件 …… 153
7.2.2 自动化测试适合的场合 …… 154
7.2.3 自动化测试选择原则 …… 154

7.3 自动化测试的工具与选择 …… 155
7.3.1 自动化测试工具分类 …… 155
7.3.2 自动化测试工具的选择 …… 157
小结 …… 158
习题 …… 158

第8章 QTP测试工具 …… 159

8.1 QTP简介 …… 159
8.1.1 QTP的启动 …… 159
8.1.2 QTP的操作 …… 160
8.2 QTP的基本功能 …… 162
8.2.1 录制与编辑测试脚本 …… 162
8.2.2 调试与运行测试脚本 …… 167
8.2.3 分析测试结果 …… 168
8.3 QTP的测试使用 …… 170
8.3.1 录制测试脚本与执行 …… 171
8.3.2 基本测试(同步点、各类检查点) …… 174
8.3.3 数据驱动测试 …… 184
小结 …… 187
习题 …… 187

第9章 LoadRunner测试工具 …… 188

9.1 LoadRunner简介 …… 188
9.1.1 性能测试的基本概念 …… 188
9.1.2 LoadRunner概述 …… 189
9.2 LoadRunner的基本功能 …… 190
9.2.1 创建虚拟用户 …… 190
9.2.2 创建负载 …… 190
9.2.3 实时监测 …… 191
9.2.4 分析测试结果 …… 191
9.2.5 重复测试保证系统发布的高性能 …… 191
9.2.6 其他特性 …… 191
9.3 使用LoadRunner负载/压力测试 …… 192
9.3.1 制订负载测试计划 …… 192
9.3.2 开发测试脚本 …… 194
9.3.3 创建运行场景 …… 198
9.3.4 运行测试场景 …… 203
9.3.5 监视与分析结果 …… 205
9.4 LoadRunner测试实例 …… 208

9.4.1 录制与回放 …… 208
9.4.2 单机运行测试脚本 …… 214
9.4.3 创建场景并进行配置 …… 214
9.4.4 执行测试场景 …… 218
9.4.5 结果分析 …… 220
9.4.6 实例总结 …… 224
小结 …… 224
习题 …… 224

第10章 软件测试管理 …… 225

10.1 测试计划 …… 225
10.1.1 测试计划的目标 …… 225
10.1.2 测试计划的作用 …… 227
10.1.3 测试策略的制定 …… 227
10.1.4 测试计划的制订 …… 228
10.1.5 测试计划模板 …… 229
10.2 测试范围分析与工作量估算 …… 231
10.2.1 测试范围分析 …… 231
10.2.2 测试工作量估算 …… 232
10.3 资源安排和进度管理 …… 234
10.3.1 确定测试资源 …… 234
10.3.2 测试进度管理 …… 235
10.4 测试风险的控制 …… 236
10.4.1 风险管理的要素与方法 …… 236
10.4.2 常见的风险与特性 …… 237
10.5 测试报告与测试评估 …… 239
10.5.1 测试报告 …… 239
10.5.2 测试评估 …… 241
10.6 测试管理工具 …… 244
10.6.1 测试管理系统的基本构成 …… 244
10.6.2 测试管理工具简介 …… 245
小结 …… 247
习题 …… 248

第11章 软件质量保证 …… 249

11.1 软件质量标准 …… 249
11.1.1 软件质量标准分类 …… 249
11.1.2 衡量软件质量常用的指标 …… 250
11.2 工作现场测试和软件质量保证 …… 251

11.2.1 现场测试 …… 251
11.2.2 软件质量保证 …… 251
11.3 能力成熟度模型 …… 253
11.3.1 能力成熟度模型(CMM)的引入和定义 …… 253
11.3.2 CMM 的基本内容 …… 253
11.4 ISO 9001 …… 256
11.4.1 ISO 9000 系列标准的引入 …… 256
11.4.2 ISO 9001 简介 …… 257
11.5 IEEE 简介 …… 259
11.5.1 IEEE 概述 …… 259
11.5.2 IEEE 829 测试文档国际标准 …… 260
小结 …… 261
习题 …… 261

第 12 章 手机软件测试案例 …… 262

12.1 手机基本知识 …… 262
12.1.1 手机的主要功能 …… 262
12.1.2 手机的基本结构 …… 264
12.1.3 手机软件测试时间 …… 265
12.2 手机软件测试流程和方法 …… 265
12.2.1 手机测试的流程 …… 265
12.2.2 手机测试的方法 …… 266
12.2.3 手机测试常用的技术 …… 267
12.2.4 测试相关文档说明 …… 268
12.3 中国移动智能终端系统软件测试 …… 270
12.3.1 中国移动智能终端系统简介 …… 270
12.3.2 系统架构 …… 271
12.3.3 测试需求分析 …… 275
12.3.4 测试用例的设计与实现 …… 277
12.3.5 撰写测试报告 …… 289
12.3.6 测试结果分析 …… 299
12.4 手机软件测试工程师的素质要求 …… 300
12.4.1 项目领导的职责和能力 …… 300
12.4.2 管理员的工作内容及技能 …… 300
12.4.3 测试工程师的职责和素质 …… 300
小结 …… 301
习题 …… 301

参考文献 …… 302

第1章 软件测试概述

【本章学习目标】

- 了解软件测试的产生及发展。
- 理解软件测试的基本概念。
- 掌握软件测试原则及测试用例相关知识。

本章首先介绍软件测试的产生与发展，再介绍软件测试的基本知识、软件测试的定义、软件测试用例、软件测试的环境及对软件测试人员的要求。

1.1 软件测试的背景

从 1946 年第一台计算机问世开始，就有了“程序”的概念，也就是早期的软件。随着计算机软件和硬件的飞速发展，计算机的应用范围越来越广泛，各种高级语言随之产生，软件的地位也日益重要和突出。由于软件的规模和复杂性与日俱增，及软件本身的固有特点——是一种逻辑实体，具有抽象性，不能像硬件一样批量生产，因此软件产品的质量难以控制。

1.1.1 软件的缺陷及其影响

1. 什么是软件缺陷

软件缺陷是指计算机系统或程序中存在的各种各样的破坏正常运行能力的问题、错误或者功能缺陷、瑕疵，主要表现形式为结果出错、功能失效、与用户需求不一致等。

在 IEEE 729—1983 标准中给出了软件缺陷的定义：软件缺陷就是软件产品中所存在的问题，最终表现为用户所需要的功能没有完全实现，不能满足或不能全部满足用户的需求。

从产品内部看，软件缺陷是软件产品开发或维护过程中所存在的错误、误差等各种问题。从外部看,软件缺陷是系统所需要实现的某种功能的失效或对该功能的违背。

从软件开发的过程来看,软件主要的生命周期经历了软件需求分析、软件设计和软件编码等环节,因此软件缺陷的表现形式多种多样,不仅体现在功能失效方面,还体现在其他方面。主要缺陷类型有以下5种。

(1) 软件未实现产品说明书要求的功能。

(2) 软件出现了产品说明书中指明的不应该出现的错误。

(3) 软件实现了产品说明书未提到的功能。

(4) 软件未实现产品说明书虽未明确提及但应该实现的功能。

(5) 软件难以理解,不易使用,运行缓慢,从测试员的角度看,会导致最终用户体验不好。

2. 存在软件缺陷的案例及影响

软件缺陷的存在会导致一些估计不到的后果,从而造成危害。软件缺陷的危害有大有小:小的缺陷可能使软件看起来不美观,使用起来不方便;大的缺陷则可能给用户带来重大的经济损失,甚至危害到生命。下面几个例子足以说明。

1) 千年虫问题(1974年前后)

20世纪70年代,早期的程序员为了节省计算机程序的存储空间,在存储器中只保留了年份的后两位数字,如"1978"只存"78",并简单地认为只有到了2000年,程序开始计算00或01这样的年份时才会发生问题,到时程序肯定会升级或替换了。到了1995年,这些程序仍在使用,而编程的程序员已退休,没人想到深入程序中去检查年份的兼容问题。到了20世纪末的最后阶段,全世界的计算机中的各类软件硬件系统,都需要对此类系统进行升级或更换以解决潜在的2000年问题,为此付出了数千亿美元的代价。

2) 爱国者导弹防御系统(1991年)

美国爱国者导弹防御系统即"星球大战"计划的缩略版本,首次应用在海湾战争中用于对抗伊拉克飞毛腿导弹。爱国者导弹在拦截几枚导弹时失利,并在多哈的一次战斗中导致28名美国士兵死亡。分析发现该系统存在一个软件缺陷,系统时钟的一个很小的计时错误积累起来,使跟踪系统在运行14小时后便不再准确。而在多哈的这次袭击中,系统已经运行了100小时,导弹的时钟已经偏差了1/3秒,相当于600米的距离误差,无法打击来袭导弹。

3) 英特尔奔腾浮点除法缺陷(1994年)

在计算机的"计算器"程序中输入以下算式:

$$(4\,195\,835/3\,145\,727)\times 3\,145\,727-4\,195\,835$$

若结果是0,则表明计算机没有问题。若得出其他结果,就说明计算机使用的带有浮点除法软件存在缺陷。老式英特尔奔腾处理器就将这个软件缺陷烧录在计算机芯片中。

这个问题是在1994年10月30日由弗吉利亚州Lynchburg学院的Thomas R. Nicely博士在实验中发现的。这种情况较少见,只有在处理高精度的数学及工程计算中才会导致出现错误。大多数税务和商务应用的用户不会遇到这种情况。

4) "冲击波"病毒(2003年)

2003年8月11日,"冲击波"计算机病毒在美国发作,美国政府机关、企业及个人的成千上万台计算机“中招”。“冲击波”病毒在网上迅速传播,结果造成十几万台电子邮件服务器瘫痪,给全世界的Internet通信带来惨重的损失。分析原因,此病毒只是利用微软 Messenger Service中的一个小缺陷,就攻破了计算机的安全屏障,并使基于 Windows 操作系统的计算机崩溃。

5) 诺基亚手机平台缺陷(2008年)

2008年8月,诺基亚公司的Series40手机平台出现了严重的缺陷,使黑客能够在他人的手机上安装和激活应用软件。原因是Series40手机使用的是旧版的J2ME,使得黑客能够远程访问本应受限的手机功能。

1.1.2 软件测试的产生与发展

1. 软件测试的产生

由1.1.1节可知,软件的缺陷各种各样,产生的原因也不相同。只要有了计算机软件,就可能存在问题;有了问题,就需要进行测试,发现问题,解决问题。因此在20世纪50年代后期,软件测试工作开始融入软件开发流程。

经过大量的测试研究以及测试的积累,软件缺陷产生的主要原因可以归纳如下:

(1) 需求解释有误。

(2) 用户定义有误。

(3) 需求记录有误。

(4) 设计说明有误。

(5) 编码说明有误。

(6) 程序代码有误。

(7) 其他有误,如数据输入等。

2. 软件测试的发展

早期软件测试理论与技术并不完善,也不太受重视。最近二十余年软件测试技术发展较快,并且市场需求巨大。

对于软件测试的发展,并没有明确的阶段划分。若按照测试的基本思想或导向来分,可以分为以下3个阶段。

1) 初级阶段(1957—1971年)

在早期,软件开发过程既没有计划性,也没有“规范化”,软件规模小,复杂程序低。软件测试只是所谓的“调试”,发现运行中的问题,并加以改正。测试投入的成本很少,人员也少,只是由程序员兼职测试。

到了1957年,软件测试开始受到重视,并以功能验证为导向。测试工作常常安排在程序编码之后,此时缺乏有效的测试技术和方法。

2) 发展阶段(1972—1982年)

1968年,北大西洋公约组织的计算机科学家们在联邦德国召开的国际会议上提出了“软件工程”的思想,软件的开发从混乱无序发展到结构化开发。受“软件工程”的影响,软件测试也得到发展。1972年在美国北卡罗来纳大学(The University of North Carolina)召开了历史上第一次关于软件测试的正式会议,从此出现了专业的软件测试人员,软件测试开始受到重视,并开始进行相关的研究、探索和发展。

3) 成熟阶段(1983年至今)

20世纪80年代开始,计算机得到非常广泛的应用,软件的开发进入了高速发展阶段。各行各业都需要开发和应用相应的软件,软件产业逐渐走向成熟,软件规模增大,软件复杂程度升高,同时软件的质量要求也提高了,各种标准应运而生,如IEEE、CMM等。此时软件的测试技术也得到相应发展,关于测试的理论知识越来越多,对测试人员素质的要求越来越高,从业人员也越来越多,并且开发出了相关的自动化测试技术。

3. 修复软件缺陷的成本

因为软件开发过程要有计划,有条理,也就是现在所说的"使用软件工程的方法开发",所以,软件开发要经历需求分析、设计、编程、测试,到公开发布的过程。在整个过程中,都有可能出现各种各样的软件缺陷。随着开发时间的推移,软件缺陷的修复成本成倍增长。假如早在进行分析时发现相关功能缺失,立即补上就可以了,付出的代价几乎可以忽略不计。如果在发布时发现缺失某个功能,那么此时加上一个功能,就相当于重新开发一样,这时的修补费用会高出许多。因此要尽早进行测试。

1.2 软件测试的基本概念

在工业制造的生产过程中,每一道工序都有质检人员进行相关检查,以确保产品的质量。同样,软件测试是对软件产品进行检验,以确保软件产品的质量。

1.2.1 软件测试的定义

软件测试专家G. J. Myers1979年对软件测试的定义是:软件测试是为了发现错误而针对某个程序或系统的执行过程。也就是说,软件测试以寻找系统中存在的错误为目的,一个成功的测试必须是发现错误的测试。因此,G. J. Myers给出以下与测试相关的三个要点。

(1) 测试是为了证明程序有错,而不是证明程序无错误。

(2) 一个好的测试用例在于它能发现至今未发现的错误。

(3) 一个成功的测试是发现了至今未发现的错误的测试。

1983年,美国电气与电子工程师协会(IEEE)对软件测试的定义是:使用人工或自动的手段来运行或测定某个软件系统的过程,其目的在于检验它是否满足规定的需求或弄清预期结果与实际结果之间的差别。

1990年,IEEE再次给出软件测试的定义:

(1) 在特定的条件下运行系统或构件,观察或记录结果,对系统的某个方面做出评价。

(2) 分析某个软件项以发现现存的和要求的条件的差别并评价此软件项的特性。

以上的定义都有一定的片面性。我们知道,现在的软件开发是以软件工程理论为基础的,开发过程分为需求分析、设计、编码等,不能只对系统程序进行测试,找出系统程序中的错误,而对分析、设计等过程发生的错误视而不见。众多的资料表明,60%以上的软件错误并不是程序的错误,而是分析和设计的错误。

V&V(Verification&Validation),即“验证”和“有效性确认”。测试从用户需求出发,以需求为依据,对产品进行检验。

(1)“验证”检验软件是否已正确实现了产品规格说明书所定义的系统功能和特性。

(2)“有效性确认”确认所开发的软件是否满足用户的真正需求。这说明软件测试不仅要通过运行程序或系统来进行检验,而且要对软件系统相关文档进行检查和评审,以确认这些文档的内容是否满足客户需要。

软件产品由文档、数据和程序组成,那么软件测试就是对软件开发过程中形成的文档、数据以及程序进行相关的测试。

1.2.2 软件测试用例

1. 软件测试用例定义

在进行软件测试时,需要对系统的某项功能或特性进行验证,这就需要从不同的方面获得不同的数据输入。

IEEE 610—1990 标准给出的定义为:测试用例是一组测试输入、执行条件和预期结果的集合,目的是要满足一个特定的目标,比如执行一条特定的程序路径或检验是否符合一个特定的需求。

测试用例就是为了某个测试点而设计的测试操作过程序列、条件、期望结果及相关数据的特定的集合。它关系到输入与输出的数据,以及相关的环境。

2. 测试用例的元素

软件测试的目的是保障软件的质量。软件的质量评估要素包括正确性、可靠性、可维护性、可读性、结构化、可测试性、可移植性、可扩展性、安全性、用户友好界面、易用性等。那么,什么时候开始测试?测试的内容是什么?在哪里进行测试?怎样执行测试?什么时候结束测试?这些问题都需要回答。

根据软件开发过程可知,软件测试不仅是对程序的测试,而是贯穿软件开发整个生命周期的过程。因此,软件开发的各个阶段都是需要测试的。需求分析说明书、概要设计和详细设计说明书以及源代码都是软件测试的对象。

软件测试设计的关键问题可以概括为以下的 5W1H。

Why:为什么测试?对功能、性能、可用性、容错性、安全性等方面进行测试,检验是否符合相关要求。

What:测什么?测试的对象可以是文档、代码、图表等。

Where:在哪里测?测试用例的环境包括系统的硬件、软件和网络环境等。

When:什么时候测?这是测试用例所需的前提条件,尽早开始测试。

Which:使用什么数据?测试用例设计的各种数据。

How:如何执行?结果怎样?要根据测试用例设计的步骤来执行,最后进行结果比较,确定是否一致。只有一致才能通过测试。

3. 测试用例设计的基本原则

测试用例是测试的基础,测试用例的质量直接关系到测试结果的质量,从而关系到整个测试产品的质量。那么,什么样的测试用例是符合高质量要求的测试用例呢?可从以下两个层次考虑。

(1) 低层次——单个测试用例的衡量标准是描述的规范性、可理解性及可维护性等。

(2) 高层次——以对某一个测试目标或测试任务的满足情况来衡量一组测试用例的结构、设计思路和覆盖率等。

因此,单个测试用例须满足:单一性(一个测试用例只面向一个测试点);各项信息描述清楚、准确;测试目标性强;具有可操作性;操作步骤简单准确;操作结果可验证;测试环境正确,前提条件充分等。对于整体测试用例的要求比单个测试用例考虑的因素要多些,首先,一组测试用例是针对一个功能模块或一个产品的测试,整体质量的最重要的指标是测试用例的覆盖率,当然覆盖率越高,质量越好。其次,作为测试用例的集合,整体测试用例应具备合理的结构层次,尽量减少重复的或多余的测试用例,因此要求更高。除了上面的要求外,还需要满足:覆盖率高,易用性强,易维护性,粒度适中,冗余少或没有冗余,有负面测试。

测试用例的基本原则有以下三条。

(1) 代表性。测试用例能代表并覆盖各种合法的或不合法的、边界内的或越界的以及极限的输入数据、操作和环境的设置。

(2) 可判定性。测试执行结果的正确性是可以判定的。每一个测试用例都应有相应的预期结果。

(3) 可再现性。对于同样的测试用例,系统执行的结果应当相同,并且相同的测试的执行过程可以反复操作。

综上所述,对于不同的层次,测试用例设计的重点是不同的。测试人员必须从用户的需求出发,围绕软件质量的指标,分析和理解系统中的每一个功能点,采用灵活的设计方法和技术,设计出覆盖率最高、最能体现系统出现异常的测试用例,用最少的成本完成系统的测试任务。

4. 测试用例模板

根据模块的测试思想,设计出相应的测试用例,并对每个测试用例的测试结果做出预期,可参考《软件测试计划说明书》中的测试用例说明。

一个优秀的测试用例应包括如下内容。

(1) 软件或项目的名称。

(2) 软件或项目的版本。

(3) 功能模块的名称。

(4) 测试用例的简单描述(模块执行的目的或方法)。

(5) 测试用例的参考信息(便于跟踪与参考)。

(6) 本测试用例与其他测试用例间的依赖关系。

(7) 本测试用例的前置条件(执行此用例必须满足的条件)。

(8) 用例的编号(ID)。

(9) 执行的步骤号(操作步骤描述和测试数据描述)。

(10) 预期结果和实际执行结果。

(11) 开发人员和测试人员姓名。

(12) 测试执行的日期。

测试用例模板如表 1-1 所示。

表 1-1 测试用例模板

项目名称			程序版本	
测试环境	硬件			
	软件			
编制人			编制时间	
功能模块名				
功能特性				
测试目的				
预置条件				
参考信息			特殊规程说明	
用例编号	输入数据	执行步骤	预期结果	测试结果
1				
2				

有些内容可以根据测试的具体内容进行简化,如表 1-2 所示。

表 1-2 ××安装测试用例

编号	测试内容:安装测试	是否通过
1	执行典型安装:执行安装步骤,按功能测试方法确认功能正确,包括各种控件、回车键、Tab 键、快捷键、错误提示信息等	
2	执行自定义安装:执行安装步骤,按功能测试方法确认功能正确,包括各种控件、回车键、Tab 键、快捷键、错误提示信息等。选择与典型安装不同的安装路径和功能组件	
3	执行网络安装:执行安装步骤,按功能测试方法确认功能正确,包括各种控件、回车键、Tab 键、快捷键、错误提示信息等	
4	取消或关闭安装过程,程序没有安装。检查注册表、安装路径中是否存在程序的任何信息	
5	按界面和易用性测试规则,检查安装中的所有界面	
6	按文档测试规则,检查安装中的所有文档(帮助、许可协议等)	
7	突然中断安装过程(网络安装还要考虑网络中断)	
8	安装过程中介质处于忙碌状态	

1.2.3 软件测试环境

1. 什么是测试环境

软件测试环境就是软件测试运行的平台,包括系统的硬件、软件和网络等。可以用公式来表示:

测试环境＝硬件＋软件＋网络＋数据

其中：

“硬件”指各种类型的计算机及终端。如PC、笔记本、服务器等。不同的机器类型、不同的配置,执行程序的速度不同。

“软件”指软件运行的操作系统和系统软件本身,以及其他的数据库系统等。充分考虑各类软件的兼容性等问题。

“网络”指针对不同架构的网络结构,如C/S架构和B/S架构。

“数据”指测试用例执行所需要的各种初始数据。

2. 测试环境的搭建和维护

根据测试要求搭建相关的测试环境,包括硬件环境、软件环境、网络环境等。

1) 机房环境的建立

测试用的实验室机房必须满足测试环境的要求,须考虑温度、湿度、洁净度、磁场、噪声、照明、防振、防火、防盗、防雷、屏蔽等因素。

2) 硬件环境的建立

按照软件测试的要求配置相关的工作服务器、个人计算机、输入输出设备等,必须使相关设备符合配置的要求。

3) 软件环境的建立

各种操作系统、数据库系统、第三方软件、安全系统等的配置、打包、安装等。

4) 网络环境的建立

根据测试要求,将服务器、个人计算机及其他相关设备通过集线器、交换机、路由等网络连接设备进行连接,还要注意网络的安全性与网络的速度对测试的影响。

5) 安全措施的实施

使用正版的各种相关软件并按时备份、杀毒。

1.2.4 软件测试人员的要求

1. 软件测试人员的角色与职责

根据软件工程的思想,开发人员编写代码,测试人员测试代码。其实,开发人员与测试人员是两类既有区别又相互补充的角色。也就是说,同一个人,在某个阶段可能是开发人员,在另一个阶段又可能是测试人员。如果某个人的主要工作是测试,那么这个人就承担了测试人员的角色。目前,测试人员的岗位职责主要有以下4类。

(1) 测试经理：主要负责测试队伍的内部管理以及与外部人员、客户的交流工作,包括进度管理、风险管理、资金管理、人力资源管理、交流管理,以及测试计划书的编写、测试总结报告的归纳等。测试经理必须具有项目经理的知识和技能。

(2) 测试设计师：主要根据软件开发各阶段产生的设计文档来设计各阶段的测试用例。

(3) 测试文档审核师：主要负责前置测试,包括对各个阶段的分析与设计文档进行审核,如需求说明书、概要与详细设计说明书等。

(4) 测试工程师：使用测试设计师设计的测试用例分阶段完成测试工作。

2. 软件测试人员的基本素质要求

软件测试人员除具备计算机方面的专业知识外，还需要了解测试软件涉及的相关专业知识，如金融方面的知识等，其基本素质要求如下：

(1) 具备计算机软件测试的基本理论知识。

(2) 熟悉开发工具和平台。

(3) 掌握测试工具的使用。

(4) 善于学习、理解与归纳。

(5) 耐心，细致，工作态度好。

小结

本章先从软件缺陷的表现形式及对软件的影响入手，再介绍软件测试的产生和发展，以及修复软件缺陷的成本；最后介绍软件测试的基本概念、软件测试用例的基本原则、测试环境的搭建与维护等内容，介绍软件测试人员的角色与职责及需要掌握的理论与操作知识。

习题

1. 什么是软件缺陷？软件缺陷的产生对软件有什么影响？
2. 什么是软件测试？软件测试的基本原则是什么？
3. 什么是软件测试用例？良好的测试用例应该具有什么样的特性？
4. 怎样搭建软件测试环境？对软件测试人员有什么要求？

2

第2章 软件开发过程与软件测试

【本章学习目标】

- 了解软件开发过程及过程模型。
- 了解软件测试方法分类及软件测试在开发过程中的运用。
- 熟练掌握软件测试基本原则及测试模型。

本章先简单介绍软件开发过程，再介绍软件测试方法与原则，最后介绍软件测试基本模型。

2.1 软件开发过程概述

2.1.1 软件开发的阶段、活动及角色

1. 软件工程的阶段

软件工程分为三个阶段：定义、开发、检验交付与维护。

(1) 定义阶段：包括可行性研究、初步项目计划、需求分析等流程，如图2-1所示。

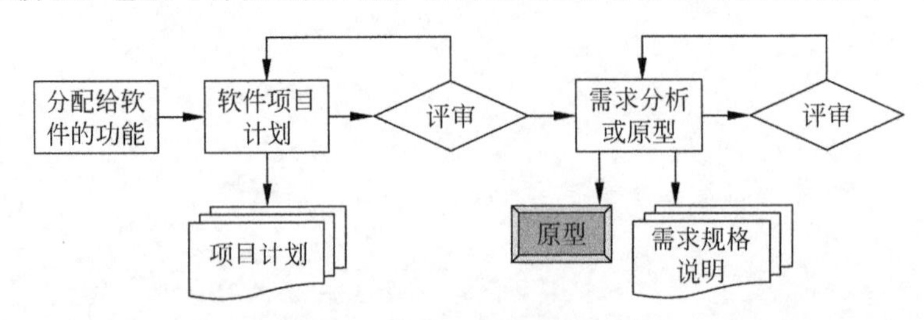

图2-1 软件工程的定义阶段

(2) 开发阶段：包括概要设计、详细设计、实现、测试等流程，如图2-2所示。

(3) 检验交付与维护阶段：包括运行、维护、废弃等流程，如图2-3所示。

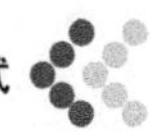

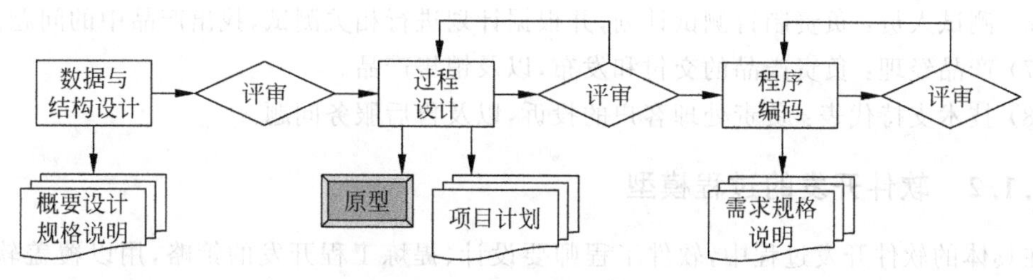

图 2-2　软件工程的开发阶段

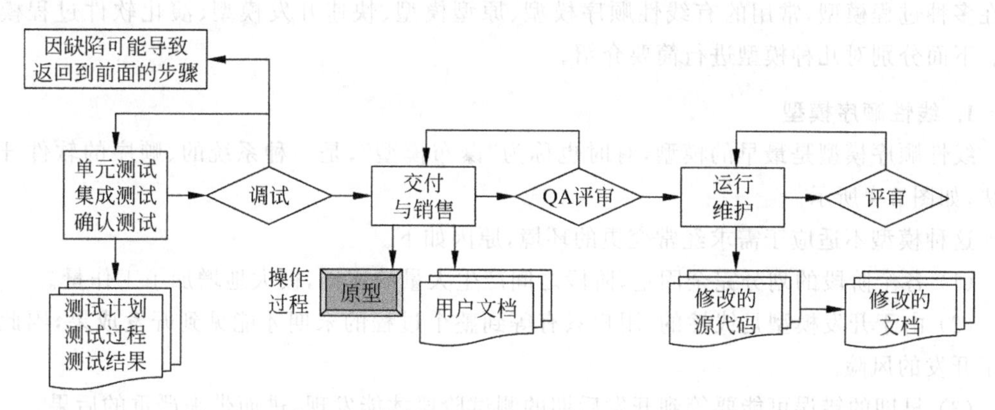

图 2-3　软件工程的检验交付与维护阶段

2. 软件开发过程的活动

软件开发过程就是软件工程过程，是开发或维护软件及其相关产品的一系列活动，通常包括以下 4 种基本过程活动。

(1) 软件规格说明：规定软件的功能、性能及其运行限制。

(2) 软件开发：产出满足规格说明的软件，包括设计与编码等工作。

(3) 软件确认：确认软件能够满足客户提出的要求，对应于软件测试。

(4) 软件演进：为满足客户的变更要求，软件必须在使用过程中演进，以求尽量延长软件的生命周期。

一个良好的软件过程还应包含一些保护性的活动，如跟踪监控、技术审核、软件配置、质量保证、文档准备、软件测试、风险管理等活动。

3. 开发过程中的角色

软件开发过程需要下列角色完成相应的任务。

(1) 项目经理：负责管理业务应用开发和系统开发项目。

(2) 业务分析人员：理解和描绘客户的要求，引导和协调用户和业务需求的收集和确认，并使文档化。

(3) 架构师：负责理解系统的业务需求，创建合理、完善的系统体系架构，并决定相关技术的选择。

(4) 数据设计人员：负责定义详细的数据库设计。

(5) 程序员：设计、编写程序代码及内部设计规格说明。

(6) 测试人员：负责制订测试计划，并根据计划进行相关测试，找出产品中的问题。

(7) 产品经理：负责产品的交付和发布，以及销售产品。

(8) 技术支持代表：负责处理客户的投诉，以及售后服务问题。

2.1.2 软件开发的过程模型

在具体的软件开发过程中，软件工程师要设计、提炼工程开发的策略，用以覆盖软件过程中的基本阶段，确定所涉及的过程、方法、工具。这就是软件工程过程模型。软件工程中存在多种过程模型，常用的有线性顺序模型、原型模型、快速开发模型、演化软件过程模型等。下面分别对几种模型进行简要介绍。

1. 线性顺序模型

线性顺序模型是最早的模型，有时也称为“瀑布模型”，是一种系统的、顺序的软件开发方法，如图 2-4 所示。

这种模型不适应于需求经常变更的环境，原因如下。

(1) 各个阶段的划分完全固定，阶段之间产生大量的文档，极大地增加了工作量。

(2) 由于开发模型是线性的，用户只有等到整个过程的末期才能见到开发成果，因此增加了开发的风险。

(3) 早期的错误可能要等到开发后期的测试阶段才能发现，进而带来严重的后果。

2. 原型模型

原型模型从需求收集开始。开发者与用户在一起定义软件的总体目标，标识出已知的需求，并规划出需要进一步定义的区域，然后快速地设计并进行编码实现，建立原型。在原型模型的基础上运行、评估、修改，多次迭代进行以上步骤，直到满足用户的需求为止，如图 2-5 所示。

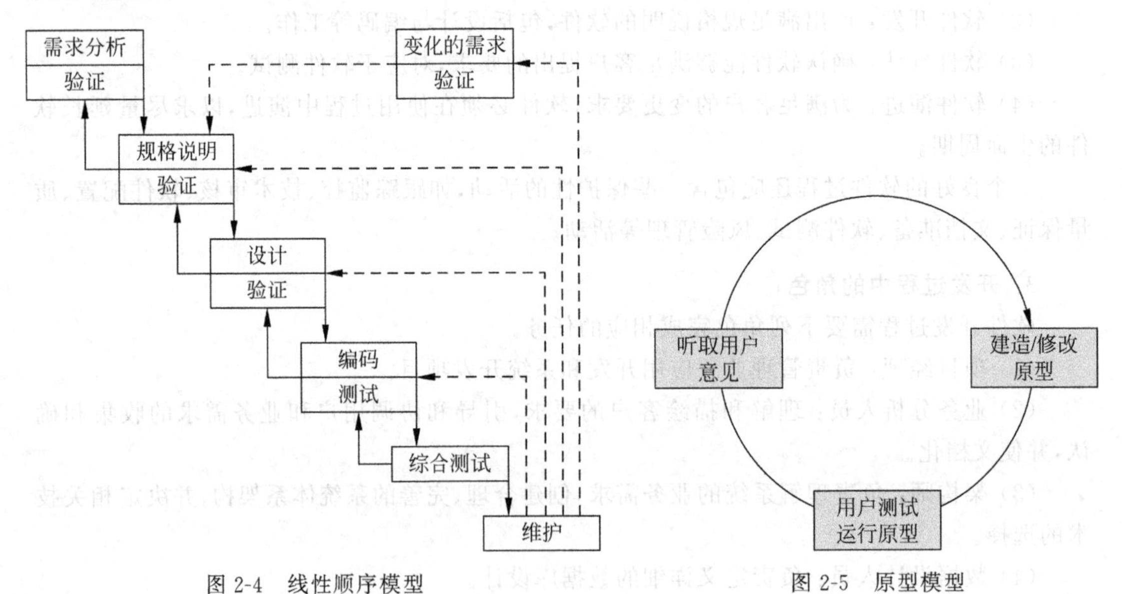

图 2-4 线性顺序模型　　图 2-5 原型模型

使用原型模型要有以下两个前提条件。

(1) 用户必须参与原型的建造,并与开发者达成共识。

(2) 必须有快速开发工具可供使用。

3. 快速开发模型

快速开发(rapid application development,RAD)模型是线性顺序模型的变种,通过使用基于构件的方法达到快速开发的效果,如图 2-6 所示。

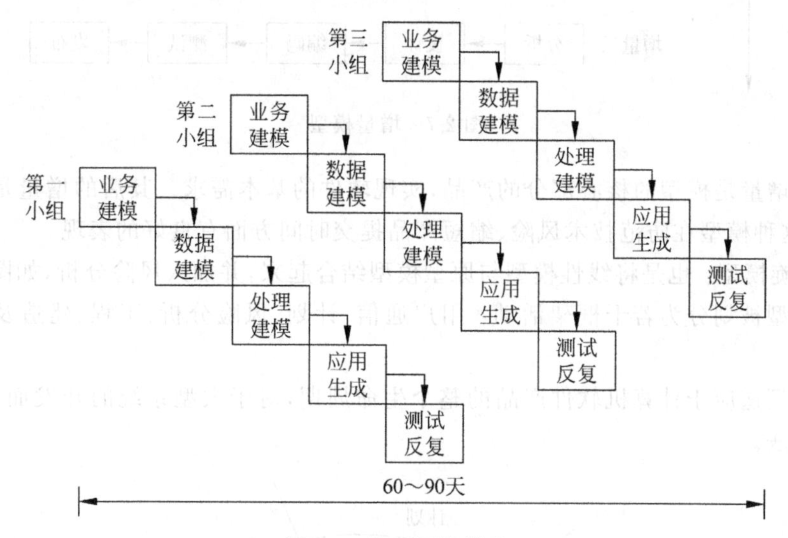

图 2-6　快速开发模型

快速开发模型包含以下几个阶段。

(1) 业务建模:业务活动中的信息流被模型化。

(2) 数据建模:业务建模定义的信息流被细化,组成一组支持该业务所需的数据对象。

(3) 处理建模:将数据建模阶段产生的数据对象变换成要完成一项业务所需的信息流。

(4) 应用生成:创建或利用可复用的构件。

(5) 测试反复:RAD 过程强调复用,减少了测试工作量,但新创建的构件和接口都必须测试。

采用 RAD 模型时,系统的每一个主要功能部件都可由一个单独的 RAD 工作组完成,最后将所有的部件集成起来构成完整的软件。

RAD 模型强调可复用程序构件的开发,并支持多小组并行工作。但若一个系统很难划分模块时,构件的复用和建造会出现许多问题,不适用于技术风险高、采用新技术的项目。

4. 演化软件过程模型

软件开发完成后,需要一定时间的演化改进,才能最终满足用户需求。演化模型主要采用"迭代"的方法,渐进开发,生产出逐步完善的版本。常用的演化模型有增量模型和螺旋模型。

(1) 增量模型:将线性模型与原型模型结合起来,随着日程/时间的进展而交错形成的线性序列集合,如图 2-7 所示。

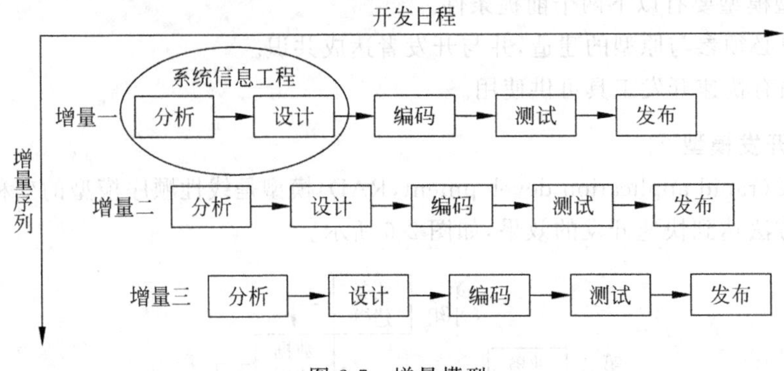

图 2-7 增量模型

第一个增量是模型的核心部分的产品,实现软件的基本需求。其后的增量是“产品的扩充迭代”。这种模型在防范技术风险、缩短产品提交时间方面有良好的表现。

(2) 螺旋模型:也是将线性模型与原型模型结合起来,并加入风险分析,如图 2-8 所示。

螺旋模型被划分为若干框架活动:用户通信、计划、风险分析、工程、建造及发布、用户评估等。

螺旋模型适应于计算机软件产品的整个生命周期,对于大型系统的开发而言是一种较好的模型方法。

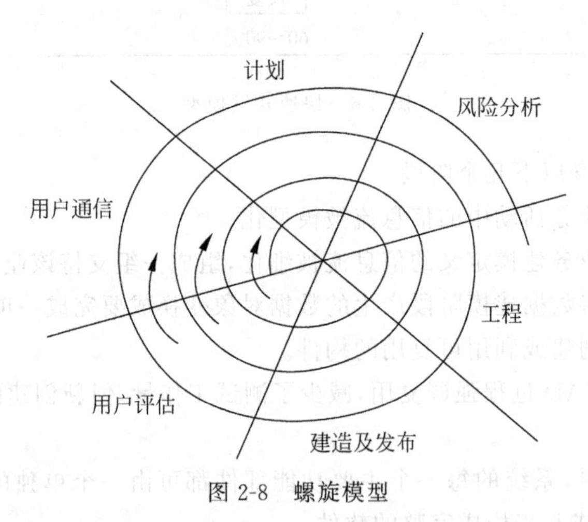

图 2-8 螺旋模型

2.1.3 软件测试与软件开发的关系

软件测试在软件开发过程中占有重要的地位。在传统的瀑布模型中,软件测试只是其中一段阶段性的工作——进行代码的测试。而现代软件工程思想认为软件测试是贯穿整个软件生命周期,并且保证软件质量的重要手段之一。

研究数据显示,在国外软件开发工作中,软件测试的工作量占总工作量的 40%左右;软件开发的总费用中软件测试占 30%~50%。对于一些高科技开发系统,软件测试占有的时间和费用可能更多更高。

2.2 软件测试的基本原则

证明、检测和预防是一次良好测试的重要目标。对于软件测试,从不同的角度出发会得到不同的测试结果。从用户的角度来看,测试能充分暴露软件中存在的问题与缺陷;从开发者的角度来看,测试能表明软件产品不存在错误,并正确实现用户的需求。

零缺陷只是一种理想,足够好是测试的原则。经过几十年的测试发展,软件测试专家们总结出多条测试基本原则,用以提高软件测试的质量和效率,概括如下:

(1) 测试不是为了证明系统的正确性,而是为了证明系统存在缺陷。

测试的目的是证伪而不是证真。对于一个大型的软件系统,只能尽可能地找出它存在的问题和缺陷,而不能证明它没有错误。软件测试员可以报告软件缺陷的存在,而不能报告软件缺陷不存在。继续测试,可能还会找到一些新的缺陷。

(2) 所有的测试都应该追溯到用户的需求。

从用户的角度来看,最严重的错误是无法满足需求的错误。

(3) 测试应当尽早开始,不断进行。

软件开发采用工程方法,软件项目一启动,软件测试也就开始了,而不是等到程序编写完成后才进行测试。

(4) 穷举测试是不可能的。

即使程序大小适中,其路径排列组合的数量也是相当大的,不可能在测试中完全运行其路径的每一种组合。即使是最简单的程序也不能实现穷举测试,主要有以下 4 个方面的原因。

① 输入量太大;

② 输出的结果太多;

③ 软件执行的路径太多;

④ 软件的说明书是主观的。

(5) 第三方测试会更客观、更有效。

程序员应当避免测试自己设计的程序,因为他们会受到本身的思维局限而不愿意否认自己的工作,还会因为太熟悉自己的程序功能与接口而难以从用户的角度考虑。为了达到更好的测试效果,应由第三方人员来进行测试。

(6) Pareto 原则适用于软件测试。

Pareto 原则也就是二八原则,即测试发现的 80%错误可能存在于 20%的程序模块中。这一现象产生的主要原因是程序员的编程习惯不良,工作过于疲劳,所以会在某一个程序段产生大量的错误。

(7) 软件测试是有风险的行为,但并非所有的测试都要修复。

前面说过,软件测试员不可能做完全的测试,而不完全的测试又会漏掉软件中的一些缺陷,使软件系统存在风险。这就要求软件测试人员将数量巨大的测试减少到可以控制的范围,以及针对风险做出明智的选择,判断哪些测试重要,哪些不重要,并根据风险决定哪些缺陷要修复,哪些不需要修复。

(8) 测试应从小规模开始,逐步转向大规模。

测试应有计划、有步骤地进行。一般从小的粒度开始,先做单元测试,再做集成测试,最后才是系统测试。

(9) 软件测试是一项讲究条理的专业技术。

以前,软件测试是事后才考虑的。当时的软件产品小而不复杂,由程序员进行简单的测试即可。随着软件产品越来越复杂,规模越来越大,软件行业已强制要求使用专业测试员,越来越多的公司也将软件测试人员视为必不可少的核心小组成员。软件测试需要进行相关训练和规范。

2.3 软件测试方法的分类

软件测试的策略、方法和技术是多种多样的,可以从不同的角度进行分类:从是否需要运行被测试软件的角度来分,可以分为静态测试与动态测试;从测试是否需要了解代码的角度来分,可以分为白盒测试,黑盒测试与灰盒测试;从执行是否需要人工干预的角度来分,可以分为人工测试与自动化测试;从测试阶段的角度来分,可以分为单元测试、集成测试、系统测试、确认测试、验收测试等。

2.3.1 静态测试与动态测试

1. 静态测试

静态测试不需要运行被测软件,而是采用分析和查看的方式发现软件当中的缺陷,包括需求文档、源代码、设计文档,以及其他与软件相关的文档中的二义性和错误。静态测试最好由未参加代码编写的个人或小组来完成。测试小组还可以使用一种或多种静态测试工具,以源程序代码作为输入,产生大量的在测试过程中有用的数据,如图2-9所示。

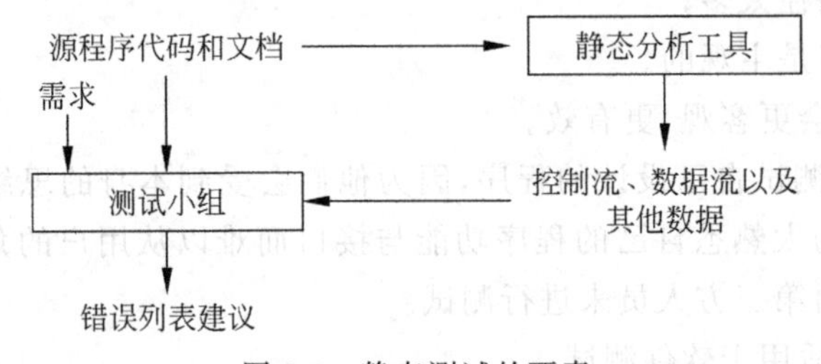

图2-9 静态测试的要素

静态测试常用的方法如下。

1) 走查

走查是一个非正式的过程,即检查所有与源程序代码相关的文档。首先要制订一份计划,并得到走查小组中所有成员的同意。被查文档的每一部分都要根据事先明确的计划进行检查。例如,在需求走查中,走查小组必须检查需求文档,确保需求满足用户的要求,且没有二义性和不一致的部分,并生成详细的走查报告,列出涉及需求文档的相关信息。对于源代码等同样如此。

2）审查

审查比走查要求更加正规。代码审查是一种比采用动态测试成本更低的提高代码质量的手段，能快速地找到缺陷，发现 30％～70％的逻辑设计和编码缺陷，极大地提高了生产率和软件质量。

代码审查通常由一个小组来完成，审查小组按照审查计划开展工作。审查计划包括审查的目的，被审查的工作产品，审查小组的组成、角色、职责，审查的进度，数据采集表格（审查小组用来记录发现的缺陷、编码规则违背情况）等。

3）静态代码分析工具

静态结构分析主要以图形的方式表现程序的内部结构，如函数的调用关系图和函数内部控制流图（control flow graph，CFG）。静态代码分析工具能够提供控制流和数据流信息。表示成控制流图的控制流信息，有助于审查小组判断不同条件下控制流的流向。控制流图附带数据流信息便构成数据流图。可以对控制流图的每一个结点附加变量定义及引用表。这些信息对审查小组理解代码以及发现可能的缺陷非常有用。

2. 动态测试

动态测试是指运行实际被测试的软件，通过观察程序运行时所表现的状态、行为等发现软件的缺陷，并对被测程序的运行情况进行分析对比，以便发现程序表现的行为与设计规格或客户需求不一致的地方。

动态测试一般包括功能确认与接口测试、覆盖率分析、性能分析、内存分析等。

动态测试是一种经常运行的测试技术，但它也有局限性：必须借助测试用例完成；需要搭建特定的测试环境；不能发现文档中的问题。

由于动态测试与静态测试之间存在一定的协同性，又具有相对的独立性，所以应在程序执行前进行静态测试，以尽可能多地发现代码中隐含的缺陷；再执行动态测试检查程序实时的行为，发现程序在运行时存在的缺陷。

2.3.2　黑盒测试、白盒测试与灰盒测试

按照是否需要查看程序代码来分，可以将测试分为黑盒测试、白盒测试与灰盒测试。

1. 黑盒测试

黑盒测试又称为功能测试或数据驱动测试，是将被测试软件看作一个黑盒子，完全不考虑程序的内部结构和处理过程，只考虑系统的输入和输出，在程序的接口处进行测试的方法。黑盒测试检查系统功能是否符合需求规格说明书的要求。

在黑盒测试中，被测试软件的输入域和输出域往往是无限的，但由于穷举测试通常是不可行的，必须以相关策略分析软件规格说明，从而得到相关测试用例，才可能既较全面又较高效地对软件进行测试。常用的测试方法有等价类划分法、边界值法、决策表法、因果图法、错误推测法等。

黑盒测试的优点为：黑盒测试用例与程序如何实现无关；测试用例的设计与程序开发可并行开展；没有编程经验的人也可以设计测试用例。

黑盒测试的局限性为：不可能做到穷举测试；可能存在漏洞。

2. 白盒测试

白盒测试又称为结构测试或逻辑驱动测试,是根据被测试程序源代码的内部结构来设计测试用例的方法。

在白盒测试中,测试内容包括:测试产品的内部动作是否按照规格说明书的规定正常进行;按照程序内部结构测试程序,检查程序中的每条通路是否都能按预定的要求正确工作。常用的测试方法有逻辑覆盖、基本路径和数据流测试等。

白盒测试的优点为:可以利用不同的覆盖准则测试程序代码的各个分支,发现程序内部的编码错误;可以直接发现内存泄露问题;可以充当黑盒测试的检查手段等。

白盒测试的局限性为:因程序路径组合太多,同样不能做到穷举测试;由于设计测试用例不是根据客户需求说明进行的测试,可能存在需求方面的漏洞。

3. 灰盒测试

不同的测试方法各有其侧重,各有其优缺点,可以构成互补关系。白盒测试可以有效地发现程序内部的编码和逻辑错误,但无法检验系统是否完成了所规定的功能;黑盒测试可以根据系统的需求规格说明检测出系统是否完成了规定的功能,但无法提供对程序源代码的完全覆盖。因此,测试者将这两种方法结合起来,引入了灰盒测试,即介于白盒测试与黑盒测试之间的测试。

灰盒测试结合了白盒测试和黑盒测试的要素,即关注输入的正确性,也关注内部的表现;它考虑了用户端、特定的系统知识和操作环境,在系统组件的协同环境中评价应用软件的设计。

2.3.3 人工测试与自动化测试

按照测试执行时是否需要人工干预进行分类,可分为人工测试与自动测试。

1. 人工测试

人工测试是人为测试和手工测试的统称。人为测试的主要方法有桌前检查、代码审查和走查。用于软件开发各阶段的审查或评审都是人为测试。手工测试主要指在测试过程中,按照测试计划一步一步执行程序,得出测试结果并进行分析的测试行为。

2. 自动化测试

自动化测试指的是利用测试工具管理与执行各种测试活动,并对测试结果自动进行分析。在测试的执行过程中,一般不需要人工干预。自动化测试常用于功能测试、回归测试和性能测试等。

自动化测试的优点为:提高测试效率;降低测试成本;具有一致性和可重复性;可降低风险,提高软件的质量等。

自动化测试的局限性为:自动化测试软件本身可能具有缺陷;测试人员期望过高;有些人工测试不能用自动化测试替代等。

2.3.4　其他测试分类

1. 基于模型的测试与模型检测

基于模型的测试是对软件行为进行建模以及根据软件的形式化模型设计测试的活动。模型检测是用来验证软件特定模型中的一个或多个特性的一类技术。

模型通常是有限状态的，是从一些原始材料中提取出来的，这些原始材料可能是需求文档，也可能是系统源代码本身。有穷状态模型中的每一种状态都有一个或多个前置条件，当软件处于该状态时，这些特性必须满足。图 2-10 说明了模型检测的过程。

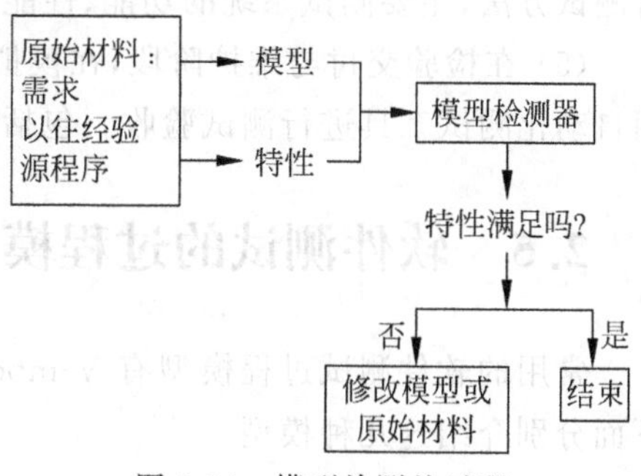

图 2-10　模型检测的过程

对每一个特性，模型检测器可能得出以下三种答案之一：特性满足、特性不满足、不能确定。针对第二种情况，模型检测器将会提供反例说明为何特性不满足；如果模型检测器在迭代次数上限时仍不能终止，就会引起第三种情况的出现。

2. 冒烟测试

冒烟测试是指由开发人员修复测试中发现的缺陷后，需要确认是否真的弥补了这个缺陷，或对其他模块是否存在影响，因此要针对这个问题进行专门的测试，即冒烟测试。在许多情况下，经过测试后，发现修复某个问题会引起其他功能模块一系列的反应，导致产生新的缺陷。冒烟测试的优点是节省测试时间，防止创建失败；缺点是覆盖率较低。

3. 随机测试

随机测试是根据测试说明书执行样例测试的一种重要补充手段，是保证测试覆盖完整性的有效方式和过程。随机测试主要针对系统的一些重要功能进行复测，对软件更新和新增的功能进行重点测试，常与回归测试一起进行。

2.4　软件测试方法在软件开发过程中的运用

前面已讲过，软件工程的三个阶段分别是定义、开发、检验交付与维护阶段。这三个阶段具体分为软件需求分析与建模、概要设计与详细设计、编码、测试、维护等。软件测试方法在各个阶段的运用概述如下。

(1) 在软件需求分析与建模阶段，主要进行软件目标的定义、可行性研究和软件需求分析工作。这时测试的对象是相关文档资料，如需求规格说明书等。从需求的完备性、可实现性、是否合理、是否可测试等方面进行评审，采用静态测试方法。

(2) 在概要设计与详细设计阶段，概要设计描述总体系统架构中各个模块的划分及相互之间的关系；详细设计则描述各个模块具体的算法和数据结构。描述均采用文字、图表的形式，测试时也是用静态测试的方法，对文字、图表进行评审。

(3) 在编码工作阶段,主要采用高级语言对已详细设计的模块进行编程。这时的测试工作主要是对已有的程序代码进行白盒测试,可以将静态与动态测试相结合,采用各种覆盖方法进行测试。此时主要由程序员进行测试。

(4) 在测试阶段中,进行集成测试与系统测试。集成测试采用灰盒测试方法(白盒测试与黑盒测试相结合),主要测试产品的接口以及各模块之间的关系;而系统测试一般采用黑盒测试方法,主要测试系统的功能、性能等。由测试人员来完成测试。

(5) 在检验交付与维护阶段,在模拟或实际运行环境下,对系统进行验收测试。大多采用自动化测试工具进行测试验收。包括功能测试、性能测试、回归测试、发布测试等。

2.5 软件测试的过程模型

常用的软件测试过程模型有 V-model、W-model、H-model、X-model、Pretest-model 等。下面分别介绍这几种模型。

2.5.1 V-model(V 模型)

V-model 是最早的软件生存期模型,在 20 世纪 80 年代由 Paul Rook 提出,1990 年出现在英国国家计算中心的出版物中,旨在提高软件开发的效率和有效性,是人们熟知的瀑布模型的一种改进。在软件开发的生存期,开发活动和测试活动几乎同时开始,这两个并行的动态过程会极大地减少漏洞和错误出现的概率。V-model 包含三个等级,分别是生存期模型、分配模型、功能性工具需求模型,阐述了应当实施哪些活动,应当产生哪些结果,诸如此类。分配模型决定了在实施活动的时候应该使用什么方法,功能性工具需求模型决定采用什么样的工具来实现这些活动。所有这些等级又各自由 4 个子模块组成,分别是项目管理模块、系统开发模块、品质保证模块和配置管理模块。

最典型的 V-model 版本一般会在开始部分对软件开发过程进行描述,如图 2-11 所示。

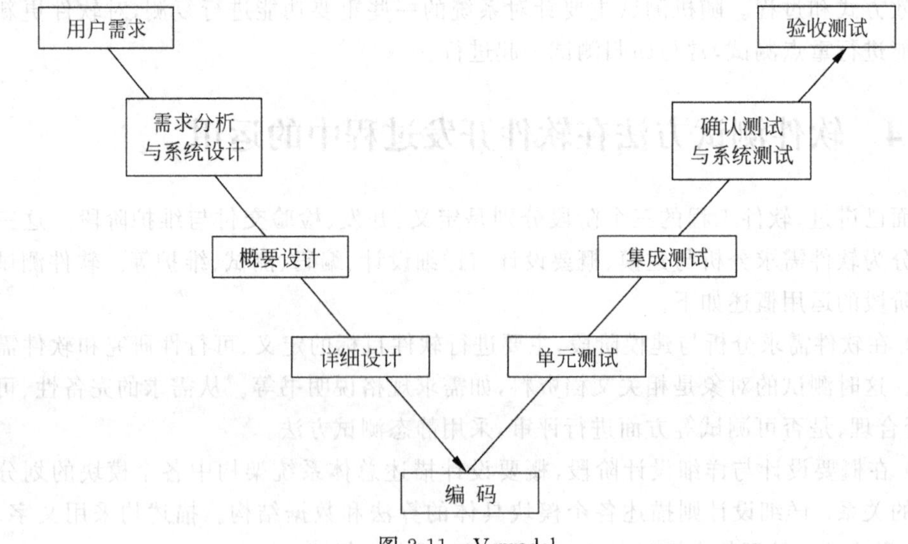

图 2-11 V-model

图中，箭头代表了时间顺序，左边下降的部分是开发过程的各个阶段，与之相对应的是右边上升的部分，即各测试过程的各个阶段。

在 V-model 中，单元测试检测代码的开发是否符合详细设计的要求；集成测试检测此前测试过的各组成部分是否能完好地结合到一起；系统测试检测已集成在一起的产品是否符合系统规格说明书的要求；验收测试则检测产品是否符合最终用户的需求。所以 V-model 的策略既包括底层测试又包括高层测试：底层测试是为了验证系统源代码的正确性，高层测试是为了测试整个系统是否满足用户的需求。

V-model 的缺陷为：仅把测试过程作为需求分析、系统设计及编码之后的一个阶段，忽视了测试对需求分析、系统设计的验证，致使在后期的验收测试阶段才能发现缺陷。

2.5.2　W-model（W 模型）

W 模型由 Evolutif 公司提出。相对于 V-model，W-model 更科学，是 V-model 的发展。由于 V-model 没有明确地说明早期的测试，因此无法体现"尽早地、不断地进行软件测试"的原则。在 V-model 中增加在软件各开发阶段应同步进行的测试，将其演化为 W-model，如图 2-12 所示。

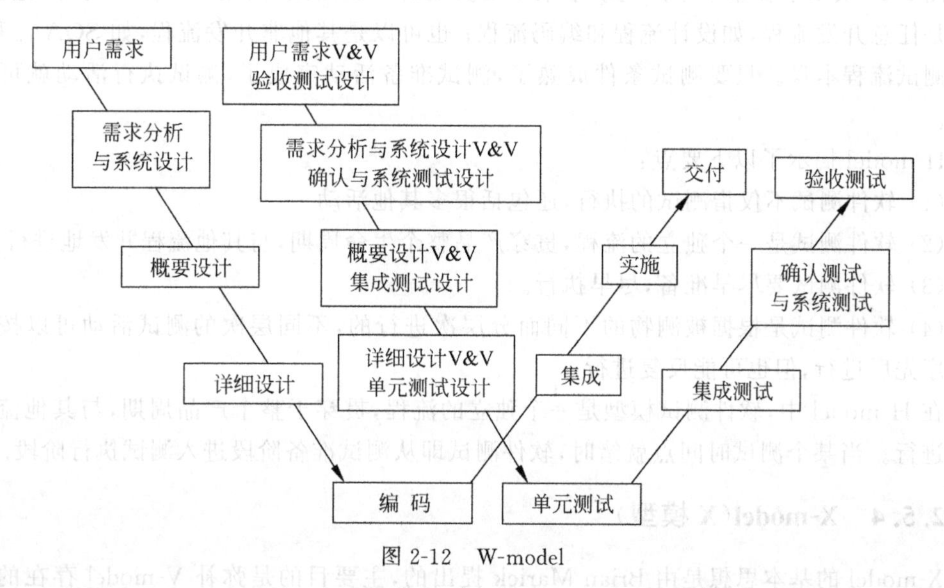

图 2-12　W-model

在模型中不难看出，开发是"V"，测试是与其并行的"V"。基于"尽早地、不断地进行软件测试"的原则，在软件的需求和设计阶段的测试活动应遵循 IEEE 1012—1998《软件验证与确认（V&V）》的原则。

W-model 强调的是测试伴随着整个软件开发周期，而且测试的对象不仅是程序，需求、功能和设计同样要测试。测试与开发是同步进行的，有利于尽早地发现问题。以需求为例，需求分析一完成，就可以对需求进行测试，而不是等到最后才进行针对需求的验收测试。

W-model 的局限性为：W 模型和 V 模型都把软件的开发视为需求、设计、编码等一系列串行的活动，软件开发和测试保持一种线性的前后关系，需要有严格的指令表示上一阶段完全结束，才可以正式开始下一个阶段。但这样就无法支持迭代、自发性以及变更调整。对于很多文档需要事后补充,或者根本没有文档的问题,开发人员和测试人员都有着同样的困惑。

2.5.3 H-model(H模型)

V-model和W-model存在局限性,都没有很好地体现测试流程的完整性。为了解决以上问题,提出了H-model。它将测试活动完全独立出来,形成一个完全独立的流程,将测试准备活动和测试执行活动清晰地体现出来,如图2-13所示。

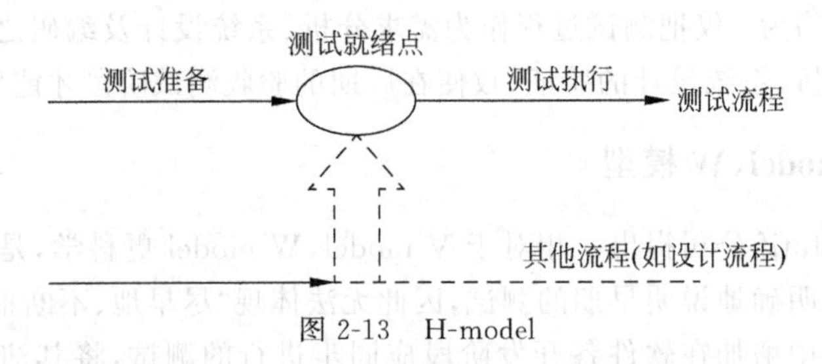

图2-13 H-model

图2-13演示了在整个生产周期中某个层次上的一次测试"微循环",图中的"其他流程"可以是任意开发流程,如设计流程和编码流程;也可以是其他非开发流程,如SQA流程,甚至是测试流程本身。只要测试条件成熟了,测试准备活动完成了,测试执行活动就可以进行了。

H-model揭示了以下要点:

(1) 软件测试不仅指测试的执行,还包括很多其他活动。

(2) 软件测试是一个独立的流程,贯穿产品整个生命周期,与其他流程并发地进行。

(3) 软件测试要尽早准备,尽早执行。

(4) 软件测试是根据被测物的不同而分层次进行的,不同层次的测试活动可以按照某个次序先后进行,但也可能反复进行。

在H-model中,软件测试模型是一个独立的流程,贯穿于整个产品周期,与其他流程并发地进行。当某个测试时间点就绪时,软件测试即从测试准备阶段进入测试执行阶段。

2.5.4 X-model(X模型)

X-model的基本思想是由Brian Marick提出的,主要目的是弥补V-model存在的一些缺陷。Marick认为,模型和单独的项目计划有所不同。模型不应该描述每个项目的具体细节,而应该对项目进行指导和支持。V-model无法引导项目的全过程,不能处理开发中出现的交接、频繁重复的集成,以及需求文档的缺乏等问题。X-model填补了V-model的这些缺陷,并可为测试人员和开发人员提供大量的帮助。Robin F. Goldsmith引用了Marick的部分想法,经过重新组织,形成了X-model,如图2-14所示。

X-model的左侧描述的是针对单独程序片段进行的相互分离的编码和测试。这些流程结束后将进行频繁的交接,通过集成最终合成为可执行的程序。可执行的程序也需要进行测试(图2-14右上)。已通过集成测试的成品可以进行封版并提交给用户,也可以成为更大规模和范围的集成测试的一部分。多根并行的曲线表示变更可以在各个部分发生。

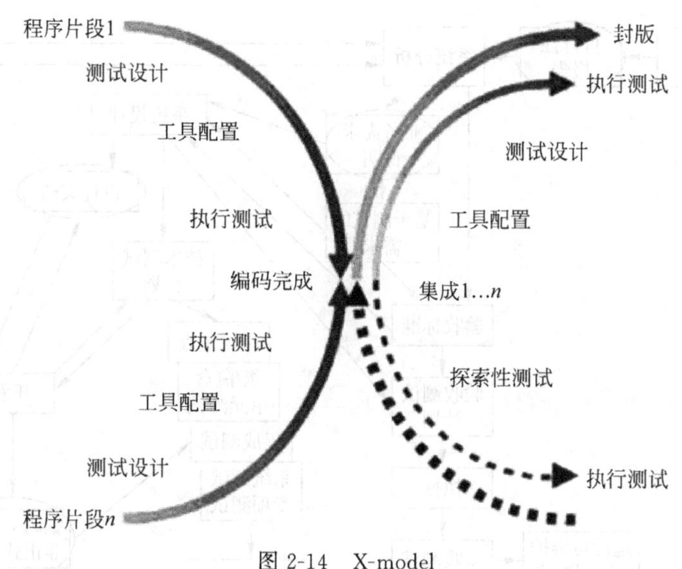

图 2-14　X-model

X-model 还定位了探索性测试(图 2-14 右下)。探索性测试是不进行事先计划的特殊类型的测试,往往能帮助有经验的测试人员在测试计划之外发现更多的软件错误。

X-model 与 V-model 的区别如下:

(1) V-model 并没有限制各种创建周期的发生次数。因为 V-model 基于一套必须按照一定顺序严格排列的开发步骤,所以它很可能并没有反映实际的实践过程。

(2) 测试人员一致认同,应该在执行测试之前进行测试设计。X-model 包含了测试设计这一步骤,允许在任何时候选择进行测试设计。而 V-model 没有包含这一功能,这是 V-model 的不足之处。

(3) V-model 的一个优点是对需求角色进行了明确的确认。V-model 指出,应该对各开发阶段中已经交付的内容进行测试,但没有规定应该交付多少内容;而 X-model 没有相关的规定,这是 X-model 的不足之处。

(4) 在某些场合中,人们可能会跳过单元测试而直接进行集成测试。因此,严格遵循 V-model 的标准步骤进行测试,实际上会使某些做法并不切合实用。但 X-model 也未能提供是否要跳过单元测试的判断准则。

2.5.5　Pretest-model(前置测试模型)

Pretest-model 是将测试和开发紧密结合的模型,该模型提供了轻松的方式,可以使项目开发加快速度,如图 2-15 所示。

Pretest-model 体现了以下要点:

(1) 开发和测试相结合。Pretest-model 将开发和测试生命周期整合在一起,标识了项目生命周期从开始到结束之间的关键行为,并且标识了这些行为在项目周期中的价值所在。如果其中有些行为没有得到很好的执行,那么项目成功的可能性就会因此而有所降低。如果有业务需求,则系统开发过程将更有效率。笔者认为,在没有业务需求的情况下进行开发

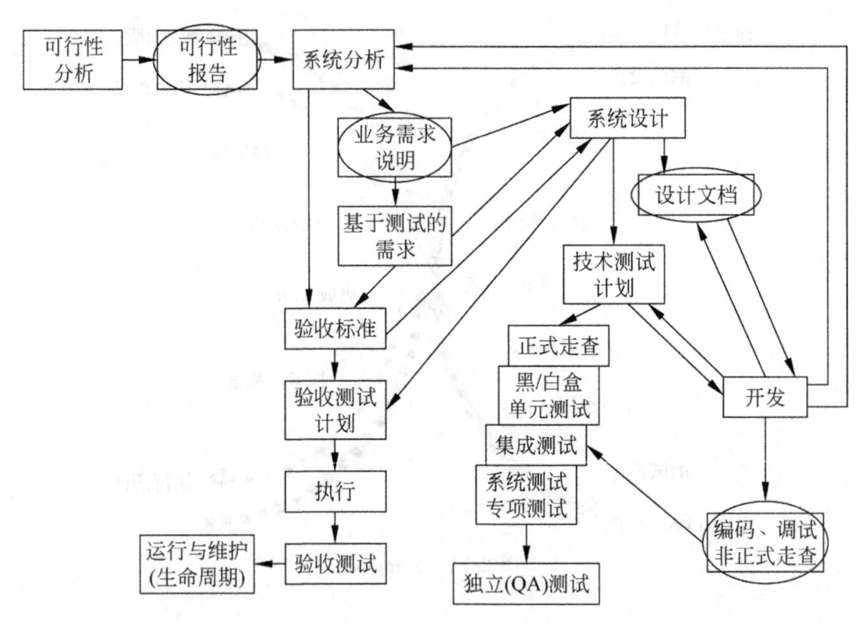

图 2-15 Pretest-model

和测试是不可能的。而且,业务需求最好在设计和开发之前就被正确定义。

(2) 对每一个交付内容进行测试。交付的每一个开发结果都必须通过一定的方式进行测试。源程序代码并不是唯一需要测试的内容。图中的椭圆框表示了要测试的一些其他对象,包括可行性报告、业务需求说明,以及系统设计文档等。这同 V-model 中开发和测试的对应关系是一致的,并且在其基础上有所扩展,变得更为明确。

(3) 在设计阶段进行测试计划和测试设计。设计阶段是做测试计划和测试设计的最好时机,但很多组织要么根本不做测试计划和测试设计,要么在即将开始执行测试之前才飞快地完成测试计划和测试设计。在这种情况下,测试只是验证了程序的正确性,而没有验证整个系统本该实现的目标。

(4) 测试和开发结合在一起。前置测试将测试执行和开发结合在一起,并在开发阶段以编码-测试-编码-测试的方式来体现。也就是说,程序片段一旦编写完成,就会立即进行测试。一般情况下,先进行的测试是单元测试,因为开发人员认为通过测试来发现错误是最经济的方式。但也可参考 X-model,即程序片段也需要相关的集成测试,甚至有时还需要一些特殊测试。对于一个特定的程序片段,其测试的顺序可以按照 V-model 的规定,但其中还会交织一些程序片段的开发,而不是按阶段完全地隔离。

(5) 让验收测试和技术测试保持相对独立。验收测试应该独立于技术测试,这样可以提供双重的保险,以保证设计及程序编码能够符合最终用户的要求。验收测试既可以在实施的第一步执行,也可以在开发阶段的最后一步执行。前置测试模型提倡验收测试和技术测试沿循两条不同的路线进行,每条路线分别验证系统是否能够像预期设想的那样正常工作。这样,当单独设计好的验收测试完成了系统的验证时,即可确信这是一个正确的系统。

2.5.6 测试模型的使用

前面介绍了几种典型的测试模型,这些模型对指导测试工作具有重要的意义。但任何模型都不是完美的,应该尽可能地应用模型中对项目有实用价值的方面,但不强行地为使用模型而使用模型,否则也没有实际意义。

各种模型的特点如下。

V-model强调了在整个软件项目开发中需要经历的若干个测试级别,而且每一个级别都与一个开发级别相对应,但它忽略了测试的对象不应该仅包括程序,或者说它没有明确地指出应该对软件的需求、设计进行测试。

W-model强调了测试计划等工作的先行和对系统需求和系统设计的测试,但W-model和V-model一样,也没有专门对软件测试流程予以说明。事实上,随着软件质量要求越来越为人们所重视,软件测试也逐步发展成为一个独立于软件开发部的组织,每一个软件测试的细节都有独立的操作流程。例如,现在的第三方测试就包含从测试计划和测试案例编写到测试实施以及测试报告编写的全过程。

H-model强调测试是独立的,只要测试准备完成,就可以执行测试。

X-model和Pretest-model又在此基础上增加了许多不确定因素的处理情况,因为在真实项目中,经常会有变更的发生,例如,需要重新访问前一阶段的内容,或者跟踪并纠正以前提交的内容,修复错误,排除多余的成分,以及增加新发现的功能等。

因此,在实际的工作中,要灵活地运用各种模型的优点,例如在W-model的框架下,运用H-model的思想进行独立的测试,并同时将测试与开发紧密结合,寻找恰当的就绪点开始测试并反复迭代测试,最终保证按期完成预定目标。

小结

本章先简单介绍软件开发过程的三个阶段(定义阶段、开发阶段、检验交付与维护阶段),软件开发过程中的活动与角色,软件开发的过程模型(线性顺序模型、原型模型、快速开发模型、演化软件过程模型),软件开发与软件测试的关系;然后介绍软件测试的9条基本原则,软件测试常用的方法(静态测试、动态测试、白盒测试、黑盒测试、灰盒测试、人工测试、自动化测试、模型检测、冒烟测试、随机测试);最后介绍了软件测试的5种过程模型:V-model、W-model、H-model、X-model和Pretest-model。

习题

1. 软件测试的基本原则是什么?
2. 软件测试方法怎样分类?
3. 自动化测试可以替代手工测试吗?请简述。
4. 常用的软件测试过程模型有哪些?在实际测试工作中,怎样选择和使用相关模型?

第3章 白盒测试

【本章学习目标】

- 了解白盒测试的基本概念。
- 掌握和使用白盒测试方法。
- 了解白盒测试的流程和要求。

本章首先介绍白盒测试的基本概念，然后介绍白盒测试方法并举例设计测试用例，最后介绍白盒测试的流程与要求。

3.1 白盒测试基本概念

白盒测试又称为结构测试或逻辑驱动测试，是针对被测试程序单元内部如何工作的测试，特点是基于被测试程序的源代码，而不是软件的需求规格说明进行测试。

在白盒测试中，软件测试员可以访问程序员的代码，并通过检查代码的线索来协助测试。测试员可以根据代码检查结果中错误的数量多少定制测试的次数。一般由程序员来完成测试，也可以由专业测试人员完成。

使用白盒测试时，测试者必须全面了解程序内部的逻辑结构，检查程序的内部结构，从检查程序的逻辑着手，对相关的逻辑路径进行测试，最后得出测试结果。

白盒测试分为静态白盒测试与动态白盒测试。采用白盒测试方法必须遵循下面几条原则。

(1) 保证一个模块中的所有独立路径至少被测试一次。

(2) 所有逻辑值均需测试真值和假值两种情况。

(3) 检查程序的内部数据结构，保证其结构的有效性。

(4) 在上下边界及可操作范围内运行所有循环。

3.2 静态白盒测试方法

静态白盒测试主要通过审查、走查、检验等方法查找代码中的问题和缺陷,如编码不符合编程标准和规范、数据引用错误、数据声明错误、计算错误、比较错误、控制流错误、子程序参数错误、输入与输出错误等。

进行白盒测试的主要目的是尽早发现软件缺陷,以找出黑盒测试难以发现或隔离的软件缺陷。其次是为黑盒测试员对软件进行测试设计和应用测试用例工作提供思路。通过审查评估,可以确定有问题或者容易产生软件缺陷的特性范围。

3.2.1 检查设计和代码

静态白盒测试采用检验和审查方式,测试非运行部分——程序的源代码的过程。静态白盒测试是在不执行软件的条件下有条理地仔细审查软件设计、体系结构和代码,从而找出软件缺陷的过程。有时又称为结构化分析。

由于静态白盒测试常被误解为时间长、费用高、产出少,因此许多公司往往不能坚持下来。现在,白盒测试越来越受到软件公司的重视,许多公司招聘和培训程序员和测试员进行白盒测试。

3.2.2 正式审查

正式审查也是一种进行静态白盒测试的过程。正式审查的含义较广,从程序员间的交谈,到软件设计和代码的详细、严格检查,均属于此过程。

1. 正式审查的4个要素

1) 确定问题

正式审查的目的是找出软件中的问题,不仅包括出错的项目,还包括遗漏项目。全部的批评应该直指代码和设计,而不是其设计实现者。

2) 遵守规则

审查一定要遵守一套固定的规则。规则应包括要审查的代码量、花费的时间、对哪些内容要进行评价等。

3) 准备

每一个参与者都要为审查做好准备,并尽自己的力量。参与者可能在不同的审查类型中扮演不同的角色,需要了解不同角色的责任和义务,并积极参与审查,尽量在准备过程中找出大量问题。

4) 编写报告

审查小组必须做出审查结果的书面总结报告,并使报告便于开发小组的成员使用。

正式审查要按照已经建立起来的过程执行。若能正确执行,就能在早期发现大量存在的软件缺陷;若执行过程太随意,就会遗漏软件的缺陷。

2. 正式审查的效果

正式审查的主要目的是找出软件中存在的缺陷,也可以达到一些间接的效果,如程序员通过与其他程序员、测试人员的交流,增进了相互了解;程序员会更仔细地编程,提高正确率等。正式审查是把大家聚在一起讨论同一个项目问题的良机。

3. 正式审查的类型

1) 同事审查

召集小组成员进行初次正式审查最简单的方法是同事审查,这也是要求最低的正式方法。同事审查常常仅在编码或设计体系结构的程序员,以及充当审查者的其他程序员和测试员之间进行。为保证审查的高效率,必须遵守上面所讲的4个基本要素。

2) 走查

走查比同事审查要正规。走查中编写程序代码的程序员要向5人小组或者其他程序员和测试员组成的小组做正式陈述;审查人员在审查之前取得软件样品,以便检查并编写备注和问题,并在审查过程中进行提问;审查人员中至少应有一位是资深程序员。

3) 检验

检验是最正式的审查类型,具有严格的组织形式,要求每一个参与者都接受培训。检验与同事审查和走查的不同之处在于:表述者或宣读程序者并不是原来编程的程序员。这就要求该人员学习和了解表述的材料,并做好充分的准备,从而才有可能在检验会议上提出不同的看法和解释。其余的参与者称为检验员,其职责是从不同的角度(用户、测试员或产品支持人员等)来审查代码。

3.2.3 编码标准和规范

在正式审查中,检验员只查找代码中的问题和缺漏,一些其他的问题则无法查出,如代码虽然可以运行,但代码编写不符合某种标准或规范。这就要求在编程和审查程序代码时建立相关的规范和标准,并坚持标准或规范。原因有以下三点。

(1) 可靠性:坚持按照某种标准和规范编写的代码更加可靠和安全。

(2) 可读性/维护性:符合设备标准和规范的代码易于阅读、理解和维护。

(3) 移植性:代码若符合设备标准,迁移到另一个平台就会轻而易举,甚至完全没有障碍。

项目要求有的严格遵守国家或国际标准,有的较为松散,符合小组内部规范,不一而足。最重要的是开发小组在编程过程中拥有标准和规范。这些标准和规范也需经过正式审查验证。

1. 编程标准和规范示例

1) 编程标准的4个组成部分

(1) 标题:描述标准包含的主题。

(2) 标准(或规范):描述标准或规范的内容。

(3) 解释说明:给出标准背后的原因,以使程序员理解为什么这样是好的编程习惯。

(4) 示例:给出如何使用标准的简单程序示例。

2) 示例

图3-1是一个针对C++中所用的C语言特性的规范示例,说明在C++编程中如何使用

某些 C 语言特性。

有标准，有规范，然后就有风格。每一个程序员，就像书的作者和艺术家一样，都有自己独特的风格。在编程中，风格可能是注释的冗长程度和变量命名习惯，还可能是循环结构选择哪一种缩排的方式。风格只是代码的外表和感觉。

有些小组制定了代码风格方面的标准和规范，使代码从外表和感觉上看起来都不太随意。软件测试员应注意，在对软件进行正式审查时，测试和注解的对象仅限于错误和缺漏，而不包括是否遵循标准或规范。

TOPIC:7.02 C_problems-Problem areas from C

GUIDELINE

Try to avoid C language features if a conflict with programming in C++

1. Do not use **setjmp** and **longjmp** if there are any objects with destructors which could by created between the execution of the **setjmp** and the **longjmp**.

2. Do not use the **offsetof** macro except when applied to members of just-a-struct.

3. Do not mix C-style FILE I/O(using stdio.h) with C++ style I/O (using **iostream.h** or **stream.h**) on the same file.

4. Avoid using C functions like **memcpy** or **memcap** for copying or comparing objects of a type other than array-of-**char** or just-a-struct.

5. Avoid the C macro **NULL**;use 0 instead.

JUSTIFICATION

Each of these features concerns an area of traditional C usage which create some problem in C++.

图 3-1　C++中所用 C 语言特性的程序示例

2. 获取标准

现存的标准和规范有许多，若项目要求必须符合一组编程标准，或者只是想检查一下软件代码是否符合公开发行的标准或规范的程度，可以通过以下站点获得一些计算机语言和信息技术的国家和国际标准。

国际标准化组织(ISO)：www. iso. ch

电子电气工程学会(IEEE)：www. ieee. org

美国国家标准学会(ANSI)：www. ansi. org

国际工程协会(IEC)：www. iec. org

信息技术标准国家委员会(NCITS)：www. ncits. org

美国计算机协会(ACM)：www. acm. org

还可以向销售编程工具软件的供货商索取信息，他们通常有出版的标准和规范。

3.2.4 通用代码审查清单

在正式审查时,静态白盒测试需要验证软件中存在哪些方面的问题,应列出相关清单。这些清单可用来将代码与标准或规范进行比较,以确保代码符合项目的设计要求。

1. 数据引用错误

数据引用错误是指使用未经正确声明和初始化的变量、常量、数组、字符串或记录而导致的软件缺陷。数据引用错误是缓冲区溢出的主要原因。应从以下几个方面检查数据引用错误。

(1) 是否引用了初始变量?

(2) 数组和字符串的下标是整数值吗?下标总是在数组和字符串长度范围之内吗?

(3) 在检索操作或引用数据下标时是否包含"丢掉一个"的潜在错误?

(4) 是否在引用常量的地方引用了变量?

(5) 变量是否被赋予不同类型的值?

(6) 为引用的指针分配内存了吗?

(7) 一个数据结构是否在多个函数或者子程序中引用,在每一个引用中明确定义了吗?

2. 数据声明错误

数据声明缺陷产生的原因是不正确地声明或使用变量和常量。应从以下几个方面检查数据声明错误。

(1) 所有变量都赋予正确的长度、类型和存储类了吗?

(2) 变量是否在声明的同时进行了初始化?是否正确初始化并与其类型一致?

(3) 变量有相似的名称吗?

(4) 存在声明过、但从未引用或者只引用过一次的变量吗?

(5) 所有变量在特定的模块化中都显式声明了吗?若没有,是否可理解为该变量与更高级别的模块共享?

3. 计算错误

计算或运算错误就是计算无法得到预期的结果。可从以下几个方面检查。

(1) 是否使用了不同类型的变量进行运算?

(2) 是否使用了类型相同但长度不同的变量?

(3) 是否了解和考虑编译器对类型或长度不一致的变量的转换规则?

(4) 赋值的目的变量是否小于赋值表达式的值?

(5) 在计算过程中是否产生溢出?

(6) 除数/模是否为零?

(7) 对于整数算术运算,处理某些运算的代码(如除法)是否会导致精度丢失?

(8) 变量的值是否超过有意义的范围?

(9) 对于包含多个操作数的表达式,求值的次序是否混乱?运算优先级对吗?是否需要加括号?

4. 比较错误

在使用比较和判断运算时产生比较和判断错误，很可能是因为边界条件存在问题。一般从以下几个方面检查。

(1) 比较的数据正确吗？

(2) 存在分数或者浮点值之间的比较吗？若有，精度问题会影响比较吗？

(3) 每个逻辑表达式都是正确表达吗？逻辑计算按预定的进行吗？求值次序有问题吗？

(4) 逻辑表达式的操作数是逻辑值吗？是否在逻辑计算中包含整数值变量？

5. 控制流程错误

控制流程错误产生的原因是编程语言中循环等控制结构未按预期的方式工作。这种错误通常由计算或者比较错误直接或间接造成。一般从以下几个方面检查。

(1) 若程序中包含 begin…end 和 do…while 等语句组，是否明确给出 end 等语句并与语句组对应？

(2) 程序、模块、子程序和循环能否终止？若不能，可以接受吗？

(3) 是否存在死循环？

(4) 是否有不执行的循环？若有，可以接受吗？

(5) 若程序存在 switch…case 这样的多分支语句，其变量能否超出可能的分支数目？若有，可以接受吗？

(6) 是否存在因为遗漏而导致循环出现意外的流程？

6. 子程序参数错误

子程序参数错误的来源是软件子程序不正确地传递数据。主要从以下几个方面检查。

(1) 子程序接收的参数类型和大小与调用代码发送的匹配吗？次序正确吗？

(2) 若子程序有多个入口，引用的参数是否与当前入口点没有关联？

(3) 常量是否当作形参传递，在子程序中被意外更改？

(4) 子程序是否更改了仅作为输入值的参数？

(5) 每一个参数的单位是否与相应的形参匹配？

(6) 若存在全局变量，在所有引用的子程序中是否有相同的定义和属性？

7. 输入/输出错误

输入/输出错误包括文件读取、接受键盘或鼠标输入，以及向打印机或屏幕等输出设备写入错误。应检查下列条目。

(1) 软件是否严格遵守外部设备读写数据的格式？

(2) 文件或外设没有或未准备好的错误是否已经处理？

(3) 软件是否处理外部设备未连接、不可用，或者读写过程中存储空间已满等情况？

(4) 软件是否以预期方式处理预计的错误？

(5) 检查错误提示信息的准确性、正确性、语法和拼写了吗？

8. 其他检查

除上面分类的错误外，还有以下一些其他类别的错误。

(1) 软件是否使用其他外国语言？是否能处理扩展 ASCII 字符？是否需要用统一编码取代 ASCII？

(2) 软件是否要移植到其他编译器和 CPU？具有这种许可吗？

(3) 是否考虑了兼容性,软件是否可以在不同硬件和系统配置中使用？

(4) 程序编译是否有相关“警告”或“提示”信息？

3.3 程序复杂度及度量方法

在实际的软件开发过程中,人们发现程序的复杂度不仅影响软件的可维护性、可测试性及可靠性,而且与软件中故障的数量、软件的开发成本及软件的效率有关。动态白盒测试主要是利用查看代码功能(做什么)和实现方法(怎么做)得到的信息来确定哪些需要测试、哪些不需要测试、如何开展测试等。这就要求我们在完全了解代码内部结构的基础上设计和执行测试。

为了更清晰地描述程序的结构,并利用相关的结构图来进行动态白盒测试,在学习白盒测试前,先学习程序的流图概念及程序复杂度的计算。

3.3.1 流图的概念

流图又称程序图,实际上可以看作一种简化了的程序流程图。在流图中,只关注程序的流程,不关心各个处理框的细节。因此,原来程序流程图中的各个处理框(包括语句框、判断框、输入/输出框等)都被简化为结点,一般用圆圈表示；而原来程序流程图中的带有箭头的控制流变成了程序图中的有向边。

如图 3-2 所示为结构化程序设计中的几种基本结构的流图。

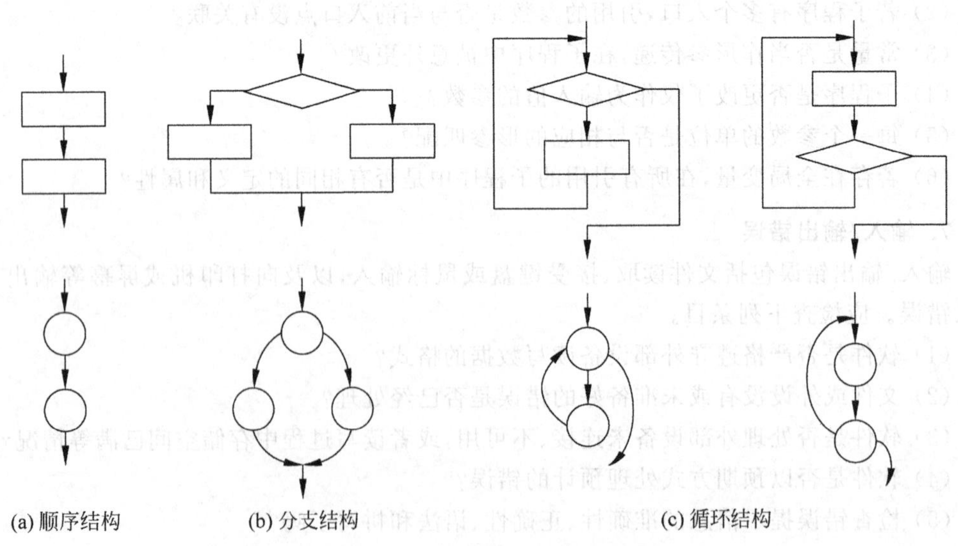

图 3-2 几种基本结构的流图

简化后的流图只有两种图形符号：结点和控制流线。结点用带标号的圆圈表示，可以代表一个或多个语句、一个处理框或一个判断框。控制流线用带箭头的弧线表示，代表程序中的控制流。

从图论的观点来看，流图是一个可表示为 $G=\langle N,E\rangle$ 的有向图。其中，N 表示图中的结点，而 E 表示图中的有向边。

流图可以通过简化程序流程图得到，也可以由 PAD(Problem Analysis Diagram，问题分析图表)或其他详细设计表达工具变换得到。

图 3-3 是典型的程序流程图及对应的流图。对如图 3-3(a)所示的程序流程图进行简化，得到如图 3-3(b)所示的流图。

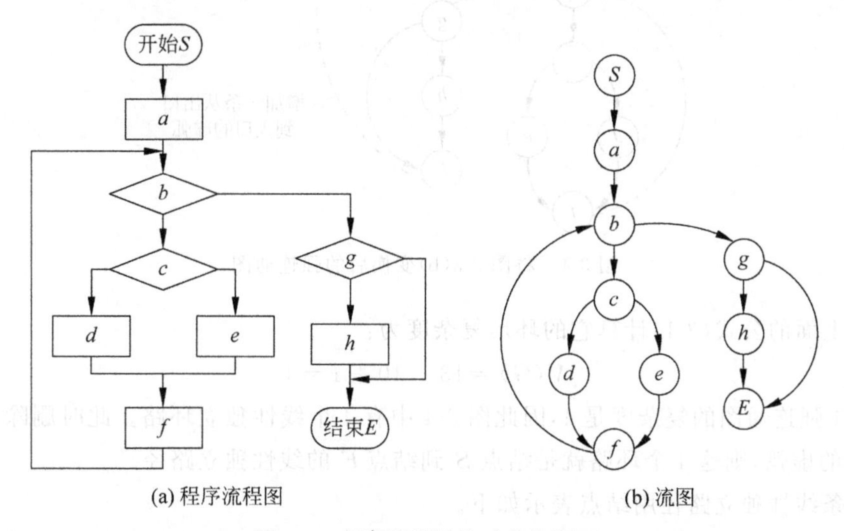

(a) 程序流程图　　(b) 流图

图 3-3　程序流程图及对应的流图

3.3.2　环形复杂度

程序复杂度的度量方法主要有环形复杂度的度量法、文本复杂度的度量法和交点复杂度的度量法。本节主要介绍环形复杂度的度量法。

环形复杂度又称为圈复杂度，是一种为程序逻辑复杂度提供定量尺度的软件度量。它可以提供程序基本集的独立路径数量和确保所有语句至少执行一次的过程，常用于基本路径测试法。

环形复杂度的度量方法又称为 McCabe 方法。一个强连通流图中线性无关的有向环的个数就是该程序的环形复杂度。而强连通图是指从图中任意一个结点出发都能到达图中其他结点的有向图。因此，在图论中可以通过以下公式来计算有向图中线性无关的有向环的个数。

$$V(G)=m-n+p \tag{3-1}$$

其中，$V(G)$表示有向图 G 中的线性无关的环数；

m 表示有向图 G 中有向边的个数；

n 表示有向图中的结点数；

p 表示有向图 G 中可分离出的独立连通区域数,为常数1。

流图虽为连通图,但不是强连通图。可以在流图中增加一条从出口点到入口点的虚弧线,此时,流图就变成了强连通图。

如图3-4所示是在图3-3(b)流图上添加虚弧后得到的强连通图。

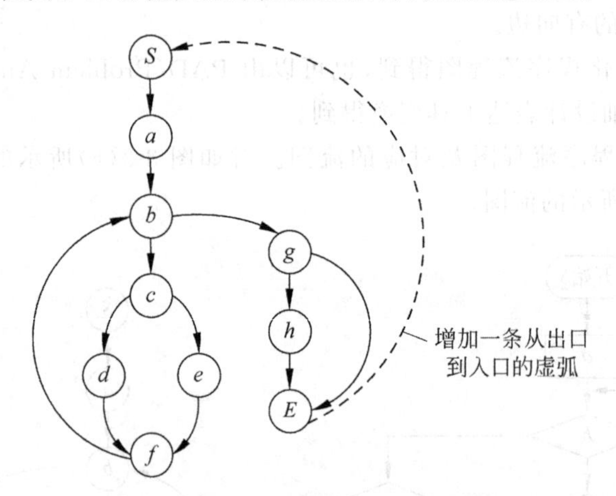

图3-4 将图3-3(b)变换后的强连通图

采用上面的公式(3-1)计算它的环形复杂度为:

$$V(G)=13-10+1=4$$

图3-4强连通图的复杂度是4,因此图3-4中有4个线性独立环路。此时删除从结点 E 到结点 S 的虚弧,则这4个环路就是结点 S 到结点 E 的线性独立路径。

这4条线性独立路径用结点表示如下。

Path1: $S\rightarrow a\rightarrow b\rightarrow g\rightarrow E$

Path2: $S\rightarrow a\rightarrow b\rightarrow g\rightarrow h\rightarrow E$

Path3: $S\rightarrow a\rightarrow b\rightarrow c\rightarrow d\rightarrow f\rightarrow b\rightarrow g\rightarrow E$

Path4: $S\rightarrow a\rightarrow b\rightarrow c\rightarrow e\rightarrow f\rightarrow b\rightarrow g\rightarrow E$

独立路径是指从程序入口到出口的多次执行中,每次至少有一个语句(包括运算、赋值、输入、输出或判断)是新的,未被重复的。若用流图来描述,独立路径是指从入口到出口至少经历一条从未走过的弧。图3-4中其他的路径都不是独立路径,因为它们都可由上面的4条路径组合而成。其实,基本路径集通常并不唯一。

实际上,除了采用上面的公式(3-1)可以计算环形复杂度外,还可以用其他的公式计算出流图的环形复杂度。

$$V(G)=\text{强连通流图在平面上围成的区域数} \tag{3-2}$$

$$V(G)=\text{判定结点数}+1 \tag{3-3}$$

图3-4中,流图中围成的区域有 (b,c,d,f,b)、(c,d,f,e,c)、(g,h,E,g) 和 (S,a,b,g,E,S),因此公式(3-2)计算得到的流图环形复杂度为4。

在图3-4中,判定结点分别为 b、c 和 g,根据公式(3-3)可得环形复杂度为:$3+1=4$。

3.3.3 图矩阵

图可以用集合定义，也可以用图形表示，还可以用矩阵来表示。

对于开发辅助基本路径测试的软件工具，图矩阵的数据结构非常有用，它可以用于实现基本路径集的自动确定。

图矩阵是流图的邻接矩阵的表示形式，其阶数等于流图的结点数，矩阵的每列与每行都对应于标识的某一结点，矩阵元素对应于结点之间存在的边；有边取值为 1，否则为 0 或不填。

如图 3-5 和图 3-6 所示为一个简单流图及对应的邻接矩阵。

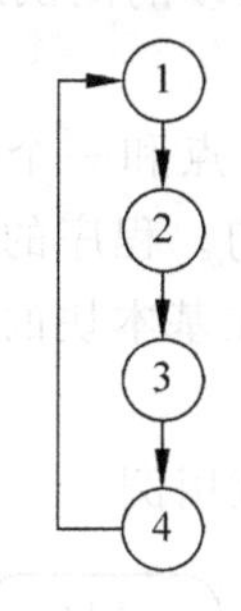

图 3-5　流图

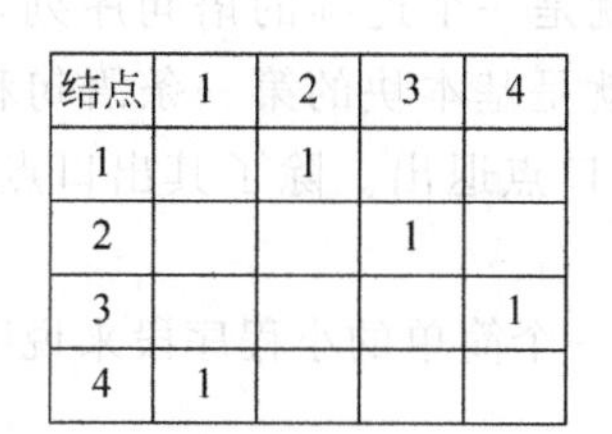

结点	1	2	3	4
1		1		
2			1	
3				1
4	1			

图 3-6　流图对应的邻接矩阵

3.4 动态白盒测试方法

动态白盒测试主要是按一定步骤和方法生成测试用例，并驱动相关模块去执行程序并发现软件中的错误和缺陷。测试人员须对被测系统内的程序结构有深入的认识，清楚程序的结构、各个组成部分及其之间的关联，以及其内部的运行原理、逻辑等。

动态白盒测试不仅要查看代码的运行情况，还包括直接测试和控制软件。主要测试内容包括以下 4 部分。

(1) 直接测试底层函数、过程、子程序和库。

(2) 以完整程序的方式从顶层测试软件，有时也根据对软件运行的了解调整测试用例。

(3) 从软件获得读取变量和状态信息的访问权，以便确定测试结果与预期结果是否相符，同时强制软件以正常测试难以实现的方式运行。

(4) 估算执行测试时“命中”的代码量和具体代码，然后调整测试，去掉多余的测试用例，补充遗漏的测试用例。

动态白盒测试的主要方法有逻辑覆盖、基本路径、循环测试、数据流测试等。

3.4.1 逻辑覆盖

逻辑覆盖是动态白盒测试中常用的测试技术，是一系列测试过程的总称。这种方法是有选择地执行程序中的某些最具有代表性的通路来替代穷尽测试的唯一可行的方法。

逻辑覆盖的测试充分性常用覆盖率来描述,覆盖率是程序中一组被测试用例获得执行的百分比。

覆盖率=(至少被执行一次的被测试项数)/被测试项总数

根据测试覆盖的目标不同,以及覆盖的程度不同,可将覆盖方式由弱到强分为:语句覆盖和块覆盖、判定覆盖、条件覆盖、判定/条件覆盖、条件组合覆盖、修正的判定/条件覆盖、路径覆盖。

1. 语句覆盖和块覆盖

任何用过程式语言编写的程序都是由一系列语句组成的,有些语句是声明或注释语句,有些是可执行语句。语句覆盖又称为代码行覆盖,指选择足够多的测试用例,使得程序中的每一条可执行语句至少被执行一次。

程序的基本块就是一个连续的语句序列,只有一个入口点和一个出口点。这些唯一的入口点和出口点就是基本块的第一条语句和最后一条语句。程序的控制总是从基本块的入口点进入,从出口点退出。除了其出口点,程序不可能在基本块的其他任意点退出或中止。

例 3-1 下面以一个简单的小程序段来说明怎样设计测试用例。

```
Void testexample1(int x,int y,int z)
{
      if (x>1)&&(y==0)
         z=z+x;
    if (x==2) || (z>1)
         z=z+y;
    return z;
}
```

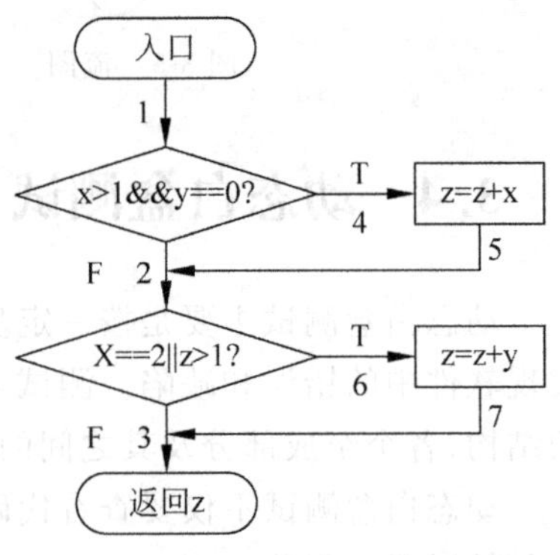

与这段 testexample1 函数相对应的程序控制流程图如图 3-7 所示。

图 3-7 例 3-1 的程序控制流程图

注:图中数字 1、2、3、4、5、6、7 为边。

对于 testexample1 函数,完全语句覆盖是从第一行执行到最后一行,它的测试用例的设计见表 3-1。

表 3-1 testexample1 语句覆盖测试用例

ID	输入数据			返回值	通过的路径
	x	y	z	z	
TE1-001	2	0	4	6	1-4-5-6-7

从本例可知,虽然语句覆盖法将程序段中的每一个可执行语句都执行了,可以说执行语句覆盖率达到了100%;但是不能走遍该程序段的所有路径(如路径 1-2-3 等),而且不能发现判定中逻辑运算的错误,如将第一个判定中的逻辑运算符 && 改为 ||。所以这种方法不是最好的方法。

testexample1 函数的函数体可以分为 5 个块:第一块为第一个 if 语句;第二块为赋值语句 z=z+x;第三块为第二个 if 语句;第四块是赋值语句 z=z+y;第五块是 return z 语

句。如图 3-8 所示。

块覆盖的测试用例的设计目的是将这 5 块全部遍历，表 3-1 语句覆盖的测试用例也就是这个函数的块覆盖的测试用例。

注意，语句覆盖是覆盖所测试程序段中的所有语句，块覆盖是覆盖测试程序段中的所有基本块。

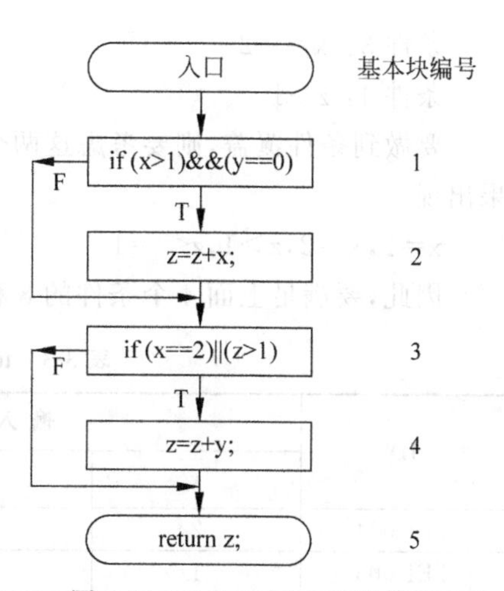

图 3-8 testexample1 函数体的控制流图

2. 判定覆盖

判定覆盖又叫分支覆盖，即设计若干测试用例，使得程序中每个判定表达式的每种可能的结果值都应该至少执行一次，也就是说每个判定的“真”值分支和“假”值分支都至少执行一次。

例 3-2 对于 testexample1 函数实现判定覆盖设计的测试用例见表 3-2。

表 3-2 testexample1 判定覆盖测试用例

ID	输入数据			返回值	通过的路径
	x	y	z	z	
TE1-002	2	0	4	6	1-4-5-6-7
TE1-003	3	1	1	1	1-2-3

从表 3-2 中可知，设计了两个测试用例 TE1-002 和 TE1-003，其中，TE1-002 是考虑两个判定都取真值时走的路径，而 TE1-003 是考虑两个判定都取假值时走的路径。这种测试不仅做了判定覆盖，而且还满足了语句覆盖。但是，内部条件错误仍然是无法判定的，如将第二个判定式中的 z>1 写成 z<1 并不会影响上面的测试执行路径和结果。为了使测试员更清楚测试的效果，需要采用更强的测试方法。

3. 条件覆盖

条件覆盖是将各分支的条件考虑在内，即设计足够多的测试用例，不仅使每个语句至少执行一次，而且使判定表达式中的每个条件都取到各种可能的结果。也就是说，每个判定中的条件取“真”值和“假”值都需要执行一次。

例 3-3 对于 testexample1 函数实现判定覆盖设计的测试用例时要考虑到两个判定中的每一个条件。

第一个判定中的两个条件为：

条件 1：x>1

条件 2：y==0

要做到条件覆盖，则要考虑这两个条件分别取“真”和取“假”的情况，会有下面的几种结果出现。

x>1，x<=1，y=0，y≠0

第二个判定中的两个条件为：

条件3：x==2

条件4：z>1

要做到条件覆盖，则要考虑这两个条件分别取“真”和取“假”的情况，会有下面的几种结果出现。

x=2，x≠2，z>1，z<=1

因此，要满足上面4个条件的8种结果，设计的测试用例如表3-3所示。

表3-3 testexample1条件覆盖测试用例

ID	输入数据			返回值	通过的路径
	x	y	z	z	
TE1-004	2	0	4	6	1-4-5-6-7
TE1-005	1	1	1	1	1-2-3

从表3-3中可知，两个测试用例TE1-004、TE1-005覆盖了所有的条件结果，同时也做到了判定覆盖，但是测试用例有时满足条件覆盖却并不满足判定覆盖。如，取x=2，y=0，z=1和x=1，y=1，z=2时的两组取值分别覆盖路径1-4-5-6-7和1-2-6-7，第二个判定取“假”值的路径没执行，显然不满足判定覆盖。

4. 判定/条件覆盖

判定/条件覆盖是设计足够多的测试用例，使得判定表达式中的每一个条件都取到各种可能的值，同时每个判定表达式也都取到各种可能的结果。

由前面的例子可知，判定覆盖不一定包含条件覆盖，条件覆盖也不一定包含判定覆盖，所以将条件覆盖和判定覆盖结合起来，弥补各自的不足。

例3-4 对于testexample1函数实现判定/条件覆盖设计的测试用例见表3-3。

虽然看起来，判定/条件覆盖测试了各个判定中的所有条件的取值，但是，在某些情况下有些条件会被其他条件掩盖，如第一个判定式(x>1&&y==0)中，当两个条件都为真时判定为真；若第一个条件式x>1为假，第二个条件式y==0就不被检查了，这样即使第二个条件式有错也不能被发现。

5. 条件组合覆盖

条件组合覆盖要求设计足够多的测试用例，使得每个判定表达式中的条件的各种组合可能都至少被执行一次。

为了达到条件组合覆盖的指标，需要列出每个判定中所有可能的条件的可能取值。

例3-5 对于testexample1函数的两个判定，存在的所有条件组合有以下8种。

(1) x>1，y=0

(2) x>1，y≠0

(3) x<=1，y=0

(4) x<=1，y≠0

(5) x=2，z>1

(6) x=2，z<=1

(7) x≠2,z>1

(8) x≠2,z<=1

为满足所有的条件组合而设计测试用例,见表3-4。

表3-4　testexample1条件组合覆盖测试用例

ID	输入数据			返回值	通过的路径
	x	y	z	z	
TE1-006	2	0	4	6	1-4-5-6-7
TE1-007	1	1	1	1	1-2-3
TE1-008	2	1	1	2	1-2-6-7
TE1-009	1	0	2	2	1-2-3

由表3-4可知,TE1-006测试用例覆盖了条件组合中的(1)(5),TE1-007测试用例覆盖了条件组合中的(4)(8),TE1-008测试用例覆盖了条件组合中的(2)(6),TE1-009测试用例覆盖了条件组合中的(3)(7)。

显然,测试用例满足了条件组合覆盖,也满足判定覆盖、条件覆盖和判定/条件覆盖,但并不一定使得每一条路径都能被执行。从例3-5中可知,丢失了一条路径1-4-5-3。

6. 修正条件/判定覆盖

如前面所述,条件组合覆盖要求覆盖复合条件中所有简单条件的真值与假值组合。当嵌入很多简单条件时,要达到条件组合覆盖的代价可能非常高。若复合条件表达式包含n个简单条件,用于覆盖这个条件表达式的最大测试用例数是2^n。测试用例集随着n的增加而增长。

一个基于修正条件/判定覆盖概念的充分性准则又称为MC/DC覆盖,它可以对所有条件和判定进行完全且合理的测试。

满足MC/DC覆盖的测试用例要求如下。

(1) 每一个基本块都被覆盖了。

(2) 每一个简单条件都取过真值和假值。

(3) 每一个判定都得出过所有可能的输出结果。

(4) 每一个简单条件对表达式的输出结果的影响是独立的。

这4个要求分别对应块覆盖、条件覆盖、判定覆盖、MC覆盖。

例3-6　考虑复合条件表达式(A and B) or C,其中,A、B、C为简单条件。为了获得MC充分性,必须设计一个测试集来说明每一个简单条件都是独立地影响表达式的输出结果的。

为了构造这样的测试集,固定表达式中的任意两个简单条件,变化第三个条件,如表3-5所示。其中,T表示真值,F表示假值。

从表3-5中可以发现,有很多行是重复的。针对三个条件中的每一个条件,选择其中两个测试用例来说明该简单条件对表达式结果的独立影响:对C,选择测试用例(3,4);对B,选择测试用例(11,12);对A,选择测试用例(19,20)。如表3-6所示,共有6个测试用例。(也可以选择其他,如对C,选择(5,6)或(7,8)。)

表 3-5　表达式(*A* and *B*) or *C* 的测试集

测试用例号	输　入			表达式值	注　释
	A	*B*	*C*		
1	T	T	T	T	固定 *A*、*B*,*A*、*B* 为 T
2	T	T	F	T	
3	T	F	T	T	固定 *A*、*B*,*A* 为 T、*B* 为 F
4	T	F	F	F	
5	F	T	T	T	固定 *A*、*B*,*A* 为 F、*B* 为 T
6	F	T	F	F	
7	F	F	T	T	固定 *A*、*B*,*A*、*B* 为 F
8	F	F	F	F	
9	T	T	T	T	固定 *A*、*C*,*A*、*C* 为 T
10	T	F	T	T	
11	T	T	F	T	固定 *A*、*C*,*A* 为 *T*、*C* 为 *F*
12	T	F	F	F	
13	F	T	T	T	固定 *A*、*C*,*A* 为 *F*、*C* 为 T
14	F	F	T	T	
15	F	T	F	F	固定 *A*、*C*,*A*、*C* 为 F
16	F	F	F	F	
17	T	T	T	T	固定 *B*、*C*,*B*、*C* 为 T
18	F	T	T	T	
19	T	T	F	T	固定 *B*、*C*,*B* 为 T、*C* 为 F
20	F	T	F	F	
21	T	F	T	T	固定 *B*、*C*,*B* 为 F、*C* 为 T
22	F	F	T	T	
23	T	F	F	F	固定 *B*、*C*,*B*、*C* 为 F
24	F	F	F	F	

表 3-6　表达式(*A* and *B*) or *C* 的充分测试集

测试用例号	输　入			表达式值	对表达值有影响的输入
	A	*B*	*C*		
1 [3]	T	F	T	T	*C*
2 [4]	T	F	F	F	
3 [11]	T	T	F	T	*B*
4 [12]	T	F	F	F	
5 [19]	T	T	F	T	*A*
6 [20]	F	T	F	F	

注：方括号中的数字代表表 3-5 中的测试用例号。

将表 3-6 再进行简化得表 3-7,即其最小测试集。

从这个例子可知,复合条件中的每一个简单条件都独立地影响复合条件的结果。程序中每个复合条件都必须测试到。并且此覆盖比组合条件所需的测试用例数要少。表达式

(*A* and *B*) or *C* 在条件组合覆盖下最多需要 8 个测试用例，而满足 MC/DC 覆盖只需要 4 个测试用例。

表 3-7 表达式(*A* and *B*) or *C* 的最小充分测试集

测试用例号	输入			表达式值	对表达式值有影响的输入
	A	*B*	*C*		
1	T	F	T	T	测试用例 1、2 覆盖 *C*，测试用例 2、3 覆盖 *B*，测试用例 3、4 覆盖 A
2	T	F	F	F	
3	T	T	F	T	
4	F	T	F	F	

例 3-7 对于 testexample1 函数实现 MC/DC 覆盖设计测试用例如表 3-8～表 3-10 所示。

表 3-8 testexample1 函数表达式(x>1)&&(y==0)最小充分测试用例集

测试用例号	输入		表达式值	对表达式值有影响的输入
	x	y		
1	2	0	T	测试用例 1、2 覆盖 y，测试用例 2、3 覆盖 x
2	2	1	F	
3	1	0	F	

表 3-9 testexample1 函数表达式(x==2)‖(z>1)最小充分测试用例集

测试用例号	输入		表达式值	对表达式值有影响的输入
	x	z		
5	2	0	T	测试用例 5、6 覆盖 x，测试用例 6、7 覆盖 z
6	1	2	T	
7	1	0	F	

表 3-10 testexample1 函数的 MC/DC 覆盖设计测试用例

ID	输入数据			返回值	对表达式值有影响的输入
	x	y	z	z	
TE1-010	2	0	1	3	TE1-010、TE1-011 覆盖 y TE1-011、TE1-012 覆盖 x TE1-012、TE1-013 覆盖 z
TE1-011	2	1	1	2	
TE1-012	1	0	2	2	
TE1-013	1	0	0	0	

7. 路径覆盖

路径覆盖是指设计足够多的测试用例，使得程序中的所有可能的路径都至少被执行一次。

例 3-8 对于 testexample1 函数程序段，满足路径覆盖的测试用例设计如表 3-11 所示。

由表3-11可知,测试用例增加了一条路径1-4-5-3,满足了路径覆盖,但不满足条件组合覆盖,丢失了组合(3)(7),因此满足路径覆盖的测试用例并不满足条件组合覆盖。

表3-11 testexample1路径覆盖测试用例

ID	输入数据			返回值	通过的路径
	x	y	z	z	
TE1-014	2	0	4	6	1-4-5-6-7
TE1-015	1	1	1	1	1-2-3
TE1-016	2	1	1	2	1-2-6-7
TE1-017	3	0	0	3	1-4-5-3

只有程序中的每一条路径都受到检验,程序才能受到较全面的检验。由表3-11可知,这段程序非常简单,只有4条路径,但在实际问题中,一个不太复杂的程序中的路径数量都可能十分庞大,要在测试中覆盖所有的路径是不可能实现的。为了解决这一难题,常将覆盖的路径数压缩到一定的限度内,如程序中的循环体只执行一次的情况。

由于路径数目有限,即使对程序进行路径覆盖测试,也不能保证被测试程序的正确性。实际上,各种结构测试方法都不是十全十美的,不能保证程序的正确性,都需要其他的测试方法进行补充。

若程序中有循环语句,可以对循环化简。无论循环的形式和实际循环体的次数多少,只考虑循环一次和零次的情况。这样的路径生成的测试用例集称为z路径覆盖测试。

8. 线性代码序列和跳转覆盖

线性代码序列和跳转(Linear Code Sequence And Jump,LCSAJ)是一个程序单元,它由一段有序的代码序列组成,该序列结束时会跳转到另一个代码序列开始。

一个LCSAJ包含一条或多条语句,表示成三元组(X,Y,Z),其中X、Y分别表示代码序列的第一条语句和最后一条语句,Z是语句Y要跳转到的位置。

程序的控制先到达X,顺序执行相关语句后到达Y,然后跳转到Z。这样,就称LCSAJ (X,Y,Z)被遍历了,也称被覆盖了。

例3-9 函数testexample2的函数体只有一个条件语句。

```
1  Void testexample2(int x;int y)
2  {
3    int p;
4    if (x<y)
5      p=y;
6    else
7      p=x;
8    return (p);
9  }
```

这个函数体中的LCSAJ如表3-12所示。

表 3-12 testexample2 函数体中的 LCSAJ

LCSAJ	开始行号	结束行号	跳转到
1	3	6	return
2	3	4	7
3	7	8	return

注意，每个 LCSAJ 由一条语句开始，结束时跳转到另一个 LCSAJ。LCSAJ 结束时的跳转可能把控制转移到另一个 LCSAJ 或程序直接结束。

表 3-13 中的测试用例使得表 3-12 中的三个 LCSAJ 各被遍历了至少一次。

表 3-13 testexample2 LCSAJ 覆盖测试用例

ID	输入数据		返回值	LCSAJ
	x	y	p	
TE2-001	2	8	8	1
TE2-002	6	3	6	2,3

3.4.2 基本路径

一个程序可能有若干条不同的路径。一个没有条件语句的程序，只包含一条从入口开始到出口结束的路径。如果程序中包含条件语句，每增加一个条件语句，就至少增加一条不同的路径。据其位置不同，条件语句可能使路径的数目指数级增长。

同样，循环语句的存在也将大大增加路径的数量。每遍历一次循环体，就相当于给程序增加了一个条件语句，路径数量也就至少增加 1。有时，循环的执行次数依赖于输入的数据，在程序执行之前是无法确定的。所以要确定程序中的路径数量是非常困难的。

在不能做到所有的路径覆盖的情况下，若能让程序中的每一个独立的路径都被执行到，那么就可以认为程序中的每一个语句都已经检验到了，也就说达到了语句覆盖。

基本路径测试是 T. McCabe 首先提出的一种白盒测试技术。所谓基本路径是指程序中至少引进一条新的语句或一个新的条件的任一路径。

基本路径测试法又称独立路径测试，是在程序控制流图的基础上，通过分析控制结构的环路复杂性，导出基本可执行路径集合，从而设计出相应的测试用例的方法。

基本路径测试的基本步骤如下。

(1) 根据程序设计结果导出程序流程图的控制流图。

(2) 计算程序的环路复杂度。

(3) 导出基本路径集，确定程序的独立路径。

(4) 根据独立路径，设计相应的测试用例。

例 3-10 对于 testexample1 函数程序段，首先将其控制流图 3-7 修改成判定框单一条件，如图 3-9 所示。然后导出图 3-9 对应的流图，如图 3-10 所示。

在将程序流程图简化为流图时应注意以下几点。

(1) 在选择或多分支结构中，分支的汇聚处应有一个汇聚结点，如图 3-10 中的结点 4。

(2) 边和结点圈定的封闭图形叫作区域,当对区域计数时,图形外的区域也应记为一个区域。

(3) 如果判断中的条件表达式是由一个或多个逻辑运算符(OR,AND,NAND,NOR)连接的复合条件表达式,则需要改为只包含单条件的嵌套的判断框。将图 3-7 中的两个判定框可改为图 3-9 中的 4 个判定框。

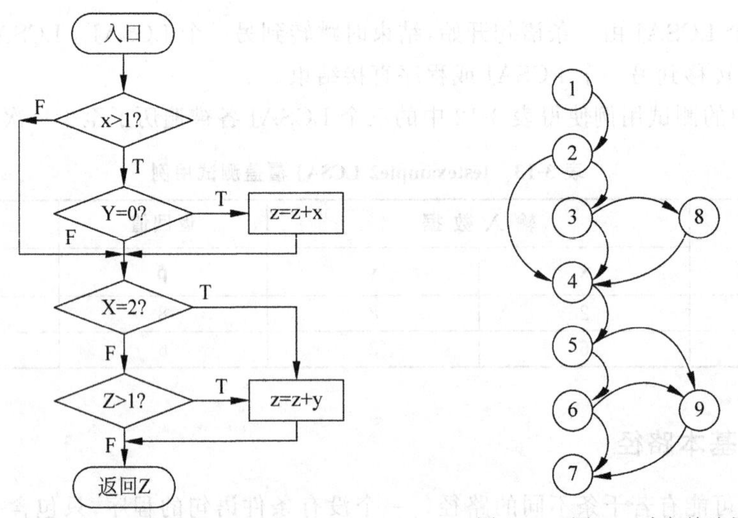

图 3-9 将图 3-7 修改后的程序流程图

图 3-10 图 3-9 对应的流图

第二步:计算程序环形复杂度。

为计算环形复杂度,可以直接计算程序流程图中的判定数量(每个判定是单一条件的),然后加 1 即可得到。从图 3-9 可看出有 4 个判定框,所以环形复杂度为 5。

利用公式 $V(G)=e-n+1$ 计算,其中,e 为图 G 中的边数,n 为图 G 中的结点数(注意:要变成强连通图,要增加一条从出口到入口的边)。$V(G)=13-9+1=5$。

按区域数计算环形复杂度,图 3-10 中有 4 个小区域,加上图形外一个区域,共有 5 个区域,因此环形复杂度为 5。

也可采用图形矩阵方法来计算。如图 3-11 所示,根据图形矩阵图各点之间的连接权数减 1 后的和,再加 1 得到环形复杂度为 5。

	1	2	3	4	5	6	7	8	9	连接权	-1	=比较个数
1		1								1		=0
2			1	1						2		=1
3				1				1		2		=1
4					1					1		=0
5						1			1	2		=1
6							1		1	2		=1
7												
8				1						1		=0
9							1			1		=0
												环形数=4+1=5

图 3-11 图 3-10 对应的图形矩阵

第三步：确定独立路径集。

因为环形复杂度为5,所以有如下5条基本路径。

Path1：1—2—4—5—6—7

Path2：1—2—3—4—5—6—7

Path3：1—2—3—8—4—5—6—7

Path4：1—2—3—8—4—5—9—7

Path5：1—2—3—8—4—5—6—9—7

第四步：设计测试用例。

根据前面确定的独立路径集,设计测试用例及其输出,见表3-14。

表 3-14 testexample1 基本路径覆盖测试用例

ID	输入数据			返回值	通过的路径
	x	y	z	z	
TE1-014	1	0	1	1	Path1
TE1-015	3	1	1	1	Path2
TE1-016	3	0	3	6	Path3
TE1-017	2	0	2	4	Path4
TE1-018	3	0	6	9	Path5

由上述测试用例可以看出,满足基本路径覆盖,不一定满足条件组合覆盖。反之亦然。为了实现较充分的覆盖,可以设计既满足条件组合覆盖,又满足基本路径覆盖的测试用例。

3.4.3 循环测试

循环结构是程序中较常使用的一种基本结构,对循环语句的测试主要关注循环结构的复杂度。

循环测试是一种白盒测试技术,专注于测试循环结构的有效性。它遵循的基本测试原则是：在循环的边界和运行界限处执行循环体。

在结构化的程序中,循环结构通常只有三种：简单循环、嵌套循环和串接循环。其他不规则的循环结构都可以转化为这三种结构。

1. 简单循环的测试

如图3-12所示是两种简单循环结构。假设循环体执行的最大次数为n,在测试时,需要考虑以下几种情况。

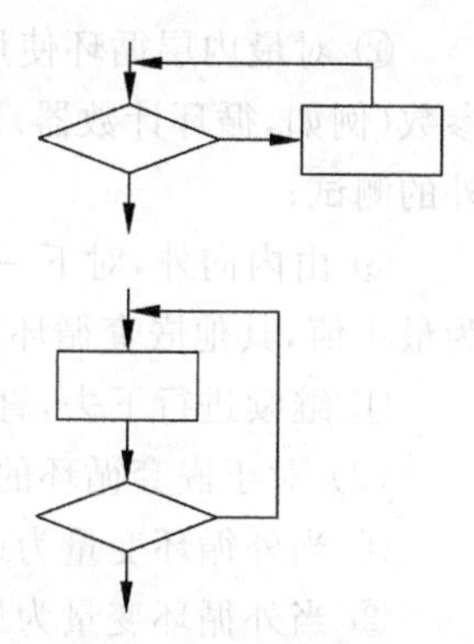

图 3-12 简单循环

(1) 零次循环：不执行循环体,直接退出。

(2) 一次循环：只执行一次循环体。

(3) 二次循环：执行两次循环体。

(4) m次循环：执行循环体m次($m<n-1$)。

(5) $n-1$次循环：执行循环体$n-1$次。

(6) n次循环：执行循环体n次。

(7) $n+1$次循环：执行循环体$n+1$次。

在测试时,对循环语句着重考虑以下两个问题:

(1) 循环变量的初始值、最大值、增量是否正确?

(2) 何时退出循环?

例 3-11 以下是一段简单的程序代码:

```
Void testexample3(int n)
{
  int i;
  int sum = 0;
  for (i = 1;i <= n;i++)
  sum = sum + i;
  return sum;
}
```

调用此函数时,设 n=10,则为这段循环程序设计的测试用例见表 3-15。

表 3-15 testexample3 简单循环测试用例

ID	循环取值	初始值	返回值	执行循环次数
	n	i	sum	
TE3-001	0	1	0	0
TE3-002	1	1	1	1
TE3-003	2	1	3	2
TE3-004	5	1	15	5
TE3-005	9	1	45	9
TE3-006	10	1	55	10
TE3-007	11	1	66	11

2. 嵌套循环的测试

若将简单循环的测试方法应用到嵌套循环中,其测试数可能会随嵌套层数的增加按几何级数增长,如图 3-13 所示。

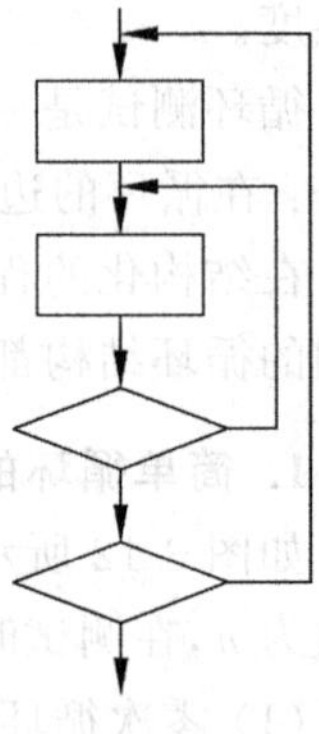

图 3-13 嵌套循环

(1) B. Beizer 提出了一种能减少测试数的方法:

① 从最内层循环开始测试,把所有其他循环都设置为最小值;

② 对最内层循环使用简单循环测试方法,而使外层循环的迭代参数(例如,循环计数器)取最小值,并为越界值或非法值增加一些额外的测试;

③ 由内向外,对下一个循环进行测试,但保持所有其他外层循环为最小值,其他嵌套循环为"典型"值;

④ 继续进行下去,直到测试完所有循环。

(2) 对于嵌套循环的测试,重点注意以下几个方面。

① 当外循环变量为最小值时,内层循环为最小值和最大值时的运算结果;

② 当外循环变量为最大值时,内层循环为最小值和最大值时的运算结果;

③ 循环变量的增量是否正确;

④ 何时退出循环。

3. 串接循环的测试

串接循环又称为并列循环,如图3-14所示。在对串接循环进行测试时,如果串接循环的各个循环都彼此独立,则可以使用前述的简单循环测试方法来测试串接循环。如果两个循环串接,而且第一个循环的循环计数器值是第二个循环的初始值,则这两个循环并不是独立的。当循环不独立时,建议使用嵌套循环测试方法来测试串接循环。

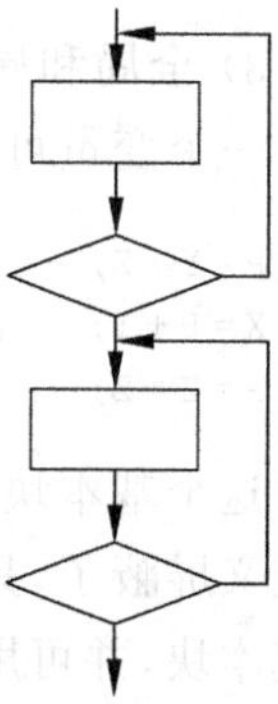

图3-14 串接循环

3.4.4 数据流测试

前面已介绍了以控制流为基础的程序结构测试用例,但是,即使测试了所有的条件和语句块,往往也并不能检测出程序中所有的错误。

另一个测试充分性准则是基于程序中的数据流,主要关心的是程序中的数据定义和使用,可以用来改进针对基于控制流准则充分的测试集。

1. 数据流的基本概念

1) 变量的定义和使用

使用C、Java等过程语句编写的程序包含大量的变量。变量一般通过赋值定义和初始化,并在表达式中被使用。例如:

```
int x,y,A[10];
A[i] = x + y;
Scanf(" %d%d",&x,&y);
```

上面第一行定义了变量x和y,数组A;第二行定义了数组A并使用了变量i、x和y;第三行是C语言的一个输入函数,定义了变量x和y。

2) c-use和p-use

如果一个变量被用在赋值语句的表达式、输出语句中,或者被当作参数传递给调用函数,或者被用在下标表达式中,则称这些语句为该变量的c-use。其中,c表示“计算”。例如:

```
Y = X + 1;
A[X - 2] = B[3];
Output(X);
```

上面三条语句中有X的三个c-use。

如果一个变量被用在分支语句的条件表达式中,则称此表达式为该变量的p-use。其中,p表示“谓词”。例如:

```
If (Y > 0) {input(X)};
While (Y > X) { … };
```

上面两个语句中有变量Y的两个p-use。

在某些情况下,有时很难确定变量是c-use还是p-use。例如:

```
If (A[X+1]<0) {output(X);}
```

3) 全局和局部的定义与使用

一个变量可能在同一个基本块中被定义、使用和重定义。例如，一个基本块如下：

```
P=Y+Z;
X=P+1;
P=Z*Z;
```

这个基本块定义了P,使用了P,并且重定义了P。第一个定义是局部的,因为它被第二个定义屏蔽了,只能局部使用。第二个定义是全局的,因为它的值可以成功超越其定义所在的基本块,并可用于后续的基本块中。其中,变量X、Y、Z都是全局变量。

注：我们只关心全局变量的定义和使用,局部定义与使用在研究基于数据流的测试时没有意义。

2. 数据流图

程序的数据流图(DFG)又称def-use图,它勾画了程序中变量在不同的基本块间的定义流。与程序的控制流图(CFG)有点儿相似,并可以从它的CFG中导出。

例3-12 考虑如下一个基本块,包含两条赋值语句和一个函数调用语句。

```
P=y+z;
Foo(p+q,number);
A[i]=x+1;
If (x>y) {…}
```

从此基本块中可知,def={p,A},c-use={y,z,p,q,number,x,i},p-use={x,y}。

根据程序及其他CFG构造数据流图,基本过程如下。

(1) 计算程序中每个基本块的def、c-use和p-use。

(2) 将结点集中的每个结点与它对应的def、c-use和p-use关联起来。

(3) 针对每个具有非空p-use集并且在条件C处结束的结点,如果条件C为真时执行边1,C为假时执行边2,分别将边1、边2与C、!C关联起来。

例3-13 计算图3-8 testexample1函数体的控制流图中每个基本块的def、c-use和p-use,并将它们与CFG的结点和边关联起来。如表3-16所示为testexample1函数体中的5个基本块的def、c-use和p-use。

表3-16 testexample1函数体中的基本块的def、c-use和p-use

结点(或基本块)	def	c-use	p-use
1	x,y,z		x,y
2	z	z,x	
3			x,z
4	z	z,y	
5		z	

根据表3-16中的def、c-use和p-use集合以及图3-8,画出函数testexample1的数据流图,如图3-15所示。

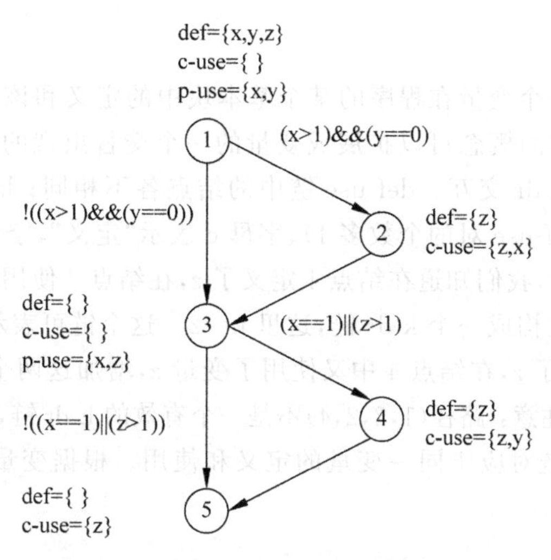

图 3-15　函数 testexample1 的数据流图

数据流图的结点使用圆圈来表示，圆圈中的数字是基本块号，每个结点都标有相应的 def、c-use、p-use 集合，每条分支边都标记了条件。当 p-use 为空时可以忽略。

3. def-clear 路径

一个数据流图可以有许多路径，其中有一类路径就是 def-clear 路径。

假设变量 x 在结点 i 中定义，在结点 j 中使用，对于路径 $p=\{i,n_1,n_2,\cdots,n_k,j\},k\geqslant 0$，并且结点 i、j 在子路径 $n_1,n_2,\cdots,n_k$ 中未出现过，变量 x 没有在子路径中被重新定义，称 p 是变量 x 的 def-clear 路径。

例 3-14　考虑如图 3-15 所示函数 testexample1 的数据流图，在第 1 个结点定义的 y 在路径 $p=\{1,3,4\}$上，在第 4 个结点处是活跃的，该路径称为变量 y 的 def-clear 路径；同样，变量 x 的 def-clear 路径是{1,2}。变量 z 的 def-clear 路径是{1,3,5}。

注意：变量 x 可能有多个定义在 x 被使用的某个结点处是活跃的，但路径是不同的。同时，当控制到达 x 被使用的结点处时，最多只有一个 x 的定义是活跃的。

4. def-use 对

对任一变量 x，从被定义开始到其被使用就构成了此变量的一次特定的 def-use 对。

有两种类型的 def-use 对：一种是定义及其 c-use 构成的 def-use 对；另一种是定义及其 p-use 构成的 def-use 对。分别用集合 dcu 和 dpu 来描述这两类 def-use 对。

例 3-15　计算图 3-15 中的 dcu 集合和 dpu 集合，如表 3-17 所示。

表 3-17　图 3-15 中所有的 dcu 集合和 dpu 集合

变量(v)	定义所在结点(n)	dcu(v,n)	dpu(v,n)
x	1	{2}	{(1,2),(1,3),(3,5),(3,4)}
y	1	{4}	{(1,2),(1,3)}
z	1	{2,4,5}	{(3,5),(3,4)}
z	2	{2,4,5}	{(3,5),(3,4)}
z	4	{2,4,5}	{(3,5),(3,4)}

5. def-use 链

一个 def-use 对由一个变量在程序的某个基本块中的定义和该变量在另一个基本块中的使用构成。def-use 对的概念可以扩展成变量的一个交替出现的定义、使用序列,这种序列也称为 def-use 链或 k-dr 交互。def-use 链中的结点各不相同; k-dr 中,k 表示链的长度(链中结点的个数,比 def-use 对的个数多 1),字母 d 表示"定义",字母 r 表示"引用"。

例 3-16 图 3-15 中,我们知道在结点 1 定义了 z,在结点 2 使用了 z; 变量 z 在结点 1 和结点 2 中的 def-use 交互构成一个 k-dr 链,这里 k=2。这个链可表示成对偶(1,2)。

在结点 2 中又定义了 z,在结点 4 中又使用了变量 z,增加这两个结点,得到一个更长的 k-dr 链(1,2,4),k=3。注意:路径(1,2,2,4)不是一个有效的 k-dr 链,因为结点 2 重复出现。

由此可知,def-use 链对应于同一变量的定义和使用。根据变量交替出现的定义、使用序列也可构造出 k-dr 链。

6. 优化

经过简单分析数据流图可以减少要覆盖的 def-use 对个数。

从图 3-15 知,覆盖了 dcu(z,1)意味着覆盖了 dcu(x,1)和 dcu(y,1)。因为覆盖变量 z 在结点 2 中的 c-use 必须遍历路径(1,2),覆盖了 dcu(x,1); 覆盖变量 z 在结点 4 中的 c-use 必须遍历路径(1,3,4),覆盖了 dcu(y,1); 用类似的分析方法,可以将 c-use 覆盖减少到最小集,如表 3-18 所示。

表 3-18 图 3-15 中的最小 dcu 集合

变量(v)	定义所在结点(n)	dcu(v,n)	dpu(v,n)
z	1	{2,4,5}	{(3,5),(3,4)}
z	2	{2,4,5}	{(3,5),(3,4)}
z	4	{2,4,5}	{(3,5),(3,4)}

同样,dpu 中的 p-use 个数也可减少到最小集。

7. 数据流的测试用例设计

假设程序 P 的数据流图包含 k 个结点,n_1、n_k 分别表示开始结点和结束结点。当针对测试用例 T 执行程序 P 时,如果遍历了完整路径(n_{i1},n_{i2},…,n_{im}),则称程序 P 数据流图中的结点 s 被测试用例 T 覆盖了。其中,$s=n_{ij}$,$1\leqslant j\leqslant m$,$m\leqslant k$。

同样,当针对测试用例 T 执行程序 P 时,如果遍历了上述路径,则称程序 P 数据流图中的边(r,s)被测试用例 T 覆盖了。其中,r、s 为上述路径中相邻的两结点。

1) c-use 覆盖

设 z 是 dcu(x,q)中的一个结点,即结点 z 包含在结点 q 处定义的变量 x 的一个 c-use,假设针对测试用例 t_c 执行程序 P,遍历了如下完整路径:

$$P=(n_1,n_{i1},\cdots,n_{i1},n_{i1+1},\cdots,n_{im},n_{im+1},\cdots,n_k)$$

其中,$2\leqslant i,j\leqslant k$,$1\leqslant j\leqslant k$。

如果 $q=n_{i1}$,$s=n_{im}$,($n_{i1+1}\cdots n_{im}$)是一个从 q 到 z 的 def-use 路径,则称变量 x 的该 c-use 被覆盖。如果 dcu(x,q)中的每一个结点在程序 P 的一次或多次执行中都被覆盖,则

称变量 x 的所有 c-use 被覆盖。如果程序 P 中所有的变量的所有的 c-use 都被覆盖了，则称程序中所有的 c-use 被覆盖。

例 3-17 考虑函数 testexample1，其数据流图如图 3-15 所示。设计一个测试用例 t_c，它能覆盖 dcu(z,1)中的结点 2，即覆盖在结点 1 定义的变量 x 在结点 2 的 c-use。

考虑如下的测试用例：t_c：<x=3,y=0,z=0>

函数 testexample1 执行 t_c 时，遍历的完整路径是(1,2,3,5)。显然，该路径包含结点 1、2；变量 z 在结点 1 被定义，在结点 2 有 z 的一个 c-use，并且针对 z 的这个定义，子路径(1,2)是一个 def-use 路径。因此，t_c 覆盖结点 2，结点 2 是 dcu(z,1)的一个元素。

注意：*t_c 也覆盖了结点 5，但是没有覆盖结点 4。结点 5 也包含 z 的一个 c-use。*

2) p-use 覆盖

设(z,r)、(z,s)是 dpu(x,q)中的两条边，即结点 z 包含变量 x 的一个 p-use，x 是在结点 q 中定义的。假设针对测试用例 t_p 执行程序 P，遍历了如下完整路径：

$$P=(n_1,n_{i1},\cdots,n_{i1},n_{i1+1},\cdots,n_{im},n_{im+1},\cdots,n_k)$$

其中，$2\leqslant i,j\leqslant k$，$1\leqslant j\leqslant k$。

如果下面的条件满足了，则称结点 q 定义的变量 x 在结点 z 的 p-use 的边(z,s)被覆盖：$q=n_{ij}$，$z=n_{im}$，$r=n_{im+1}$，并且$(n_{i1},n_{i1+1},\cdots,n_{im},n_{im+1})$对 x 而言是一个 def-clear 路径。

类似地，如果下面的条件满足了，则称结点 q 定义的变量 x 在结点 z 的 p-use 的边(z,r)被覆盖：$q=n_{ij}$，$z=n_{im}$，$s=n_{im+1}$，并且$(n_{i1},n_{i1+1},\cdots,n_{im},n_{im+1})$对 x 而言是一个 def-clear 路径。

当程序 P 的同一次或多次执行中满足上述两个条件时，则称变量 x 在结点 z 的 p-use 被覆盖。

例 3-18 考虑函数 testexample1，其数据流图如图 3-15 所示。设计一个测试用例 t_p，考虑结点 1 中变量 x 的定义。其目标是覆盖这个定义在结点 3 的 p-use。

如果测试用例遍历的是标记 x=1 的边(3,4)，则称该边被覆盖。如选择测试用例：

t_p：<x=1,y=1,z=0>

经过的路径是(1,3,4,5)。

如果测试用例遍历的是标记 x≠1 的边(3,5)，考虑测试用例：

t_p：<x=2,y=1,z=0>

经过的路径是(1,3,5)。

注意：*在定义变量结点与测试结点之间，变量不能被重新定义，并且 if 语句的条件表达式中使用到此变量。*

3) all-use 覆盖

当所有的 c-use 和 p-use 都被覆盖时，就认为满足 all-use 覆盖。

3.5 白盒测试的流程与要求

3.5.1 白盒测试流程

NC(Network Computer)系统中的对象主要分为如下几种。

(1) 界面对象(UI Object，UI)。

(2) 数值对象(Value Object,VO)。

(3) 业务对象(Business Object,BO)。

(4) 数据管理对象(Data Manage Object,DMO)。

测试流程可分为如下两种。

1. 界面对象测试

界面对象测试的流程图如图3-16所示。

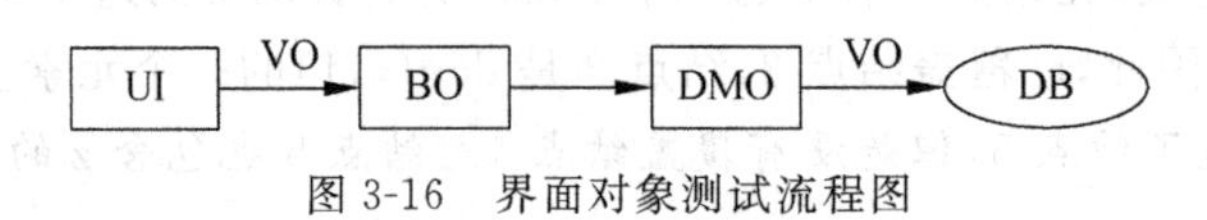

图3-16 界面对象测试流程图

2. 业务对象测试

业务对象测试的流程图如图3-17所示。

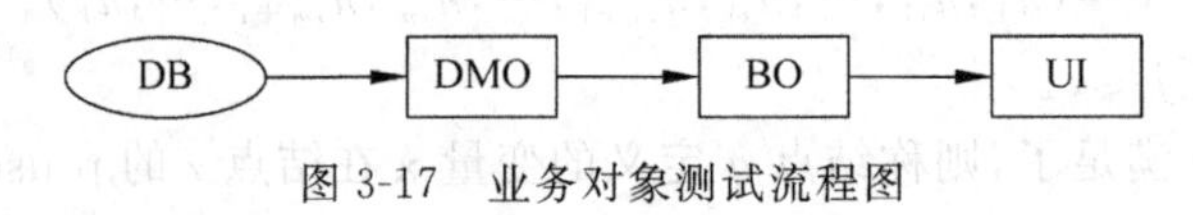

图3-17 业务对象测试流程图

两种测试流程的优缺点比较如下。

界面对象测试流程的优点是便于测试者从界面层直观地录入数据,缺点是做回归测试时,需重复录入数据。

业务对象测试原则是从底层测试,底层测试通过了,再依次往上一层测试;否则不需要往上层测试。优点是做回归测试时,不用再构造输入数据,只要再执行一遍小测试程序;缺点是需要给中间层做一遍测试小程序,根据程序中类的对象构造输入数据及将结果输出到控制台上。

3.5.2 白盒测试要求

白盒测试问题分为以下几大类:各层公用问题、Java语言规范、数据类型、SQL语句规范、界面UI、VO数值对象、BO业务对象、DMO数据管理对象、业务逻辑重点测试项目、事务处理与隔离级别测试、效率测试。

问题属性分为4类:错误、缺陷、故障、失效。

错误是指计算值、观测值、测量值或条件与真值不符合规定的或理论上的正确值或条件。

缺陷是指与期望值或特征值的偏差。

故障是指功能部件不能执行所要求的功能。故障可能由错误、缺陷或失效引起。

失效是指功能部件执行其功能的能力丧失,系统或系统部件丧失了在规定限度内执行所要求功能的能力。

针对以上问题,下面列举相关测试报告要求。

1. 各层公用问题

各层公用问题测试如表3-19所示。

表 3-19 各层公用问题测试报告要求

序号	测试项	测试内容及要求	质量保证标准	问题属性	出错频率
T1	代码与设计对照	按需求、UI、CRC 设计文档与编码对照，看是否完全地实现了所有的 UI 设计文档和 CRC 卡中规定的内容	完备性	错误	
T2	代码与设计对照	按需求、UI、CRC 设计文档与编码对照，看是否创建了所需的数据库或其他初始化数据文件	完备性	错误	
T3	参数返回值	方法中被传递参数的类型、个数、顺序及返回值是否正确？以符合 UI 设计文档和 CRC 卡为准	正确性	错误	
T4	参数的传递	当方法需要调用其他方法时，调用的参数是否正确（UI 设计文档和 CRC 卡中有调用说明）	正确性	错误	
T5	命名	是否按《命名规范》进行了类、方法、变量、属性的命名	正确性	错误	
T6	公式	代码中的公式是否使用了设计文档中的相应数学公式	正确性	错误	
T7	注释	注释是否使用简洁明了的语言，对每一个方法都进行了充分必要的描述？是否对复杂的代码进行了注释？当程序的运行受某些特殊因素限制时，是否做了限制注释？是否列出限制模块运行特性的全部特殊因素	易理解性	缺陷	
T8	冗余语句和变量	是否存在永远执行不到的语句和变量，因而降低了程序的可理解性	易理解性	缺陷	
T9	程序是否冗余	对于程序中的大量重复内容，是否使用了专门的类来实现	可验证性	缺陷	
T10	代码整体规范	是否自始至终使用了《程序员开发手册》和《编码规范》中要求的格式、调用约定、结构等	一致性	缺陷	
T11	代码与书写注释	在一个函数内，代码的长度不允许超过 100 行。如果一个函数的代码长度超过屏幕高度，那么这个函数就太长了。使用统一的格式化代码，将‘{’放在所有者的后面，并且在下一行代码前加入 Tab 键缩进（Tab 键比用若干个空格更容易控制使用统一的缩进距离）； 类的注释；接口的注释；函数的注释；类属性的注释；局部变量的注释	易理解性	缺陷	
T12	包	包命名是否符合程序包命名规范			
T13	类	(1) 创建的属性（字段）是否完整，类型与命名是否规范，注释是否清楚合理。 (2) 创建的方法是否完整；命名是否规范；修辞是否正确；参数、参数类型、返回类型是否正确。 (3) 调用的方法和传递的参数是否正确。 (4) 参数传递、返回值是否正确。 (5) 特殊校验、处理是否有注释			

续表

序号	测试项	测试内容及要求	质量保证标准	问题属性	出错频率
T14	类命名	第一个字母大写的英文正常语序；每个功能点的主程序(通常继承系统管理框架)统一采用 ClientUI 类名称；业务逻辑代码类以 BO 结尾，如 GeneralLedgerBO；数值对象类以 VO 结尾，如 EmployeeVO；数据管理对象类以 DMO 结尾，如 EmployeeDMO；查询对象类以 QO 结尾，如 EmployeeQO；非参照对话框类以 Dlg 结尾，如 EditEmployeeDlg；参照对话框类以 Ref 结尾，如 WorkCenterRef；面板类以 Panel 结尾，如 GeneralLedgerPanel			
T15	接口	接口名的开头加上字母'I'前缀；从第二个字母起，用首字母大写的英文单词描述			
T16	方法	(1) 是否正确定义了此方法(包括修辞词、返回类型、参数、参数类型)。 (2) 注释是否清楚。 (3) 命名是否正确：方法函数名的第一个单词小写，后面的单词第一个字母大写；第一个单词必须是动词，使函数的意义清晰明了；存取对象的属性使用 setXXX() 和 getXXX() 函数形式，访问布尔类型的属性可以使用 isXXX() 函数			
T17	类属性	(1) 所有类属性全部以 m 开头，同其他变量区分开。 (2) 对于集合类型的域，如数组、向量，必须使用复数形式来指出它们的多值特性。 (3) 所有的域都是私有的，用并且仅用 getXXX 和 setXXX 等的存取函数去访问域。 (4) 存取函数的可见性尽量为 protected 属性，getter 函数可以是 public 属性的。 (5) 存取函数的命名规则是： getter 函数＝ get ＋域名(非布尔类型域)is ＋域名(布尔类型域) setter 函数＝ set ＋域名			
T18	常量	常量的命名全部使用大写字母。用下画线来分隔单词，如 MAX_VALUE、START_DATE、MINIMUM_BALANCE			
T19	类所实现的功能	是否实现了要求的所有功能			
T20	类中的校验方法	(1) 界面级的校验是否齐全。 (2) 业务级的校验是否齐全	完备性	错误	
T21	继承、封装、多态性	面向对象程序是否体现继承、封装和多态的特性			
T22	面向对象特性	面向对象程序中，编写类的方法时，是否同时考虑基类方法(Base::Function())的行为和继承类方法(Derived::Function())的行为			

续表

序号	测试项	测试内容及要求	质量保证标准	问题属性	出错频率

T23	数据封装性	数据成员是否满足数据封装的要求。
		有时强制的类型转换会破坏数据的封装特性。例如：
		class Hiden
		{private:
		int a = 1;
		char * p = "hiden";}
		class Visible
		{public:
		int b = 2;
		char * s = "visible";}
		…
		Hiden pp;
		Visible * qq = (Visible *)&pp;
		在上面的程序段中，pp 的数据成员可以通过 qq 被随意访问			

T24	类成员方法	以 OOD(面向对象设计)为依据，类中成员方法是否实现了设计中所要求的功能；如通过 OOD 仍不清楚，则还应依据 OOA 及需求报告说明书			

2. Java 语言规范

Java 语言规范测试如表 3-20 所示。

表 3-20 Java 语言规范

序号	测试项	测试内容	质量保证标准	问题属性	出错频率
J1	下标	是否有下标变量越界错误	健壮性	错误	
J2	除数	是否包含除零错误的可能	健壮性	错误	
J3	Get 方法	当对一个不知是否为空的对象取其属性值时会引起空指针异常。如果空指针异常没有被接收，程序将终止。例如：BusinessData1. getBusinessDate2. getOid() 当 BusinessData1. getBusinessDate2 为 null 时，BusinessData1. getBusinessDate2. getOid()将发生异常	健壮性	错误	
J4	字符串	在字符串比较和将字符串写入数据表前应用 Trim()函数删除掉它的前后空格	健壮性	错误	
J5	字符串连接符"＋"	将字符串连接操作中的"＋"操作符同加法运算中的＋操作混淆将导致奇怪的结果。例如：y 为 int 类型，y 的值为 5，g. drawString("y＋2＝"＋y＋2,30,30)；将显示 y＋2＝52	正确性	错误	
J6	Float double	不要用等于或不等于来比较浮点值，而应该判断其差别是否小于某一指定小的值。例如：89.6 实际可能为 89.599 992 324 58	正确性	错误	
J7	Float double	不要将浮点值用作计数循环，应用整型值	正确性	错误	

续表

序号	测试项	测试内容	质量保证标准	问题属性	出错频率
J8	Float double	不要使用float或者double类型的变量执行精确的金融计算。浮点数的不精确会导致金融计算的错误。可定义若干类来完成不同的金融计算	正确性	错误	
J9	switch	switch语句的末尾如果没有default语句将会不利于处理异常	健壮性	缺陷	
J10	switch	是否在switch结构中的每一个case语句体结束时都有break语句	正确性	错误	
J11	if语句	在if语句体右括号后紧跟一个分号常常是错误的,会使if语句成为顺序语句	正确性	错误	
J12	循环语句	通过循环语句对Vector型变量赋值时,其Vector变量的实例化语句是否被错误地包含在循环体内	正确性	错误	
J13	循环语句	注意循环的条件中是否有差1的现象	正确性	错误	
J14	循环语句	代码是否有无穷循环的可能(循环条件永远为真)	可预见性	错误	
J15	数值范围	是否存在溢出错误			
J16	This super	This、super用法是否正确			
J17	构造子方法	是否缺少构造子方法			
J18	方法声明、参数、返回值	方法声明错误、参数错误、返回值错误			
J19	计算	计算错误			
J20	比较	比较错误			
J21	控制流	控制流错误			
J22	类的修饰符	修饰符是否符合以下原则:Public用于对所有的类可见;Private用于对本类可见,Protected不仅用于对子类可见,也用于对同一个包的其他所有类可见			

3. 数据类型

数据类型测试如表3-21所示。

表3-21 数据类型

序号	测试项	测试内容	质量保证标准	问题属性	出错频率
D1	Null转化	在设置值对象VO时,在VO内部是否将空串""转化为null;数值型数据的整数、浮点数将null转为0			
D2	Null转化	在取得VO元素放到界面时(如放到UITextField)是否根据需要将null转化为""或"0"或"0.0"			

续表

序号	测试项	测试内容	质量保证标准	问题属性	出错频率
D3	控件数据类型的转换	编辑控件数据类型是否与表中对应字段数据类型一致。UITextField 文本域数据类型在 nc. ui. pub. beans. textfield 包的 UITextType 接口中定义了 TextStr、TextInt、TextDbl、TextDate 和 TextDateTime 等 5 类。布尔型使用 UICheckBox 或 UIRadioButton 控件，故没有定义布尔型			
D4	UFDouble 的使用	去掉原 UFCurrency 类型，重新封装 UFDouble，所有的数值型及运算是否采用 UFDouble			
D5	UFDateTime 的使用	去掉原 UFTime 类型，重新封装 UFDateTime			
D6	某些数据封装类型的禁用	禁止使用的数据封装类型，如 Boolean、Short、Long、Float、Double、Date			
D7	双精度型控件范围内的控制	对双精度型控件是否控制最大长度范围。例如，对双精度型，数据库表中字段设为 Decimal 类型，precision 为 20 位，Scale 为 8 位，则需加入语句：ivjtxtShipUnitNum. setMaxLength(20)；vjtxtShipUnitNum. setNumPoint(8)；			
D8	最大长度的设置	设置最大长度 MaxLength（默认 20 位、对 TextDate 与 TextDateTime 无效）			
D9	小数位数的设置	设置小数位数 NumPoint(默认 4 位、只对 TextDbl 有效)			

D10	禁止输入字符的设置	设置禁止输入的字符 DelStr，整数和浮点数也可设置禁止字符串，如：
		//禁止输入负数
		setTextType("TextStr");
		setDelStr("-");
		//只输入数字型字符
		setTextType("TextDbl");
		setDelStr("-.");			

D11	对齐方式	整数和浮点数默认右对齐，其他左对齐，可以改变			
D12	左边字符锁定的设置	设置左边字符锁定： (1) setFixText(String)：设置串并锁定和字符串相同的长度。 (2) setFixText(String, int)：设置并锁定参数给定的长度。 (3) setFixTextLen(int)：锁定参数给定的长度。 (4) setText(String)：设置串并取消锁定。 任何设置都会修改以前设定的锁定长度			

4. SQL 语句规范

SQL 语句规范测试如表 3-22 所示。

表 3-22 SQL 语句规范

序号	测试项	测 试 内 容	质量保证标准	问题属性	出错频率
S1	书写规范	语句全部用小写			
S2	SQL 语法	禁止使用“select * from”语法。 禁止使用“insert into table_name values(?,?,…)”语法 统一使用“insert into table_name (col1,col2,…) values(?,?,…)”			
S3	SQL 语法	如果在语句中有 not in(in)操作,是否考虑用 not exists(exists)来重写			
S4	类型转换	避免显式或隐含的类型转换。例如,在 where 子句中 numeric 型和 int 型的列的比较			
S5	运算符处理	当 SQL 语句含有运算符时,运算符需与其他字符串用空格区分,否则容易导致以下类似问题。例如,在语句 select a-b from table 中,a,b 均为变量。拼写该语句时,如果 a=6,b= -3,则语句变为 select 6--3 from table。--变为 SQL 的注释,语句报错			
S6	查询优化	为提高索引的效率,查询路径优化(尤其是要尽力减少查询嵌套)			
S7	视图	使用静态视图,不允许动态创建视图、索引、存储过程等数据库对象			
S8	null	不能将 Null 与空串""视为相同			
S9	多表连接	(1) SQL 语句包含多表连接时,是否加上表的别名。 (2) 子查询问题。对于能用连接方式或者视图方式实现的功能,不要用子查询。例如:select name from customer where customer_id in (select customer_id from order where money>1000)。应该用如下语句代替:select name from customer inner join order on customer. customer_id=order. customer_id where order. money>100。 (3) 多表关联查询时,写法必须遵循以下原则,这样做有利于建立索引,提高查询效率。格式如下:select sum(table1. je) from table1 table1,table2 table2,table3 table3 where (table1 的等值条件(=)) and (table1 的非等值条件) and (table2 与 table1 的关联条件) and (table2 的等值条件) and (table2 的非等值条件) and (table3 与 table2 的关联条件) and (table3 的等值条件) and (table3 的非等值条件)			
S10	复杂 SQL 语句	对复杂 SQL 语句必须单独测试,如多表查询拼写语句是否符合业务要求			

续表

序号	测试项	测 试 内 容	质量保证标准	问题属性	出错频率
S11	多数据库适配	(1) Sql 语句转换类。调用方法：SqlTranslator trans = new SqlTranslator(); destSql=trans.getSql(sourceSql, databaseType)。 (2) 提供 SQLException 信息转换。同一个 SQL 在不同数据库操作,JDBC 返回的错误号以及错误信息不同。SQLException 信息转换器将不同 JDBC 返回的错误号统一为以 SQL Server 7.0 为准,错误信息仍以不同 JDBC 返回的错误信息为主。 (3) SQL 语法限制： ① 字符串连接必须用"‖"符号。例如：select f1 ‖ f2 from test,而不是 select f1 f2 from test；如果用"+"号,则 Oracle 不支持。 ② 左连接的写法必须带"outer"关键字。例如：select f1 from t1 left outer t2 on t1.f1 = t2.f1,而不是 select f1 from t1 left t2 on t1.f1 = t2.f1。 ③ 参与左连接的列不能为常量,例如,不允许使用如下语句：select * from t1 left outer join t2 on t1.f1='A'。 ④ 在 Case when 语句中只能出现=、>=、<=以及 is null 运算符,不能出现<、>、<>、!=以及 is not null 运算符。否则 Oracle 的 decode 函数无法表达。 ⑤ 在 Case when 语句中参与比较的列只能有一个。例如,不能使用如下 case…when 语句：case when f1 > 1 then … when f2 > 1 then…end。 ⑥ 在对 char 类型比较时,要对列加上 rtrim()函数,否则在 Oracle 中不会得到正确结果。 ⑦ 在 Delete、Update、Insert、Select 语句中 char 类型的数值引用使用单引号,例如语句 Insert into values("book",5)在 SQL Server 中可以使用,而在 Oracle、DB2 中不支持,应为：Insert into t values('book',5)。 ⑧ 通配符不能使用"[a-c]%"这种形式,应写作：select * from table_name where col1 like "[a]%" OR col1 like "[b]%" R ol1 like "[c]%"。 ⑨ 不能通过 top n/percent 来限制查询结果集的记录数,Oracle 不支持。 ⑩ union、order by、group by、having、between…and、in、exists、is null 用法一致			
S12	函数	不允许动态创建函数			

5. 界面 UI

界面 UI 测试如表 3-23 所示。

表 3-23 界面 UI

序号	测试项	测试内容	质量保证标准	问题属性	出错频率
UI1	继承类	从 ToftPanel 继承一个类。每个界面类都要继承 ToftPanel：public class myUI extends ToftPanel{…}			
UI2	添加按钮	是否为界面类添加它需要的按钮。 ① 添加按钮属性。 ② 添加按钮组属性。 ③ 将按钮设置到界面上。 在构造方法中是否添加如下语句：setButtons(m_aryButtonGroup)；			

UI3	响应按钮	响应按钮。在 onButtonClicked(ButtonObject bo)方法中，处理按钮事件：
		public void onButtonClicked(ButtonObject bo) {
		if (bo == m_boNormalButton)
		{ onNormalButtonClicked(); }
		else if (bo == m_boXxxButton)
		{// other button disposing }}			

UI4	界面标题	设置界面标题。在 getTitle()方法中，返回界面的标题： public String getTitle() { return "我的标题"; }			
UI5	其他业务代码	完成其他业务代码。在完成业务代码时，可能需要用到账套编码、单位编码、用户编码等信息，这些信息保存在 ClientEnvironment 类中。可以在 ToftPanel 的继承类中使用方法 getClinetEnvironment()获得一个 ClientEnvironment			
UI6	客户端调用 BO 对象	对于在客户端用到的每个 BO 类 XxxBO，都要生成一个客户端的代理类 XxxBO_Client。XxxBO_Client 和 XxxBO 的方法一一对应，XxxBO_Client 实际上是 XxxBO 对象在客户端的一个包装。在 UI 层中，只使用 XxxBO_Client 访问 BS 层。例如，如果要调用 XxxBO 类中的一个 update(MyVO vo)方法，那么在客户端的代码是：XxxBO_Client. update(vo)；			
UI7	对话框须继承和使用的类	对话框继承 nc. ui. pub. beans. UIDialog。对于提供消息的对话框，使用 nc. ui. pub. beans. MessageDialog，不允许使用 javax. swing. JOptionPane，因为 JOptionPane 在浏览器中运行时存在问题			
UI8	表格模型须继承和使用的类	表格模型继承 nc. ui. pub. beans. table. VOTableModel 或使用 NCTableModel			

注：UI 功能测试省略。

6. VO 数值对象

一个 VO 负责在系统各层之间传递业务数据。通常一个 VO 对应一个数据库表，但也可以对应多个数据库表，或对应一个数据库表的部分字段。VO 测试如表 3-24 所示。

表 3-24 VO数值对象

序号	测试项	测试内容	质量保证标准	问题属性	出错频率
VO1	继承类	该类是否继承于VO类	正确性	错误	
VO2	get()和set()是否齐全	VO类是否包含每个需要持久化属性的setXXX和getXXX方法。在set方法中是否对属性进行合法性校验,校验失败抛出ValidationException异常	正确性	错误	
VO3	构造子类	该类应包含无参构造子类、只含参数OID的构造子类	正确性	错误	
VO4	参数	全参构造子类中参数的顺序是否与set语句的顺序一致	正确性	错误	
VO5	语句体	在每个set方法中是否有修改对应属性的语句体	正确性	错误	
VO6	语句体	在每个get方法中是否有返回对应属性的语句体	正确性	错误	
VO7	空值问题	所有为保存操作员的录入数据而创建VO对象的类属性应初始化为null,直到操作员录入数据时才为相应属性分配空间和赋值。在保存到数据库时,把空属性(null)映射为数据库相应字段的null			
VO8	Integer、Double包装类型	由于Java的Primitive Type类型(如int、double)不是对象,所以不能使用它们作为类属性类型,应该采用对应的Integer、Double等相应的包装类型			

7. BO业务对象

BO测试如表3-25所示。

表 3-25 BO业务对象

序号	测试项	测试内容	质量保证标准	问题属性	出错频率
BO1	BO类中是否存在名称相同且参数个数相同的方法	一个BO类中不能有名称相同且参数个数相同的两种方法同时存在。因为目前中间件生成工具处理此情况存在问题			
BO2	事件监听器和处理事件	不建议使用可视化进行事件处理,请手工注册事件监听器和处理事件,因为这种做法可以减少不必要的代码			
BO3	打印异常	所有异常应打印出来,可使用下述语句:`e.printStackTrace(System.err);`			
BO4	抛出异常	BO的所有业务方法都必须抛出异常:`java.rmi.RemoteException`;否则将不能生成EJB辅助代码			

BO5	BO对象中使用其他BO对象或环境变量时	在BO对象中如要使用其他BO对象或环境变量,必须使用getBeanHome()和getEnvProperty()方法获得,不要直接使用JNDI查询。使用其他BO对象的方法代码示例如下:
		`BO2Home home = getBeanHome("BO2Name", BO2Home.class);`
		`BO2 bo2 = BO2Home.create();`			

BO6	EJB规范	基类BusinessObject包含SessionBean接口中的setSessionContext()、ejbCreate()、ejbActivate()、ejbPassivate()、ejbRemove()方法。这是提供给EJB Server的调用接口,不要在BO类中调用这几个方法			

续表

序号	测 试 项	测 试 内 容	质量保证标准	问题属性	出错频率
BO7	工具生成代码是否可用	在CodeSeed为一个数据库表生成代码时,可以选择包含BO类以及home、remote接口、BO_Client(客户端代理)。所有生成的代码演示系统各层之间的调用关系,测试这些类是否根据业务要求加以调整			
BO8	BO类的设计要遵循大粒度的原则	尽量将一项业务的所有方法放入同一个BO类中。这是设计EJB(尤其是Stateless Session Bean)的一项原则,它能有效地提高对系统资源的利用。具体到编码实践中,虽然CodeSeed针对每个DMO类生成了一个BO类,但要将相关的BO类整合成一个BO类			
BO9	BO类中方法的命名是否反映该方法的业务含义	虽然CodeSeed生成的代码中将方法命名为insert()、update()等,还应将它们更名为addBill()、auditBill()等业务名称			
BO10	BO类是否生成供客户端调用BS端的代码	当设计完BO类后,需调用NC EJB开发工具集生成和部署代码,生成供客户端调用BS端的代码			

BO11	在BO、DMO类中调用另一个BO对象时是否保证一个事务的正确实现	在BO和DMO类中,如要使用其他BO对象,必须使用getBeanHome()方法获得。假如BO1的一个方法内要使用BO2,那么示例如下:
		`BO2Home home = getBeanHome("BO2Name", BO2Home.class);`
		`BO2 bo2 = BO2Home.create();`
		`bo2.method1();`
		其中,getBeanHome()方法的第一个参数BO2Name是一个字符串,代表BO2的JNDI名称。中间件默认的JNDI名称由"包名.remote接口名"构成,例如,对上述BO2(假定它位于nc.bs.mypackage包中),默认的JNDI名称是"nc.bs.mypackage.BO2"。不可直接用New关键字创建一个新的BO对象的实例,否则中间件将无法控制和确保其事务属性的正确实现			

BO12	向数据库插入一条记录时,是否为它获得唯一主键(OID)	提供OID的算法由系统管理统一处理,通过DMO基类的两个接口方法getOID(String pk_corp)和getOIDs(String pk_corp, int amount)提供给业务模块使用。其中,参数pk_corp是此记录所属的公司的主键。如果参数pk_corp为null,则默认为集团公司的数据			
BO13	业务级校验	业务级校验方法是否齐全			

8. DMO数据管理对象

DMO测试如表3-26所示。

表3-26 DMO数据管理对象

序号	测试项	测 试 内 容	质量保证标准	问题属性	出错频率
DM1	继承类	每个DMO类是否都继承DataManageObject			
DM2	数据库的利用效率	为了提高数据库的利用效率,是否尽量使用PreparedStatement执行SQL操作,不要使用Statement			

续表

序号	测试项	测 试 内 容	质量保证标准	问题属性	出错频率
DM3	DMO 类中方法的完整性	(1) 通常 DMO 类中应包含 insert()、delete()、update()方法。还可以包括其他的查询方法。 (2) 对一些特殊的继承类，如处理参数设置的 DMO 类，可能不需要 insert()和 delete()方法			
DM4	数据库连接	在 DMO 类中，数据库连接必须通过 getConnection()方法获得，不允许直接使用 JNDI 查询			
DM5	数据库资源的获得与释放	应在 DMO 类每个方法中获得 Connection、PreparedStatement 两种数据库资源，并在方法的结束位置释放数据库资源			
DM6	库表主键值	在 DMO 类的一个方法中向数据库插入(insert)数据时，是否使用 getOID()方法获得一个自动产生的库表主键值			
DM7	是否尽量使用 VO 数组	如果 DMO 类中的方法需要返回业务数据，则通常是 VO 对象或 VO 对象的数组(或集合)。当客户端需要多个 VO 对象时，是否尽量使用 VO 数组的形式返回，以提高数据库和网络效率，不要将多个 VO 一个一个地查询和返回			
DM8	DMO 对象调用另一个 BO 对象时	如果在 DMO 对象中需要使用 BO 对象(通常是提供公共服务的 BO)，必须使用 getBeanHome 获得 BO 对象的 home 接口			
DM9	自动生成代码的调整	在 CodeSeed 生成的代码中包含 delete(VO)、insert(VO)、update(VO)、insertArray(VO[])、queryAll()等方法。是否根据业务需要增加、删除、调整 DMO 类中的方法			
DM10	参数 pk_corp 的使用	在 DMO 中的 insert()等方法中，向数据库插入记录时，要通过 getOID(String pk_corp) 或 getOIDs (String pk_corp, int amount)为该记录获得一个记录主键(OID)，如果参数 pk_corp 为 null，则默认为集团公司			
DM11	用 VO 对象写库时	数据库表中加入一字段时，执行 stmt = con.prepareStatement(sql)后，执行 stmt.setString(3, invcl.getInvclasscode()语句中的序号是否与数据库表中字段顺序一致(举例附后)			
DM12	条件拼写语句	条件拼写语句是否符合业务逻辑			
DM13	DMO 类的查询、增加、修改方法	查询：执行完查询 SQL 语句 ResultSet rs = stmt.executeQuery()后，是否对查询 VO 对象正确地赋值，赋值属性是否有遗漏 执行完插入 SQL 语句 stmt = con.prepareStatement(sql)后，是否对 stmt 正确地赋值，且赋值属性是否有遗漏，然后执行 stmt.executeUpdate()更新数据库 更新：执行完更新 SQL 语句 stmt = con.prepareStatement(sql)后，是否对 stmt 正确地赋值，且赋值属性是否有遗漏，然后执行 stmt.executeUpdate()更新数据库			

错误码 DM11 举例：如数据库表 bd_invcl 中加入一字段 avgprice，执行完 SQL 语句后，PreparedStatement 类型的 stmt 中执行 set 语句的顺序要与数据库表中字段顺序一致，否则出错。

```
String sql = "insert into bd_invcl(pk_invcl, invclassname, invclasscode, endflag, avgprice,
invclasslev) values(?, ?, ?, ?, ?, ?)";
```

```
Connection con = null;
PreparedStatement stmt = null;
try {
con = getConnection();
stmt = con.prepareStatement(sql);
// set PK fields:
String newOid = getOID();
stmt.setString(1, newOid);
// set non PK fields:
if (invcl.getInvclassname() == null) {
stmt.setNull(2, Types.CHAR); }
else {
stmt.setString(2, invcl.getInvclassname());
}
if (invcl.getInvclasscode() == null) {
stmt.setNull(3, Types.CHAR);
}
else {
stmt.setString(3, invcl.getInvclasscode());
}
if (invcl.getEndflag() == null) {
stmt.setNull(4, Types.CHAR);
}
else {
stmt.setString(4, invcl.getEndflag());
}
if (invcl.getAvgprice() == null) {
stmt.setNull(5, Types.INTEGER);                          /* 修改的地方 */
}
else {
stmt.setBigDecimal(5, invcl.getAvgprice());
}
if (invcl.getInvclasslev() == null) {
stmt.setNull(6, Types.INTEGER);
}
else {
stmt.setInt(6, invcl.getInvclasslev().intValue());
}
//
stmt.executeUpdate();
return newOid;
}
catch (Exception e) {return "插入未成功";}
finally {
try {
if (stmt != null) {
stmt.close();
}
}catch (Exception e) {}
try {
```

```
if (con != null) {
con.close();
}
}catch (Exception e) {}
}
}
```

9. 业务逻辑重点测试项目

根据不同业务要求进行细化，具体测试如下。

(1) 状态校验测试，例如：

① 作废状态的校验：在 Remove 和 Update 单据时，需校验状态。如果记录处于作废状态会抛出异常，否则正常删除或修改。(请构造正反用例分别测试。)

② 审核状态的校验：在 Remove 和 Update 单据时，需校验状态。如果记录处于审核状态会抛出异常，否则正常删除或修改。(请构造正反用例分别测试。)

③ 冻结状态校验：同上。

(2) 关联删除测试。

(3) 关联增加测试。

(4) 静态变量的测试。

10. 样例

以存货基本档案 UI 层为例：

(1) 显示控件和编辑控件应该加以区分，尽量避免任何引起用户误会的可能。例如，存货档案中的“查询条件”控件，可能使用户误以为是用来录入的。

(2) 编辑控件数据类型未与表中对应字段数据类型一致，例如，InvbasdocPanel 类中的 gettxtWeitUnitNum(){}应加入 ivjtxtWeitUnitNum. setTextType(nc. ui. pub. beans. textfield. UITextType. TextDbl)。

(3) 控件没有控制最大长度范围，例如，对双精度型，数据库表中字段设为 Decimal 类型，precision 为 20 位，Scale 为 8 位，则需加入下列语句：

```
ivjtxtShipUnitNum.setMaxLength(20);
ivjtxtShipUnitNum.setNumPoint(8);
```

(4) 参照问题：增加存货时，从树中所选分类没有自动带入，存货分类参照应只显示末级。

(5) 树表结构。

① 树中结点级次混乱；

② 选择末级结点时，树中结点与列表中记录没有对应；

③ 进入树表结构型的界面中，选择末级结点时，没有激活“增加”按钮；

④ 按增加，没有默认切换到第一页，从树中所选分类没有自动带入。

(6) 报错信息。

① 错误信息提示不准确；

② 当操作合法时，也出现报错信息框，例如，光标定位于左边树中的某一结点时，报错

信息为：只有第二级以下的结点或末级结点表才能展开。

3.6 白盒测试运用实例

例 3-19 三角形问题。

输入三个整数 a,b,c(1≤a,b,c≤100),判断是否构成三角形。若能构成三角形,指出构成的是等边三角形、等腰三角形,还是一般三角形?

1. 程序流程图

程序流程图如图 3-18 所示。

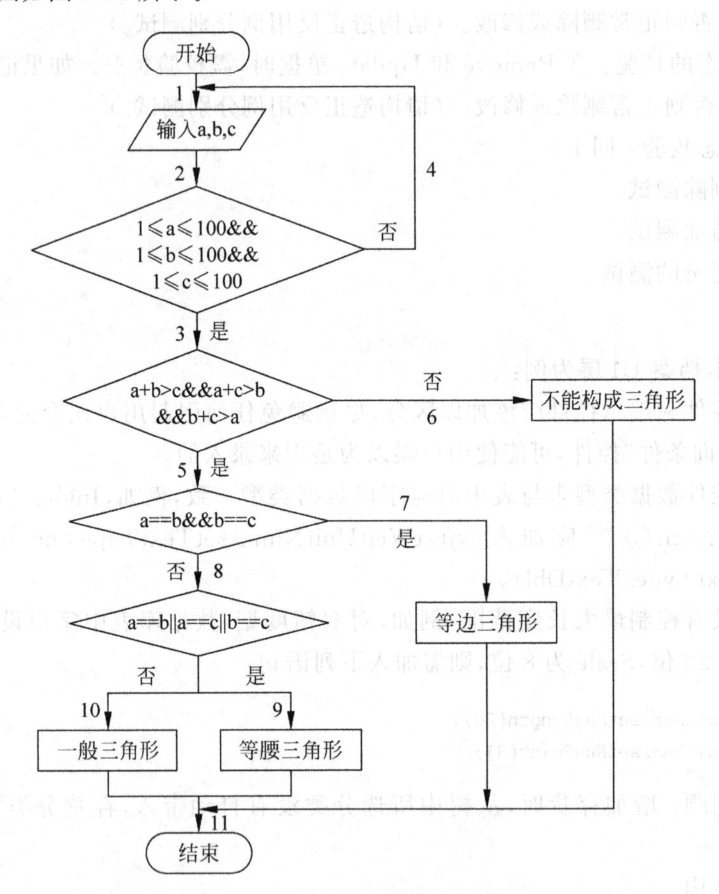

图 3-18 三角形问题程序流程图

2. C++源程序

```
#include <iostream>
using namespace std;
int main(){
    int a,b,c,n;
    //输入三个大于 0,小于或等于 100 的整数
```

```
cout <<"输入三个大于 0,小于或等于 100 的整数: ";
cin >> a >> b >> c;
//检测 abc
while(!(a >= 1&&a <= 100)){
    cout <<"输入的 a 错误,请重新输入: ";
    cin >> a;
}
while(!(b >= 1&&b <= 100)){
    cout <<"输入的 b 错误,请重新输入: ";
    cin >> b;
}
while(!(c >= 1&&c <= 100)){
    cout <<"输入的 c 错误,请重新输入: ";
    cin >> c;
}
//检查构成三角形的类型
if((a + b > c)&&(a + c > b)&&(b + c > a))
{if(a == b&&b == c)
    {
        n = 1;}
    else
        if(a == b || a == c || b == c){
            n = 2;}
        else
        {
            n = 3;}

    if(n == 1){
        cout <<"构成等边三角形."<< endl;}
    else if(n == 2){
        cout <<"构成等腰三角形."<< endl;}
    else if(n = 3) {
        cout <<"构成一般三角形."<< endl;}
}
    else{
        cout <<"不能构成三角形."<< endl;}
}
```

3. 逻辑测试方法

(1) 语句覆盖,见表 3-27。

表 3-27 语句覆盖测试用例表

ID	输入			预期输出结果	实际输出结果	通过路径
	a	b	c			
TE-01	5	5	5	构成等边三角形	构成等边三角形	1-2-3-5-7-11
TE-02	5	5	6	构成等腰三角形	构成等腰三角形	1-2-3-5-8-9-11
TE-03	1	1	3	不能构成三角形	不能构成三角形	1-2-3-6-11
TE-04	5	6	7	构成一般三角形	构成一般三角形	1-2-3-5-8-10-11

(2) 判定覆盖,见表 3-28。

表 3-28 判定覆盖测试用例表

ID	输入			预期输出结果	实际输出结果	通过路径
	a	b	c			
TE-05	105	5	8	输入 a 错误,重新输入	输入 a 错误,重新输入	1-2-4
TE-06	5	1	2	不能构成三角形	不能构成三角形	1-2-3-6-11
TE-07	6	6	6	构成等边三角形	构成等边三角形	1-2-3-5-7-11
TE-08	6	6	5	构成等腰三角形	构成等腰三角形	1-2-3-5-8-9-11
TE-09	6	8	10	构成一般三角形	构成一般三角形	1-2-3-5-8-10-11

(3) 条件覆盖,见表 3-29。

表 3-29 条件覆盖测试用例表

ID	输入			预期输出结果	实际输出结果	通过路径
	a	b	c			
TE-10	101	105	105	输入 a、b、c 错误,重新输入	输入 a、b、c 错误,重新输入	1-2-4
TE-11	−1	−1	−1	输入 a、b、c 错误,重新输入	输入 a、b、c 错误,重新输入	1-2-4
TE-12	2	8	12	不能构成三角形	不能构成三角形	1-2-3-6-11
TE-13	2	12	8	不能构成三角形	不能构成三角形	1-2-3-6-11
TE-14	12	2	8	不能构成三角形	不能构成三角形	1-2-3-6-11
TE-15	6	6	6	构成等边三角形	构成等边三角形	1-2-3-5-7-11
TE-16	6	8	10	构成一般三角形	构成一般三角形	1-2-3-5-8-10-11

(4) 判定/条件覆盖,见表 3-30。

表 3-30 判定/条件覆盖测试用例表

ID	输入			预期输出结果	实际输出结果	通过路径
	a	b	c			
TE-17	101	105	105	输入 a、b、c 错误,重新输入	输入 a、b、c 错误,重新输入	1-2-4
TE-18	−1	−1	−1	输入 a、b、c 错误,重新输入	输入 a、b、c 错误,重新输入	1-2-4
TE-19	2	8	12	不能构成三角形	不能构成三角形	1-2-3-6-11
TE-20	2	12	8	不能构成三角形	不能构成三角形	1-2-3-6-11
TE-21	12	2	8	不能构成三角形	不能构成三角形	1-2-3-6-11
TE-22	6	6	8	构成等腰三角形	构成等腰三角形	1-2-3-5-8-9-11
TE-23	8	6	6	构成等腰三角形	构成等腰三角形	1-2-3-5-8-9-11
TE-24	6	8	6	构成等腰三角形	构成等腰三角形	1-2-3-5-8-9-11
TE-25	6	6	6	构成等边三角形	构成等边三角形	1-2-3-5-7-11
TE-26	6	8	10	构成一般三角形	构成一般三角形	1-2-3-5-8-10-11

(5) 修正的判定/条件覆盖,见表 3-31。

表 3-31 修正的判定/条件覆盖测试用例表

ID	输入			预期输出结果	实际输出结果	通过路径
	a	b	c			
TE-27	101	5	105	输入a、c错误,重新输入	输入a、c错误,重新输入	1-2-4
TE-28	5	−1	−1	输入b、c错误,重新输入	输入b、c错误,重新输入	1-2-4
TE-29	−1	105	5	输入a、b错误,重新输入	输入a、b错误,重新输入	1-2-4
TE-30	2	8	12	不能构成三角形	不能构成三角形	1-2-3-6-11
TE-31	2	12	8	不能构成三角形	不能构成三角形	1-2-3-6-11
TE-32	12	2	8	不能构成三角形	不能构成三角形	1-2-3-6-11
TE-33	6	6	8	构成等腰三角形	构成等腰三角形	1-2-3-5-8-9-11
TE-34	8	6	6	构成等腰三角形	构成等腰三角形	1-2-3-5-8-9-11
TE-35	6	8	6	构成等腰三角形	构成等腰三角形	1-2-3-5-8-9-11
TE-36	6	6	6	构成等边三角形	构成等边三角形	1-2-3-5-7-11

(6) 条件组合覆盖,见表 3-32。

表 3-32 条件组合覆盖测试用例表

ID	输入			预期输出结果	实际输出结果	通过路径
	a	b	c			
TE-37	101	105	105	输入a、b、c错误,重新输入	输入a、b、c错误,重新输入	1-2-4
TE-38	−1	−1	−1	输入a、b、c错误,重新输入	输入a、b、c错误,重新输入	1-2-4
TE-39	2	8	12	不能构成三角形	不能构成三角形	1-2-3-6-11
TE-40	2	12	8	不能构成三角形	不能构成三角形	1-2-3-6-11
TE-41	12	2	8	不能构成三角形	不能构成三角形	1-2-3-6-11
TE-42	6	6	10	构成等腰三角形	构成等腰三角形	1-2-3-5-8-9-11
TE-43	8	8	8	构成等边三角形	构成等边三角形	1-2-3-5-7-11
TE-44	3	4	5	构成一般三角形	构成一般三角形	1-2-3-5-8-10-11

(7) 路径覆盖,见表 3-33。

表 3-33 路径覆盖测试用例表

ID	输入			预期输出结果	实际输出结果	通过路径
	a	b	c			
TE-45	103	5	8	输入a错误,重新输入	输入a错误,重新输入	1-2-4
TE-46	2	2	5	不能构成三角形	不能构成三角形	1-2-3-6-11
TE-47	10	10	10	构成等边三角形	构成等边三角形	1-2-3-5-7-11
TE-48	5	5	7	构成等腰三角形	构成等腰三角形	1-2-3-5-8-9-11
TE-49	10	12	15	构成一般三角形	构成一般三角形	1-2-3-5-8-10-11

关于基本路径测试法,因流图较大,这里就不再举例。

小结

本章介绍白盒测试的基本概念。白盒测试方法分为静态白盒测试与动态白盒测试。静态白盒测试法有：检查设计和代码、正式审查、通用代码审查清单。动态白盒测试法有：逻辑覆盖法、基本路径法、循环测试、数据流测试等。本章还介绍了白盒测试流程和要求，以及程序复杂度的有关概念。

习题

1. 什么是白盒测试？静态白盒测试有哪些方法？请简述。
2. 动态白盒测试有哪些方法？在实际测试过程中怎样选择相关测试方法？
3. 程序复杂度的计算方法有哪些？怎样计算环形复杂度？
4. 循环测试的基本原则是什么？常考虑测试循环的哪几种情况？
5. CFG 怎样构造？
6. c-use 覆盖、p-use 覆盖的定义分别是什么？
7. 白盒测试的流程有几种类型？常见的白盒测试问题有哪些类型？

第4章 黑盒测试

4

【本章学习目标】

- 了解黑盒测试的基本概念、依据及流程。
- 理解黑盒测试的各种测试方法和技巧。
- 熟练掌握黑盒测试主要方法的使用。

本章首先介绍黑盒测试的基本概念，再介绍黑盒测试的常用方法，并辅以实例说明黑盒测试用例的设计，最后介绍黑盒测试的依据与流程，将黑盒测试与白盒测试进行比较。

4.1 黑盒测试的基本概念

黑盒测试又称为功能测试或数据驱动测试。此方法不需要了解程序的内部逻辑结构和内部特性，将被测试程序视为一个不能打开的黑盒子；注重于程序的外部结构，主要对软件功能要求、软件界面、外部数据库访问及软件初始化等方面进行测试。测试者只要从程序接口处进行测试，以程序需求说明为测试依据，测试程序是否满足用户的需求。因此，黑盒测试是从用户观点出发的测试。

黑盒测试主要发现的错误类型有以下几种。

(1) 检测功能是否有遗漏。

(2) 检测性能是否满足要求。

(3) 检测人机交互是否有错误。

(4) 检测界面是否有错误。

(5) 检测数据结构或外部数据库访问是否有错误。

(6) 检测接收数据和结果输出是否错误。

(7) 检测程序初始化和终止方面是否有错误。

4.2 黑盒测试方法

黑盒测试属于穷举输入测试方法,将所有的输入作为测试的各种情况使用,检查程序中相关的错误。

软件输入域是指软件在执行过程中可能接收的全部合法输入的集合。软件的合法输入集合是由软件需求决定的。在实际问题中,软件的输入域集合是非常庞大的,可能包含很多的元素,而这些元素又可能具有多种类型,如整数类型、字符串类型、实数类型、布尔类型等。

由于穷举法是不可能实现的,因此只能根据一些相关条件和方法对较典型的测试用例进行测试,来发现软件中存在的缺陷。现在大多数测试生成方法都是通过选取软件输入域的一个子集作为测试集来测试软件的。

黑盒测试常用的方法和技术有等价类划分法、边界值分析法、决策表法、因果图法等。下面对这些常用的方法进行详细的介绍。

4.2.1 等价类划分法

等价类划分法根据程序规格说明书对输入范围进行划分,将所有可能的输入数据按相关的规定划分成若干不相交的子集。所有子集的并集是整个输入域。其中,子集的互不相交保证子集中无冗余性;子集的并集是整个输入域,确定了所有子集的完备性。

1. 缺陷的定位

一个软件的全部输入的集合可以至少分为两个子集:一个包含所有正常和合法的输入,另一个包含所有异常和非法的输入。这两个子集又可以进一步划分为若干子集。软件针对不同的子集,其运行的结果不同。等价类划分法就是要从这两个集合或其子集中选择适当的输入作为测试用例,以便发现软件中存在的缺陷。

2. 等价类的划分

等价类划分的原则是用同一等价类中的任意输入对软件进行测试,软件都输出相同的结果。这样,测试人员只需从划分的每一个等价类中选取一个输入作为测试用例,全部等价类的测试用例就构成了完整的测试用例集。

对于同一输入域进行等价类划分,其结果可能不唯一。因此,利用等价类划分的方法产生的测试用例集也可能不同。所以测试用例集的故障检测效率往往取决于测试人员的测试设计经验、对软件需求的熟悉程度等。

1) 划分等价类

前面已经讲过,软件的输入可以分为正常或合法的输入和异常或不合法的输入。在考虑等价类时,应注意区别这两类不同的情况。因此在划分等价类时,分为有效等价类和无效等价类。

有效等价类是指符合程序规格说明书,有意义的、合理的输入数据所构成的集合。有效等价类可以是一个,也可以是多个。利用有效等价类,可以检查软件功能和性能是否符合规格说明书中的要求。

无效等价类是指不符合程序规格说明书、不合理或无意义的输入数据所构成的集合。无效等价类可以是一个,也可以是多个。利用无效等价类,可以检查软件功能和性能的实现是否有不符合规格说明书的地方。

2) 常用的等价类划分原则

(1) 变量的等价类划分。

取值范围:如果输入条件规定了一个取值范围或值的个数,则可以定义一个有效等价类和两个无效等价类。

字符串:至少分为一个包含所有合法字符串的有效等价类和一个包含所有非法字符串的无效等价类。

枚举变量:每个取值对应一个有效等价类。针对枚举类型,对于某些特定的取值范围,有可能无法确定非法测试输入值。对于布尔变量,只有两个合法取值(真值与假值)。

数组:一组具有相同类型的元素的集合。数组的长度及其类型都可作为等价类划分的依据。可将输入划分为一个包含所有数组的有效等价类,一个空数组无效等价类,以及一个包含所有大于期望长度的数组的无效等价类。

复合数据类型:包含两个或两个以上的相互独立的属性的输入数据。当对软件的一个组件模块(函数或对象)进行测试时,将使用这种输入类型。对这种复合数据类型的输入进行等价类划分时,需要考虑输入数据的每个属性的合法与非法取值。

(2) 关系与等价类划分。

在集合论中,关系指的是一个 n 元组的集合。

可以根据软件需求进行等价类划分,也可以从程序的输出导出等价类。

如果规定了输入值的集合,或者规定了“必须如何”的条件,则可以定义一个有效等价类和一个无效等价类。

如果规定了输入数据的一组值,而且程序对不同输入值做不同处理,则可以定义若干有效等价类(每个值对应一个有效等价类)和一个无效等价类。

如果规定了输入数据必须遵守的规则,则可以定义一个有效等价类(符合规则)和若干无效等价类(从不同角度违反规则)。

(3) 一元划分与多元划分。

一元等价类划分:每次只考虑一个输入变量,这样,每个输入变量就形成了对输入域的一个划分,称为一元等价类划分,简称一元划分。程序有多少个变量,就有多少种划分,每个划分包含两个或两个以上的等价类。

多元划分:将所有输入变量的笛卡儿积作为程序的输入域,称为多元等价类划分,简称多元划分。此方法只产生一个划分,划分包含若干个等价类。

测试用例的选择常使用一元划分,因为一元划分较为简单且可量测,而多元划分所产生的等价类数量较大,并且其中有许多是无用的。

如果确知已划分的等价类中各元素在程序中的处理方式是不同的,则应将此等价类进一步划分成更小的等价类。

3) 划分等价类的步骤

(1) 确定输入域:分析需求并确定所有的输入、输出量,以及变量类型和变量使用条件。

(2) 等价类划分：将每个变量的取值集合划分为互不相交的子集，每个子集对应一个等价类，所有的等价类就构成了对输入域的一个划分。

(3) 组合等价类：使用多元化方法，可以将等价类组合起来。

(4) 确定不可测试的等价类：有些输入数据组合在实际测试过程中是无法生成的，包含这种数据的等价类就是不可测试等价类。不可测试数据指无法输入到被测软件中的那些数据组合。

4) 等价类的测试步骤

(1) 划分等价类，形成等价类表。

(2) 为每个等价类规定一个唯一的编号。

(3) 设计一个新的测试用例，使其尽量多地覆盖尚未被覆盖的有效等价类。重复这一步，直到所有的有效等价类都被覆盖为止。

(4) 设计一个新的测试用例，使其覆盖一个而且只覆盖一个无效等价类。重复这一步，直到所有无效等价类均被覆盖为止。

3. 基于等价类的测试用例设计

当获得划分输入域的等价类集合后，就可以设计测试用例了。下面的例子说明怎样进行等价类划分和设计相关的测试用例。

例 4-1 对热水器温控软件划分等价类并设计测试用例。温控软件的需求如下。

热水器控制系统简称 BCS，BCS 的温控软件简称 CS。温控软件提供若干选项。供操作员使用的控制选项 C 包括三个控制命令(cmd)：温度控制命令(temp)、系统关闭命令(shut)、请求取消命令(cancel)。命令 temp 要求操作员输入温度调节数值 tempch，其范围为[−10，10]，以 5℃递增，不能为 0。

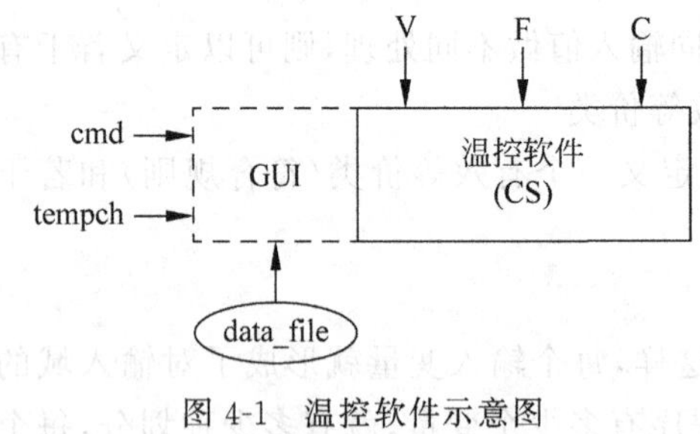

图 4-1 温控软件示意图

温控软件依据 temp、shut 命令，产生相应的控制信号并将其发送至热水加热系统，如图 4-1 所示。

其中，V 和 F 是环境变量，V 用于确定命令(cmd)和温度调节数值(tempch)的输入方式，包括 GUI 方式或命令文件方式；F 指的是命令文件名。

当操作员选择了控制选项 C 时，BCS 将对 V 进行检查。若 V 为 GUI，则操作员通过 GUI 选择控制命令(cmd)之一执行；若 V 为 file，则 BCS 通过命令文件获取命令执行。

命令文件包含一条控制命令(cmd)，当控制命令为 temp 时，则命令文件同时包含温度调节数值 tempch。BCS 中另一个特定模块负责 V 和 F 取值的选取。

假设在仿真环境下对温控软件实施测试，测试人员充当系统操作员并通过 GUI 实现与 CS 的交互，GUI 使得测试人员只能从需求规定的有限取值集合中进行选取。由以上需求可知，temp 的有效值只能是−10、−5、5、10。

步骤 1：确定输入域。首先检查需求，确定输入变量、变量类型及其相应取值，如表 4-1 所示。

表 4-1 CS 的变量及其相关内容

变　量	种　类	类　型	取　值
V	环境变量	枚举	[GUI,file]
F	环境变量	字符串	文件名
cmd	GUI 或文件方式输入	枚举	[temp,cancel,shut]
tempch	GUI 或文件方式输入	枚举	[−10,−5,5,10]

步骤 2：等价类划分。各变量所对应的等价类如表 4-2 所示。

表 4-2 CS 变量的等价类划分

变　量	有效等价类	无效等价类
V	[GUI],[file]	V 未被定义
F	有效文件名集合	无效文件名集合
cmd	[temp],[cancel],[shut]	无效命令集合
tempch	[−10],[−5],[5],[10]	无效的 tempch 取值集合

步骤 3：组合等价类。由表 4-2 可知，变量 V、F、cmd、tempch 代表的集合分别被划分成 3 个、2 个、4 个、5 个子集，因此这 4 个变量共形成 3×2×4×5＝120 个等价类，其中有些是不可测试等价类。

步骤 4：剔除不可测试等价类。只有当操作员选择 temp 命令(即 cmd 为 temp)时，才能实现对热水器的温度调节，因此，符合下面模板的等价类都是不可测试的。

```
{(V,F,{cancel}∪{shut}∪{无效命令},{-10}∪{-5}∪{5}∪{10}∪{无效的 tempch 取值})}
```

由于 cmd 和 tempch 之间存在“父-子”约束关系，将有 3×2×3×5＝90 个等价类成为不可测试类。

又知，在 GUI 方式下，将无法输入非法温度调节值。这样，又有下面两个不可测试的等价类：

```
{GUI,有效文件名集合,temp,无效的 tempch 取值集合}
{GUI,无效文件名集合,temp,无效的 tempch 取值集合}
```

同样，当 V＝file 且 F 是一个无效文件名时，则无须获取 cmd 和 tempch 的具体取值，此时，又有 5 个不可测试的等价类，相应的模板如下。

```
{(file,无效文件名,temp,{-10}∪{-5}∪{5}∪{10}∪无效的 tempch 取值)}
```

同样，当 V 未被定义时，也不需要获取 cmd 和 tempch 的具体取值。这样，又有 5 个不可测试的等价类，相应模板如下。

```
{(V 未定义,_,temp,{-10}∪{-5}∪{5}∪{10}∪无效的 tempch 取值)}
```

其中，当 V 未被定义时，字符串 F 可以是有效文件名，也可以是无效文件名。

由以上讨论可知，现已获得 90＋2＋5＋5＝102 个不可测试的等价类，只剩下 18 个等价类是可测试的。

这18个可测试等价类可由下面7个模板表示。如表4-3所示,其中,符号“_”表示在测试过程中需要输入但并不起任何实际作用的数据。“NA”表示由于软件GUI的限制而无法实际输入的数据。

步骤5:根据可测等价类设计测试用例。根据表4-3设计的测试用例如表4-4所示。

说明:被测软件的整体设计对测试用例的选择有很大的影响。在GUI出现之前,绝大多数软件是通过键盘以文本方式输入数据的;而现在的大多数软件系统都拥有丰富的GUI,使用户与其交互比以前更方便,更安全。因此,在设计测试用例时,需要考虑前端应用系统的GUI对输入数据的限制,也就是必须考虑GUI的具体实现。如果GUI阻止了非法输入进入被测试软件,测试用例的数量将极大减少。

表4-3 CS可测等价类表

等价类编号	模 板	等价类数量
E1	{(GUI,有效文件名,temp,有效temp取值(4个))}	4个
E2	{(GUI,无效文件名,temp,有效temp取值(4个))}	4个
E3	{(GUI,_,cancel,NA)}	2个
E4	{(file,有效文件名,temp,有效的temp取值∪无效的temp取值)}	5个
E5	{(file,有效文件名,shut,NA)}	1个
E6	{(file,有效文件名,NA,NA)}	1个
E7	{(未被定义,NA,NA,NA)}	1个

表4-4 CS测试用例

测试用例编号	测试用例				等价类编号
	V	F	cmd	tempch	
Test1	GUI	有效文件名	temp	−10	E1
Test2	GUI	有效文件名	temp	−5	E1
Test3	GUI	有效文件名	temp	5	E1
Test4	GUI	有效文件名	temp	10	E1
Test5	GUI	无效文件名	temp	−10	E2
Test6	GUI	无效文件名	temp	−5	E2
Test7	GUI	无效文件名	temp	5	E2
Test8	GUI	无效文件名	temp	10	E2
Test9	GUI	有效文件名	cancel	−5	E3
Test10	GUI	无效文件名	cancel	−5	E3
Test11	file	有效文件名	temp	−10	E4
Test12	file	有效文件名	temp	−5	E4
Test13	file	有效文件名	temp	5	E4
Test14	file	有效文件名	temp	10	E4
Test15	file	有效文件名	temp	20	E4
Test16	file	有效文件名	shut	10	E5
Test17	file	无效文件名	shut	10	E6
Test18	未被定义	无效文件名	shut	10	E7

例 4-2 三角形问题的等价类测试。

输入三个整数 a、b 和 c 分别作为三角形的三条边，通过程序判断由这三条边构成的三角形类型是等边三角形、等腰三角形、一般三角形或非三角形(不能构成一个三角形)中的哪一种。

假定三个输入 a、b 和 c 在 1～100 取值，三角形问题可以更详细地描述为：

输入三个整数 a、b 和 c 分别作为三角形的三条边，要求 a、b 和 c 必须满足以下条件。

c1：1≤a≤100

c2：1≤b≤100

c3：1≤c≤100

c4：a＜b＋c

c5：b＜a＋c

c6：c＜a＋b

程序输出是由这三条边构成的三角形类型：等边三角形、等腰三角形、一般三角形或非三角形。如果输入值不满足前三个条件中的任何一个，程序会给出相应的提示信息，如"请输入 1～100 的三个整数"。如果 a、b 和 c 满足 c1、c2 和 c3，则输出下列 4 种情况之一。

(1) 如果不满足条件 c4、c5 和 c6 中的一个，则程序输出为"非三角形"。

(2) 如果三条边相等，则程序输出为"等边三角形"。

(3) 如果恰好有两条边相等，则程序输出为"等腰三角形"。

(4) 如果三条边都不相等，则程序输出为"一般三角形"。

显然，这 4 种情况相互排斥。

从输入域进行分类，可以得到如表 4-5 所示的三角形问题输入域的等价类表。

表 4-5 三角形问题输入域的等价类

编号	输入条件(a,b,c)	有效等价类	无效等价类
E1	1≤a,b,c≤100 的整数	是	
E2	1≤a,b,c≤100，且其中一边为小数		是
E3	1≤a,b,c≤100，且其中两边为小数		是
E4	1≤a,b,c≤100，且其中三边为小数		是
E5	其中一边小于 1		是
E6	其中两边小于 1		是
E7	三边均小于 1		是
E8	其中一边大于 100		是
E9	其中两边大于 100		是
E10	三边均大于 100		是
E11	只输入一个数		是
E12	只输入两个数		是
E13	输入三个以上的数		是
E14	输入非数值型的数据		是

对表 4-5 中的等价类设计测试用例，如表 4-6 所示。

表 4-6　三角形问题输入域对应的测试用例

测试用例编号	输入数			期望输出	对应等价类
	a	b	c		
Test1	5	6	7	一般三角形	E1
Test2	2.5	6	7	请输入1～100的三个整数	E2
Test3	2.5	3.5	7	请输入1～100的三个整数	E3
Test4	2.5	3.5	4.5	请输入1～100的三个整数	E4
Test5	0	6	7	请输入1～100的三个整数	E5
Test6	0	−1	7	请输入1～100的三个整数	E6
Test7	0	−1	0	请输入1～100的三个整数	E7
Test8	101	6	7	请输入1～100的三个整数	E8
Test9	101	102	7	请输入1～100的三个整数	E9
Test10	101	102	103	请输入1～100的三个整数	E10
Test11	5			请输入1～100的三个整数	E11
Test12	5	6		请输入1～100的三个整数	E12
Test13	5	6	7,8	请输入1～100的三个整数	E13
Test14	#	m	)	请输入1～100的三个整数	E14

多数情况下是从被测试程序的输入域中划分等价类进行测试，但也可从输出域中划分等价类进行测试。上题中若从输出域中对等价类进行划分，如表4-7所示。

表 4-7　三角形问题输出域的等价类

编号	输入条件(a,b,c)	有效等价类	无效等价类
E15	1≤a,b,c≤100，且为三个相同的整数	是	
E16	1≤a,b,c≤100，且为两个相同的整数	是	
E17	1≤a,b,c≤100，且为三个不相同的整数	是	
E18	任一边数大于其他两边数之和的整数	是	

对表4-7中的等价类设计测试用例，如表4-8所示。

表 4-8　三角形问题输出域对应的测试用例

测试用例编号	输入数			期望输出	对应等价类
	a	b	c		
Test15	6	6	6	等边三角形	E15
Test16	6	6	5	等腰三角形	E16
Test17	3	4	5	一般三角形	E17
Test18	4	1	2	非三角形	E18

4.2.2　边界值分析法

1. 边界值分析方法概述

大量的测试表明，许多故障发生在输入定义域或输出值域的边界上，而不是在内部。因此，边界值分析法采取最有效的方法，找出合适的边界测试用例进行测试，并发现等价类边界处的软件缺陷。例如，某一方法当输入 x 满足条件 x≤0 时，就执行模块 1，否则执行模块 2。这种方法常常会将输入条件误写为 x<0，当使用 x=0 进行测试时，就能发现该缺陷。

边界值分析法主要针对数据的定义域的边界数据进行分析，对于合法与不合法的边界数据进行选取和测试。该方法用来检查用户输入的信息、返回的结果以及中间计算结果是否正确。

2. 边界值的获取及测试用例的设计

边界分析是一种有效的测试用例选择方法，可以发现位于等价类边界处的软件缺陷。等价类划分方法从等价类中选取测试用例，而边界值分析法是从等价类边界或边界附近选取测试用例。因此，通常在设计测试用例时，同时采用边界值分析和等价类划分两种方法。还可以利用输入变量之间的关系确定边界。一旦输入域确定下来，就可使用边界值分析法生成测试用例。

测试时输入变量应取的边界值为：最小值(min)、略高于最小值(min+)、正常值(nom)、略低于最大值(max-)、最大值(max)。

对于一个含有 n 个变量的程序，可保留其中一个变量，让其余的变量取正常值。被保留的变量依次取最小值(min)、略高于最小值(min+)、正常值(nom)、略低于最大值(max-)、最大值(max)，对每一个变量都重复进行。因此，对于一个有 n 个变量的程序，边界值分析测试程序就有 $4n+1$ 个测试用例。

测试所包含的检验常见的类型有数值、字符、位置、大小、尺寸、空间等。

常见的边界值有：屏幕上光标的最左上、最右下位置；报表的第一行和最后一行；数组的第一个和最后一个元素；循环的第 0 次、第 1 次、第 2 次、……、最后一次；等等。

边界值的获取及生成测试用例的步骤如下。

(1) 使用一元划分方法划分输入域。此时，有多少个输入变量就形成多少种划分。

(2) 为每种划分确定边界，也可利用输入变量之间的特定关系确定边界。

(3) 设计测试用例，确保每个边界至少出现在一个测试输入数据中。

3. 健壮性的测试

健壮性测试是边界分析测试的一种扩展，除了取上面已述的 5 种边界值(最小值(min)、略高于最小值(min+)、正常值(nom)、略低于最大值(max-)、最大值(max))外，还要考虑超出范围的值，即比最小值要小(min-)、比最大值要大(max+)的取值。对于一个含有 n 个变量的程序而言，同样可以保留一个变量，让其余变量取正常值。这个保留的变量依次取 7 个值(min-、min、min+、nom、max-、max、max+)，每个变量重复进行，则健壮性测试的用例将产生 $6n+1$ 个测试用例。

4. 边界分析法的测试用例

下面的例子说明由边界值分析法生成测试用例的具体过程。

例 4-3 考虑函数 findprice，它有两个整型输入变量，分别为 code 和 qty，其中，code 表示商品的编码，qty 表示采购数量。当函数 findprice 访问数据库时，查询并显示 code 编码所对应的产品的单价、描述信息以及总的采购价格。当 code 和 qty 中任意一个为非法输入时，函数 findprice 显示一条错误提示信息并返回。假设编码 code 的有效区间为[99,999],数量 qty 的有效输入区间为[1,100]。

首先,为两个输入变量创建等价类。由以上假设区间可知有如下等价类,如表 4-9 所示。

表 4-9 函数 findprice 的两变量等价类表

变量	变量取值	等价类编号	备注
code	小于 99	E1	无效等价类
	[99,999]	E2	有效等价类
	大于 999	E3	无效等价类
qty	小于 1	E4	无效等价类
	[1,100]	E5	有效等价类
	大于 100	E6	无效等价类

这说明这两个变量分别有两个边界,code 的边界值是 99 和 999;qty 的边界值是 1 和 100。

根据相关边界值来设计测试用例,如表 4-10 所示。

表 4-10 函数 findprice 的健壮性边界值分析测试用例

测试用例编号	变量 code	变量 qty	预期输出
Test1	200	0	错误提示信息
Test2	200	1	相关单价等信息
Test3	200	2	相关单价等信息
Test4	200	50	相关单价等信息
Test5	200	99	相关单价等信息
Test6	200	100	相关单价等信息
Test7	200	101	错误提示信息
Test8	98	50	错误提示信息
Test9	99	50	相关单价等信息
Test10	100	50	相关单价等信息
Test11	998	50	相关单价等信息
Test12	999	50	相关单价等信息
Test13	1000	50	错误提示信息

例 4-4 对例 4-2 三角形问题采用边界值分析法,设计其测试用例如表 4-11 所示。

表 4-11 三角形边界值分析测试用例

测试用例编号	变量 a	变量 b	变量 c	预期输出
Test1	50	50	1	等腰三角形
Test2	50	50	2	等腰三角形
Test3	50	50	50	等边三角形
Test4	50	50	99	等腰三角形
Test5	50	50	100	非三角形

续表

测试用例编号	变量 a	变量 b	变量 c	预期输出
Test6	50	1	50	等腰三角形
Test7	50	2	50	等腰三角形
Test8	50	99	50	等腰三角形
Test9	50	100	50	非三角形
Test10	1	50	50	等腰三角形
Test11	2	50	50	等腰三角形
Test12	99	50	50	等腰三角形
Test13	100	50	50	非三角形

若增加健壮性边界法测试，在表4-11的基础上应增加表4-12的测试用例内容。

表4-12　三角形健壮性测试用例

测试用例编号	变量 a	变量 b	变量 c	预期输出
Test14	0	50	50	请输入1～100的三个整数
Test15	101	50	50	请输入1～100的三个整数
Test16	50	0	50	请输入1～100的三个整数
Test17	50	101	50	请输入1～100的三个整数
Test18	50	50	0	请输入1～100的三个整数
Test19	50	50	101	请输入1～100的三个整数

4.2.3　决策表法

1. 决策表法概述

决策表又称为判定表，是分析和表达多逻辑条件下执行不同操作的情况的工具，能够将复杂的问题按照各种可能的情况全部列举出来，简明并避免遗漏，设计出完整的测试用例集合。在所有功能性测试方法中，基于决策表的测试方法是最严格的测试方法之一。

例如，表4-13是一张"读书指南"决策表，表中对提出的问题及建议进行相关的选择。其中，Y为真值，N为假值。

表4-13　读书指南决策表

选项 \ 规则		1	2	3	4	5	6	7	8
问题	你觉得疲倦吗	Y	Y	Y	Y	N	N	N	N
	你对书中内容感兴趣吗	Y	Y	N	N	Y	Y	N	N
	书中内容使你糊涂吗	Y	N	Y	N	Y	N	Y	N
建议	请回到本章开头重读					√			
	继续读下去						√		
	跳到下一章去读							√	√
	停止阅读，请休息	√	√	√	√				

决策表由条件桩、动作桩、条件项和动作项4个部分组成,如图4-2所示。

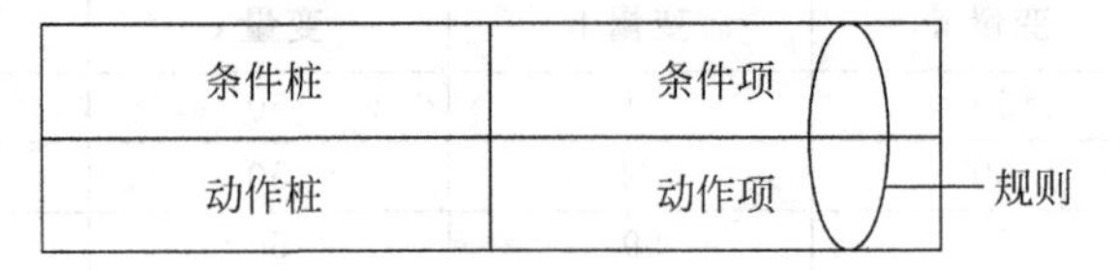

图4-2 决策表的组成部分

(1) 条件桩:列出了问题的所有条件。通常认为列出的条件的次序无关紧要。

(2) 动作桩:列出了问题规定可能采取的操作。这些操作的排列顺序没有约束。

(3) 条件项:列出针对它左列条件的取值,在所有可能情况下的真假值。

(4) 动作项:列出在条件项的各种取值情况下应该采取的动作。

规则:任何一个条件组合的特定取值及其相应要执行的操作称为规则。

在决策表中,若有 n 个条件,每个条件有两个取值(真、假)排列组合,可得 2^n 条规则。规则可以合并:将具有相同动作,并且其条件项之间存在着极为相似关系的两条或多条规则合并为一条规则。如表4-13所示,可以将1~4项中的“停止阅读,请休息”合并为一条规则。

2. 决策表的类型

有限条目决策表:所有条件都是二叉条件(真/假)。

扩展条目决策表:条件可以有多个值。

3. 决策表的建立步骤

构造决策表的5个基本步骤如下。

(1) 列出所有的条件桩和动作桩。

(2) 确定规则的个数。

(3) 填入条件项。

(4) 填入动作项,得到初始决策表。

(5) 合并相似规则,得到优化决策表。

4. 决策表的测试用例

决策表的优点是能将复杂的问题按照各种可能出现的情况在表中列举出来,简明并避免遗漏。可以将条件视为输入,动作视为输出。利用决策表可以设计完整的测试用例集合。

例4-5 使用决策表设计三角形问题的测试用例。

(1) 列出条件桩和动作桩。

(2) 确定规则个数。

条件桩	动作桩	规则个数
C1:1≤a≤100	非三角形	
C2:1≤b≤100	不等边三角形	$2^6=64$
C3:1≤c≤100	等腰三角形	
C4:a=b?	等边三角形	

C5：b=c?　　　　　　　　不可能

C6：a=c?

(3) 填入条件项，如表 4-14 所示。其中，F 表示取假，T 表示取真。

表 4-14　三角形初始决策表

		取值										
条件桩	C1：1≤a≤100	F	F	F	F	F	F	F	F	F	F	……
	C2：1≤b≤100	F	F	F	F	F	F	F	F	F	F	……
	C3：1≤c≤100	F	F	F	F	F	F	F	F	T	T	……
	C4：a=b?	F	F	F	F	T	T	T	T	F	F	……
	C5：b=c?	F	F	T	T	F	F	T	T	F	F	……
	C6：a=c?	F	T	F	T	F	T	F	T	F	T	……
动作桩	非三角形	√	√	√	√	√	√	√	√	√	√	……
	不等边三角形											……
	等腰三角形											……
	等边三角形											……
	不可能											……

(4) 填入动作项，如表 4-14 所示。

(5) 合并相似规则后，如表 4-15 所示。

表 4-15　合并表 4-14 后的决策表

		取值										
条件桩	C1：1≤a≤100	F	T	T	T	T	T	T	T	T	T	T
	C2：1≤b≤100	—	F	T	T	T	T	T	T	T	T	T
	C3：1≤c≤100	—	—	F	T	T	T	T	T	T	T	T
	C4：a=b?	—	—	—	T	T	T	T	F	F	F	F
	C5：b=c?	—	—	—	T	T	F	F	T	T	F	F
	C6：a=c?	—	—	—	T	F	T	F	T	F	T	F
动作桩	非三角形	√	√	√								
	不等边三角形											√
	等腰三角形							√		√	√	
	等边三角形				√							
	不可能					√	√		√			

(6) 根据决策表设计测试用例，如表 4-16 所示。

表 4-16　三角形问题决策表的测试用例

测试用例编号	a	b	c	预期输出
Test1	4	1	2	非三角形
Test2	1	4	2	非三角形
Test3	1	2	4	非三角形

续表

测试用例编号	a	b	c	预期输出
Test4	6	6	6	等边三角形
Test5	?	?	?	不可能
Test6	?	?	?	不可能
Test7	6	6	7	等腰三角形
Test8	?	?	?	不可能
Test9	6	7	6	等腰三角形
Test10	7	6	6	等腰三角形
Test11	3	4	5	不等边三角形

4.2.4 因果图法

1. 因果图方法概述

因果图也称作依赖关系模型,主要用于描述软件输入条件(原因)与软件输出结果(结果)之间的依赖关系。“原因”是指软件需求中能影响软件输出的任意输入条件。“结果”是指软件对某些输入条件的组合所做出的响应,可以是一条提示信息,也可以是弹出的一个新窗口,还可以是数据库的一次更新。结果可以可见或不可见。

因果图是输入与输出之间逻辑关系的图形化表现形式,这种逻辑关系也可以表示成布尔表达式。对于多种组合条件为输入的软件,测试人员可以从因果图中选择不同的输入组合作为测试用例,从而有效地解决测试数量的组合爆炸问题。

因此,因果图法特别适用于被测程序具有多种输入条件,程序的输出又依赖于输入条件的各种组合的情况。因果图方法最终生成的就是判定表。

2. 因果图中的基本符号和约束

因果图有以下两种类型的关系及其对应的符号。

(1) 因果关系,包括对应关系、否定关系、选择关系和并列关系。

对应关系:原因 a 出现,相应就有结果 s 出现。

否定关系:原因 a 出现,结果 s 就不出现。

选择关系:又称“或”关系。多个原因(如原因 a、b、c)中只要有一个出现,结果 s 就出现。

并列关系:又称“与”关系。多个原因(如原因 a、b、c)同时出现,才有结果 s 出现。

(2) 约束关系,包括互斥关系、包含关系、唯一关系、要求关系和屏蔽关系。

互斥关系:原因 a 和原因 b 不能同时出现,在某一时间只能有一个成立。

包含关系:若有多个原因存在(如原因 a、b、c),在输入时,有一个必须成立。

唯一关系:若有多个原因存在(如原因 a、b、c),在输入时,有且只有一个成立。

要求关系:若有相关联的原因 a、b 存在,原因 a 出现,原因 b 必须出现。

屏蔽关系:输出可能包含多种结果,在某一时刻,若有其中一个结果输出,则其他结果不能出现。

因果图中的基本符号与约束关系如表4-17所示。

表4-17 因果图的基本符号与约束

类别	名　称	图　符	含　义
因果关系	一一对应关系	原因○——○ 结果	原因出现，则结果出现；反之亦然
	否定关系	原因○～○ 结果	原因出现，结果不出现；原因不出现，结果出现
	选择关系	原因1 ○ ∨ 原因2 ○ — ○ 结果	若几个原因中有一个出现，则结果出现；只有当几个原因都不出现时，结果才不出现
	并列关系	原因1 ○ ∧ 原因2 ○ — ○ 结果	若几个原因同时出现，则结果出现；若几个原因有一个不出现，则结果不出现
约束关系	E关系（输入）（互斥关系）	E ○原因a ○原因b	表示a、b两个原因不会同时成立，两个中最多有一个可能成立
	I关系（输入）（包含关系）	I ○原因a ○原因b ○原因c	表示a、b和c三个原因中至少有一个必须成立
	O关系（输入）（唯一关系）	O ○原因a ○原因b	表示a和b中必须有一个且仅有一个成立
	R关系（输入）（要求关系）	R ○原因a ○原因b	表示a出现时b必须出现
	M关系（输出）（屏蔽关系）	结果a ○ 结果b ○ M	表示a出现时b不能出现

3. 因果图测试用例的设计步骤

因果图方法主要通过对软件需求的分析确定哪些是原因，哪些是结果，同时找出原因与结果之间的因果关系，以及原因之间、结果之间存在的约束关系，为每一个原因和结果赋予唯一的标识，以便于在因果图中引用。根据上面分析内容构造因果图，以表达这些从软件需求中提取的依赖关系；再将因果图转化成相应的判定表；最后根据判定表来设计测试用例。

因此，因果图方法设计测试用例的基本步骤如下。

(1) 分析程序规格说明中哪些是原因，哪些是结果。原因常常是输入条件或输入条件的等价类，结果则是输出条件。

(2) 分析程序规格说明中描述内容的语义和限制，找出两类关系，画出因果图。

(3) 把因果图转换成判定表。

(4) 将判定表的每一列写成一个测试用例。

4. 因果图法的测试用例

例4-6 假设某软件中对一些文件名要求如下。

对于输入或输出文件名,规定:第一个字符必须是字母I或O(如I字符开始表示输入文件名,O字符开始表示输出文件名),第二个字符必须是一个数字,如I1、O3等。输入文件名后,对文件进行相关处理。若文件名中第一个字符不正确,则给出“操作文件类型错”信息。若第一个字符正确,但第二个字符不正确,则给出“文件顺序号错”信息。

(1) 根据规格需求,列出原因和结果。

原因:C1:第一个字符是I

C2:第一个字符是O

C3:第二个字符是数字

结果:S1:对文件进行处理

S2:给出“操作类型错”信息

S3:给出“顺序号错”信息

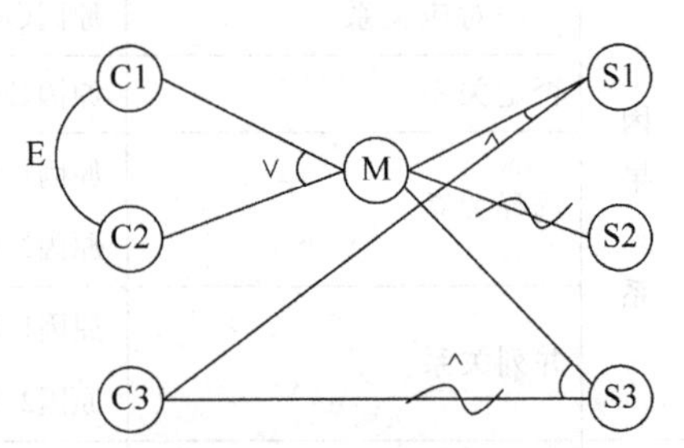

图4-3 例4-5的因果图
注:M为中间结点

(2) 画出因果图,找出约束关系,如图4-3所示。

(3) 将因果图转换为判定表,如表4-18所示。其中,T为是,F为不是。

表4-18 图4-3对应的判定表

条件	C1:第一个字符是I	T	F	F	F	T	F
	C2:第一个字符是O	F	T	F	F	F	T
	C3:第二个字符是数字	T	T	F	T	F	F
操作	S1:对文件进行处理	√	√				
	S2:操作类型错			√	√		
	S3:顺序号错					√	√

(4) 根据判定表设计测试用例,如表4-19所示。

表4-19 表4-18对应的测试用例

测试用例编号	输入文件名	预期输出
Test1	I4	对文件进行处理
Test2	O5	对文件进行处理
Test3	XX	操作类型错
Test4	X8	操作类型错
Test5	IX	顺序号错
Test6	OX	顺序号错

注意:对因果图进行回溯,可以得到原因的组合,这些组合将某个中间结点或结果设置为T状态或F状态。这种使用“蛮劲”的方式将产生数量极多的原因组合。在最坏情况下,如果有n个原因与某个结果s相关,那么会导致结果s为T的状态的原因组合最多可达2^n个。当根据原因组合生成测试用例且n取值较大时,为了避免产生数量太多的测试用例,可以采用较为简单的“与”结点、“或”结点相关的启发方法。例4-5中的M结点是结点c1与结点c2的“或”结点。

4.2.5 其他黑盒测试方法

1. 类别划分法

1) 类别划分法概述

类别划分法是一种根据软件需求生成测试用例的系统化的方法。该方法可以同时包含手工和自动完成的步骤。类别划分法的本质是测试人员将软件需求转换为相应的测试规范,其中,测试规范由对应于软件输入变量和环境对象的各种类别构成。

每个类别被划分为若干个对应于软件输入变量、环境对象状态的一个或多个取值的选项。测试规范中同时也包含各选项之间的关系,以便确保生成合理、有效的测试集。将编写好的测试规范输入测试框架生成器,获得相应的框架,再根据测试框架生成相应的测试脚本。

测试框架是一个同选项组成的集合,其中一个选项对应一个类别。测试框架也可以看作一个或多个测试用例的模板。

2) 类别划分的步骤

类别划分法分为8个步骤,如图4-4所示。

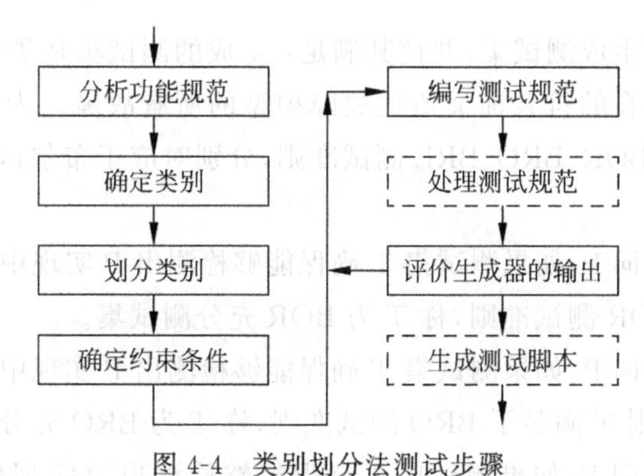

图 4-4 类别划分法测试步骤

注:实线矩形框是人工完成,虚线矩形框是自动完成。

2. 谓词测试

1) 谓词测试概述

有些涉及规则编程的错误可能存在于软件需求里,也可能嵌入在被测软件中。

规则可以形式化地表示为谓词。例如,考虑软件需求"若打印机处于ON状态且具备打印纸,则发送要打印的文件"。这个需求中包含一个条件和一个动作。而条件是一个关系表达式,即打印机在打印状态和有打印纸存在,可以表示为P:

```
P: (printer_status = ON) ∧ (printer_tray = ¬ empty)
```

P是一个谓词,它是由布尔运算符"∧"连接的关系表达式。编程人员可能正确地为这个谓词编码,也可能没有正确编码。若没有正确地编码,就会导致程序中存在缺陷。

根据谓词产生测试用例,来测试程序中的错误,从而可以确保在测试中发现某种类型的所有缺陷。这种用于验证谓词的实现是否正确的测试称为谓词测试。

2) 谓词测试中的故障类型

一个条件可以表示成简单谓词或复合谓词。简单谓词就是一个布尔变量或关系表达式,其中变量可能取非。复合谓词可以是一个简单谓词,或是由若干简单谓词或其补通过二元布尔运算符连接起来的式子。

对于谓词测试,主要关注三类故障:布尔运算符故障、关系运算符故障、算术表达式故障。

引起布尔运算符故障的原因有以下几个。

(1) 使用了错误的布尔运算符。

(2) 漏用或误用了非运算符。

(3) 圆括号使用错误。

(4) 布尔变量使用错误。

当错误使用关系运算符时将导致关系运算符故障;当算术运算符的结果值产生偏差时就会出现算术表达式故障。

另外,还有缺失布尔变量故障和冗余布尔变量故障。

3) 谓词测试准则

如何从给定的谓词生成测试集,并使其满足:生成的测试集是最小的集合;此测试集能够检测出谓词实现中存在的符合前文所述故障模型的所有故障。为了获得这样的测试集,定义了三个准则,称为BOR、BRO、BRE测试准则,分别对应于布尔运算符、布尔和关系运算符、布尔和关系表达式。

BOR:对于复合谓词P,如果测试集T确保能够检测出P实现中存在的单/多布尔运算符故障,则T满足了BOR测试准则,称T为BOR充分测试集。

BRO:对于复合谓词P,如果测试集T确保能够检测出P实现中存在的单/多布尔运算符及关系运算符故障,则T满足了BRO测试准则,称T为BRO充分测试集。

BRE:对于复合谓词P,如果测试集T确保能够检测出P实现中存在的单/多布尔运算符、关系表达式及算术表达式故障,则T满足了BRE测试准则,称T为BRE充分测试集。

3. 错误推测法

错误推测法是基于测试人员的经验和直觉来推测系统中可能存在的各种缺陷,有针对性地设计测试用例的方法。这里的经验和直觉来自软件测试人员平常的测试经验和对被测软件系统特性的了解。对有经验的测试人员来说,错误推测法是一种发现系统错误的较为有效的测试方法。

错误推测法的基本思想是:利用直觉和经验推测软件系统中可能出错的类型,列举出程序中所有可能的错误和容易发生错误的情况,用清单的形式表示,然后,再根据清单来编写测试用例。

常从以下几个方面来推测软件系统中存在的错误。

(1) 软件产品以前版本中已存在的未解决的问题。

(2) 因为编程语言、操作系统、浏览器等环境的限制而出现的问题。

(3) 因模块间关联的测试出现的缺陷,修复后可能带来的其他问题等。

4.3　黑盒测试的依据和流程

4.3.1　黑盒测试的依据

黑盒测试也称为功能测试、行为测试或数据驱动测试。在测试时,把程序看作一个不能打开的黑盒,测试人员完全不考虑程序内部的逻辑结构和内部特性,只依据程序的需求规格说明书,检查程序的功能是否符合它的功能说明。

"黑盒"表示看不见盒子里头的东西,这意味着黑盒测试不关心软件内部设计和程序实现,只关心外部表现,即通过观察输入域和输出值即可得出测试的结论。任何人都可以依据软件需求来执行黑盒测试。黑盒测试注重于测试软件的功能性需求,着眼于程序外部结构,不考虑内部逻辑结构,主要针对软件界面和软件功能进行测试,多应用于测试过程的后期。它是一种根据软件需求,设计文档,模拟客户场景随系统变化的实际测试。

黑盒测试技术涵盖了测试的方方面面,它的主要目的是发现以下几类错误:是否出现功能错误或遗漏;在接口上能否进行正确的输入与输出;是否存在数据结构错误或外部数据库访问错误;性能上是否能够满足要求;是否有初始化或中止执行错误。

黑盒测试主要检查下面几个方面的内容。

(1) 正确性:计算结果,命名方面。

(2) 可用性:是否可以满足软件的需求说明。

(3) 边界条件:输入部分的边界值。

(4) 性能:程序的性能取决于两个因素——运行速度的快慢和需要消耗的系统资源。如果在测试过程中发现性能问题,修复起来是非常艰难的,因为这常常意味着程序的算法不好,结构不好,或者设计有问题。因此在产品开发的开始阶段,就要考虑到软件的性能问题。

(5) 压力测试:多用户情况可以考虑使用压力测试工具,建议将压力和性能测试结合起来进行。如果有负载平衡的话,还要在服务器端打开检测工具,查看服务器CPU使用率和内存占用情况。如果有必要可以模拟大量数据输入,获得对硬盘的影响等信息。

(6) 错误恢复:错误处理,页面数据验证,包括突然间断点、输入错误数据等。

(7) 安全性测试:对系统的安全进入、安全操作及相关权限进行测试。特别是一些商务网站,或者与钱有关,或者和公司秘密有关的Web网站更需要这方面的测试。

(8) 兼容性:不同浏览器,不同应用程序版本在实现功能时的表现。

(9) 应用黑盒测试技术,能够设计出满足下述标准的测试用例集。

① 所设计出的测试用例能够减少为达到合理测试所需要设计的测试用例总数。

② 所设计出的测试用例能够告诉我们是否存在某些类型的错误,而不是仅指出与特定测试相关的错误是否存在。

因此,黑盒测试方法是软件测试中不容分割的一部分。

4.3.2 黑盒测试的流程

黑盒测试的流程主要有下面5个步骤。

1. 测试计划

首先,根据用户需求报告中关于功能要求和性能指标的规格说明书,定义相应的测试需求报告,即制定黑盒测试的最高标准。此后所有的测试工作都将围绕着测试需求进行,符合测试需求的应用程序即是合格的,反之即是不合格的;同时,还要适当选择测试内容,合理安排测试人员、测试时间及测试资源等。

2. 测试设计

将测试计划阶段制订的测试需求分解、细化为若干个可执行的测试过程,并为每个测试过程选择适当的测试用例(测试用例选择的好坏将直接影响到测试结果的有效性)。

3. 测试开发

根据测试设计,建立可重复使用的测试用例。

4. 测试执行

依照测试开发中设计的测试用例来执行测试,并对所发现的缺陷进行跟踪管理。

执行一般由单元测试、集成测试、系统测试及回归测试等步骤组成,测试人员应本着科学负责的态度,一步一个脚印地进行测试。

5. 测试评估

结合量化的测试覆盖域及缺陷跟踪报告,对应用软件的质量和开发团队的工作进度及工作效率进行综合评价。

4.4 黑盒测试运用实例

例 4-7 保险金计算程序:

保险金=500×年龄系数-安全驾驶折扣

安全驾驶折扣是投保人驾驶执照上当前点数的函数,年龄系数是投保人年龄的函数。若点数低于或等于与年龄有关的点数门限,则给予安全驾驶折扣,如表4-20所示。

表 4-20 年龄系数和安全驾驶折扣计算表

年龄范围	年龄系数	门限点数	安全驾驶折扣
16≤年龄<25	2.8	1	50
25≤年龄<35	1.8	3	50
35≤年龄<45	1.0	5	100
45≤年龄<60	0.8	7	150
60≤年龄≤100	1.5	8	200

程序输入:年龄、点数,驾驶人年龄范围为16~100岁;点数范围为0~12。

输出:保险金。

1. 边界值测试

输入变量年龄和点数的边界值条件 1 如表 4-21 所示。

表 4-21　变量年龄和点数的边界值条件 1

变量	min	min+	nom	max	max+
年龄	16	17	50	99	100
点数	0	1	6	11	12

输入变量年龄和点数的边界值条件 2 如表 4-22 所示。

表 4-22　变量年龄和点数的边界值条件 2

变量	min	min+	nom	max	max+
年龄	16	17	20	24	—
年龄	25	26	30	34	—
年龄	35	36	40	44	—
年龄	45	46	53	59	—
年龄	60	61	75	99	100
点数	0	—	—	—	1
点数	2	—	—	—	3
点数	4	—	—	—	5
点数	6	—	—	—	7
点数	8	9	10	11	12

点数边界值共有 13 个，年龄边界值共有 21 个，笛卡儿乘积（最坏情况边界值测试用例）共有 273 个元素，存在严重冗余。

2. 等价类划分法测试

1）年龄等价类集合

A1：{16≤年龄<25}

A2：{25≤年龄<35}

A3：{35≤年龄<45}

A4：{45≤年龄<60}

A5：{60≤年龄≤100}

2）点数等价类集合

P1：{点数=0,1}

P2：{点数=2,3}

P3：{点数=4,5}

P4：{点数=6,7}

P5：{点数=8,9,10,11,12}

测试用例设计如表 4-23 所示。

表 4-23 等价类法测试用例

测试用例编号	年龄	点数	测试用例编号	年龄	点数
Test1	18	0	Test14	40	6
Test2	18	2	Test15	40	10
Test3	18	4	Test16	50	0
Test4	18	6	Test17	50	2
Test5	18	10	Test18	50	4
Test6	30	0	Test19	50	6
Test7	30	2	Test20	50	10
Test8	30	4	Test21	80	0
Test9	30	6	Test22	80	2
Test10	30	10	Test23	80	4
Test11	40	0	Test24	80	6
Test12	40	2	Test25	80	10
Test13	40	4			

等价类测试明显可以缓解冗余,但仍然有改进的余地。

3. 决策表法测试

根据题意,建立决策表,如表 4-24 所示。

表 4-24 保险金计算程序决策表

年龄	16～25	16～25	25～35	25～35	35～45	35～45	45～60	45～60	60～100	60～100
点数	0,1	2～12	0～3	4～12	0～5	6～12	0～7	8～12	0～5	6～12
年龄系数	2.8	2.8	1.8	1.8	1	1	0.8	0.8	1.5	1.5
安全驾驶折扣	50	0	50	0	100	0	150	0	200	0

根据表 4-24 设计测试用例,如表 4-25 所示。

表 4-25 决策表法的测试用例

测试用例编号	年龄	点数	测试用例编号	年龄	点数
Test1	18	0	Test6	40	6
Test2	18	2	Test7	50	7
Test3	30	0	Test8	50	8
Test4	30	4	Test9	80	5
Test5	40	5	Test10	80	6

该方案也存在一些问题:没有考虑边界的问题,没有考虑 16 岁以下和 100 岁以上的年龄,没有考虑点数大于 12 的情况。

可将三种方法结合起来考虑以得到更好的测试方案。

黑盒测试法综合策略如下:

(1) 首先用边界值分析法设计测试用例。

(2) 必要时用等价分类法补充测试用例。

(3) 必要时再用猜错法补充测试用例。

(4) 如果在程序说明中含有输入条件的组合,宜在一开始就采用因果法,然后再按上述步骤进行。

4.5 黑盒测试与白盒测试的比较

4.5.1 白盒测试的优缺点

白盒测试是基于系统内部结构的测试,主要依据是详细设计内容。因为测试者必须熟悉被测试系统的程序代码,并且对被测试程序的结构特性达到一定程度的覆盖,所以,白盒测试一般由开发系统的编程人员来完成。

白盒测试的优点是:迫使测试人员去了解软件的实现,检测代码中的每条路径和分支,揭示隐藏在代码中的错误,对代码进行比较彻底的测试。白盒测试有一定的充分性度量手段,可生成较多工具支持。

白盒测试的缺点是:不易生成测试数据,无法对未实现规格说明的部分进行测试,工作量大,通常只用于单元测试,有应用局限性。白盒测试投入较大,成本较高。白盒测试不验证需求规格的正确性,无法检查代码中遗漏的路径和数据敏感性错误。

4.5.2 黑盒测试的优缺点

黑盒测试是基于数据驱动的测试,主要依据软件的需求说明书。测试人员不必了解程序结构和代码,只需从产品功能方面对软件进行测试,检测该软件是否实现了软件需求说明书中所有显式和隐式的需求。只需构造输入和预期输出数据,通过一定的操作步骤来测试软件。

黑盒测试的优点是:对较大的代码单元来说,黑盒测试比白盒测试的效率高;测试人员不需要了解实现的细节,包括特定的编程语言;测试人员和编程人员是相互独立的;从用户的角度进行测试,很容易被接受和理解,有助于暴露任何与规格不一致或者有歧义的地方;测试用例可以在规格完成后马上进行。

黑盒测试的缺点是:不能测试程序内部特定部位,如果程序未执行的代码得不到测试,则无法发现错误。若没有清晰和简明的规格,测试用例就很难设计,不易进行充分性测试。

4.5.3 黑盒测试与白盒测试的区别

1. 测试依据不同

黑盒测试根据用户能看到的规格说明,即针对命令、信息、报表等用户界面以及体现它们的输入数据与输出数据之间的对应关系,特别是针对功能进行测试。

白盒测试是根据被测试程序的内部结构设计测试用例的一类测试,其依据是软件设计的细节。

2. 适应范围不同

黑盒测试方法适合系统的功能测试、易用性测试,也适合和用户共同进行验收测试、软件确认测试。白盒测试方法更适合单元测试,而不适合系统测试。

3. 测试方法不同

黑盒测试有等价类划分、边界值分析、因果图/判定表、谓词测试、错误推测等方法。

白盒测试有语句覆盖、判定覆盖、条件覆盖、判定-条件覆盖、路径覆盖、面对对象的覆盖(继承上下文覆盖、基于状态的上下文覆盖、已定义的上下文覆盖等),还有一些静态分析方法。

4. 测试人员不同

黑盒测试人员可以是专职测试人员,也可以是用户。

白盒测试人员主要是程序开发人员。

5. 测试内容及发现的错误不同

黑盒测试主要是为了发现以下错误。

(1) 是否有不正确或者遗漏了的功能。

(2) 在接口上,输入能否正确地接受。能否输出正确的结果。

(3) 是否有数据结构错误或外部信息(例如数据库文件)访问错误。

(4) 性能上是否能够满足要求。

(5) 是否有初始化或终止性错误。

白盒测试主要对程序模块进行以下检查。

(1) 静态检查:审查、正式审查和检验设计相关程序代码。

(2) 对程序模块的所有独立的执行路径进行测试。

(3) 对所有的逻辑判定,取"真"与"假"的两种情况进行测试。

(4) 在循环的边界和运行的界限内执行循环体进行测试。

(5) 测试内部数据结构的有效性等。

小结

本章介绍了黑盒测试的基本概念。黑盒测试是一种不知软件内部结构的功能测试,其测试方法有多种,常用的有等价类划分法、边界值分析法、决策表法、因果图法、谓词测试等。本章还介绍了黑盒测试的依据与流程,以及黑盒测试与白盒测试的比较。在实际运用中,可以依据实际的情况选择相对应的方法进行测试,也可以综合运用各种方法进行测试。

习题

1. 什么是黑盒测试?黑盒测试的依据和流程是什么?

2. 黑盒测试常用的方法有哪些?在具体测试过程中,怎样选择相对应的黑盒测试方法?

3. 将三角形问题用黑盒方法进行测试。

4. 黑盒测试与白盒测试的主要区别是什么?

第5章 单元测试、集成测试和系统测试

5

【本章学习目标】

- 了解单元测试、集成测试、系统测试的基本概念。
- 掌握单元测试、集成测试及系统测试的测试内容、方法和过程。
- 掌握测试报告的撰写。

本章首先介绍单元测试的基本概念、测试内容、测试方法和过程，再介绍集成测试的基本概念、测试内容、测试方法和测试过程，最后介绍系统测试的主要内容、测试方法和测试过程。

5.1 单元测试基本概念

在第2章中，已经介绍了软件开发与软件测试的关系。由于软件开发采用工程方法，将大的系统划分为小的模块进行设计、开发和实现，就是模块化方法。对这些模块进行测试，就是单元测试。

单元测试又称模块测试，是对已实现软件的最小单元进行测试，发现其中存在的软件缺陷，以保证构成软件的各个单元的质量。这些最小单元可以是一个类、一个函数或一个子程序。

5.1.1 单元测试的任务

单元测试检查每个模块是否能正确实现详细设计说明书中的功能、性能、接口和其他设计约束要求，确保每个单元都能被正确地编码。单元测试要检查如下问题。

(1) 该单元能否完成其特定的功能和性能。

(2) 该单元的运行能否满足特定的逻辑覆盖。

(3) 在运行该单元时，其内部的数据能否保持完整性。全局变量的处理，内部数据的形

式、内容及相互关系等不应出现错误。

(4) 是否能处理符合要求和不符合要求的数据,在数据边界条件上,能否正常运行。

(5) 对该单元中发生的错误,是否采取有效的处理措施。

综合上面几个方面,除了对各模块的功能与性能测试外,单元测试主要是对各个模块的5个基本特性进行评价。

1. 模块的接口

模块的接口与参数有关,主要检查如下内容。

(1) 实际参数与形式参数的个数是否相等。

(2) 实际参数与形式参数的属性是否匹配。

(3) 实际参数与形式参数的单位是否匹配。

(4) 调用其他模块时所给实际参数的个数是否与被调模块的形式参数个数相等。

(5) 调用其他模块时所给实际参数的属性是否与被调模块的形式参数属性匹配。

(6) 调用其他模块时所给实际参数的单位是否与被调模块的形式参数单位匹配。

(7) 调用内部函数所用参数的个数、属性和次序是否正确。

(8) 是否存在与当前入口点无关的参数引用。

(9) 输入是否仅改变了形式参数。

(10) 全程变量在各模块中的定义是否一致。

(11) 常数是否当作变量传送。

2. 局部数据结构

局部数据结构与变量的命名、定义、类型、使用等有关,主要检查如下内容。

(1) 不正确或不一致的说明。

(2) 错误的初始化或错误的默认值。

(3) 拼写错或截短的变量名。

(4) 不一致的数据类型。

(5) 上溢、下溢和地址错误。

3. 重要的执行路径

独立路径是至少包括一条新的处理语句或一个新的条件的程序路径,对每一条独立的执行路径至少执行一次。常采用基本路径测试和循环测试,目的是为了发现下面的错误。

(1) 算术运算优先次序不正确或理解错误。例如,对不同的数据类型作比较。

(2) 运算方式不正确。包括逻辑运算不正确或优先次序错误。

(3) 初始化不正确。包括循环不终止或循环终止不正确。

(4) 精度不够。例如,因为精度误差造成本应相等的量不相等。

(5) 表达式的符号表示错误,等等。

4. 错误处理

对于系统出现的错误,主要检查如下内容。

(1) 错误描述难以理解。

(2) 错误提示与实际错误不相符。

(3) 在程序自定义的出错处理段运行之前,系统已介入。

(4) 对错误的处理不正确。

(5) 提供的错误信息不足,无法确定错误位置和查错,等等。

5. 边界问题

边界测试是单元测试步骤中的最后一步,也是最重要的一项任务。众所周知,软件通常容易在边界上失效,因而,采用边界值分析技术,针对边界值及其左、右值设计测试用例,很有可能发现新的错误。主要检查如下内容。

(1) n 重循环的第 0 次、第 1 次和第 n 次是否有错。

(2) n 维数组的第 1 个和第 n 个元素是否有错。

(3) 在运算或判断中的最大取值与最小取值是否有错。

(4) 数据流、控制流或判断条件中刚好小于、等于、大于比较值时是否有错。

通过单元测试可以更早地发现缺陷,缩短开发周期,降低软件开发成本。

5.1.2　单元测试的环境

在进行单元测试时,单元本身无法构成一个完整且切实可行的程序系统。为了执行单元测试,必须为单元测试设计相关的驱动模块和桩模块,才能完成单元测试任务。

1. 驱动模块与桩模块的概念

驱动模块(driver)模拟了被测试模块的上一级模块,相当于被测试模块的主程序。它主要用来接收测试数据,将相关数据传送给被测试模块,并调用被测试模块,打印执行结果。设计驱动模块的目的就是为了访问类库的属性和方法,检测类库的功能是否正确。

桩模块(stub)模拟了被测试模块所调用的模块,不是软件产品的组成部分。在集成测试前要为被测试模块编制一些模拟其下级模块功能的“替身”模块,以代替被测试模块的接口,接收或传递被测试模块的数据,这些专供测试用的“假”模块称为被测试模块的桩模块。

如果被测试的单元模块需要调用其他模块中的功能或者函数,就应设计一个和被调用模块名称相同的桩模块来模拟被调用模块。这个桩模块本身不执行任何功能,仅在被调用时返回静态值来模拟被调用模块的行为。

单元模块的测试环境如图 5-1 所示。

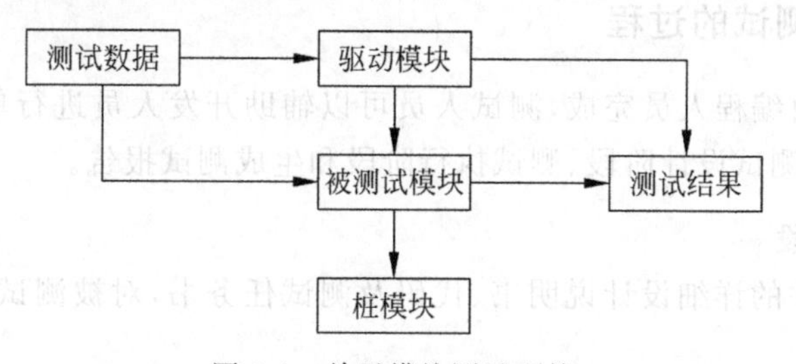

图 5-1　单元模块测试环境

2. 驱动模块与桩模块的设计

由图 5-1 可知,驱动模块接收测试数据并调用被测试模块,最后输出测试结果。所以在设计驱动模块时,要使驱动模块满足以下这些条件。

(1) 必须能驱动被测试模块的执行。

(2) 能够接收要传递给被测试模块的各项参数,判断其正确性;并将正确的接收数据传送给被测试模块。

(3) 能接收到被测试模块的执行结果,并对结果的正确性进行判断。

(4) 能将判断结果作为测试用例结果并输出测试报告。

桩模块模拟了被测试模块调用的模块,在设计桩模块时,要满足以下这些条件。

(1) 被测试模块必须调用桩模块。

(2) 桩模块必须能正确地接收由被测试模块传递的各项参数,对参数进行正确性判断,并返回执行结果。

(3) 桩模块对外接口的定义必须与被测试模块调用模块的接口一致。

具体要设计多少驱动模块和桩模块呢?这要由具体的系统和采用测试的方法来决定。

例 5-1 假设要对某个系统的部分功能(包括 4 个模块 A、B、C、D)进行测试,其功能分解如图 5-2 所示。

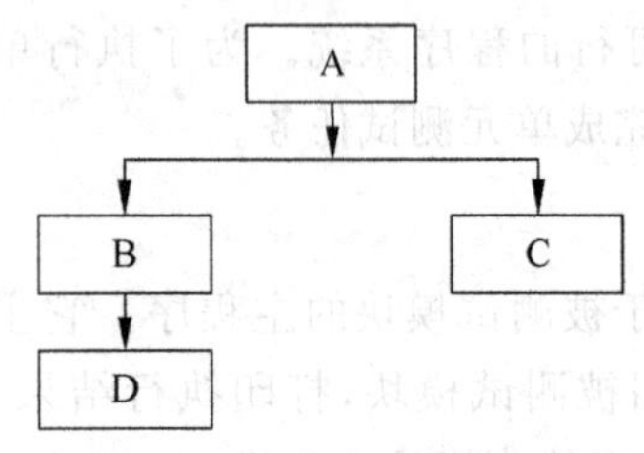

图 5-2 某系统部分功能分解图

若采用非渐进测试方法,那么每一个测试模块都必须设计一个驱动模块。桩模块的设计则由具体的系统来决定。例如,在这个实例中,被测试模块 A 需要设计两个桩模块分别代替 B 和 C 模块,而被测试模块 B 只要设计一个桩模块来代替 D 模块。被测试模块 C、D 不需设计桩模块。

若采用渐增式测试方法,不同渐增方式设计的驱动模块和桩模块也不同。对于采用"自顶向下"的模块测试方法,即测试模块的顺序为 A、B、C、D,那么只要设计一个驱动模块(即测试 A 模块的驱动模块),其他被测试模块用它的上一层模块(已测)作为驱动模块;而需设计的桩模块就多了,与非渐进测试方法一样。若采用"自底向上"的方法,测试模块的顺序是 D、C、B、A。每一个被测试模块都需要设计一个驱动模块,而不需要设计桩模块,各个被测试模块的桩模块用已测试的下层模块直接代替即可。在测试时也可以采用两种方式相结合的方法。

5.1.3 单元测试的过程

单元测试一般由编程人员完成,测试人员可以辅助开发人员进行单元测试。具体过程分为测试计划阶段、测试设计阶段、测试执行阶段和生成测试报告。

1. 测试计划阶段

根据被测试软件的详细设计说明书、代码及测试任务书,对被测试单元进行分析,并确定如下内容。

(1) 确定被测试单元的目标、范围和约束条件。

(2) 确定被测试软件采用的覆盖程度及覆盖的方法和技术。

(3) 确定被测试单元的环境,包括软件、硬件、网络、人员配备等。

(4) 确定被测试单元的测试结束要求。

(5) 确定单元测试活动的进度。

2. 测试设计阶段

根据测试计划与要求,对被测试单元设计测试用例,一般由测试人员和测试程序员共同完成。主要工作内容如下。

(1) 设计测试用例。

(2) 获取测试用例的数据。

(3) 确定测试的顺序。

(4) 获取测试资源,建立测试环境。

(5) 编写测试程序及测试说明文档。

3. 测试执行阶段

根据设计阶段设计好的测试用例,由测试人员对指定的单元进行测试,记录测试步骤及测试结果。主要工作内容如下。

(1) 配置单元测试环境。

(2) 执行设计阶段的测试用例,并记录执行过程。

(3) 记录测试执行结果。

4. 生成测试报告

根据执行阶段产生的测试结果,由测试分析人员进行分析、总结,得到测试结论并写出测试报告。主要完成以下两个方面的工作。

(1) 将测试设计中的期望值与实际测试执行结果比较,判定该测试能否通过,并记录结果。

(2) 若测试不能通过,分析其不能通过的原因,填写软件问题报告,并提出相关建议。

5.2 单元测试的策略与方法

5.2.1 静态测试与动态测试相结合

单元测试是一种静态与动态相结合的测试。在执行动态测试之前,针对经过编译后的单元测试内容先进行静态代码复审,找出其中的错误。该环节可以由程序设计人员、程序编写人员和程序测试人员参与,由软件设计能力较强的高级程序员任组长,在研究软件设计文档的基础上召开审查会议,分析程序逻辑与错误清单,经测试预演、人工测试、代码复审后再进行计算机代码执行活动的动态测试。所以说,单元测试是静态与动态相结合的测试。

5.2.2 白盒测试与黑盒测试相结合

单元测试主要采用白盒测试方法,辅以黑盒测试方法。其中,白盒测试应用于代码评审、单元程序执行。在白盒测试方法中,以路径覆盖为最佳准则,且系统内多个模块可以并行进行测试。黑盒测试方法则应用于模块、组件等大单元的功能测试。

5.2.3 人工测试与自动化测试相结合

人工测试是由测试人员手工逐步执行所有的活动,并观察每一步是否成功完成。人工测试是测试活动的必要部分,在软件及其用户接口还未足够稳定的开发初始阶段尤其有效。

在不能使用自动化测试工具时,必须采用人工测试的方法对单元相关内容进行测试。

自动化测试是把以人为驱动的测试行为转化为机器执行的一种过程。在设计了测试用例并通过评审之后,由测试人员采用自动化测试工具,根据测试用例中描述的规程一步步执行测试,得到实际结果与期望结果的比较。在此过程中,可以节省人力、时间或硬件资源,提高测试效率。

单元自动化测试工具有 JUnit、C++Test、JFCUnit、VSTS 等。

5.3 集成测试的概述

5.3.1 集成测试的定义

集成测试也叫组装测试或联合测试。在单元测试的基础上,将所有模块按照设计要求组装成为子系统或系统,进行集成测试。

集成测试是单元测试的逻辑扩展。在现实方案中,集成是指多个单元的聚合,许多单元组合成模块,而这些模块又聚合成程序的更大部分,如分系统或系统。集成测试采用的方法是测试软件单元的组合能否正常工作,以及与其他组的模块能否集成起来工作。最后,还要测试构成系统的所有模块组合能否正常工作。集成测试所持的主要标准是《软件概要设计规格说明》,任何不符合该说明的程序模块行为都应该加以记载并上报。

集成测试关注的主要内容如下。

(1) 模块接口的数据交换;

(2) 各子功能组合起来能否达到预期要求的父功能;

(3) 模块间是否有不利影响;

(4) 全局数据结构是否有问题;

(5) 单个模块的误差是否会累积放大。

5.3.2 集成测试的目标

集成测试的目标是按照设计要求使用那些通过单元测试的构件来构造程序结构。单个模块具有高质量并不足以保证整个系统的高质量。有许多隐蔽的失效是高质量模块间发生非预期交互而产生的。

判断集成测试是否完成,可从以下几个方面进行检查。

(1) 成功地执行了测试计划中规定的所有集成测试;

(2) 修正了所发现的错误;

(3) 测试结果通过了专门小组的评审。

集成测试应由专门的测试小组进行,测试小组由有经验的系统设计人员和程序员组成。整个测试活动要在评审人员出席的情况下进行。

在完成预定的组装测试工作之后，测试小组应负责对测试结果进行整理、分析，形成测试报告。测试报告中要记录实际的测试结果、在测试中发现的问题、解决这些问题的方法以及解决之后再次测试的结果。此外还应写明不能解决、还需要管理人员和开发人员注意的一些问题，提供测试评审和最终决策，以便提出处理意见。

5.4　集成测试的方法

5.4.1　大爆炸集成测试

1. 大爆炸集成测试概述

大爆炸集成也称为一次性组装或整体拼装，是一种非增量式组装方式。这种集成测试策略的做法就是把所有通过单元测试的模块一次性集成到一起进行测试，不考虑组件之间的互相依赖性及可能存在的风险。

例 5-2　某个系统组成模块如图 5-3 所示，包括模块 A、B、C、D、E、F、G。

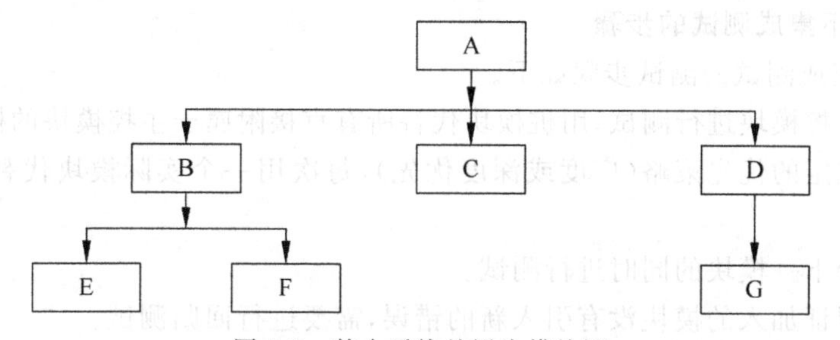

图 5-3　某个系统的层次模块图

采用大爆炸集成测试方法，首先对各个模块(A、B、C、D、E、F、G)分别进行单元测试，然后再把所有模块组装在一起进行测试。

2. 大爆炸集成测试的优点

大爆炸集成测试具有如下优点。

(1) 可以并行测试所有模块。

(2) 需要的测试用例数目少。

(3) 测试方法简单、易行。

3. 大爆炸集成测试的缺点

大爆炸集成测试具有如下缺点。

(1) 因为不可避免地存在模块间接口、全局数据结构等方面的问题，所以一次运行成功的可能性不大。

(2) 如果一次集成的模块数量多，集成测试后可能会出现大量的错误。另外，修改了一处错误之后，很可能新增更多的新错误，新旧错误混杂，给程序的错误定位与修改带来很大的麻烦。

(3) 即使集成测试通过，也会遗漏很多错误。

4. 大爆炸集成测试的适用范围

大爆炸集成测试适用于如下范围。

(1) 只需要修改或增加少数几个模块的前期产品稳定的项目。

(2) 功能少,模块数量不多,程序逻辑简单,并且每个组件都已经过充分单元测试的小型项目。

(3) 基于严格的净室软件工程(由IBM公司开创的开发接近零缺陷的软件的成功做法)开发,并且在每个开发阶段,产品质量和单元测试质量都相当高的产品。

5.4.2 自顶向下集成测试

1. 自顶向下集成测试概述

自顶向下的集成测试就是按照系统层次结构图,以主程序模块为中心,从顶层控制(主控模块)开始,自上而下按照深度优先或者广度优先策略,对各个模块一边组装一边进行测试。采用同设计顺序一样的思路对被测系统进行测试,来验证系统的功能性和稳定性。

2. 自顶向下集成测试的步骤

自顶向下集成测试的测试步骤如下。

(1) 先对主控模块进行测试,用桩模块代替所有直接附属于主控模块的模块。

(2) 根据选定的优先策略(广度或深度优先),每次用一个实际模块代替一个桩模块进行测试。

(3) 在结合下一模块的同时进行测试。

(4) 为了保证加入的模块没有引入新的错误,需要进行回归测试。

(5) 重复步骤(2)～(4),直到所有的模块集成测试完成。

例5-3 对于图5-3中的模块,将其分为三个层次,上层包括模块A、中层包括模块B、C、D,下层包括模块E、F、G。

采用广度优先自顶向下测试方法:首先测试模块A,其次将模块A、B、C、D集成测试,最后将所有模块A、B、C、D、E、F、G集成测试。

采用深度优先自顶向下测试方法:首先测试模块A,其次将模块A、B集成,A、B、E、F集成测试;再将A、B、E、F、C集成;然后将A、B、E、F、C、D集成,最后对A、B、E、F、C、D、G进行集成测试。

3. 自顶向下集成测试的优点

自顶向下集成测试的主要优点如下。

(1) 较早验证了主要的控制和判断点。

(2) 功能可行性较早得到证实。

(3) 最多只需要一个驱动模块。

(4) 可以与设计并行进行测试。

(5) 支持故障隔离。

4. 自顶向下集成测试的缺点

自顶向下集成测试的主要缺点如下。

(1) 桩开发和维护的成本大。

(2) 底层组件的一个需求的修改会导致许多顶层组件的修改。

(3) 底层模块越多，越会导致底层测试不充分。

5. 自顶向下集成测试的适用范围

自顶向下集成测试主要适合于采用结构化编程方法，且产品结构相对简单的软件产品。

5.4.3　自底向上集成测试

1. 自底向上集成测试概述

自底向上集成是从系统层次结构图的最底层模块开始，按照层次结构图逐层向上进行组装和集成测试的方式。

2. 自底向上集成测试的步骤

自底向上集成测试的测试步骤如下。

(1) 从最底层的模块开始组装测试。

(2) 编写驱动程序，协调测试用例的输入与输出。

(3) 测试集成后的构件。

(4) 使用实际模块代替驱动程序，按程序结构向上组装测试后的构件。

(5) 重复步骤(2)～(4)，直到系统的最顶层模块被加入到系统中完成测试为止。

例 5-4　对于图 5-3 中的模块，采用自底向上方法进行测试。

对分别已进行了单元测试的各个模块，先分别对集成 B、E、F 和集成 D、G 并行进行测试。需要编写各自的驱动模块，最后将模块 A、B、C、D、E、F、G 集成测试。

3. 自底向上集成测试的优点

自底向上集成测试的优点如下。

(1) 较早验证底层模块。

(2) 工作最初可以并行集成测试，集成策略小。

(3) 减少桩模块编写的工作量，支持故障隔离。

4. 自底向上集成测试的缺点

自底向上集成测试的缺点如下。

(1) 驱动模块开发工作量大。

(2) 对高层的验证在最后，设计上的错误不能被及时发现。

5. 自底向上集成测试的适用范围

自底向上集成测试适用于大部分采用结构化编程方法，且产品结构相对简单的软件产品。

5.4.4　三明治集成测试

1. 三明治集成测试概述

三明治集成是一种混合增殖式测试策略，综合了自顶向下和自底向上两种集成方法。

它把系统划分成三层,中间一层为目标层,目标层以上采用自顶向下集成,目标层以下采用自底向上集成。

例 5-5 对于图 5-3 中的模块,采用三明治集成方法进行测试。

对分别已进行了单元测试的各个模块,在下层分别集成模块 B、E、F 和 D、G 进行测试,在上层集成模块 A、B、C、D 进行测试,最后将所有模块集成测试。

2. 三明治集成测试的优点

三明治集成测试的优点是:集合了自顶向下和自底向上两种集成测试的优点。

3. 三明治集成测试的缺点

三明治集成测试的缺点是:由于中间层是最后集成测试,因此中间层在被集成前测试不充分。

4. 三明治集成测试的适用范围

三明治集成测试对大部分开发软件项目都适用。

5.4.5 其他集成测试策略

1. 核心系统先行集成测试

核心系统先行集成测试法的思想是先对核心软件部件进行集成测试,在测试通过的基础上再按各外围软件部件的重要程度逐个集成到核心系统中。每次加入一条外围软件部件都产生一个产品基线,直至最后形成稳定的软件产品。核心系统先行集成测试法对应的集成过程是一条逐渐趋于闭合的螺旋形曲线,代表产品逐步定型的过程。

该集成测试方法对于快速软件开发很有效果,适合较复杂系统的集成测试,能保证一些重要的功能和服务的实现。缺点是限制较多:采用此法的系统一般应能明确区分核心软件部件和外围软件部件,核心软件部件应具有较高的耦合度,外围软件部件内部也应具有较高的耦合度,但各外围软件部件之间应具有较低的耦合度。

2. 高频集成测试

高频集成测试是指同步于软件开发过程,每隔一段时间对开发团队的现有代码进行一次集成测试。例如,某些自动化集成测试工具能实现每日深夜对开发团队的现有代码进行一次集成测试,然后将测试结果发到各开发人员的电子邮箱中。该集成测试方法频繁地将新代码加入到一条已经稳定的基线中,以免集成故障难以发现,同时控制可能出现的基线偏差。

使用高频集成测试需要具备一定的条件:可以持续获得一个稳定的增量,并且该增量内部已被验证没有问题;大部分有意义的功能增加可以在一个相对稳定的时间间隔(如每个工作日)内获得;测试包和代码的开发工作必须是并行进行的,并且需要版本控制工具来保证始终维护的是测试脚本和代码的最新版本;必须借助于自动化工具来完成。高频集成的一个显著特点就是集成次数频繁,显然,人工测试的方法是不能胜任的,必须采用自动化测试工具。

该测试方案能在开发过程中及时发现代码错误,能直观地看到开发团队的有效工程进度。在此方案中，开发维护源代码与开发维护软件测试包被赋予了同等的重要性，这对有效防止错误、及时纠正错误都有帮助。该方案的缺点在于测试包有时候可能不能暴露深层次的编码错误和图形界面错误。

3. 基于功能的集成测试

基于功能的集成测试从功能角度出发，按照功能的关键程度对模块的集成顺序进行组织，尽可能早地进行测试。该方法关注测试验证系统的关键功能。

此方法适用于对有较大风险的产品、技术探索性项目或者是对功能实现没有把握的产品进行测试，被测试产品功能的实现比质量更关键。

4. 基于进度的集成测试

基于进度的集成测试主要是从系统的进度和质量两方面考虑，尽早地进行集成测试，以提高开发和集成的并行性，有效地缩短项目的开发时间，提高开发项目的质量。但此方法早期测试缺乏整体性，仅能进行独立的集成，导致许多接口要到后期才能验证。桩模块与驱动模块的开发量大，模块可能不稳定、产生变化，导致测试的重复与浪费。

5. 基于风险的集成测试

基于风险的集成测试是基于一种假设：系统的错误往往集中在系统风险最高的模块中。因此应对高风险的模块接口先进行重点测试，从而保证系统的稳定性。

尽早验证高风险的接口有助于加速系统的稳定性，有利于加强对系统的信心。此方法可以与功能集成测试结合起来使用，主要适用于系统中风险较大的模块测试。

6. 客户/服务器的集成测试

客户/服务器的集成测试主要针对客户/服务器系统，对系统客户端与服务器端交互进行集成测试。先单独测试每个客户端和服务器端，再将第一个客户端与服务端集成测试，加入下一个客户端与服务端集成测试。如此循环，将所有客户端与服务器端集成测试完成。

此方法对集成次序没有约束，有利于复用和扩充；支持可控制和可重复的测试。但驱动模块与桩模块的开发成本高。

5.5 集成测试阶段的测试过程

根据IEEE标准，集成测试过程划分为5个阶段：计划阶段、设计阶段、实施阶段、执行阶段以及评估阶段。

5.5.1 集成测试计划阶段

1. 集成测试准备

在进行集成测试前，先要准备如下内容。

(1) 测试的文档准备：制定需求规格说明书、概要设计文档、产品开发计划。

(2) 人员组织：任命测试人员、开发人员、测试质量控制人员、测试经理、开发经理、产品经理。

各相关人员职责如表5-1所示。

表5-1 集成测试中相关人员及职责

角　色	职　责
测试人员	负责测试用例设计、执行、记录、回归测试
开发人员	负责定位和解决问题,修复缺陷
测试质量控制人员	负责对集成测试进行监控、评审
测试经理	负责制定测试计划、安排测试任务
开发经理	负责代码的修复和安排管理
产品经理	负责解决资源要求(人力资源、工具等),并对测试结果进行监督

2. 集成测试策略和环境

集成测试策略考虑采用的测试技术和工具,完成测试影响的资源分配及其他特殊的问题。

在环境方面的考虑如下。

(1) 硬件环境:尽可能考虑实际环境。

(2) 操作系统环境:不同机型使用不同的操作系统版本。

(3) 数据库环境:从性能、版本、容量等多方面考虑。

(4) 网络环境。

3. 测试日程计划

根据软件设计文档评估测试有多少项目,再根据测试的工作量进行安排。开始时间为概要设计完成评审后大约一个星期。

4. 活动步骤

集成测试的主要活动步骤如下。

(1) 确定被测试对象和测试范围。

(2) 评估集成测试被测试对象的数量及难度,即工作量。

(3) 确定角色分工和任务。

(4) 标识出测试各阶段的时间、任务、约束等条件。

(5) 考虑一定的风险分析及应急计划。

(6) 考虑和准备集成测试需要的测试工具、测试仪器、环境等资源。

(7) 考虑外部技术支援的力度和深度,以及相关培训安排。

(8) 定义测试完成的标准。

5. 输出

集成测试计划阶段最后得到集成测试计划,此计划必须通过概要设计阶段基线评审。

5.5.2 集成测试设计阶段

1. 时间安排

集成测试的设计在系统详细设计阶段就可以开始。

2. 依据

集成测试设计阶段的主要依据是：需求规格说明书、概要设计、集成测试计划。

3. 入口条件

系统的概要设计基线已通过评审。

4. 活动步骤

集成测试设计阶段具体的活动步骤如下。

(1) 被测对象结构分析。

(2) 集成测试模块分析。

(3) 集成测试接口分析。

(4) 集成测试策略分析。

(5) 集成测试工具分析。

(6) 集成测试环境分析。

5. 输出

集成测试设计阶段的输出是集成测试设计方案。

6. 出口条件

集成测试设计通过详细设计基线评审。

5.5.3 集成测试实施阶段

根据集成测试计划，建立集成测试环境，完成测试设计任务。

1. 时间安排

在系统编码阶段开始后就可以实施集成测试。

2. 依据

系统的需求规格说明书、概要设计、集成测试计划、集成测试设计计划。

3. 入口条件

系统的详细设计基线通过评审。

4. 活动步骤

集成测试实施阶段的活动步骤如下。

(1) 集成测试用例设计。

(2) 集成测试代码设计(如果需要)。

(3) 集成测试脚本设计(如果需要)。

(4) 集成测试工具准备(如果需要)。

5. 输出

集成测试设计的最后输出有集成测试用例、集成测试规程、集成测试代码、集成测试脚本、集成测试工具。

测试用例模板如表5-2所示。

表 5-2 集成测试用例模板

测试任务编号		测试任务描述		
作　　者		日　　期		
设计方法		测试用例脚本文件名		
预置条件				
用例编号	输入	执行动作	预期结果	备注

6. 出口条件

集成测试设计阶段的出口条件是：测试用例和测试规程通过编码阶段基线评审。

5.5.4 集成测试执行阶段

按照集成测试用例设计要求构建平台。

1. 时间安排

系统的单元测试完成后就可以开始执行系统的集成测试了。

2. 输入

集成测试需要的基本内容：需求规格说明书、概要设计、集成测试计划、集成测试用例、集成测试规程、集成测试代码(如果有)、集成测试脚本、集成测试工具、详细设计代码、单元测试报告。

3. 入口条件

系统的单元测试阶段已经通过基线化评审。

4. 活动步骤

集成测试实施阶段的活动步骤如下。

(1) 执行集成测试用例。

(2) 回归集成测试用例。

(3) 撰写集成测试报告。

5. 输出

集成测试实施后，生成集成测试报告。

6. 出口条件

集成测试报告通过集成测试阶段基线评审。

5.5.5 集成测试评估阶段

由测试设计员负责，与集成测试人员、编码员、设计员等对集成测试结果进行统计，生成测试执行报告和缺陷记录报告；对集成测试进行评估，对测试结果进行评测，形成结论，最后整理形成报告。

5.6 集成测试与单元测试的比较

5.6.1 测试的单元不同

单元测试是针对软件的基本单元(如函数等)所做的测试,主要测试单元的功能和性能等;集成测试则是以模块和子系统为单元进行的测试,主要测试模块接口间的关系。

5.6.2 测试的依据不同

单元测试是针对软件的详细设计做的测试,测试用例的主要依据也是系统的详细设计。集成测试是针对软件的概要设计做的测试,测试用例的主要依据则是系统的概要设计。

5.6.3 测试的空间不同

集成测试主要测试的是接口层的测试空间,单元测试主要测试的是内部实现层的测试空间。

5.6.4 测试使用的方法不同

集成测试关注的是接口的集成,而单元测试只关注单个单元,因此在具体测试方法上也不同。

5.7 系统测试概述

5.7.1 系统测试定义和技术要求

1. 系统测试定义

系统测试是将集成好的软件系统整体作为基于计算机系统的一个元素,与计算机硬件、外设、支持软件、数据等其他系统元素结合在一起,在实际运行(使用)环境下所进行的一系列测试活动。

2. 系统测试的目的

通过与系统的需求定义比较,检查软件是否存在与系统定义不符合或与之矛盾的地方,以验证软件系统的功能和性能等是否满足其规约所指定的要求。

3. 系统测试技术要求

系统测试的基本技术要求如下。

(1) 系统的每个特性应至少被一个正常测试用例和一个被认可的异常测试用例所覆盖。

(2) 测试用例的输入应至少包括有效等价类值、无效等价类值和边界数据值。

(3) 应逐项测试系统/子系统设计说明规定的系统的功能、性能等特性。

(4) 应测试软件配置项之间及软件配置项与硬件之间的接口。

(5) 应测试系统的输出及其格式。

(6) 应测试当运行条件在边界状态和异常状态下时,或在人为设定的状态下时,系统的功能和性能。

(7) 应测试系统访问和数据安全性。

(8) 应测试系统的全部存储量、输入/输出通道和处理时间的余量。

(9) 应按系统或子系统设计文档的要求,对系统的功能、性能进行强度测试。

(10) 应测试设计中用于提高系统安全性、可靠性的结构、算法、容错、冗余、中断处理等方案。

(11) 对完整性级别高的系统应进行安全性、可靠性分析,明确每一个危险状态和导致危险的可能原因,并对其进行针对性的测试。

(12) 对有恢复或重置功能需求的系统,应测试其恢复或重置功能和平均恢复时间,并且对每一类导致恢复或重置的情况进行测试。

(13) 对不同的实际问题应外加相应的专门测试。

5.7.2 系统测试的内容

国标 GB/T 16620 针对系统测试的测试内容主要从适应性、准确性、互操作性、安全保密性、成熟性、容错性、易恢复性、易理解性、易学性、易操作性、吸引性、时间特性、资源利用性、易分析性、易改变性、稳定性、易测试性、适应性、易安装性、共存性、替换性和依从性等方面(有选择地)来考虑。

对于具体的系统,可根据测试合同(或项目计划)及系统/子系统设计文档的要求对上述测试内容进行剪裁。

1. 功能性

系统功能性方面的主要测试内容如下。

(1) 适应性方面:应测试系统/子系统设计文档规定的系统的每一项功能。

(2) 准确性方面:可对系统中具有准确性要求的功能和精度要求的项(如数据处理精度、时间控制精度、时间测量精度)进行测试。

(3) 互操作性方面:可测试系统/子系统设计文档、接口需求规格说明文档和接口设计文档规定的系统与外部设备的接口、与其他系统的接口。测试其格式和内容,包括数据交换的数据格式和内容;测试接口之间的协调性;测试软件系统每一个真实接口的正确性;测试软件系统从接口接收和发送数据的能力;测试数据的约定、协议的一致性;测试软件系统对外围设备接口特性的适应性。

(4) 安全保密性方面:可测试系统及其数据访问的可控制性;测试系统防止非法操作的模式,包括防止非授权的创建、删除或修改程序或信息的行为,必要时可做强化异常操作的测试;测试系统防止数据被讹误和被破坏的能力;测试系统的加密和解密功能。

2. 可靠性

系统可靠性方面的主要测试内容如下。

(1) 成熟性方面:可基于系统运行剖面设计测试用例,根据实际使用的概率分布随机选择输入,运行系统,测试系统满足需求的程度并获取失效数据,其中包括对重要输入变量值的覆盖、对相关输入变量可能组合的覆盖、对设计输入空间与实际输入空间之间区域的覆盖、对各种使用功能的覆盖、对使用环境的覆盖。应在有代表性的使用环境中以及可能影响系统运行方式的环境中运行软件,验证系统的可靠性需求是否正确实现。对一些特殊的系统,如容错软件、实时嵌入式软件等,由于在一般的使用环境下常常很难在软件中植入差错,应考虑多种测试环境。可测试系统的平均无故障时间。选择可靠性增长模型,通过检测到的失效数和故障数,对系统的可靠性进行预测。

(2) 容错性方面:可测试系统对中断发生的反应;系统在边界条件下的反应;系统的功能、性能的降级情况;系统的各种误操作模式;系统的各种故障模式(如数据超范围、死锁);测试在多机系统出现故障需要切换时,系统的功能和性能的连续平稳性。

注:可用故障树分析技术检测误操作模式和故障模式。

(3) 易恢复性方面:可测试具有自动修复功能的系统的自动修复时间;系统在特定时间范围内的平均宕机时间;系统在特定时间范围内的平均恢复时间;系统的重新启动并继续提供服务的能力;系统的还原能力。

3. 易用性

系统易用性方面的主要测试内容如下。

(1) 易理解方面:对于系统的各项功能,确认它们是否容易被识别和理解。若系统要求具有演示功能的能力,应确认演示是否容易被访问、演示是否充分和有效。对于界面的输入和输出,应确认输入和输出的格式和含义是否容易被理解。

(2) 易学性方面:可测试系统的在线帮助功能,确认在线帮助是否容易定位,是否有效;还可以对照用户手册或操作手册执行系统,测试用户文档的有效性。

(3) 易操作性方面:输入数据,确认系统是否对输入数据进行有效性检查。对于要求具有中断执行的功能,应确认它们能否在动作完成之前被取消。对于要求具有还原能力(数据库的事务回滚能力)的功能,应确认它们能否在动作完成之后被撤销。对于包含参数设置的功能,应确认参数是否已选择、是否有默认值。对于要求具有解释的消息,应确认它们是否明确。对于要求具有界面提示能力的界面元素,应确认它们是否有效。对于要求具有容错能力的功能和操作,应确认系统能否提示出错的风险,能否容易纠正错误的输入,能否从差错中恢复。对于要求具有定制能力的功能和操作,应确认定制能力的有效性。对于要求具有运行状态监控能力的功能,应确认它们的有效性。

注:以正确操作、误操作模式、非常规模式和快速操作为框架设计测试用例,误操作模式有错误的数据类型作参数、错误的输入数据序列、错误的操作序列等。如有用户手册或操作手册,可对照手册逐条进行测试。

(4) 吸引性方面:可测试系统的人机交互界面能否定制。

4. 效率

系统效率方面的主要测试内容如下。

(1) 时间特性方面:可测试系统的响应时间、平均响应时间、响应极限时间,系统的吞吐量、平均吞吐量,系统的周转时间、平均周转时间、周转时间极限。

注：响应时间指系统为完成一项规定任务所需的时间；平均响应时间指系统执行若干并行任务所需的平均时间；响应极限时间指在最大负载条件下，系统完成某项任务需要时间的极限；吞吐量指系统在给定的时间周期内能成功完成的任务数量；平均吞吐量指系统在一个单位时间内能处理并发任务的平均数；极限吞吐量指在最大负载条件下，在给定的时间周期内，系统能处理的最多并发任务数；周转时间指从发出一条指令到完成一组相关的任务的时间；平均周转时间指完成一个任务所需要的平均时间；周转时间极限指在最大负载条件下，系统完成一线任务所需要时间的极限。

在测试时，应标识和定义适合于软件应用的任务，并对多项任务进行测试，而不是仅测一项任务。

注：软件应用任务的例子包括在通信应用中的切换、数据包发送、在控制应用中的事件控制、在公共用户应用中由用户调用的功能产生的一个数据的输出等。

(2) 资源利用性方面：可测试系统的输入/输出设备、内存和传输资源的利用情况，执行大量的并发任务，测试输入/输出设备的利用时间；在使输入/输出负载达到最大的系统条件下，运行系统，测试输入/输出负载极限；并发执行大量的任务，测试用户等待输入/输出设备操作完成需要的时间。

注：建议调查几次测试与运行实例中的最大时间与时间分布。在规定的负载下和在规定的时间范围内运行系统，测试内存的利用情况；在最大负载下运行系统，测试内存的利用情况；并发执行规定的数个任务，测试系统的传输能力；在系统负载最大的条件下和在规定的时间周期内，测试传输资源的利用情况；在系统传输负载最大的条件下，测试不同介质同步完成其任务的时间周期。

5. 维护性

系统维护性方面的主要测试内容如下。

(1) 易分析性方面：可设计各种情况的测试用例，运行系统并监测系统运行状态数据，检查这些数据是否容易获得，内容是否充分。若软件具有诊断功能，则应测试该功能。

(2) 易改变性方面：可测试能否通过参数来改变系统。

(3) 易测试性方面：可测试软件内置的测试功能，确认它们是否完整和有效。

6. 可移植性

系统可移植性方面的主要测试内容如下。

(1) 适应性方面：可测试软件对数据文件、数据块或数据库等数据结构的适应能力；软件对硬件设备和网络设施等硬件环境的适应能力；软件对系统软件或并行的应用软件等软件环境的适应能力；软件是否已移植。

(2) 易安装性方面：可测试软件安装的工作量、安装的可定制性、安装设计的完备性、安装操作的简易性、是否容易重新安装。

注：安装设计的完备性可分为以下三级。

① 最好：设计了安装程序并编写了安装指南文档。

② 好：仅编写了安装指南文档。

③ 差：无安装程序和安装指南文档。

注：安装操作的简易性可分为以下四级。

① 非常容易：只需启动安装功能并观察安装过程。

② 容易：只需回答安装功能中提出的问题。

③ 不容易：需要从表或填充框中看参数。

④ 复杂：需要从文件中寻找参数，改变或写入参数。

(3) 共存性方面：可测试软件与其他软件共同运行的情况。

(4) 易替换性方面：当替换整个不同的软件系统和用同一软件系列的高版本替换低版本时，在易替换性方面，可考虑测试：

① 软件能否继续使用被其替代的软件使用过的数据；

② 软件是否具有被其替代的软件中的类似功能。

(5) 依从性方面：当软件在功能性、可靠性、易用性、效率、维护性和可移植性方面遵循了相关的标准、约定、风格指南或法规时，应酌情进行测试。

5.8 系统测试的方法与过程

5.8.1 系统测试方法

1. 功能测试

对产品的功能进行测试，检验是否实现、是否正确实现系统功能。

2. 性能测试

对产品的性能进行测试，检验是否达标、是否能够保持性能。

3. 负载测试

在人为设置的高负载(大数据量、大访问量)的情况下，检查系统是否出现功能或者性能上的问题。

4. 压力测试

在人为设置的系统资源紧缺情况下，检查系统是否出现功能或者性能上的问题。

5. 疲劳测试

在一段时间内(经验上一般是连续72小时)保持系统的频繁使用，检查系统是否出现功能或者性能上的问题。

6. 易用性测试

检查系统界面和功能是否容易学习，使用方式是否规范一致，是否会误导用户或者使用了模糊的信息。

7. 安装测试

检查系统安装是否能够安装所有需要的文件/数据并进行必要的系统设置，检查系统安装是否会破坏其他文件或配置，检查系统安装是否可以中止并恢复现场，检查系统是否能够正确卸载并恢复现场，检查安装和卸载过程的用户提示和功能是否出现错误。有时候将安装测试作为功能测试的一部分。

8. 配置测试

在不同的硬件配置下,在不同的操作系统和应用软件环境中,检查系统是否发生功能或者性能上的问题。

9. 文档测试

检查系统的文档是否齐全,检查是否有多余文档或者死文档,检查文档内容是否正确/规范/一致等。

10. 安全测试

检查系统是否有病毒,检查系统是否正确加密,检查系统在非授权的内部或外部用户访问或故意破坏时是否出现错误。

11. 恢复测试

在人为发生系统灾难(系统崩溃、硬件损坏、病毒入侵等)的情况下,检查系统是否能恢复被破坏的环境和数据。

12. 回归测试

回归测试是一种选择性重新测试,目的是检测系统或系统组成部分在修改期间产生的缺陷,用于验证已进行的修改并未引起不希望的有害效果,或确认修改后的系统或系统组成部分仍满足规定的要求。

13. 健全测试

检查系统的功能和性能是否基本可以正常使用,确定是否可以继续进行系统测试的其他内容。

14. 交付测试

关闭所有缺陷报告,确保系统达到预期的交付标准。

15. 演练测试

在交付给用户之前,利用相似的用户环境进行测试。例如,奥运会管理信息系统在2008年前用于其他比赛。

16. 背靠背测试

设置一组以上的测试团队,在互相不进行沟通的情况下独立进行相同的测试项目,用来评估测试团队的效果并发现更多的错误。该方法开始用于测试外包,现在也用于内部测试。

17. 度量测试

在系统中人为地放入错误(播种),并根据被发现的比例来确定系统中遗留的错误数量。该方法开始用于测试外包,现在也用于内部测试。

18. 比较测试

与竞争产品及本产品的旧版本测试同样的内容,以确定系统的优势和劣势。严格地说,比较测试属于系统测评的内容。BenchMarking是一种特殊的比较测试。

上述18种测试内容并不是都要进行的。在制定测试策略和测试计划的时候，要有不同的侧重点，且与测试目标、测试资源、软件系统特点和业务环境有关。

另外，上述18种测试最好由独立第三方进行测试，因为进行独立测试的目的是进一步加强软件质量保证工作，提高软件的质量，并对软件产品进行客观评价。由独立第三方测试通常能够发挥专业技术优势和独立性优势，能够有效地促进承办方的工作。

5.8.2　系统测试过程

系统测试过程主要包含4个阶段：制定系统测试计划、设计系统测试用例、执行系统测试、提交系统测试报告。

1. 制定系统测试计划

系统测试计划是软件测试员与产品开发小组交流的主要方式。测试小组共同协商测试计划，测试组长按照测试模板起草《系统测试计划》。其主要内容有：规定测试活动的范围、测试方法、资源（测试环境、测试辅助工具）与进度；明确正在测试的项目、要测试的特性、要执行的测试任务、每个任务的负责人，以及与计划相关的内容。

项目经理审批《系统测试计划》后，进行到下一个阶段。

2. 设计系统测试用例

系统测试小组成员依据《系统测试计划》和指定的模板设计《系统测试用例》。其中包括三个部分：测试设计说明、测试用例说明、测试程序和测试过程说明。

1）测试设计说明

IEEE 829标准提出，测试设计说明"在测试计划中提炼测试方法，明确指出设计包含的特性及其相关测试，如果要求完成测试还应明确指出测试用例和测试程序，指定判断特性通过/失败的规则。"

测试设计说明的目的是组织和描述针对具体特性需要进行的测试。其主要内容如下。

（1）标识符：用于引用和标记测试设计说明的唯一标识符。

（2）要测试的特性：对测试设计说明所包含的软件特性的描述。

（3）方法：描述测试软件特性的通用方法。

（4）测试用例确认：对所测试特性的具体测试用例的高级描述和引用。它应列出所选的等价划分，并提供测试用例的引用信息以及用于执行测试用例的程序。

（5）通过/失败规则：描述判定测试特性通过或失败的规则。例如，通过是指执行全部测试用例时没有发现软件缺陷；失败是指有10%以上测试用例没有通过。

2）测试用例说明

IEEE 829标准提出，测试用例说明需要"编写用于输入的实际数值和预期输出结果数值，明确指出使用具体测试用例产生的测试程序的限制。"

测试用例应该明确地解释要向软件发送的数据或限制的条件，以及预期的结果。测试用例可以由一个或多个测试用例说明引用，也可以引用多个测试程序。其主要内容如下。

（1）标识符：由测试设计过程说明和测试程序说明引用的唯一标识符。

（2）测试项：描述被测试的详细特性、代码模块等，比设计说明中所列的特性更具体。

(3) 输入说明：列举软件执行测试用例的所有输入内容或者条件。

(4) 输出说明：描述执行测试用例的预期结果。

(5) 环境要求：是指执行测试用例的硬件、软件、工具、人员等。

(6) 特殊过程要求：描述执行测试必须做到的特殊要求。

(7) 用例之间的依赖性：说明测试用例是否与其他测试用例有依赖关系。

3) 测试程序和过程说明

IEEE 829 标准定义测试程序是“明确指出为实现相关测试设计而操作软件系统和试验具体测试用例的全部步骤。”

测试程序或测试脚本说明详细定义了执行测试用例的每一步操作。主要内容如下。

(1) 标识符：将测试程序与相关测试用例和测试设计捆绑在一起的唯一标识符。

(2) 目的：程序的目的以及将要执行的测试用例的引用信息。

(3) 特殊要求：执行程序所需的其他程序、特殊测试技术或者特殊设备。

(4) 程序步骤：执行测试的详细描述，包括日志、设置、启动、程序、度量、关闭、重启、终止、重置、偶然事件等。

测试组长邀请开发人员和同行专家对测试用例进行技术评审，通过后进行下一阶段。

3. 执行系统测试

系统测试人员依据《系统测试计划》和《系统测试用例》对系统进行测试，将执行结果记录在《系统测试报告》中，并及时将存在的缺陷通报给开发人员。开发人员及时改正已发现的缺陷，并由测试人员进行回归测试，以确保不会引入新的缺陷。

软件缺陷报告包括的主要内容如下。

(1) 标识符：定义软件缺陷报告的唯一编号，用于定位和引用。

(2) 总结：利用简明扼要的事实陈述总结软件缺陷。要测试的软件及版本的引用信息，相关的测试过程、测试用例和测试说明等。

(3) 事件描述：提供软件缺陷的详细描述信息。主要包括日期和时间、测试员姓名、使用的硬件和软件配置、输入、过程步骤、预期结果、试图再现以及尝试的描述等。

(4) 影响：严重性和优先级，以及测试计划、测试说明、测试程序和测试用例的影响指示。

4. 提交系统测试报告

系统所有的测试执行完成后，提交测试报告文档。

测试报告模板的主要内容如下。

1 引言

1.1 编写的目的

1.2 编写的背景

1.3 术语解释

1.4 参考资料

2 测试概要

2.1 系统简介

2.2 测试计划描述

2.3　测试环境

3　测试结果及分析

3.1　测试执行情况

3.2　测试功能报告

3.2.1　系统管理模块测试报告单

3.2.2　功能插件模块测试报告单

3.2.3　网站管理模块测试报告单

3.2.4　内容管理模块测试报告单

3.2.5　辅助工具模块测试报告单

3.3　系统性能测试报告

3.4　不间断运行测试报告

3.5　易用性测试报告

3.6　安全性测试报告

3.7　可靠性测试报告

3.8　可维护性测试报告

4　测试结论与建议

4.1　测试人员对需求的理解

4.2　测试准备和测试执行过程

4.3　测试结果分析

4.4　建议

小结

本章介绍了单元测试、集成测试和系统测试，包括：单元测试的主要任务和测试环境的搭建，单元测试中驱动模块与桩模块的设计，单元测试的测试过程，单元测试的策略与方法；集成测试的基本概念，集成测试的方法（大爆炸集成、自顶向下集成、自底向上集成、三明治集成、高频集成等），集成测试的测试过程；系统测试的基本概念，系统测试的测试内容、方法与过程，以及测试报告的撰写。

习题

1. 单元测试的主要任务有哪些？请简述。
2. 怎样搭建单元测试的环境？
3. 单元测试的过程分为哪几个阶段？请简述。
4. 集成测试的方法有哪几种？集成测试包括哪些阶段？
5. 系统测试主要测试哪些方面？
6. 单元测试、集成测试与系统测试有什么区别？能否缺少其中某种测试？

第6章 面向对象测试

【本章学习目标】

- 了解面向对象的特征对测试的影响。
- 理解面向对象中的单元测试、集成测试和系统测试。
- 熟练掌握面向对象的单元测试方法并实际运用。

本章首先介绍面向对象的测试的基本概念，再介绍面向对象的单元测试、集成测试和系统测试，重点介绍面向对象的单元测试方法。

6.1 面向对象测试的基本概念

6.1.1 面向对象技术的特点及其对软件测试的影响

面向对象程序设计语言的基本特征是提供了数据抽象、继承和动态绑定等。面向对象程序通常由一系列类组成，在类定义中封装了数据及作用在数据上的操作，数据和操作统称为特征。对象是类的实例。类和类之间按继承关系组成一个无环有向图结构，父类中定义了共享的公共特征，子类除继承父类中定义的所有特征外，还可以引入新的特征，也允许对继承的方法重新定义。面向对象语言提供的动态绑定机制将对象与方法动态地联系起来。面向对象程序的封装性、继承性、动态绑定等特性使程序具有较大的灵活性，给软件测试提出了新的要求，使得面向对象软件的测试更加复杂。

1. 类和对象对测试的影响

对象是一个可操作的实体，是由保存对象属性的特定的数据和操作这些数据的操作封装在一起构成的整体。类是具有相同或相似性质的对象的抽象的集合。因此，对象的抽象是类，而类的具体化就是对象，也可以说是类的实例。

我们知道，传统的功能分解方法根据软件需求说明书将一个系统分解为许多功能单一、聚合度高、耦合度小的功能模块（函数、过程或子程序）。这些功能模块在分析阶段就精确地定义了，有着良好的功能说明。这些功能说明在设计阶段就可以以静态的方式测试每一个模块，它们也是设计测试用例的根据。一般来说，当一个模块经过完全的测试之后，就不必重新测试。这是因为设计良好的模块只根据其输入的参数做出相应的动作，而与系统其他变量状态无关。

类和对象将方法和属性封装在一起，封装方法非常类似于传统的功能模块（函数、过程和子程序）。类和对象的方法由接口说明和内部实现两个部分组成，接口说明只有一个，而内部实现往往不止一个。例如，子类对父类重新定义过的方法往往与父类中的此方法具有相同的接口说明。因此，当某一对象（暂且称为客户）向另一对象（暂且称为服务者）发送消息时，无法静态地确定服务者具体调用哪一个内部实现。由于对象是一个有机的整体，内部实现也会动态地根据当前对象状态动态地做出相应的动作。在面向对象系统中，系统的最小可测试单元不再是函数或过程，而是类和对象。类和对象封装了很多方法和属性，在很大程度上增加了系统聚合度，降低了耦合度，提高了系统整体的可维护性；但同时也牺牲了单元测试的容易性，增加了复杂性。

如何测试相对较复杂的测试单元（类和对象）？在此引入基于状态的单元测试方法，其基本思想是：将类和对象看作一台有限状态自动机，其状态由其属性来表征；其方法根据当前状态或外部发送过来的消息，做出相应的状态转换，输出信息。然后在此基础上，为有限状态自动机的每个状态设计相应的测试用例，对每个状态分而治之地测试，降低测试的复杂度。在面向对象设计时，往往将类和对象的动态特性描述成有限状态自动机，因而可以很容易地实现基于状态的单元测试方法，即利用前期设计的有限状态自动机，为每个状态设计相应的测试用例。

例 6-1　用数组栈类的例子来说明。

在数组栈类中主要含有方法 Push、Pop 和属性 Top，其中，属性 Top 用于指出栈顶元素在数组中的位置。数组栈的有限状态机如图 6-1 所示。此自动机包括正常、空和满三个状态，状态由属性 Top 表征，例如，Top=0 表示空状态。在设计测试用例时，必须保证这些用例能够使得该类所有状态都得到遍历；同时在每个状态中还需要设计测试用例，激发非法操作（例如，在空状态下调用 Pop 操作）以及验证该类的健壮性。

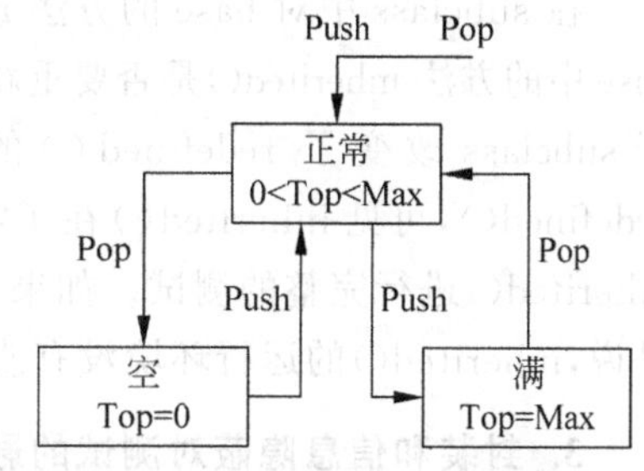

图 6-1　数组栈的有限状态机

2. 继承对测试的影响

面向对象的继承允许在已有类（基类或父类）的基础上定义新类，新类称为派生类或子类。派生出的子类可以继承父类的特性，同时还可以增加自己的功能和修改继承得到的功能。在继承关系中，子类不仅包含父类的所有成员，更重要的是，它还复制了父类的接口。

继承是面向对象软件系统的主要特征，在一定程度上实现了软件代码的重用，使得多个类能够共享相同的属性和方法。由此可见，继承蕴涵着一般/特殊的关系，父类代表一种较为一般的事物；子类代表一种较为特殊的事物。

根据子类拥有父类的多少，可以将继承分为单继承和多继承。单继承，指一个子类仅继承另外一个类的属性和方法；多继承，指一个类可以继承多个类的属性和方法。子类可以使用父类的方法、属性和它的父类,甚至可以修改父类的方法。面向对象程序设计语言提供的这种机制给程序员带来了一定的灵活性,但也给软件测试带来了一定的影响,即需判断父类中的方法在子类环境下是否需要重新测试。

例 6-2 用 C++程序段举例说明这一问题。

```
Class bbase
{ …
Public:
     Virtual void redefined() = 0;
     Virtual void inherited() = 0;
};
Class base:bbase
{ …
Public:
     Void redefined(){ … };                          //定义了 redefined()
     Void inherited(){ … ;redefined(); … };          //调用了 redefined()
};
Class subclass:public base
{ …
Public:
     Public redefined(){ … };                        //重新定义了 redefined()
}
```

在 subclass 中对 base 的方法 redefined()重新实现,显然该方法必须重新测试。那么,base 中的方法 inherited()是否要重新测试？在这一例子中,inherited()中调用了 redefined(),由于 subclass 改变了 redefined()的实现,subclass::inherited()将会调用重新实现的 redefined(),可见 inherited()在子类新的环境下必须重新测试。当然,不必对 subclass::inherited()进行完整的测试。如果 inherited()中没有直接或间接地调用 redefined(),也就是说,inherited()的运行环境没有改变,则没有必要对其进行测试。

3. 封装和信息隐蔽对测试的影响

封装是将一组相关的概念聚集在一个单元内。面向对象的封装是将操作和属性包装在一个对象类型中,只能通过封装体提供的接口来访问和修改。

封装是将类和对象的接口和实现进行分离,屏蔽类和对象的内部实现细节。封装在大多数的情况下是通过信息隐蔽实现的。

信息隐蔽是指对类中所封装的信息的存取进行控制,仅显示类和对象的外部使用者所需的属性和方法,而将一些无关的内部信息隐藏起来,从而避免类中有关实现细节的信息被错误使用。

信息隐蔽是控制复杂性的有效技术。不管在设计阶段还是以后的维护阶段,只要类和对象暴露在外面的信息越多,发生错误的可能性就越大,程序员需要考虑的事情也越多；反之,可以免于了解不必要的细节。在 C++中可以通过 private、protected 和 public 来实现不同程度的信息隐蔽。

封装和信息隐蔽使类和对象的使用者无法随便读取和修改类和对象的内部信息,在很大程度上防止了错误的发生,提高程序的可维护性。但是,这两种技术在另一方面却给测试带来了困难。因为面向对象的软件系统在运行时刻由一组协调工作的对象组成,而对象具有一定的状态,在工作过程中对象的状态可能被修改,产生新的状态。所以对于面向对象的程序测试,对象的状态是必须考虑的因素。

面向对象软件测试的基本工作就是创建对象,向对象发送一系列信息后检查结果对象的状态,看其是否处于正确的状态。而对象的状态往往是隐蔽的,若类中未提供足够的存取函数来表明对象的实现方式和内部状态,则测试者必须增添这样的函数。通常的解决方法是,在类和对象上添加一个成员函数,该函数用于读取(而不是修改)对象的状态信息。测试时,该函数用来考察对象的状态变化,但必须保证该函数在一定程度上的正确性。为了达到更好的测试效率,甚至可以添加能够捕获外部或内部发送过来的消息的成员函数,记录各消息的参数发送的时间。当测试完成后,可将这些成员函数删除,以便提高软件系统的运行速度。

4. 多态性对测试的影响

多态性是面向对象方法的关键特性之一。该特性允许根据发生消息的不同对象采取不同的处理方法,使得系统在运行时能自动为给定的消息选择合适的实现代码。这给程序员提供了高度柔性、问题抽象性和易于维护性。但多态性所带来的不确定性,也使得传统测试实践中的静态分析法遇到了不可逾越的障碍,还增加了系统运行中可能的执行路径,加大了测试用例的选取难度和数量。这种不确定性和骤然增加的路径组合给测试覆盖率的满足带来了挑战。多态性给软件测试带来的问题仍然是目前研究的重点及难点问题之一。

5. 进一步讨论

上面讨论了面向对象的类和对象、继承、封装和信息隐蔽对测试造成的影响并提出相应的解决方法。但是,这些方法并没有很好地解决测试问题。

在单元测试中,我们引入的基于状态单元测试方法有其致命的弱点,就是测试效率低。仍旧以数组栈为例,假设该数组栈空间为64KB,每一个数据项占一个字节,则将数组栈从空状态切换到满状态,必须调用PUSH()方法64×1024次。由于对象具有信息隐蔽和封装性,无法直接修改对象属性。也就是说,若要测试在数组栈满状态下对象的特性,首先必须调用PUSH()方法64×1024次,以便切换到满状态,这样就大大降低了测试的效率。同样,对类中重新定义过的方法和某些继承下来的方法重新测试时,也存在状态切换低效率问题。

为了使得上述各种解决方法获得应用,必须解决状态切换低效率问题,使得对象状态尽快地切换到所期望的状态。在此,引进一种机制,它能够直接修改有限状态自动机的状态,即直接修改对象在运行时属性的值,从而实现状态的快速切换。

例6-3 定义一个测试类,该类在程序调试时刻默认为其他类的友员类,可以读取和修改其他类的属性。在测试代码中,根据测试的需要,可以插入修改和读取被测试类的属性。下面是测试类的接口定义:

```
typedef tagProperty_List                        //属性列表
{     String Property_Name[];                   //属性名称
      String Property_Type[];                   //属性类型
      Void * Property_Ref[];                    //属性引用地址
} Property_List;
```

```
Class Test
{
private:
…
    Property_List Property_List[ ];          //保存被测试类的属性列表
…
Public:
…
    Test(void * ObjName);                    //测试类的构造函数
    Modify_State(String Property_Name,void * New_Value);
                                             //将给定的属性置成给定的值
    Read_State(String Property_Name,void * value_Buffer);
                                             //将测试类的给定属性值读到指定缓冲区
…
}
```

在测试开始时,将被测试类实例对象的地址作为测试类实例化时构造函数的实际参数。如上述数组栈有对象 A,测试类对象实例化可以写作 TEST TEST_STACK(&A)。测试类根据对象地址,存取 STACK 类的属性列表,将其存放在 LIST_PROPERTY_LIST 列表中(注意: 当前的 C++编译系统不能做到这一点)。修改对象状态时,只需将要修改对象的属性名称及新值传给 MODIFY_STATE 方法即可。该方法根据属性列表自动地将指定属性修改为给定的新值。

6.1.2 面向对象的测试模型

面向对象的开发模型突破了传统的瀑布模型,分为面向对象分析(OOA)、面向对象设计(OOD)和面向对象编程(OOP)三个阶段。分析阶段产生整个问题空间的抽象描述,在此基础上,进一步归纳出适应于面向对象编程语言的类和类结构,最后形成代码。

由于面向对象的特点,采用这种开发模型能有效地将分析设计的文本或图表代码化,不断适应用户需求的变动。针对这种开发模型,结合传统的测试步骤的划分,可将面向对象的软件测试分为面向对象分析的测试(OOA test)、面向对象设计的测试(OOD test)和面向对象编程的测试(OOP test),使开发阶段的测试与编码完成后的单元测试、集成测试、系统测试成为一个整体。面向对象测试模型(object-oriented test model)如图 6-2 所示。

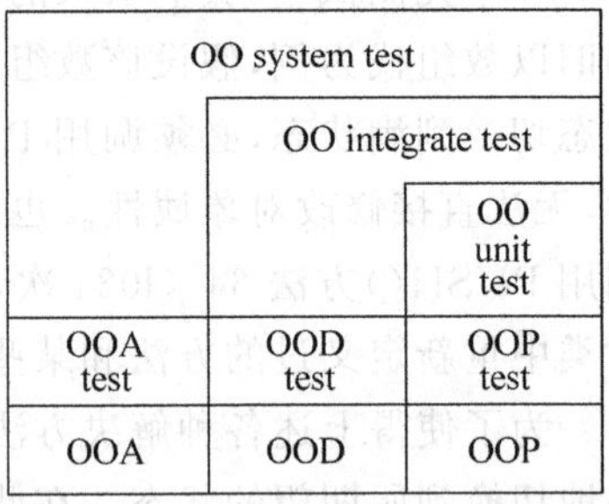

OO system test
OO integrate test
OO unit test
OOA test | OOD test | OOP test
OOA | OOD | OOP

图 6-2 面向对象测试模型

OOA test 和 OOD test 是对分析结果和设计的测试,主要对分析设计产生的文本进行测试,是软件开发前期的关键性测试。OOP test 主要针对编程风格和程序代码实现进行测试。其主要的测试内容在面向对象单元测试和面向对象集成测试中体现。面向对象单元测试对程序内部具体单一的功能模块进行测试。如果程序用 C++语言来实现,主要就是对类成员函数的测试。面向对象单元测试进行面向对象集成测试的基础。面向对象集成测试是主要对系统内部的相互服务进行的测试,如成员函数间的相互作用、类间的消息传递等。面向对象集成测试不但要基于面向对象单元测试，更要参见 OOD 或 OOD test 的结果。面向对象系统测试是基于面向对象集成测试的最后阶段的测试，主要以用户需求为测试标准，需要借鉴 OOA 或 OOA test 结果。

6.2 面向对象的测试方法概述

6.2.1 面向对象的测试方法

面向对象测试的目标和传统的软件测试目标相同，都需要利用有限的时间尽可能多地发现错误。尽管目标相同，但是因为面向对象软件是以类、封装和继承为核心，其基本构成单位是类，所以面向对象的测试就是对类的测试。

传统的单元测试针对程序的函数、过程或完成某一定功能的程序块进行测试。在面向对象的单元测试中，沿用单元测试的概念，实际测试类成员函数。一些传统的测试方法都可以使用，如等价类划分法、因果图法、边界值分析法、逻辑覆盖法、路径分析法、程序插装法等。单元测试一般建议由程序员完成。从上面已介绍的面向对象的测试模型中得知，可以将面向对象的测试分为三个层次：类的单元测试、类的集成测试和系统测试。面向对象软件的测试分层如表 6-1 所示。

表 6-1 面向对象软件的测试层

传统测试	面向对象测试	
单元测试	类测试	方法测试
		对象测试
集成测试	类的集成模块测试	
系统测试	系统测试	

用于单元测试的测试分析和测试用例，其规模和难度等均远小于后面将介绍的用于整个系统的测试分析和测试用例，而且强调对语句应该有 100%的执行代码覆盖率。在设计测试用例选择输入数据时，可以基于以下两个假设。

(1) 如果函数(程序)对某一类输入中的一个数据正确执行，那么它对同类中的其他输入也能正确执行。

(2) 如果函数(程序)对某一复杂度的输入正确执行，那么它对更高复杂度的输入也能正确执行。例如，需要选择字符串作为输入时，基于本假设，就无须计较字符串的长度，除非字符串的长度是要求固定的，如 IP 地址字符串。

6.2.2 面向对象测试的相关概念

1. 测试特征

测试特征是对实现测试有意义的软件特征，它们具有较强的检错能力并从不同的侧面表征软件行为。典型的测试特征有：

(1) 控制依赖和数据依赖。

(2) 状态转换、事务、规程、交互等。

(3) 约束和断言,如因果关系、互斥关系、前后条件、不变式等。

(4) 等价类、边界等。

测试特征刻画被测对象的结构、行为和功能的某个侧面,是测试建模的基础。测试过程要综合多种测试特征,从多个侧面测试软件。

2. 测试用例

测试用例是被测对象对指定输入产生预期结果的表示。结构化程序设计中的测试用例可以用(IN,OUT)描述,通过过程或函数调用控制被测目标执行,观察路径和相关的变量值。在面向对象测试中,测试用例使用(S1,IN,OUT,S2)来描述,其中S1、S2表示对象的状态。对象测试首先建立满足测试用例要求的对象初态,还要控制对象的动作,观察对象的状态。与测试用例密切相关的是被测对象的可控制性和可观察性。在面向对象的程序中必须建立控制和观察机制。

3. 测试充分性

测试充分性指对所选的测试特征进行测试的完全程度。通常使用结构测试覆盖标准来度量测试充分性,典型的测试覆盖标准是基于控制流和数据流的测试覆盖标准,分别用于衡量控制依赖流的测试充分性和数据依赖流的测试充分性。

结构测试覆盖缺少集成测试标准,覆盖级别和可靠度没有直接数量关系,而功能模型和行为模型因其生成规则时带有直接经验成分,不能提供客观的测试充分性评价标准。因此,在实践中要采取一些相关策略。

4. 测试层次结构

软件测试从建立基础的可靠部件开始,通过集成测试逐步组合,最终完成整个系统的测试,同时得到一个层次结构。在过程式程序中,按照功能分解建立层次结构;而在面向对象程序中,继承和组装既是构造系统结构的基础,也是构造测试层次的基础。

类的继承关系、组装关系和类簇的包含关系可以自然地构造层次结构,同时根据语义确定测试次序。对于继承关系,父类在先,子类在后;对于组装结构,部分类在先,整体类在后;对于类组包含关系,组成类簇的各部分在先,集成测试在后。层次结构描述系统级的部件、子系统乃至完整的系统。

层次测试级与测试复杂性分解的思想,是软件测试的基本模式。面向对象软件测试根据测试层次结构可以分为从单元级、集成级到系统级的分层测试。测试集成的过程是一个基于可靠部件组装系统的过程。

5. 测试步骤

对于面向对象的测试,测试人员一般要完成以下步骤。

(1) 为类创建一个实例,即对象,为构造函数传递合适的参数。

(2) 通过参数传递调用对象的方法并获取结果。

(3) 检查对象的内部数据。

通过执行程序代码完成的测试通常包括单元测试、集成测试和系统测试三个主要方面。其中,单元测试是指针对完成单一功能的函数的测试,集成测试是指针对程序中的集成结构的测试,而系统测试是指测试整个应用系统是否满足用户需求。

6.3 面向对象的单元测试(类测试)

面向对象的单元测试与以往的单元测试不同。由于面向对象软件引入了封装和类的概念,这就意味着每个类的实例(对象)包装有属性(数据)和处理这些数据的操作(函数)。封装的类是单元测试的重点,而类中包含的操作是最小的可测试单元。所以说面向对象的单元测试就是对类的测试。

由于类包含一组不同的操作,并且某具体操作可能作为一组不同类的一部分存在,同时,一个对象有它自己的状态和依赖于状态的行为,对象操作既与对象的状态有关,但也可能改变对象的状态,所以,类操作时不仅要将操作作为类的一部分,也要把对象与其状态结合起来,进行对象状态行为的测试。

类的测试可以有很多方法,如等价划分测试、基于层次增量、基于服务、基于状态、基于流程、基于数据流的测试。通过对下面这些种类的类测试的介绍,了解类测试的思想和方法。

(1) 基于服务的测试:测试类中的每一个服务(即方法)。

(2) 基于对象的测试:因为类是抽象定义的,是属性和操作的封装体,只有实例化后才能起作用,所以需要对类进行实例化测试。类实例化测试的实现是通过构造函数和析构函数来完成的。

(3) 基于状态的测试:考察类的实例在某生命周期各个状态下的情况。

(4) 基于响应状态的测试:从类和对象的责任出发,以外界向对象发送特定的消息序列来测试对象。

本章主要介绍基于服务的测试和基于状态的测试。

6.3.1 基于服务的测试

基于服务的测试主要考察封装在类中的一个方法对数据进行的操作。它可以采用传统的白盒测试方法,如基路径法、插桩法、边界值法、排错法、等价类法等。但由于受面向对象软件测试技术发展水平等方面因素的限制,测试人员在选择测试用例时往往都是根据直觉和经验来进行,给测试带来很大的盲目性;同时由于测试人员的个性及倾向性,也使得选择的测试用例仅能测试出其所熟悉的某一方面的错误,许多隐含的其他错误不能被检测出来,在无形中降低了软件的可靠性。为克服软件测试的盲目性和局限性,保证测试的质量,提高软件的可靠性,我们提出采用块分支图法。

Kung 等人提出的块分支图(block branch diagram,BBD)是一种比较好的类的服务测试模型,如图 6-3 所示。

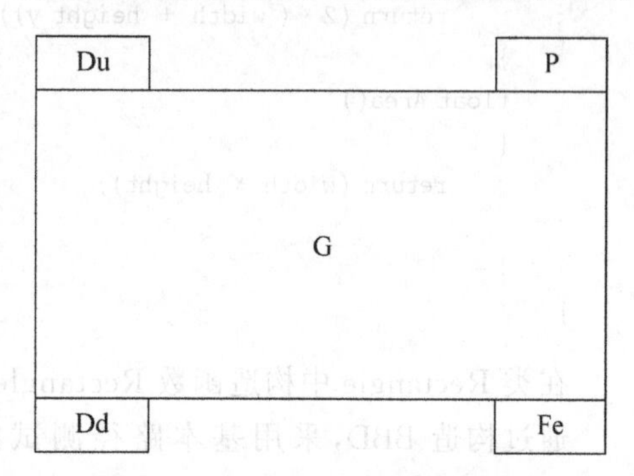

图 6-3 基于服务的块分支图

服务 f 的 BBD 是一个五元组,可写为 f=(Du,Dd,P,Fe,G)。其中,Du={d_i | d_i∈f 引用的全局数据或类数据}; Dd={d_i | d_i∈f 修改了全局数据或类数据}; P={$X_1\theta_1, X_2\theta_2, \cdots, X_n\theta_n, X_{n+1}\theta_{n+1}$∈f 的参数表和函数返回值,$\theta_i$ 为↓(表示输入)、↑(表示输出)、↓↑(表示输入/输出),若 X_{n+1} 省略,则无返回值}; Fe={F_i | F_i∈被 f 调用的其他服务}; G 是一个有向图,叫块体,它是按照控制流图的思想修改 f 的程序流程图而来的,表示 f 的控制结构,f 中的复合条件判断被分解,每个判断框只有单个条件。

BBD 的获得方法有两种:一种是采用逆向工程的方法,由源程序画出流程图构造出 BBD;另一种是在软件的分析设计阶段构造出相应的 BBD。前一种方法可能因为源程序不正确而构造出错误的 BBD,后一种方法更可靠些。

根据 BBD 可以对服务进行结构测试和功能测试。

例 6-4 用 C++设计一个矩形类 Rectangle,要求如下。

(1) 该类中的私有变量存放 Rectangle 的长和宽,并且设置它们的默认值为 1;

(2) 通过构造函数设置其长和宽,并确保长和宽值的范围为(0,50);

(3) 分别设置成员函数:求周长 Perimeter()和求面积 Area()。

其 C++程序段如下。

```
Class Rectangle
{
Private:
    float width;
    float height;
Public:
    Rectangle(float w = 1,float h = 1)
        {
            if (w > 0 && w < 50)
                width = w;
            if (h > 0 && h < 50)
                height = h;
        }
    ~Rectangle(){}
    float Perimeter()
    {
        return (2 * ( width + height y));
    }
    float Area()
    {
        return (width * height);

    }
}
```

在类 Rectangle 中构造函数 Rectangle()的 BBD,如图 6-4 所示。

通过构造 BBD,采用基本路径测试的结构测试方法对类 Rectangle 中的构造函数 Rectangle()进行测试,查找语句覆盖和分支覆盖的错误。

从第 3 章中介绍的白盒测试法的基本路径法可知,根据软件过程描述中的控制流图,可

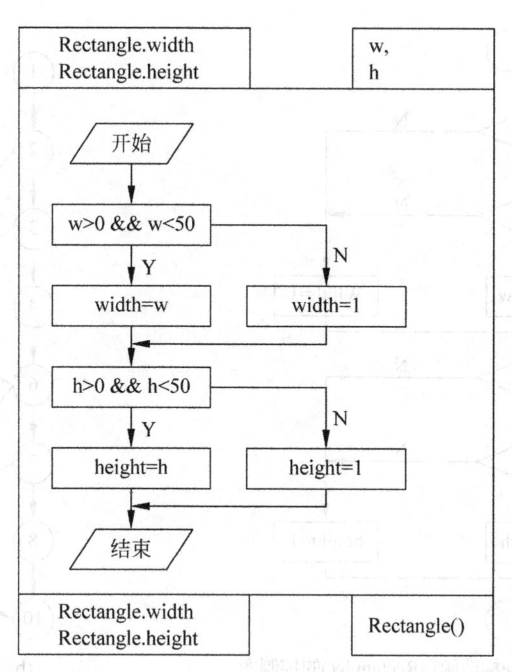

图 6-4 在类 Rectangle 中构造函数 Rectangle()的 BBD

以确定其复杂度及相对应的基本路径集合，设计测试用例，使得每一条不同的路径至少执行一次。具体步骤如下。

(1) 绘制 BBD 对应的控制流图。先将判断条件改为单个条件，如图 6-5(a)所示，再变换为对应的流图，如图 6-5(b)所示。

(2) 确定基本路径集。根据前面介绍的算法得到复杂度为：判断框数＋1＝4＋1＝5。

Path1：①-②-③-④-⑥-⑦-⑧-⑩

Path2：①-②-⑤-⑥-⑦-⑧-⑩

Path3：①-②-③-⑤-⑥-⑦-⑧-⑩

Path4：①-②-③-④-⑥-⑨-⑩

Path5：①-②-③-④-⑥-⑦-⑨-⑩

(3) 设计测试用例，如表 6-2 所示。

表 6-2 例 6-3 类 Rectangle 构造函数 Rectangle()的测试用例

ID	输入数据		返回值		通过的路径
	w	h	width	height	
Test1	10	20	10	20	Path1
Test2	0	20	1	20	Path2
Test3	60	20	1	20	Path3
Test4	10	0	10	1	Path4
Test5	10	60	10	1	Path5

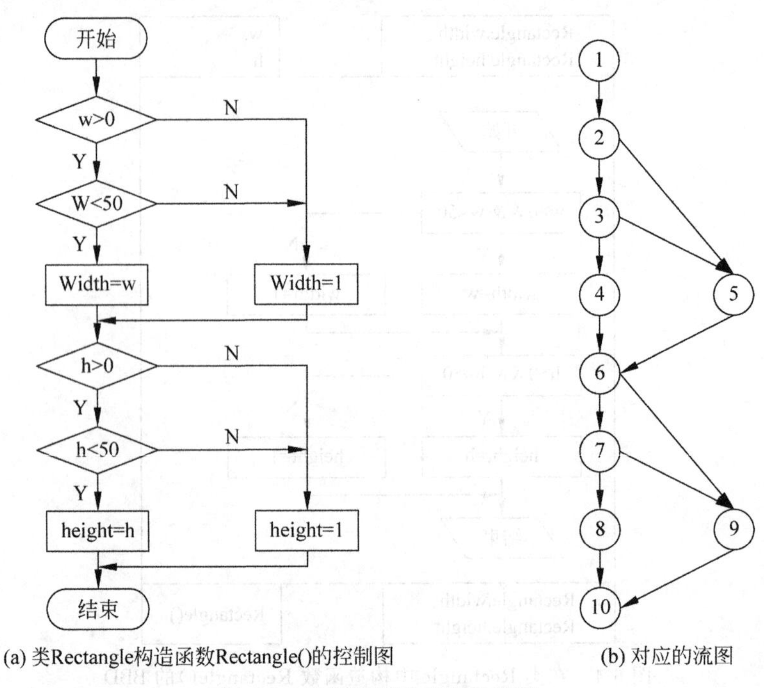

(a) 类Rectangle构造函数Rectangle()的控制图　　(b) 对应的流图

图 6-5　控制流图及对应的流图

6.3.2　基于状态的测试

因为对象状态的测试依赖的是对象状态的行为而不是控制结构或单个数据，所以状态测试的主要思想是考察类的实例在生命周期各个状态下的情况，以及通过外界向对象发送特定消息序列的方法来测试对象的响应状态。因为执行前对象状态的变化可能会使同样的一个成员方法执行完全不同的功能，而且用户对对象方法的调用也具有不确定性，所以这部分的测试变得非常复杂，也超出了传统测试所覆盖的范围。因此，通过构造 OSD(object state diagram)模型来进行类的状态测试。

OSD 模型是用于测试对象的动态行为的测试模型。对象状态图可以分为以下两种。

(1) 原子对象状态图(AOSD)：表现了一个类的数据成员的状态和状态的转换，可用作类的数据成员的动态行为的测试模型。

(2) 复合对象状态图(COSD)：表现了对象的正交的不同部分之间的动态行为，可以用来检验对象的状态和状态的转换。

1. AOSD 模型

AOSD 中的转换是类的成员从源状态到目的状态的状态的改变。

AOSD=$(S,\sigma,\delta,q_0,q_f)$，如图 6-6 所示。

其中，S 是一个有限的状态集合；σ 是一个有限的触发集合；δ 是$(S\cup S_\lambda)\times\sigma$ 到 S 的映射，即转换函数；S_λ 表示对象生成的以前的存在状态；q_0 是 S 的初始状态集合；q_f 是 S 的终止状态集合；t_i 是相关条件或函数调用。

AOSD 与传统的有限状态比较，有以下三点扩展。

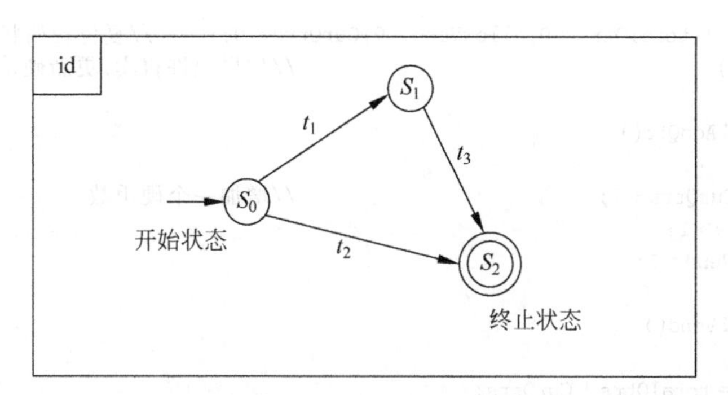

图 6-6　原子对象状态图

(1) 可能有多于一个的初始状态。

(2) 一个转换可以是有条件的,也可以是无条件的。

(3) 有一些转换是交互转换,即一个 AOSD 中的交互转换可以激发另一个 AOSD 中的转换。

2. COSD 模型

由类的定义可知,类对象的数据属性来源于类内部定义的数据成员、继承的数据成员和聚集到类中的其他类对象。在 OSD 中相应地用三部分来表示对象的动态行为。

(1) 定义的部分:表示在该类中定义的数据成员的状态及转换,由对象的状态定义的数据成员的状态图组成。

(2) 聚集的部分:表示对象中的成员对象的状态行为,由构成复杂对象的成员对象的状态图组成。

(3) 继承的部分:表示继承的数据成员的状态及转换,由派生出复杂对象的基类的对象的状态图组成。

一个复合的 OSD 记为 COSD,如图 6-7 所示。

说明:一个 AOSD 的组合是一个 COSD;一个 AOSD 和 COSD 的组合是一个 COSD。

图 6-7　COSD

例 6-5　模拟一台自动售货机,假设每次用一元的硬币投入到硬币盒,当收到两个一元币时允许出售货物。硬币盒包括一些简单的功能:增加一个硬币,返回现有的硬币,将硬币复位到初始状态,以及出售。用三个变量来表示数据:totalQtrs 表示硬币总数,CurQtrs 表示现在的硬币数目,allowVend 表示允许售卖。硬币盒的 C++源程序代码如下。

```
Class CcoinBox
{
    unsigned totalQtrs;                          //硬币总数
    unsigned CurQtrs;                            //现在硬币数
    unsigned allowVend;                          //允许售卖
Public:
    CcoinBox(){Reset();}
    void AddQtr();                               //增加一个硬币
    void ReturnQtrs(){CurQtrs = 0;}              //返回现在的硬币数
    unsigned isAllowVend(){return allowVend;}    //返回允许售卖状态
```

```
    void Reset(){totalQtrs = 0;allowVend = 0;CurQtrs = 0;}     //复位初始状态
    void Vend();                                               //如果允许售卖,更新硬币总数和现在的数量
}
void CcoinBox::AddQtr()
{
    CurQtrs = CurQtrs + 1;                                     //增加一个硬币数
    if (CurQtrs > 1)
        allowVend = 1;
}
void CcoinBox::Vend()
{
    totalQtrs = totalQtrs + CurQtrs;
    CurQtrs = 0;
    allowVend = 0;
}
```

分析上面的程序段内容,对 allowVend 的测试的可能结果有两个可能的区间或状态:[0,0],[1,M]。其中,M 是一个特定实现的最大无符号数值。

相似地,CurQtrs 也有同样的两个状态:[0,0],[1,M]。这样对于一个硬币盒共有 4 个状态:S_1、S_2、S_3、S_4,如图 6-8 所示。

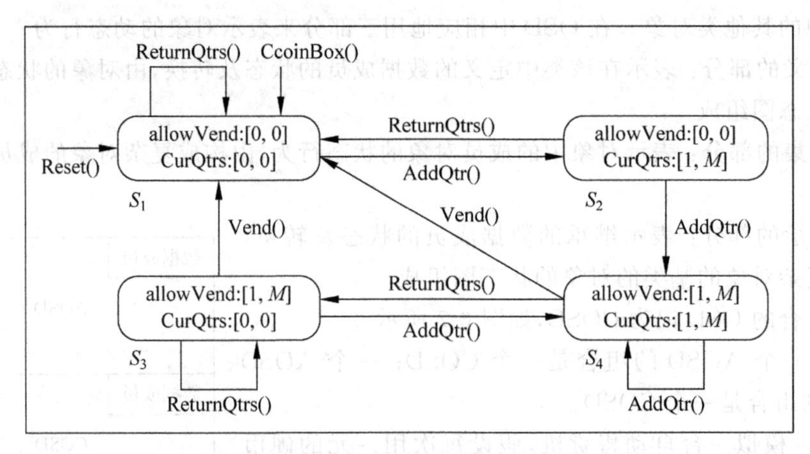

图 6-8 硬币盒的状态及状态转换图

从状态转换图中分析可知,成员函数序列可能发生的序列为:AddQtr(),AddQtr(),Vend(),即 S_1-S_2-S_4。这个序列构成硬币的一个正常、预期的行为。但是,状态转换图也显示出另一个序列:AddQtr(),AddQtr(),ReturnQtrs(),Vend(),即 S_1-S_2-S_4-S_3。这种方案意味着顾客加入两个硬币,然后指示硬币盒返回硬币,并且得到一份免费的货物。这时一个状态错误就被检测出来了。此错误牵涉到多个成员函数的相互作用,一般是通过对象状态产生的;如果只测试单个函数是不可能发现的。这个错误实际上是成员函数 ReturnQtrs()被执行时没有复位数据成员 allowVend 而引发的。将成员函数 ReturnQtrs()改为 Void ReturnQtrs(){CurQtrs=0;allowVend=0;}就可以改正这个错误了。

根据 OSD 模型要求,将上例复合 OSD 模型转换成 COSD 模型,如图 6-9 所示。

3. 构造对象的状态图

根据 C++源程序代码构造 OSD 模型。从构造出的 OSD 可以测试发现对象状态行为的

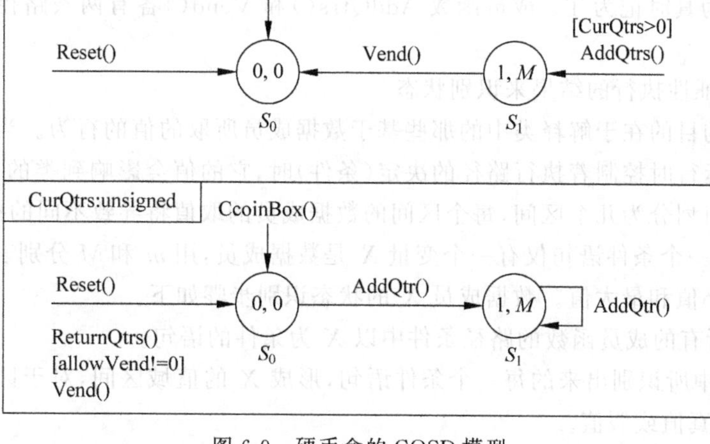
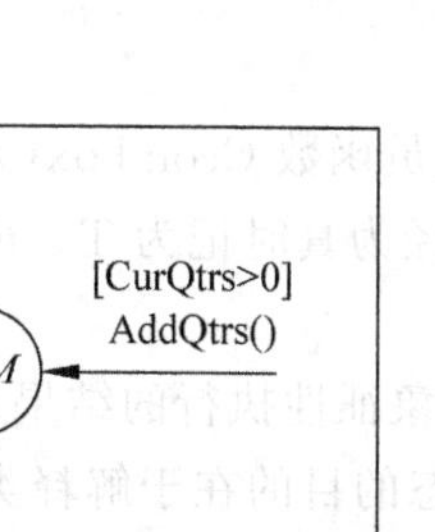

图 6-9　硬币盒的 COSD 模型

错误，这种状态测试方法称为基于程序或白盒的状态测试。

构造对象状态图的步骤如下。

1）象征性地执行类的每一个成员函数

状态行为的提取方法是以象征性执行为基础的，是为了识别数据成员的状态和成员函数作用于数据成员的状态上产生的效果。

象征性执行是一种确认技术，在这种技术中程序被执行时使用的是象征值而非真实值，其结果被看作一个规则的集合，其中每一条规则由一个路径和象征性赋值的终值表达式组成。

象征性地执行每一个成员函数，结果如表 6-3 所示。

表 6-3　硬币盒类的象征性执行结果

路　　径	执行条件	最终表达式＜变量，值＞	结果值
Ccoinbox().p0	T	＜totalQtrs,0＞ ＜allowVend,0＞ ＜CurQtrs,0＞	无效
Reset().p0	T	＜totalQtrs,0＞ ＜allowVend,0＞ ＜CurQtrs,0＞	无效
AddQtr().p0	!(CurQtrs＞0)	＜CurQtrs,CurQtrs+1＞	无效
AddQtr().p1	(CurQtrs＞0)	＜CurQtrs,CurQtrs+1＞ ＜allowVend,1＞	无效
ReturnQtrs().p0	T	＜allowVend,0＞ ＜CurQtrs,0＞	无效
isAllowVend().p0	T		允许售卖
Vend().p0	isAllowVend()==0		无效
Vend().p1	!(isAllowVend()==0)	＜totalQtrs,totalQtrs+CurQtrs＞ ＜CurQtrs,0＞ ＜allowVend,0＞	无效

其中,成员函数 Ccoinbox()、Reset()、ReturnQtrs()、isAllowVend()只有一条路径,以 p0 表示;路径为真时记为 T。成员函数 AddQtrs()和 Vend()各有两条路径,分别以 p0 和 p1 表示。

2) 根据象征性执行的结果来识别状态

生成状态的目的在于解释类中的那些基于数据成员所取的值的行为。当一个数据成员参与了一个在运行时控制着执行路径的决定(条件)时,它的值会影响到类的行为。这样,可以将数据成员值划分为几个区间,每个区间的数据成员的取值将导致不同的执行路径。

例 6-6 若一个条件语句仅有一个变量 X 是数据成员,用 m 和 M 分别表示数据成员 X 的值域中的最小值和最大值。数据成员 X 的状态识别步骤如下。

(1) 检查所有的成员函数的路径条件中以 X 为条件的语句。

(2) 对(1)中所识别出来的每一个条件语句,形成 X 的值域区间,对于区间中的所有取值,条件语句取真值或假值。

例如:

条件语句	形成的区间
$X>10$, $X<=10$	$[m, 10]$, $[11, M]$
$X<10$, $X>=10$	$[m, 9]$, $[10, M]$
$X==10$, $X!=10$	$[m, 9]$, $[10, 10]$, $[11, M]$

(3) 由上面得到 X 值域上的一个区间集合,然后将所有的区间简化成不相交的区间。其步骤如下。

① 选择任两个相交的区间 A 和 B。

② 形成新的区间 $A-(A\cap B)$,$B-(A\cap B)$和$(A\cap B)$。

③ 用以上的区间代替 A、B。

④ 重复以上步骤,直到不存在相交的区间为止。最后产生的区间就是状态。

对于例 6-4 中的数据成员 CurQtrs,用上面的方法来导出其状态。

例 6-7 找出硬币盒中数据成员 CurQtrs 的状态。

从路径条件(表 6-3)中得知数据成员 CurQtrs 上的条件语句是 CurQtrs>0 和 !(CurQtrs>0);产生的区间是$[m, 0]$,$[1, M]$,而无符号数 $m=0$,所以区间为$[0, 0]$,$[1, M]$。因为区间没有相互覆盖,所以它们是状态。

3) 根据象征性执行的结果来识别转换

如果一个数据成员的值改变了,相对应的状态也会发生改变。一个转换可能开始、结束同一个状态。

假设某类的数据成员都由它的成员函数定义,即数据成员是私有的。一个成员函数可能有一个或多个执行路径,仅当路径条件得到满足时,一条路径才能更新一个数据成员。如果成员函数包含这样一条路径,这条路径的路径条件能有前端状态满足,而且数据成员的最终表达式能被后继状态所满足,那么从前端状态到后继状态的状态转移就可能发生。

设状态 S_i 是一个区间$[1,u]$,如果一个数据成员的值在此区间中,就说这个数据成员处于状态 S_i,用 $S_i(x)$来表示表达式$(x\geqslant 1)\wedge(x\leqslant u)$,其中 x 是一个数据成员或一个变量表达式。PC 表示一条路径,E 表示一个数据成员 d 经由一条路径产生的一个终值表达式。

状态转换的构造步骤如下。

(1) 生成一个状态的集合 RS,将其初始值置空。

(2) 将由构造函数产生的终值表达式的状态加入集合 RS 中,这些状态是初始状态(如果没有构造函数,将所有的状态加入 RS 中)。

(3) 选择一个状态 $S_i \in RS$,把它作为前端状态,若是初始状态,加上导致 S_i 的构造函数的转换,并进行标记。

(4) 选择定义数据成员 d 的路径 P_k,PC_k 是路径 P_k 的路径条件,E 是数据成员 d 对这条路径的终值表达式。如果 $S_i(d) \wedge PC_k$ 被满足,那么路径将导致从 S_i 开始的一个转移;否则丢失 P_k 选择下一条路径。

(5) 识别因为路径 P_k,从状态 S_i 出发的状态转换所产生的所有状态。

从 RS 中选择一个状态 S_i。S_j 是从 S_i 开始的,经过路径 P_k 并满足条件产生转换的一个后继状态,即由于 P_k if $(S_i(d) \wedge PC_k) \vdash S_j(E)$而得到的一个转换的后继状态。也就是说,在所有的$(S_i(d) \wedge PC_k)$为真的情况下,$S_j(E)$必为真。把 S_j 加到 RS 中。

(6) 选择所有的数据成员执行步骤(4)、(5)的状态构造转换。

(7) 将 S_i 从 RS 中删除。

(8) 从步骤(3)开始重复直到 RS 为空。

例 6-8　对于例 6-4 中的 CurQtrs 和 allowVend 的 AOSD 的转换构造。

用$\delta(S_i,t)= S_j$ 标记从 S_i 到 S_j 由于 t 而产生的转换。

(1) RS={}。

(2) 因为[0,0]满足由构造函数所产生 CurQtrs 的终值表达式,所以 RS={[0,0]}。

(3) 选择[0,0]作为一个前端状态。又因它是一个初始状态,将 $\delta(\lambda$,Ccoinbox())=[0,0]加入到转移集合中。其中,标记λ是对象产生以前的一个状态。

(4) 定义 CurQtrs()函数的路径是:Reset().p0,AddQtr().p0,AddQtr().p1,ReturnQtrs().p0 和 Vend().p1。现考虑 AddQtr().p0,它使得 CurQtrs 增加,它的路径条件¬(CurQtrs>0)==(CurQtrs≤0),是与初始状态一致的。因为初始状态断言是 CurQtrs==0,所以 AddQtr().p0 可以被应用于[0,0]。

(5) AddQtr().p0 的执行使 CurQtrs 增加,即执行了这条路径后,CurQtrs==1。在[1,*M*]中这是为真,因此[1,*M*]是一个后继状态。所以得到

δ([0,0],AddQtr())=[1,*M*]。

(6) 因为[1,*M*]是从[0,0]可达的,将[1,*M*]加到 RS 中,RS={[0,0],[1,*M*]}。

(7) 重复以上的步骤,构造以下的转换。

δ([0,0],Reset())=[0,0]

δ([0,0],ReturnQtrs())=[0,0]

δ([0,0],[allowVend! =0]Vend())=[0,0]

(8) 把[0,0]从 RS 中去掉,RS={[1,*M*]}。

(9) 对状态[1,*M*]重复以上这个过程,产生以下的转换。

δ([1,*M*],AddQtr())=[1,*M*]

δ([1,*M*],Reset())=[0,0]

$\delta([1,M],\text{ReturnQtrs}())=[0,0]$

$\delta([1,M],[\text{allowVend}!=0]\ \text{Vend}())=[0,0]$

同样,allowVend 的转换可用相似的方法来构造。

4. 基于 OSD 对象状态测试

1) 测试标准

在 OSD 模型基础上的测试标准有对象状态标准、对象转换标准、条件转换标准、交互转换标准。

对象状态标准:若对于 OSD 中的每一个状态 S 总有一个测试用例使得对象从初始状态到达状态 S,则称测试集合 T_{state} 达到了对象状态标准。

对象转换标准:若对于 OSD 中的每一个转换 $\delta(S_i,t_j)=S_j$ 总有一个相应的测试用例 $t_1\cdots t_{j-1},t_j$,其中,$t_1\cdots t_{j-1}$ 使 OSD 从初始状态到达源状态 S_i,然后 t_j 使 OSD 转换到目标状态 S_j,称测试集合 T_{tran} 达到对象转换标准。

条件转换标准:设 $\delta(S_i,C:t_j)=S_j$ 是 OSD 从源状态转换到目的状态,总有一个测试用例得到条件 C 为假,不产生状态转换,则称测试集合 T_{ctran} 达到条件转换标准。

交互转换标准:对于 OSD 中的每一个交互转换,总有一个测试用例使得这个交互转换得以执行,称测试集合 T_{itran} 达到交互转换标准。

2) 测试策略

在一个复杂的对象中,其 COSD 包括定义的数据成员、继承的部分和聚集的部分 AOSD 或 COSD,并且相互之间进行通信。采用什么样的测试策略使生成的"测试桩"的开销最小?我们采用"自底向上"的策略,其基本思想是:对于每一个复杂的对象 O_i 构造一个基于它的 OSD 的"状态结构图",用于表示对象状态的层次结构。在一棵状态结构树中,根结点对应于对象 O_i 的 OSD,内部结点表示的是聚集的对象和继承的部分 COSD,叶子结点代表每一个 COSD 中的数据属性的 AOSD。可以使用自底向上的策略对树中的每一个 AOSD 或 COSD 生成一个状态单元测试顺序,按照这个顺序就可以对每一个 AOSD 和 COSD 执行状态单元测试。

例 6-9 假设有一个复杂对象 O,其中,O_1 和 O_4 是定义部分的 AOSD,O_2 是聚集部分的 AOSD,O_3 是继承部分的 COSD,O_{31} 是 O_3 定义部分的 AOSD,则对象 O 的状态图如图 6-10 所示。图中的数 1、2、3 表示"自底向上"测试的顺序。

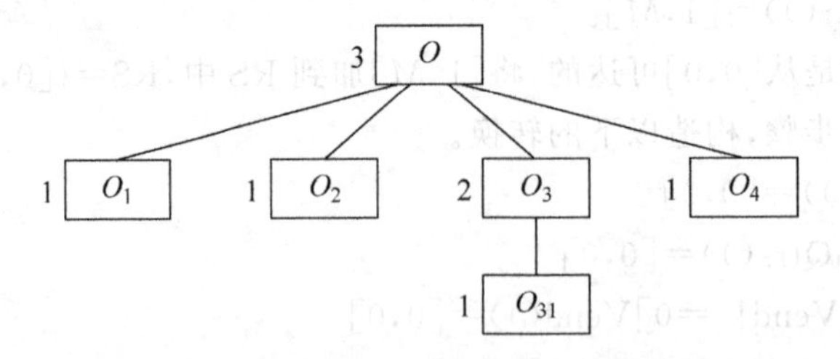

图 6-10 对象 O 的一棵状态结构树

3) 基于 COSD 的测试用例的生成

设一个 COSD 的测试树中的结点代表 COSD 中的复合状态,树的边代表状态间的转换，如果 COSD 中包含 K 个 AOSD，则每一个状态由一个 K 元组表示。在这里第 i 个元素代表第 i 个 AOSD 状态。

一棵由 K 个 AOSD 组成的 COSD 的测试树的构建步骤如下。

(1) 对于 K 个 AOSD 中的每一个，构造一个（不可达的）原子初始状态的集合，以 AIS_i 来标记。如果 $AOSD_i$ 有 m 个初始状态且这些初始状态的唯一的入边是由构造函数标记的，那么把这 m 个初始状态包括在 AIS_i 中。如果 AIS_i 是空的，那么就将任何的初始状态都包括在 AIS_i 中。

(2) 计算复合状态的初始状态：$CIS = AIS_1 \times AIS_2 \times \cdots \times AIS_K$。

(3) 为 CIS 的每一个复合初始状态(S_{i1}^1，S_{i2}^2，…，S_{ik}^k)构造一棵测试树。这里上标代表 AOSD，下标代表 COSD 的状态。

① 从初始状态开始，构造出测试树根并标记为(S_{i1}^1，S_{i2}^2，…，S_{ik}^k)。

② 一个一个地检查结点，把正在被检查的结点标记为(S_{j1}^1，S_{j2}^2，…，S_{jk}^k)。

③ 若检查结点在树的较高层中已出现，那么这个结点就成为末端结点，不再被扩展，再检查下一个结点，否则继续。

④ 如果有一个转换 t 使 $AOSD_p$ 的状态从 S_{jp}^p 转换成 S_{jq}^p，那么在原结点上加上一个分支和一个后继结点，分支以 t 标记，后继结点标记为(S_{i1}^1，S_{i2}^2，…，S_{jq}^p，…，S_{ik}^k)。

⑤ 若 t 激活了其他的转换，那么后继结点中的相应的元素也相应地更新。重复这一步直到没有转换被这样激活为止。

⑥ 从 i 开始重复直到不能再扩展。

例 6-10　从图 6-9 中对应硬币盒的 COSD 图中构造出对应的生成树，如图 6-11 所示。

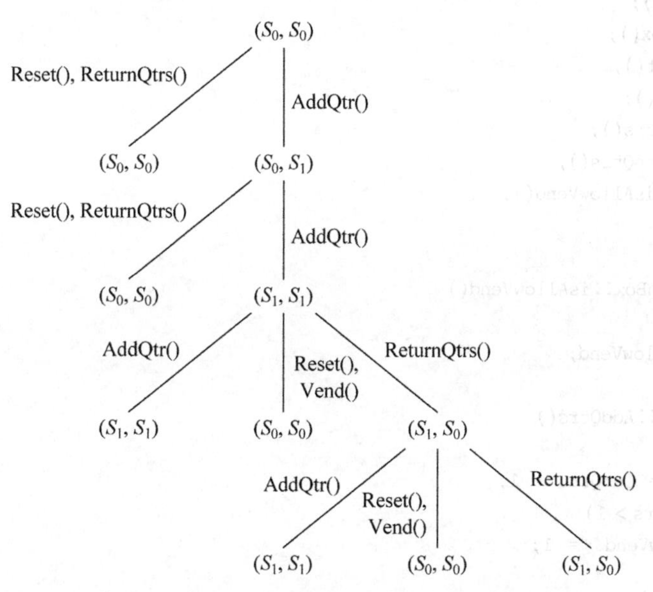

图 6-11　基于一个 COSD 的执行序列的测试树

从这棵生成树中可以得出测试序列 AddQtr()，AddQtr()，ReturnQtrs()，Vend()（即第二最右分支）。这个序列将检测出在成员函数中出现的错误。

6.3.3 测试驱动的实现与代码的组织

1. 测试驱动的实现

在前面已经介绍过,对于对象的测试,虽然设计了测试用例,但一个单独的类是不能直接进行测试的,必须设计测试驱动程序,调用被测试类实现测试。测试驱动的设计本质是通过创建被测试类的实例和测试这些实例的行为来测试类。常见的测试驱动的设计方法如下。

1) 利用 main 函数

利用 main 函数来调用测试类并实现测试,是测试驱动中最简单的方式,可以直接将每个测试用例写入 main 函数中,然后将测试的结果直接输出到屏幕上。

例 6-11 以例 6-4 自动售货机中的类 CcoinBox 为例,使用 main 函数方法对类 Class CcoinBox 进行测试,测试的驱动代码(C++源程序)如下。

```
#include< iostream >
using namespace std;
class CcoinBox
{
    unsigned totalQtrs;
    unsigned CurQtrs;
    unsigned allowVend;

public:
    CcoinBox();
    ~CcoinBox();
    void Reset();
    void Vend();
    void AddQtrs();
    void ReturnQtrs();
    unsigned isAllowVend();
private:
};
unsigned CcoinBox::isAllowVend()
{
    return allowVend;
}
void CcoinBox::AddQtrs()
{
    CurQtrs = CurQtrs + 1;
    if (CurQtrs > 1)
        allowVend += 1;
}
void CcoinBox::ReturnQtrs()
{
    CurQtrs = 0;
    allowVend = 0;
}
```

```
void CcoinBox::Vend()
{
    totalQtrs = totalQtrs + CurQtrs;
    CurQtrs = 0;
    allowVend = 0;
}
void CcoinBox::Reset()
{
    totalQtrs = 0;
    CurQtrs = 0;
    allowVend = 0;
}
CcoinBox::CcoinBox()
{
    Reset();
}
CcoinBox::~CcoinBox()
{
}
void main()
{
    CcoinBox cb;

    cb.AddQtrs();
    cout << "放入一个硬币" << endl;
    cb.AddQtrs();
    cout << "放入一个硬币" << endl;
    cb.ReturnQtrs();
    cout << "退回所有硬币" << endl;
    if (cb.isAllowVend()) {
        cout << "售卖成功" << endl;
        cb.Vend();
    }
    else
    {
        cout << "售卖失败" << endl;
    }
    getchar();
}
```

图 6-12 main 函数测试代码执行结果

输出的结果如图 6-12 所示。

2) 嵌入静态方法

在被测试类中嵌入静态的方法，在静态方法内部实现测试用例执行，然后调用该静态方法，将执行的测试结果输出到屏幕。

例 6-12 以例 6-4 自动售货机中的类 CcoinBox 为例，使用静态方法进行测试，C++程序代码如下。

```
#include <iostream>
#include "SCcoinBox.h"
```

```
using namespace std;
void SCcoinBox::test()
{
    SCcoinBox cb;

    cb.AddQtrs();
    cout << "放入一个硬币" << endl;
    cout << "当前硬币数: " << cb.getCurQtrs() << endl;
    cb.AddQtrs();
    cout << "放入一个硬币" << endl;
    cout << "当前硬币数: " << cb.getCurQtrs() << endl;
    cb.AddQtrs();
    cout << "放入一个硬币" << endl;
    cout << "当前硬币数: " << cb.getCurQtrs() << endl;
    cb.AddQtrs();
    cout << "放入一个硬币" << endl;
    cout << "当前硬币数: " << cb.getCurQtrs() << endl;
    //cb.ReturnQtrs();
    //cout << "退回所有硬币" << endl;
    while (cb.isAllowVend()) {
        cout << "售卖成功" << endl;
        cb.Vend();
        cout << "当前硬币数: " << cb.getCurQtrs() << endl;
        cout << "总的硬币数: " << cb.getTotalQtrs()<< endl;
    }
    getchar();
}
unsigned SCcoinBox::getTotalQtrs() {
    return totalQtrs;
}
unsigned SCcoinBox::isAllowVend()
{
    return allowVend;
}
void SCcoinBox::AddQtrs()
{
    CurQtrs = CurQtrs + 1;
    /* if (CurQtrs > 1)
        allowVend += 1; */
    allowVend = CurQtrs / 2;                    //修改后
}
void SCcoinBox::ReturnQtrs()
{
    CurQtrs = 0;
    allowVend = 0;
}
unsigned SCcoinBox::getCurQtrs()
{
    return CurQtrs;
}
```

```
void SCcoinBox::Vend()
{
    totalQtrs = totalQtrs + 2;
    CurQtrs -= 2;
    allowVend--;
}
void SCcoinBox::Reset()
{
    totalQtrs = 0;
    CurQtrs = 0;
    allowVend = 0;
}
SCcoinBox::SCcoinBox()
{
    Reset();
}
SCcoinBox::~SCcoinBox()
{
}
/*
该用例测试出连续投入多个硬币,总数大于 4 的情况
该售卖机只能售卖一个商品
原投币函数应该改为
void SCcoinBox::AddQtrs()
{
CurQtrs = CurQtrs + 1;
allowVend = CurQtrs / 2;                        //修改后
}
原售卖函数应该改为
void SCcoinBox::Vend()
{
totalQtrs = totalQtrs + 2;
CurQtrs -= 2;
allowVend--;
}
*/
void main()
{
    SCcoinBox scb;
    scb.test();
}
```

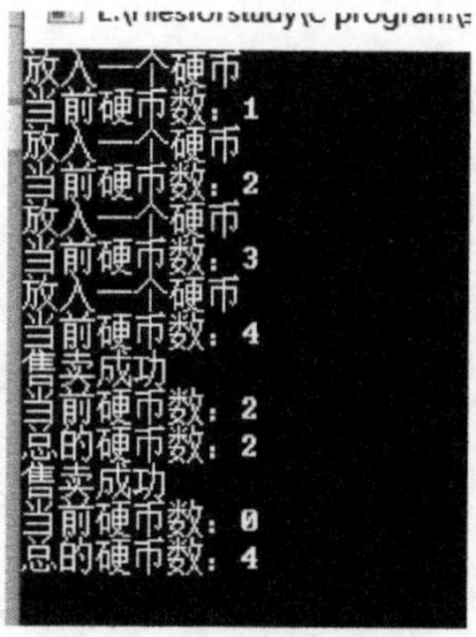

输出结果如图 6-13 所示。

图 6-13 静态方法测试代码执行结果

3) 设计独立测试类

将测试代码从开发代码中完全独立出来,通过独立的测试类的实例化和方法对类进行测试,并对测试结果进行统计。

例 6-13 以例 6-4 自动售货机中的类 CcoinBox 为例,使用设计独立类的方法进行测试。C++程序代码如下。

```
#include<iostream>
using namespace std;
#include "Test.h"
/*
    测试用例 1 多次售卖测试
*/
void Test::test1()
{
    cb.AddQtrs();
    cout << "放入一个硬币" << endl;
    cout << "当前硬币数: " << cb.getCurQtrs() << endl;
    cb.AddQtrs();
    cout << "放入一个硬币" << endl;
    cout << "当前硬币数: " << cb.getCurQtrs() << endl;
    cb.AddQtrs();
    cout << "放入一个硬币" << endl;
    cout << "当前硬币数: " << cb.getCurQtrs() << endl;
    cb.AddQtrs();
    cout << "放入一个硬币" << endl;
    cout << "当前硬币数: " << cb.getCurQtrs() << endl;
    //cb.ReturnQtrs();
    //cout << "退回所有硬币" << endl;
    while (cb.isAllowVend()) {
        cout << "售卖成功" << endl;
        cb.Vend();
        cout << "当前硬币数: " << cb.getCurQtrs() << endl;
        cout << "总的硬币数: " << cb.getTotalQtrs() << endl;
    }
    getchar();
}
/*
测试用例 2 退币测试
*/
void Test::test2()
{
    cb.AddQtrs();
    cout << "放入一个硬币" << endl;
    cout << "当前硬币数: " << cb.getCurQtrs() << endl;
    cout << "总的硬币数: " << cb.getTotalQtrs() << endl;
    cb.AddQtrs();
    cout << "放入一个硬币" << endl;
    cout << "当前硬币数: " << cb.getCurQtrs() << endl;
    cout << "总的硬币数: " << cb.getTotalQtrs() << endl;
    cb.ReturnQtrs();
    cout << "退回所有硬币" << endl;
    cout << "当前硬币数: " << cb.getCurQtrs() << endl;
    cout << "总的硬币数: " << cb.getTotalQtrs() << endl;
    if (cb.isAllowVend()) {
        cout << "售卖成功" << endl;
```

```
        cb.Vend();
        cout << "当前硬币数: " << cb.getCurQtrs() << endl;
        cout << "总的硬币数: " << cb.getTotalQtrs() << endl;
    }
    else
    {
        cout << "当前硬币数: " << cb.getCurQtrs() << endl;
        cout << "总的硬币数: " << cb.getTotalQtrs() << endl;
        cout << "售卖失败" << endl;
    }
    getchar();
    getchar();
}
/*
    测试用例 3 退币测试
*/
void Test::test3()
{
}
Test::Test()
{
}
Test::~Test()
{ }

class CcoinBox
{
    unsigned totalQtrs;
    unsigned CurQtrs;
    unsigned allowVend;
public:
    CcoinBox();
    ~CcoinBox();
    void Reset();
    void Vend();
    void AddQtrs();
    void ReturnQtrs();
    unsigned isAllowVend();
private:
};
unsigned CcoinBox::isAllowVend()
{
    return allowVend;
}
void CcoinBox::AddQtrs()
{
    CurQtrs = CurQtrs + 1;
    if (CurQtrs > 1)
        allowVend += 1;
}
```

```
void CcoinBox::ReturnQtrs()
{
    CurQtrs = 0;
    allowVend = 0;
}
void CcoinBox::Vend()
{
    totalQtrs = totalQtrs + CurQtrs;
    CurQtrs = 0;
    allowVend = 0;
}
void CcoinBox::Reset()
{
    totalQtrs = 0;
    CurQtrs = 0;
    allowVend = 0;
}
CcoinBox::CcoinBox()
{
    Reset();
}
CcoinBox::~CcoinBox()
{
}
//主程序
int main()
{
    Test t;
    cout << "测试用例 1" << endl;
    t.test1();
    cout << endl;
    cout << endl;
    cout << endl;
    cout << endl;
    cout << "测试用例 2" << endl;
    t.test2();
    t.test3();
    return 0;
}
```

输出结果如图 6-14 所示。

2. 测试代码的组织

由以上例子可得知,随着被测试代码的增加,测试代码的数量会越来越多。如何管理好测试代码的存放,是测试代码的组织管理应该解决的问题。常用的组织管理方式有以下几种。

(1) 与开发源代码放在一起。

(2) 与开发源代码放在同一目录下。

图 6-14　设计独立类测试代码的执行结果

(3) 与开发源代码并行。

(4) 与产品副本放在一起。

6.4　面向对象的集成测试和系统测试

6.4.1　面向对象的集成测试

传统的集成测试是对通过集成完成的功能模块进行测试，一般可以在部分程序编译完成的情况下进行。而对于面向对象程序，相互调用的功能散布在程序的不同类中，类通过消息相互作用申请和提供服务。类的行为与它的状态密切相关，状态不仅体现在类数据成员的值上面，也许还包括其他类中的状态信息。由此可见，类的相互依赖极其紧密，根本无法在编译不完全的程序上对类进行测试。所以，面向对象的集成测试通常需要在整个程序编译完成后进行。此外，面向对象程序具有动态特性，程序的控制流往往无法确定，因此也只能对整个编译后的程序做基于黑盒的集成测试。

1. 类簇测试内容

面向对象的集成测试主要测试类簇，而类簇是一组相互合作的类。类簇测试主要考察一组协同操作的类之间的相互作用。测试的重点是类之间的逻辑关系，例如关联、继承、聚合、多态等,检查类之间的相互配合。类簇测试的主要内容如下。

1) 关联和聚合关系的测试

将具有关联和聚合关系的类组装在一起,选择其中主动发送消息的类的测试用例为此测试的用例,加载驱动程序运行测试用例,检验类间的传递与响应。

2) 继承关系的测试

D. E. Perry 和 G. E. Kaiser 根据 E. J. Weyuker 的测试充分性公理对该问题进行了讨论,认为子类中继承的方法和重定义的方法必须在子类的环境中重新测试,因为对被继承方法是充分的测试集,对重定义的方法未必是充分的。对继承关系的测试主要是对派生类继承部分的测试,它可重用父类的测试用例,利用回归测试进行。对派生类的非继承部分需要重新设计测试用例进行类测试。

3) 多态/动态绑定的测试

多态/动态绑定显著增加了系统运行中可能的执行路径。多态/动态绑定所带来的不确定性使得涉及多态实例变量的测试用例大幅度增长。多态/动态绑定实例变量的每一种可能取值应至少在测试用例中出现一次。

2. 类集成测试的策略

从类与类之间的相互关系出发,对面向对象软件的类集成测试的两种不同策略如下。

(1) 基于线程的测试:这种测试策略集成对某输入或事件做出回应的相互协作的一组类(即一个线程),分别集成并测试每个线程,同时应用回归测试,保证没有产生副作用。

(2) 基于使用的测试:这种策略通过测试那些很少使用服务器类的类(称为独立类)而开始构造系统,在独立类测试完成后,再增加使用独立类的类(称为依赖类)进行测试,一直到构成完整的系统。

将类放在一起进行测试的顺序是个问题。由于面向对象软件没有明显的层次控制结构,因此,传统的自顶向下和自底向上集成策略对于面向对象集成测试没有太大意义;再次,由于类的方法间存在直接和间接的相互操作,每次将一个操作集成到类中往往是不可行的。因此,在面向对象集成测试中应注意以下几个方面。

① 面向对象系统本质上是由小的、可重用的组件构成的,所以,集成测试对于面向对象系统来说更重要。

② 在面向对象系统下,组件的开发一般更具有并行性,所以,对频繁集成的要求更高。

③ 由于并行性的提高,集成测试时需要考虑类的完成顺序,也需要设计驱动器来模拟其他没有完成的类的功能。

3. 类集成测试的测试过程及测试用例的生成

面向对象的集成测试能够检测出相对独立的单元测试无法检测出的那些类相互作用时才会产生的错误。基于单元测试对成员函数行为正确性的保证,集成测试只关注系统的结构和内部的相互作用。面向对象的集成测试可以分成两步:先进行静态测试,再进行动态测试。

静态测试主要针对程序的结构进行,检测程序结构是否符合设计要求。现在流行的一些测试软件都能提供一种称为“可逆性工程”的功能,即通过源程序得到类关系图和函数功能调用关系图，例如 International Software Automation 公司的 Panorama-2 for Windows 95、Rational 公司的 Rose C++ Analyzer 等，将“可逆性工程”得到的结果与 OOD（面向对象设计）的结果相比较，检测程序结构和实现上是否有缺陷。换句话说，通过这种方法检测 OOP（面向对象编程）是否达到了设计要求。

动态测试设计测试用例时，通常需要功能调用结构图、类关系图或者实体关系图为参考，确定不需要被重复测试的部分，从而优化测试用例，减少测试工作量，使得进行的测试能够达到一定覆盖标准。测试所要达到的覆盖标准可以是：达到类所有的服务要求或服务提供的一定覆盖率；依据类间传递的消息，达到对所有执行线程的一定覆盖率；达到类的所有状态的一定覆盖率。同时也可以考虑使用现有的一些测试工具来得到程序代码执行的覆盖率。

具体设计测试用例时，可参考下列步骤。

(1) 先选定检测的类，参考 OOD 分析结果，仔细判断出类的状态和相应的行为，类或成员函数间传递的消息，输入或输出的界定等。

(2) 确定覆盖标准。

(3) 利用结构关系图确定待测类的所有关联。

(4) 根据程序中类的对象构造测试用例，确认使用什么输入激发类的状态、使用类的服务和期望产生什么行为等。

注意，在设计测试用例时，不但要设计确认类功能得到满足的输入，还应该有意识地设计一些被禁止的例子，确认类是否有不合法的行为产生，如发送与类状态不相适应的消息，要求不相适应的服务等。应根据具体情况，动态地集成测试。

6.4.2　面向对象的系统测试

通过面向对象的单元测试和集成测试，仅能保证软件开发的功能得以实现，不能确认在实际运行时，软件是否满足用户的需要，是否大量存在实际使用条件下会被诱发产生错误的隐患。为此，对完成开发的软件必须经过规范的系统测试。换个角度说，开发完成的软件仅仅是实际投入使用系统的一个组成部分，需要测试它与系统其他部分配套运行的表现，以保证在系统各部分协调工作的环境下也能正常工作。

面向对象的系统测试是对所有类和主程序构成的整个系统进行的整体测试，以验证软件系统的正确性和性能指标是否满足规格说明书和任务书所指定的要求。它与传统的系统测试一样，可套用传统的系统测试方法，两者的区别只在于测试用例的形式有所不同。其测试用例可以从对象-行为模型和作为面向对象分析的一部分的事件流图中导出。

面向对象的系统测试应该尽量搭建与用户实际使用环境相同的测试平台，应该保证被测系统的完整性，对暂时缺少的系统设备部件也应有相应的模拟手段。系统测试时，应该参考 OOA 的结果，对应描述的对象、属性和各种服务，检测软件是否能够完全“再现”问题空间。系统测试不仅检测软件的整体行为表现，从另一个侧面看，也是对软件开发设计的再确认。

1. 面向对象的系统测试的具体测试内容

面向对象的系统测试的主要内容如下。

(1) 功能测试：测试是否满足开发要求，是否能够提供设计所描述的功能，用户的需求是否都得到满足。功能测试是系统测试最常用和必需的测试，通常还会以正式的软件说明书为测试标准。

(2) 强度测试：测试系统的最高实际能力限度，即软件在一些超负荷情况下的功能实现情况。如要求软件某一行为的大量重复、输入大量的数据或大数值数据、对数据库大量复杂的查询等。

(3) 性能测试：测试软件的运行性能。这种测试常常与强度测试结合进行，需要事先对被测软件提出性能指标，如传输连接的最长时限、传输的错误率、计算的精度、记录的精度、响应的时限和恢复时限等。

(4) 安全测试：验证安装在系统内的保护机构确实能够对系统进行保护，使之不受各种非正常的干扰。安全测试时需要设计一些试图突破系统的安全保密措施的测试用例，检验系统是否存在安全保密的漏洞。

(5) 恢复测试：采用人工的干扰使软件出错，中断使用，从而检测系统的恢复能力，特别是通信系统。恢复测试时，应该参考性能测试的相关测试指标。

(6) 可用性测试：测试用户是否能够满意使用。具体体现为操作是否方便，用户界面是否友好等。

(7) 安装/卸载测试等。

系统测试需要对被测试的软件结合需求分析做仔细的测试分析，建立测试用例。有时也可以通过系统测试完成。

在面向对象的系统测试中，为了导出测试案例，测试者可以使用分析模型中的使用案例。使用案例能够用于导出测试案例，以发现不能满足用户需求的错误。系统测试应尽量搭建与用户实际使用环境相同的测试平台，应保证被测系统的完整性。系统测试不仅检验软件的整体行为表现，也是对软件开发设计的再确认。

2. 面向对象系统的测试工具

面向对象系统测试中可使用一些工具帮助测试。这些工具包括用例、类图、序列图、状态图等。

(1) 用例：表示用户在与系统进行交互时将完成的各种任务。用例给出用户完成每个任务的具体步骤细节，以及系统对每个步骤的响应。任务和响应都是通过消息传递给各种对象的。

(2) 类图：表示不同的实体与实体之间的关系。由于类是面向对象系统的基本构件块，因此类图是以系统的类为基础的。

(3) 序列图：表示对象间传递消息完成给定应用场景或用例的序列。

(4) 活动图：表示所发生的活动序列。活动图用于对应用程序中典型的工作流建模，描述手工和自动过程之间的交互要素。

(5) 状态图：描述一个实体基于事件反应的动态行为，显示了该实体如何根据当前所处的状态对不同的事件做出反应。

小结

本章从面向对象的特点出发，介绍面向对象中的类、对象、继承、封装、信息隐蔽、多态等特征对软件测试的影响，介绍怎样构造面向对象模型，介绍面向对象的单元测试方法，如基于服务的测试、基于状态的测试等，不同的方法着重点不一样。最后介绍了面向对象的集成测试和系统测试。

习题

1. 面向对象的测试是什么样的测试？测试的主要对象是什么？
2. 面向对象测试模型包括哪些主要内容？
3. 什么是面向对象的单元测试？面向对象的单元测试有哪些方法？请简述。
4. 面向对象的集成测试、系统测试与传统的集成测试、系统测试有什么区别？

第7章 软件测试自动化

【本章学习目标】

- 了解软件测试自动化的基本概念。
- 掌握如何选择软件测试自动化的方案。
- 掌握如何选择软件测试自动化的工具。

本章首先介绍了软件测试自动化的基本概念，然后介绍了软件测试自动化的方案与选择相关方案的方法，最后介绍了软件测试自动化的工具及选择工具的方法。

7.1 软件测试自动化的基本概念

在大多数软件开发过程中，软件发布前都要进行反复的软件测试与修复。例如，一个小型软件项目有成千上万的测试用例要执行，并且是重复地执行（回归测试），因此，需要投入大量的人力和物力。如果利用自动化工具进行相关测试，不但省去了人工单调枯燥的测试过程，而且加快了测试速度，节省了测试成本，提高了测试精确度。

7.1.1 测试自动化的定义

1. 测试自动化的定义

软件测试自动化通过软件测试工具，按照测试人员预定的计划和测试用例对软件产品进行自动测试。软件测试自动化是把以人为驱动的测试行为转化为机器执行的一种过程。通常，在设计了测试用例并通过评审之后，由测试人员根据测试用例中描述的规程一步步执行测试，得到实际结果与期望结果的比较。

2. 测试自动化的意义

使用自动化测试可以改进所有的测试领域，包括测试程序开发、测试执行、测试结果分析、故障分析和测试报告生成。测试自动化有助于从以下多个方面优化测试。

(1) 测试自动化可以节约时间,因为软件执行测试用例比人工测试快。

(2) 测试自动化会更可靠,提高了精确度和准确度。原因是,当工程师反复手工执行某个特定的用例时,有可能犯错误或出现偏差,甚至有些缺陷可能会因此而被遗漏。

(3) 测试自动化有助于立即测试。它可以缩短开发与测试之间的时间间隔,产品一完成构建就可以执行脚本进行测试。

(4) 测试自动化可以减轻测试工程师的测试工作量,使他们能把注意力放在更有创造性的任务上。

(5) 测试自动化可以更好地利用全球资源。原因是,自动化测试可以随时进行,连续多时多天地执行,不需要测试工程师到现场;还可以使位于世界不同地方、不同时区的团队监视和控制测试。

(6) 有些测试必须进行自动化测试。有些类型的测试用例,如可靠性测试、压力测试、负载与性能测试,不自动化不能执行。

7.1.2 自动化测试使用的术语和技能

1. 自动化测试术语

自动化测试所用的术语有许多,下面介绍一些常用的术语。

1) 测试用例

在第 1 章中已经将测试用例定义为执行测试操作的一组顺序步骤,其根据是为产生一定的预期输出而设计的一组预先定义的输入。

测试用例有两类:一类是自动化的测试用例,另一类是手工的测试用例。测试用例可以用很多方式表示。可以在文档中写一组简单的步骤,也可以写一条或一组判断语句。

2) 测试包

对测试用例(自动化)进行测试时,需要明确两个重要的因素:一是“要测试什么操作”,二是“如何测试这些操作”。测试用例的“如何”部分叫作场景;“要测试什么操作”是与具体的产品有关的特性,而“如何测试”是与具体的框架有关的需求。

将一组测试用例组合并与一组场景关联,便构成了测试包。也就是说,测试包只不过是被自动化的一组测试用例和与这些测试用例关联的场景。

3) 自动化测试框架

自动化测试框架是应用于自动化测试所用的框架,是由一个或多个自动化测试基础模块、自动化测试管理模块、自动化测试统计模块等组成的工具集合,如图 7-1 所示。

按框架的定义来分,自动化测试框架可以分为基础功能测试框架、管理执行框架;按不同的测试类型来分,可以分为功能自动化测试框架、性能自动化测试框架;按测试阶段来分,可以分为单元自动化测试框架、接口自动化测试框架、系统自动化测试框架;按组成结构来分,可以分为单一自动化测试框架、综合自动化测试框架;按部署方式来分,可以分为单机自动化测试框架、分布式自动化测试框架。

2. 自动化测试所需技能

自动化测试所需的技能取决于公司具备的自动化水平,或将来要达到的自动化程度。

目前,自动化测试工具大致可分为以下三种类型。

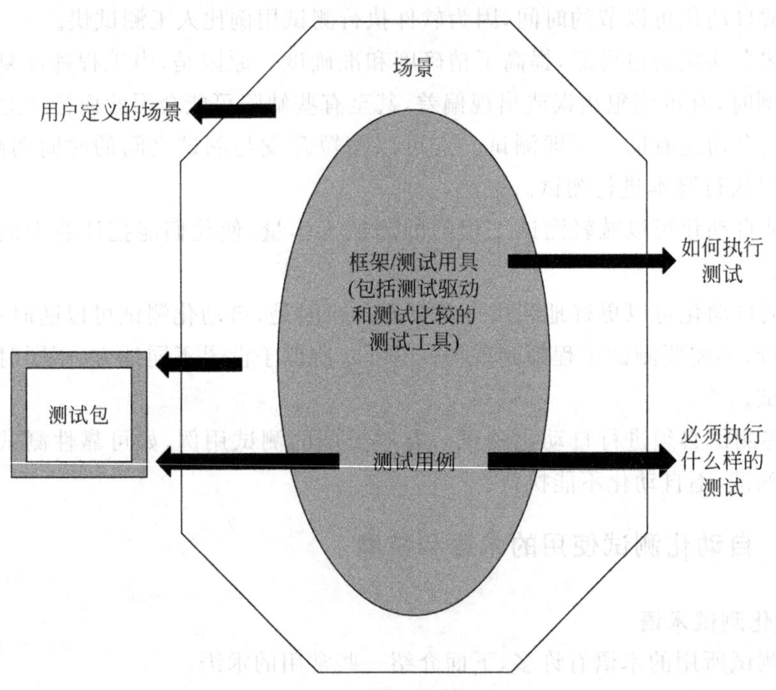

图 7-1　自动化测试框架

(1) 记录与回放：测试工作人员只需录制键盘字符或鼠标单击的行动序列，并在以后按照录制的顺序回放所记录的脚本就可重现操作过程的测试。其优点是，由于所录制的脚本可以重复地回放许多次，并且操作简单，所以减少了测试工作量，避免了重复的工作。其缺点是，如果报告中包含一些硬编码的取值，如包含指定的时间和日期，则很难执行一般类型的测试。另外，错误条件的处理留给测试人员，需要人工介入来检测和更正错误条件。所有的测试工具都具有记录与回放特性。

(2) 数据驱动：这种方法关注不同的输入和输出条件，有助于开发生成输入条件集和对应预期输出的测试脚本。

(3) 行动驱动：应用程序中出现的所有行动都会以自动化定义的一般控件集为基础，自动测试。用户只需要描述操作，其他所需的一切都会自动生成和使用。

对于这三种类型，各类需要的自动化技能有所区别，如表 7-1 所示。

表 7-1　各类所需的自动化技能

类　型	测试用例、框架自动化技能
记录与回放	脚本语言、记录-回放工具的使用
数据驱动	脚本语言、程序设计语言、数据生成技术知识、被测产品的使用
行动驱动	脚本语言、程序设计语言、被测试产品的设计和体系结构、框架的使用、创建框架的设计和体系结构技能、多个产品的通用测试需求

7.1.3　自动化测试的设计和体系结构

自动化测试的设计与产品开发一样，也要通过模块和模块之间的交互体现所有的需求。

测试自动化的体系结构包括两个主要要素：测试基础设施(包括测试用例数据库和缺陷库)和测试框架。利用这种基础设施，测试框架可以将测试用例的选择和执行捆绑在一起。

1. 外部模块

测试自动化有两个外部模块：测试用例数据库和缺陷库。

测试用例数据库用来存放所有的测试用例、执行测试用例的步骤以及执行历史。缺陷库包含特定公司在各种被测产品中发现的所有缺陷的详细信息。

2. 场景与配置文件模块

场景在前面已介绍，是有关"如何执行特定测试用例"的信息。

配置文件包含一组在自动化中使用的变量。这些变量可以是针对测试框架的，也可以是针对测试自动化中的其他模块的；它们的取值可以动态改变，以实现不同的执行、输入、输出和状态条件。

3. 测试用例与测试框架模块

测试用例在前面已介绍，是来自测试用例数据库并由框架执行的自动化测试用例，是提交给体系结构中其他模块执行的对象。

测试框架是将"要执行什么"和"如何执行"结合在一起的模块。测试框架从测试用例数据库中提取要自动化测试的特定测试用例，提取场景、变量及相关取值并执行测试用例。

4. 工具与结果模块

当测试框架执行其操作时，可能需要一组相关工具，如 IP 分组模拟器、用户登录模拟器、计算机模拟器等。

结果模块用来存放测试框架执行测试用例的每个执行结果、对应的场景和变量值等，以供进一步分析和处理。注意，测试框架运行测试用例得到的结果不能覆盖以前运行测试用例的结果。

5. 报告生成器与报告/指标模块

报告生成器是提取必要的输入并准备格式化报告的模块。一旦得到测试结果，报告生成器就可以生成相关的指标。所生成的所有报告和指标都存储在自动化的报告/指标模块中，以备日后使用和分析。

综上所述，测试自动化的组件如图 7-2 所示。

7.1.4 自动化测试的过程模型

自动化测试与软件开发过程从本质上来讲是一样的，也遵循产品的软件开发生存周期模型。测试人员利用自动化测试工具，经过对测试需求的分析，设计出自动化测试用例，搭建自动化测试的框架，设计与编写自动化测试脚本，检查测试脚本的正确性，从而完成该套测试脚本。自动化测试的过程模型有三个阶段：自动化测试需求分析、自动化测试框架的搭建、产品和自动化测试包的测试阶段。

1. 自动化测试需求分析

当测试项目满足了自动化测试的前提条件，并确定在该项目中需要使用自动化测试时，

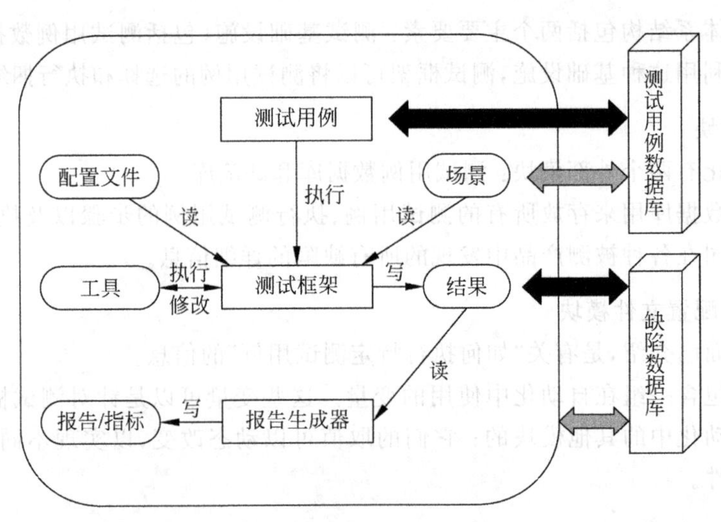

图 7-2 测试自动化的组件

便开始进行自动化测试需求分析。此过程需要确定自动化测试的范围以及相应的测试用例、测试数据,并形成详细的文档,以便于自动化测试框架的建立。

2. 自动化测试框架的搭建

自动化测试框架与软件架构类似,定义了在使用该套脚本时需要调用哪些文件、结构,调用的过程,以及文件结构如何划分。

根据自动化测试用例,自动化测试框架要素如下。

1) 公用的对象

不同的测试用例会有一些相同的对象被重复使用,如窗口、按钮、页面等。这些公用的对象可被抽取出来,在编写脚本时随时调用。当这些对象的属性因为需求的变更而改变时,只需要修改该对象属性即可,而无须修改所有相关的测试脚本。

2) 公用的环境

各测试用例也会用到相同的测试环境。将该测试环境独立封装,在各个测试用例中灵活调用,也能增强脚本的可维护性。

3) 公用的方法

当测试工具没有需要的方法,而该方法又会被经常使用时,便需要自己编写该方法,以方便脚本的调用。

4) 测试数据

当一个测试用例需要执行很多个测试数据时,可将这些测试数据放在一个独立的文件中。测试脚本执行到该用例时读取数据文件,从而达到数据覆盖的目的。

在框架中需要将这些典型要素考虑进去,在测试用例中抽取出公用的元素放入已定义的文件,设定好调用的过程。

3. 产品和自动化测试包的测试阶段

产品和自动化测试开发的每个阶段可以执行一组活动,包括:产品在需求阶段采集开发需求时,同时完成针对测试产品的测试需求、针对自动化开发的需求和针对自动化测试的需求。类似地，在策划和设计阶段也可以执行一组活动，包括：针对产品和自动化测试的编码构成W模型的编码阶段；这个阶段要交付产品和测试包。W模型如图7-3所示。

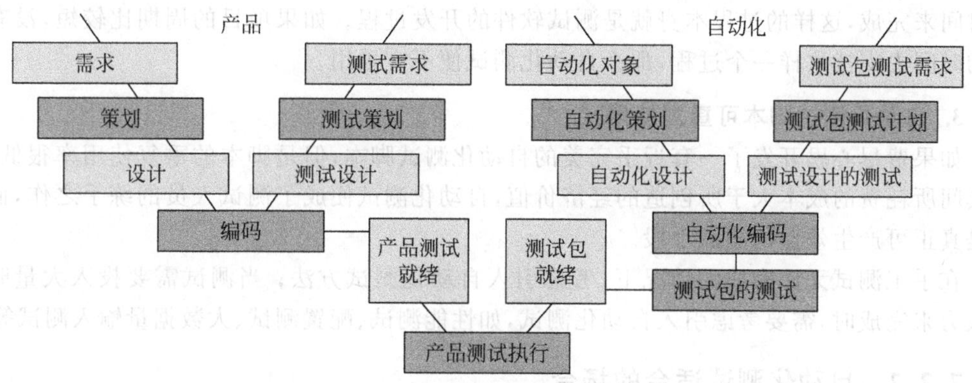

图7-3 W模型(自动化包含的阶段)

7.1.5 自动化测试的脚本编写与测试运行

脚本的编写过程便是具体的测试用例的脚本转化。初级自动化测试人员均会使用从录制脚本到修改脚本的过程。但专业化的建议是以录制为参考，以编写脚本为主要行为，以避免录制脚本带来的冗余、公用元素的不可调用、脚本的调试复杂等问题。

事实上，每一个测试用例所形成的脚本全部通过测试，并不意味着执行多个甚至所有的测试用例就不会出错。输入数据以及测试环境的改变都会导致测试结果受到影响甚至测试失败。如果只是一个个执行测试用例，也仅能被称作是半自动化测试，这会极大地影响自动化测试的效率，甚至不能满足夜间自动执行的特殊要求。因此，脚本的测试与试运行极为重要，它需要详查多个脚本不能依计划执行的原因，并保证其得到修复。同时也需要进行多轮的脚本试运行，以保证测试结果的一致性与精确性。

7.2 自动化测试的方案与选择

7.2.1 自动化测试的前提条件

实施自动化测试之前需要对软件开发过程进行分析，以观察其是否适合使用自动化测试。通常需要同时满足以下条件。

1. 需求变动不频繁

测试脚本的稳定性决定了自动化测试的维护成本。如果软件需求变动过于频繁，测试人员需要根据变动的需求来更新测试用例以及相关的测试脚本，而脚本的维护本身就是一个代码开发的过程，需要修改、调试，必要的时候还要修改自动化测试的框架。如果所花费的成本不低于利用其节省的测试成本，那么自动化测试便是失败的。

若一个项目中的某些模块相对稳定，而某些模块需求变动性很大，便可对相对稳定的模块进行自动化测试，而变动较大的仍使用手工测试。

2. 项目周期足够长

自动化测试需求的确定、自动化测试框架的设计、测试脚本的编写与调试均需要相当长的时间来完成,这样的过程本身就是测试软件的开发过程。如果项目的周期比较短,没有足够的时间去支持这样一个过程,那么自动化测试便不宜采用。

3. 自动化测试脚本可重复使用

如果费尽心思开发了一套近乎完美的自动化测试脚本,但是脚本的重复使用率很低,致使其间所耗费的成本大于所创造的经济价值,自动化测试便成了测试人员的练手之作,而并非是真正可产生效益的测试手段。

在手工测试无法完成的情况下,考虑引入自动化测试方法;当测试需要投入大量时间与人力来完成时,需要考虑引入自动化测试,如性能测试、配置测试、大数据量输入测试等。

7.2.2 自动化测试适合的场合

通常适合于软件测试自动化的场合如下。

1. 回归测试

因为重复单一的数据录入或击键等测试操作造成了不必要的时间浪费和人力浪费,采用自动化测试相对节省时间和人力。

2. 文档的管理

测试人员理解程序和验证设计文档通常也要借助测试自动化工具。

3. 测试报告生成

采用自动化测试工具有利于测试报告文档的生成和版本的连贯性。

4. 确定覆盖率

自动化工具能够确定测试用例的覆盖路径,确定测试用例集对程序逻辑流程和控制流程的覆盖。

随着测试流程的不断规范以及软件测试技术的进一步细化,软件测试自动化已经日益成为一支不可忽视的力量。借助于这支外在力量以及如何借助于这支力量,来规范企业测试流程,并提高特定测试活动的效率,应当得到重视。

软件测试自动化的研究领域主要集中在软件测试流程的自动化管理以及动态测试的自动化(如单元测试、功能测试以及性能方面)。在这两个领域,与手工测试相比,自动化测试的优势是明显的。首先,自动化测试可以提高测试效率,使测试人员更加专注于新的测试模块的建立和开发,从而提高测试覆盖率;其次,自动化测试更便于测试资产的数字化管理,使得测试资产在整个测试生命周期内可以得到复用,这个特点在功能测试和回归测试中尤其有意义;此外,测试流程自动化管理可以使机构的测试活动开展更加过程化,这符合CMMI过程改进的思想。根据OppenheimerFunds的调查,在2001年前后的三年中,全球范围内由于采用了测试自动化手段所实现的投资回报率高达1500%。

7.2.3 自动化测试选择原则

自动化测试有它存在的优势,然而存在优势是否就一定意味着选择自动化测试方案都能为企业带来效益回报呢？不一定。任何一种产品化的测试自动化工具，都可能存在与某具体项目不适应的地方；加之在企业内部通常存在许多不同种类的应用平台，应用开发技术也不尽相同，甚至在一个应用中可能就跨越了多种平台，或同一应用的不同版本之间存在技术差异，所以选择软件测试自动化方案时必须深刻理解这一选择可能带来的变动、来自诸多方面的风险和成本开销。

1. 自动化测试选择相关因素

针对不同的项目选择自动化测试方案，需要考虑的因素如下。

(1) 项目的影响：自动化测试能否对项目进度、覆盖率、风险降低有积极的作用。

(2) 复杂度：自动化测试能否容易实现。

(3) 时间：自动化测试需要多长时间。项目开发要有足够的测试时间。

(4) 稳定性：代码和需求的相对稳定性，包括代码是否长期保持相对稳定，功能特性变化速度是否快等。

(5) 资源：是否有足够的人力资源、物力资源来测试运行。

(6) 覆盖率：自动化测试能否覆盖程序的关键特性和功能。

(7) 自动执行：负责执行的测试人员是否有足够的技能与时间运行测试。

2. 自动化测试选择的建议

根据实际运行自动化测试案例的实践，对企业用户进行软件测试自动化方案选型的建议如下。

(1) 选择尽可能少的自动化产品覆盖尽可能多的平台，以降低产品投资和团队的学习成本。

(2) 通常应该优先考虑测试流程管理自动化，以满足为企业测试团队提供流程管理支持的需求。

(3) 在投资有限的情况下，性能测试自动化产品将优先于功能测试自动化被考虑。

(4) 在考虑产品性价比的同时，应充分关注产品的支持服务和售后服务的完善性。

(5) 尽量选择趋于主流的产品，以便通过行业间交流甚至网络等方式获得更为广泛的经验和支持。

(6) 应对测试自动化方案的可扩展性提出要求，以满足企业不断发展的技术和业务需求。

7.3 自动化测试的工具与选择

7.3.1 自动化测试工具分类

现在市场上可以见到的软件自动化测试工具有很多，基本覆盖了整个测试周期。可以按照用途、支持范围、价位、使用特性等对自动化测试工具进行分类，大体上可以分为白盒测试工具、黑盒测试工具、网络测试工具、测试管理工具等。在实际的测试过程中，可根据测试任务书、测试计划、软件项目的要求组合使用以上测试工具。

1. 白盒测试工具

白盒测试工具一般针对代码进行测试,可以将测试中发现的缺陷定位到代码级。白盒测试工具可以分为静态测试工具和动态测试工具。由于白盒测试工具多用于单元测试阶段,它又被称为单元测试工具。单元测试不仅要验证被测单元的功能是否能实现,还要查找代码中的内存使用错误和性能瓶颈,并对测试达到的覆盖率进行统计和分析。因此白盒测试工具多为一个套件,其中包括动态错误检测、时间性能分析和覆盖率统计等多个工具。

常见的静态测试工具有 Telelogic 公司的 Logiscope、PR 公司的 PRQA;动态测试工具有 Compuware 公司的 DevPartner、IBM Rational 公司的 PurifyPlus 等。

2. 黑盒测试工具

黑盒测试工具又称功能性测试工具,适合黑盒测试场合。一般利用脚本的录制和回放模拟用户操作,将被测试系统的输出结果记录下来,同预先给定的输出值进行比较,分析得出测试结果,并可以对测试脚本加以修改。黑盒测试工具多用于确认阶段及其对应的回归测试中,其测试对象多为拥有图形用户界面的应用程序。

常见的黑盒测试工具有 IBM Rational 公司的 Team Test Tobot 和 Compuware 公司的 QACenter、HP-Mercury 公司的 WinRunner 和 QTP(QuickTest Professional)等。

3. 网络测试工具

网络测试工具主要包括网络故障的定位工具、网络监测工具、网络模拟仿真工具等,可用于分析分布式应用性能,关注应用、网络与其他元素内部的交互式活动,以便使网络管理员了解网络不同位置和不同活动之间应用的行为。

常见的网络测试工具有 Network Associate 提供的 Network Sniffer、HP-Mercury 公司的 LoadRunner 等。

4. 专用代码测试工具

专用代码测试工具指专门支持某类语言的测试工具。

常见的有用于 VC++ 代码的自动侦错和调试工具 BoundsCheck,VB 代码分析工具 CodeReview,用来分析 Java 语言的执行过程并进行图形化的工具 JCheck,还有 Java 环境下的单元测试工具 JUnit 和 C++环境下的单元测试工具 CppUnit 等。

5. 错误捕获工具

错误捕获工具是用来捕获软件错误后进行程序调试的工具。开发人员可以自行编写,还可以使用集成开发环境中自带的这种工具功能,也可以购买专业的调试软件。

常见的有 Compuware NuMega 推出的一系列软件等。

6. 测试管理工具

软件测试需要开展制定测试计划、设计测试用例、进行结果分析和缺陷跟踪等一系列的活动。测试管理工具是对测试需求、测试计划、测试用例、测试实施、测试报告等活动和相应制品进行管理的一类工具。

常见的管理工具有 Mercury Interactive 公司的 TestDirector、IBM 公司 TestManager 和 Compuware 公司的 TrackRecord、HP-Mercury 公司的 Quality Center 等。

7.3.2 自动化测试工具的选择

确定了要自动化测试的对象后,一个相关的问题就是选择合适的自动化测试工具。

1. 选择测试工具的准则

目前市场上有各种各样的自动化测试工具,选择哪种类型的工具比较合适?这就需要从下面几个方面来考虑。

1) 满足需求

首先,选择的自动化测试工具必须满足给定产品或给定公司的所有需求,否则选择与引入测试工具会需要很长时间。其次,测试工具要跟上产品所用的技术,如果没有提供被测产品的后向或前向兼容性,也是不能忍受的。第三,测试工具必须通过对新需求的充分测试,验证是否适合测试产品。最后,测试产品必须提供足够的定位、调试和错误信息等,以帮助进行分析;否则会导致增加分析时间和人工测试工作量。

2) 技术预期

首先,由于自动化测试工具一般不允许测试开发人员进行扩展和修改框架功能,因此,必须由工具提供商提供扩展功能,以及一些扩展接口。其次,许多测试工具要求把库与产品二进制代码连接在一起,当这些库与产品的源代码连接后,就是"插桩后的代码";这些引入的额外代码会造成时延。最后,测试工具只能支持部分操作系统,并且这些工具生成的脚本可能在一些平台上不兼容。

3) 培训与技能

虽然测试工具需要大量的培训,但是很少有提供商会提供所需级别的培训。为部署测试工具,需要公司级的培训。测试包的用户不仅是测试团队,而且有开发团队和其他人员。测试工具期望用户学习新的语言或脚本,可能使用了非标准的语言或脚本,这就提高了自动化测试的技能需求,延长了公司内部的培训时间。

4) 管理问题

测试工具增加了系统的需求,需要升级系统的硬件和软件。这样会提高测试工具的成本,因此,在选择测试工具时,必须注意满足系统的需求。另外,从一种工具到另外一种工具的迁移可能很难,需要做大量的工作;加之测试工具不是跨平台的,所编写的测试包不能供其他测试工具使用,一般不会随意更换测试工具。部署工具需要大量策划和人力投入,在选择和部署测试工具时,对工具的支持是另一个需要考虑的因素。

2. 工具选择与部署步骤

根据前面的讨论,我们得知自动化测试工具具有很高的引入、维护和退出成本,因此,需要精心地选择。提出选择和在公司中部署测试工具的步骤如下。

(1) 在所讨论过的一般需求中提取测试包需求,补充其他需求。

(2) 保证已经考虑过前面所讨论的经验。

(3) 收集其他公司使用类似工具的经验。

(4) 准备向提供商提出的有关成本、工作量和支持问题的检查单。

(5) 列出满足以上需求的工具(优先列出提供源代码的工具)。

(6) 评价并最后确定一个或一组工具,并对所有测试开发人员提供工具培训。

(7) 培训工具的所有潜在用户后,为各个测试团队部署该工具。

3. 注意事项

综合前面的讨论,在以下几个方面应加以注意。

1) 各方面因素综合考虑

一个企业实施测试自动化,绝对不是拍脑袋说干就能干好的。它不仅涉及测试工作本身流程上、组织结构上的调整与改进,也包括需求、设计、开发、维护及配置管理等其他方面的配合。如果对这些必要的因素没有考虑周全,必然会在实施过程中处处碰壁,既定的实施方案也无法开展。

2) 自动化测试不能完全替代手工测试

自动化测试虽然可以降低人工测试的工作量,但并不能完全取代手工测试。100%的自动化测试只是一个理想目标,即便是一些如SAP、Oracle ERP等测试库规划十分完善的套件,其测试自动化率也不会超过70%。所以,一味追求测试自动化只会给企业带来运作成本的急剧上升。

3) 分析投入回报问题

实施测试自动化需要企业有相对规模的投入。对企业运作来说,投入回报率将是决定是否实施软件测试自动化的指导思想。企业在决定实施软件测试自动化之前,必须要做量化的投资回报分析。此外,实施软件测试自动化并不意味着必须采购强大的自动化软件测试工具或自动化管理平台,毕竟软件质量的保证不是依靠产品或技术,而是主要在于高素质的人员和合理有效的流程。

小结

本章介绍了软件自动化测试的基本概念,自动化测试的定义、意义、术语和技能等,介绍了自动化测试的设计和体系结构及自动化测试过程模型,自动化测试脚本的编写和运行,自动化测试方案、工具与选择。

习题

1. 什么是自动化测试?
2. 自动化测试的体系结构有哪些内容?
3. 自动化测试的过程模型包括哪些方面?
4. 自动化测试方案有哪些?怎样选择?
5. 常用的自动化测试工具有哪些类型?怎样选择?

第8章 QTP测试工具

8

【本章学习目标】

• 了解 QTP 的启动方法和操作步骤。
• 了解 QTP 的基本功能。
• 掌握 QTP 的基本测试操作方法。

本章首先介绍 QTP 的启动方式及操作步骤，再介绍 QTP 的基本功能，最后介绍 QTP 的录制及各种测试方法的使用。

8.1 QTP 简介

QTP 是 QuickTest Professional 的简称，是一种 B/S 自动测试工具。QTP 提供符合所有主要应用软件环境的功能测试和回归测试的自动化。它采用关键字驱动的理念，能够简化测试用例的创建和维护。

使用 QTP 的目的是执行重复的自动化测试，主要用于回归测试和测试同一软件的新版本。QTP 工具是一个功能回归测试工具，能够记录下用户在被测应用系统(application under test，AUT)上的有效操作步骤，自动用 VBScript 编制测试脚本。用户通过对测试脚本的修改，对测试数据进行参数化，最后回放测试脚本，模拟用户的点击和输入，达到自动化测试的目的。

QTP 支持 Web 系统，能够识别 Web 界面上的大多数控件，也提供了自识别用户自定义的 Web 控件的功能。只要将 Web 控件的界面录入到 QTP 中，就能够自动识别并且在以后的录制和回放过程中应用。专业的测试者也可以通过提供的内置脚本和调试环境来取得对测试和对象属性的完全控制。

8.1.1 QTP 的启动

打开 QTP 有两种方式：一是通过选择菜单“开始”→“所有程序”→HP Software→HP

Unified Functional Testing 来启动；二是直接双击桌面上的 HP Unified Functional Testing 快捷图标。

8.1.2 QTP 的操作

1. 启动显示界面

启动 QTP 后，将显示如图 8-1 所示的插件管理器界面。

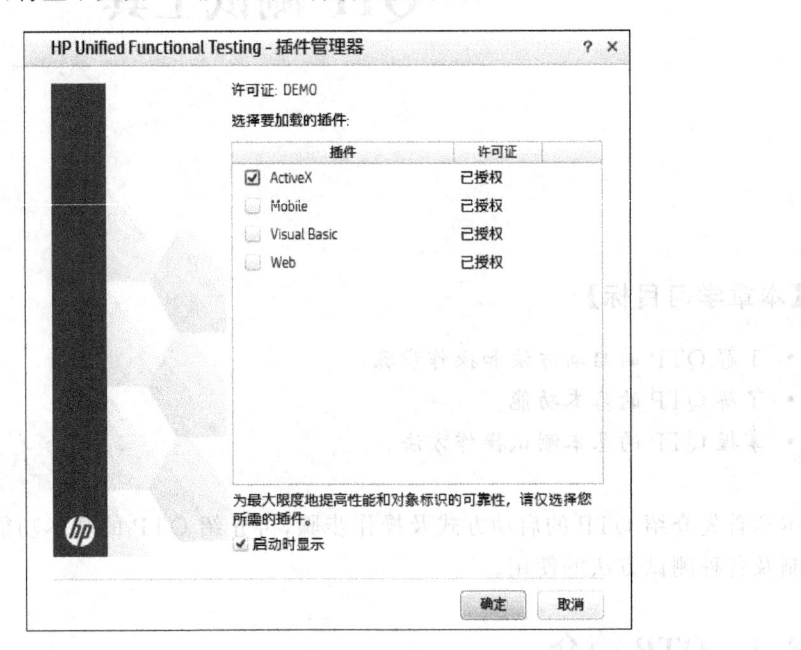

图 8-1 插件管理器

QTP 默认支持 ActiveX、Mobile、VB 和 Web 插件，许可证类型为“已授权”。如果安装了其他类型的插件，在列表中也将其显示出来。

出于性能方面，以及对象识别的稳定和可靠性方面的考虑，建议只加载需要的插件。例如，QTP 自带的样例应用程序 Flight 是标准 Windows 程序，里面的部分控件类型为 ActiveX 控件，因此，在测试这个应用程序时，可以仅加载 ActiveX 插件。

2. 加载插件

加载了相应的插件后，QTP 的登录界面如图 8-2 所示。

3. 创建一个新的测试用例

单击“文件”→“新建”→“测试”命令，或者直接单击左上角的“ * 新建”，即可以新建测试用例。新建测试用例的类型有 GUI 测试、API 测试、业务流程测试和业务流程流，可根据需要选择相应的类型，如图 8-3 所示。

4. 打开已创建的测试用例

单击“文件”下面的“打开”按钮，便可打开测试用例，如图 8-4 所示。

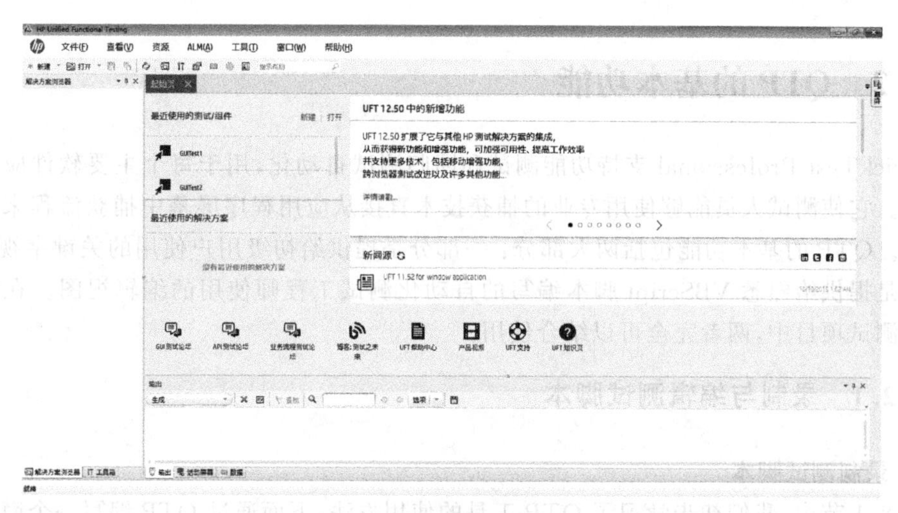

图 8-2 QTP 登录界面

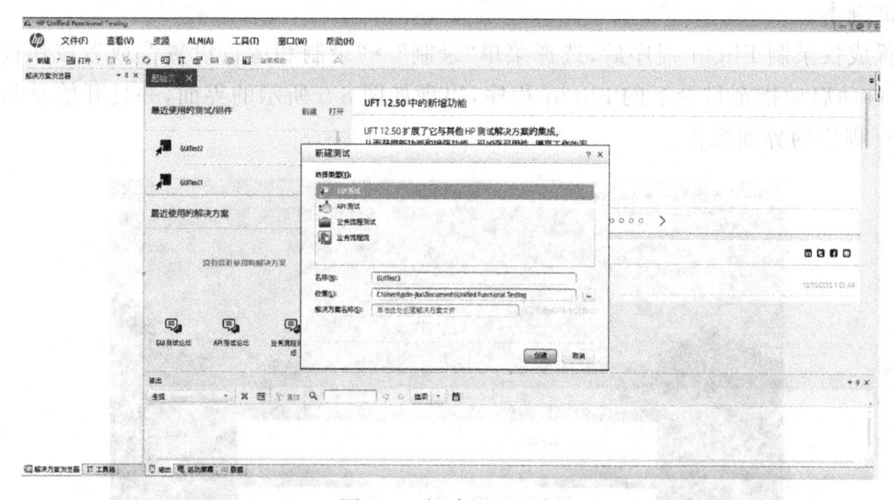

图 8-3 新建测试用例

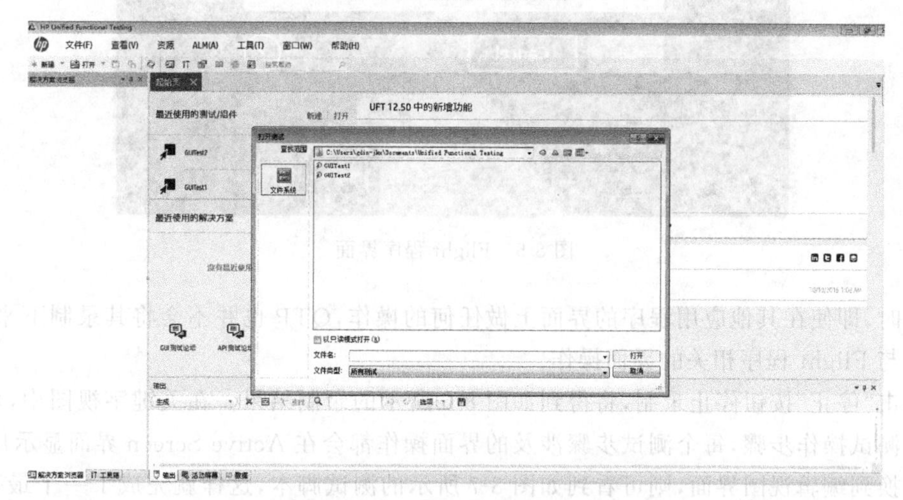

图 8-4 打开测试用例

8.2 QTP的基本功能

QuickTest Professional 支持功能测试和回归测试自动化,用于每个主要软件应用程序和环境。它使测试人员能够使用专业的捕获技术直接从应用程序屏幕中捕获流程来构建测试案例。QTP 的基本功能包括两大部分:一部分是提供给初级用户使用的关键字视图;另一部分是提供给熟悉 VBScript 脚本编写的自动化测试工程师使用的编辑视图。在实际的自动化测试项目中,两者完全可以结合使用。

8.2.1 录制与编辑测试脚本

1. 录制测试脚本

在 8.1 节中,我们初步学习了 QTP 工具的使用方法,下面通过 QTP 编写一个简单的自动化测试脚本。

设置成仅录制 Flight 程序后,选择菜单“录制”→“录制和运行设置”,或者按快捷键 F6,QTP 将自动启动指定目录下的 Flight 程序,出现如图 8-5 所示的界面,并且开始录制所有基于 Flight 程序的界面操作。

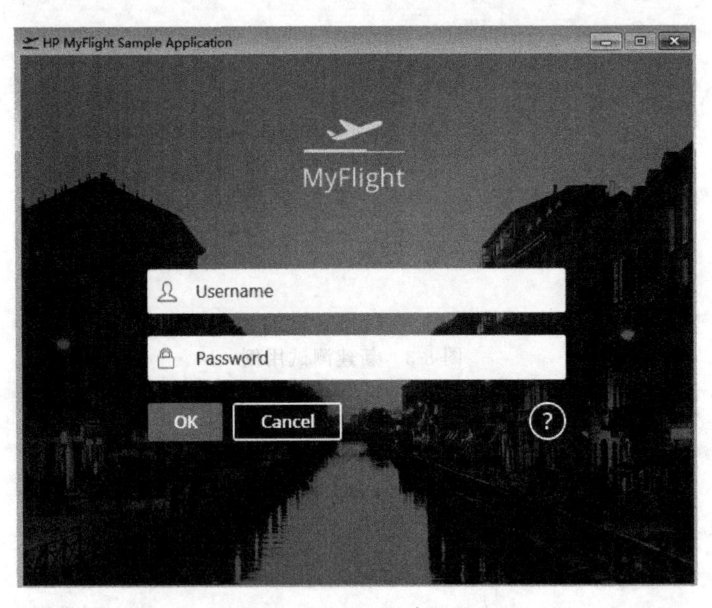

图 8-5 Flight 程序界面

此时,即使在其他应用程序的界面上做任何的操作,QTP 也并不会将其录制下来,而是仅录制与 Flight 程序相关的界面操作。

单击“停止”按钮停止录制,将得到如图 8-6 所示的录制结果。在关键字视图中,可看到录制的测试操作步骤,每个测试步骤涉及的界面操作都会在 Active Screen 界面显示出来。

切换到编辑视图界面,则可看到如图 8-7 所示的测试脚本,这样就完成了一个最基本的测试脚本的编写。

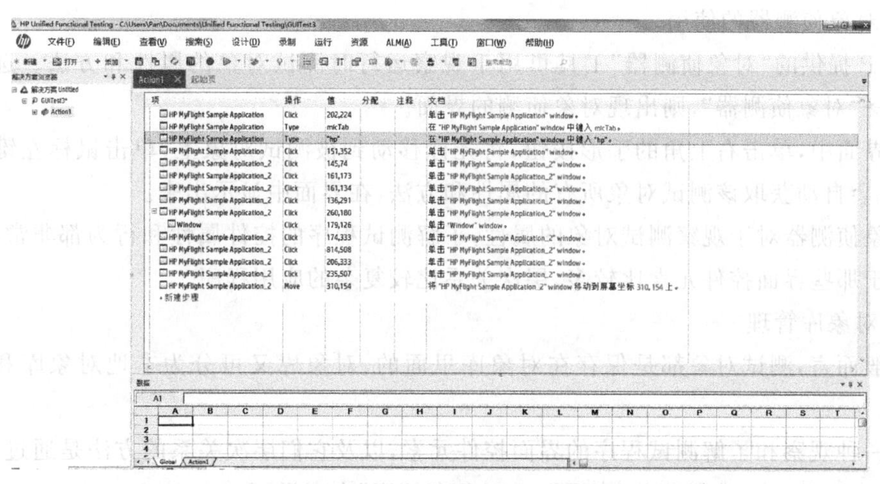

图 8-6 关键字视图

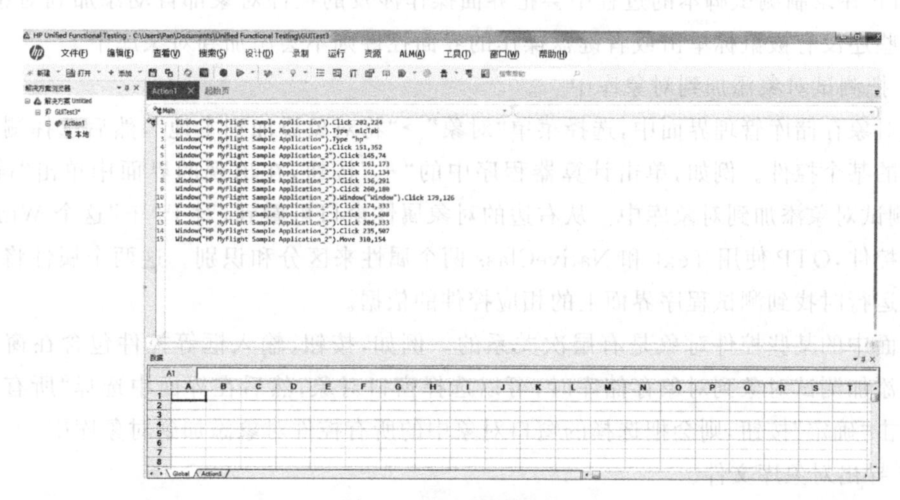

图 8-7 脚本编辑视图

2. 编辑测试脚本

在掌握了 QTP 的关键字视图和专家视图的基本使用方法后，就可以综合运用这两个测试视图，结合对象库、函数库等辅助手段来编辑测试脚本。

1）识别对象

编辑测试脚本的第一步是识别对象，因为基于 GUI 的自动化测试主要是围绕界面的控件元素来进行的。QTP 针对不同语言开发的控件，采取不同的对象识别技术，根据加载的插件来选择识别相应的控件对象的依据。在 QTP 中，选择菜单"工具"→"对象标识"，在出现的"环境"选项界面中可看到各种标准 Windows 控件对应的对象识别方法，例如，对于 Dialog 控件，使用的是"is child windows""is owned windows""NativeClass"和"Text"这 4 个控件对象的属性，以区别出一个唯一的 Dialog 控件对象。可以单击 Add/Remove 按钮，选择更多的控件属性来唯一识别控件。

2) 对象侦测器的使用

QTP提供的"对象侦测器"工具可用于观察运行时测试对象的属性和方法。选择菜单"工具"→"对象侦测器",则出现对象侦测的界面。

在界面中,单击右上角的手形按钮,将光标移动到被测试对象上,单击鼠标左键选择测试对象,会自动获取该测试对象所有的属性和方法,在界面中显示出来。

对象侦测器对于观察测试对象的属性,了解测试程序的控件属性和行为都非常有用,尤其是对于那些界面控件元素比较多、层次关系比较复杂的应用程序。

3) 对象库管理

一般而言,测试对象都是保存在对象库里面的,对象库又可分为本地对象库和共享对象库。

另一种观察和了解测试程序的界面控件元素,以及它们层次关系的方法是通过"对象存储库"。在QTP中,选择菜单"资源"→"对象存储库"出现界面。

QTP在录制测试脚本的过程中会把界面操作涉及的控件对象都自动添加到对象库中,但是那些还没有被鼠标单击或者键盘操作的界面控件则不会添加到对象库中。

4) 把测试对象添加到对象库中

在对象存储库管理界面中,选择菜单"对象"→"将对象添加到本地",然后选择测试程序界面中的某个控件。例如,单击计算器程序中的"+"按钮,在出现的界面中单击"确定"按钮,把测试对象添加到对象库中。从右边的对象属性窗口可看到,对于"+"这个WinButton类型的控件,QTP使用Text和NativeClass两个属性来区分和识别。这两个属性将作为测试脚本运行时找到测试程序界面上的相应控件的依据。

界面中的某些控件对象是有层次关系的。例如,按钮、输入框等控件包含在窗口控件中。在添加测试对象到对象存储库时,可以选择窗口对象,然后在界面中选择"所有对象类型",单击"确定"按钮,则会把选择的窗口对象中的所有控件对象添加到对象库中。

5) 导出对象库文件

测试对象作为资源,可导出到文件中,以方便其他测试脚本的使用。方法是在对象库管理界面中,选择菜单"文件"→"导出本地对象",将其保存在某个文件夹中。

6) 在测试脚本中访问对象库的测试对象

把界面的控件作为测试对象添加到对象库之后,就可以把这些测试对象作为测试资源来访问。例如,在关键字视图中可以从对象库中选择需要的测试对象,而在专家视图中,同样可以访问到对象库的测试对象,以及它们的属性和方法。

7) 添加新的Action

在QTP中,Action相当于测试脚本的文件,可使用Action来划分和组织测试流程。例如,把一些公用的操作放到同一个Action中,以便重用。

如果想在当前Action的某个测试步骤之后添加新的Action,则可选择工具"插入"→"调用新操作",在出现的界面中,在"名称"输入框里输入Action的名称,例如"Action_Help",在"描述"中输入对该Action的描述,例如"处理Help窗口",在"位置"中选择"当前步骤之后",单击"确定"按钮,返回关键字视图,可看到新的名为Action_Help的Action已经成功添加,如图 8-8 所示。

Action_Help　Action1　起始页

项	操作	值	分配	注释	文档
HP MyFlight Sample Application	Click	179,220			单击 "HP MyFlight Sample Application" window。
HP MyFlight Sample Application	Type	"johon"			在 "HP MyFlight Sample Application" window 中键入 "johon"。
HP MyFlight Sample Application	Type	micBack			在 "HP MyFlight Sample Application" window 中键入 micBack。
HP MyFlight Sample Application	Type	micBack			在 "HP MyFlight Sample Application" window 中键入 micBack。
HP MyFlight Sample Application	Type	"n"			在 "HP MyFlight Sample Application" window 中键入 "n"。
HP MyFlight Sample Application	Type	micTab			在 "HP MyFlight Sample Application" window 中键入 micTab。
HP MyFlight Sample Application	Type	"hp"			在 "HP MyFlight Sample Application" window 中键入 "hp"。
HP MyFlight Sample Application	Click	165,340			单击 "HP MyFlight Sample Application" window。
HP MyFlight Sample Application_2	Click	186,89			单击 "HP MyFlight Sample Application_2" window。
HP MyFlight Sample Application_2	Click	138,205			单击 "HP MyFlight Sample Application_2" window。
HP MyFlight Sample Application_2	Click	174,142			单击 "HP MyFlight Sample Application_2" window。
Action_Help					调用 Action_Help 操作。
HP MyFlight Sample Application_2	Click	116,300			单击 "HP MyFlight Sample Application_2" window。
HP MyFlight Sample Application_2	Click	166,284			单击 "HP MyFlight Sample Application_2" window。
HP MyFlight Sample Application_2	Click	120,325			单击 "HP MyFlight Sample Application_2" window。
HP MyFlight Sample Application_2	Click	266,286			单击 "HP MyFlight Sample Application_2" window。
HP MyFlight Sample Application_2	Click	165,334			单击 "HP MyFlight Sample Application_2" window。
HP MyFlight Sample Application_2	Click	395,161			单击 "HP MyFlight Sample Application_2" window。
HP MyFlight Sample Application_2	Click	852,515			单击 "HP MyFlight Sample Application_2" window。
HP MyFlight Sample Application_2	Click	143,332			单击 "HP MyFlight Sample Application_2" window。
HP MyFlight Sample Application_2	Type	"lamb"			在 "HP MyFlight Sample Application_2" window 中键入 "lamb"。
HP MyFlight Sample Application_2	Click	237,494			单击 "HP MyFlight Sample Application_2" window。
HP MyFlight Sample Application_2	Move	297,179			将 "HP MyFlight Sample Application_2" window 移动到屏幕坐_
+新建步骤					

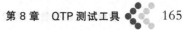

图 8-8　添加 Action_Help

8) 关联 Action 的对象库

双击新添加的 Action,可在该 Action 中添加新的测试代码。由于新添加的 Action 不能直接使用前一个 Action 中的测试对象,只有两种解决方法,一种是通过录制新的测试脚本来产生新的测试对象库,另一种是通过关联前一个 Action 所导出的对象库文件来使用其测试对象。第二种方法是,首先选择菜单"资源"→"关联存储库";其次,在出现的界面单击"+"按钮,选择前一个 Action 导出的数据库文件,把左边的"可用操作"中的文件移动到右边的"关联操作"列表中;最后,就可以在 Action_Help 的测试脚本中使用 Action1 的对象库中的测试对象。

9) 编辑新的 Action

为新的 Action 建立了对象库之后,就可以在测试脚本中访问和使用这些测试对象。例如,可在专家视图的脚本编辑器中输入以下代码。

```
Dialog("Login").WinButton("Help").click'打开帮助页面
Dialog("Login").Dialog("Flight Reservations").Activate
Dialog("Login").Dialog("Flight Reservations").WinButton("确定").Click
'单击"确定"按钮关闭页面
```

这些代码在 Action_Help 的关键字视图中能够对应地体现出来。

10) 在函数库中创建自定义函数

在测试脚本中,除了访问和调用函数库的测试对象、QTP 内建的函数外,自动化测试人员还可以自定义函数库,把一些可重用的 VB 脚本封装到函数库中,然后,在测试脚本中调用。

创建自定义函数的方法如下。

(1) 选择菜单"设计"→"函数定义生成器",出现如图 8-9 所示的界面。

(2) 在出现界面"函数定义"中的"名称"输入框中输入函数的名称,在"类型"中选择 Function,在"范围"中选择 Public,在"描述"中输入函数的描述信息,如图 8-10 所示。

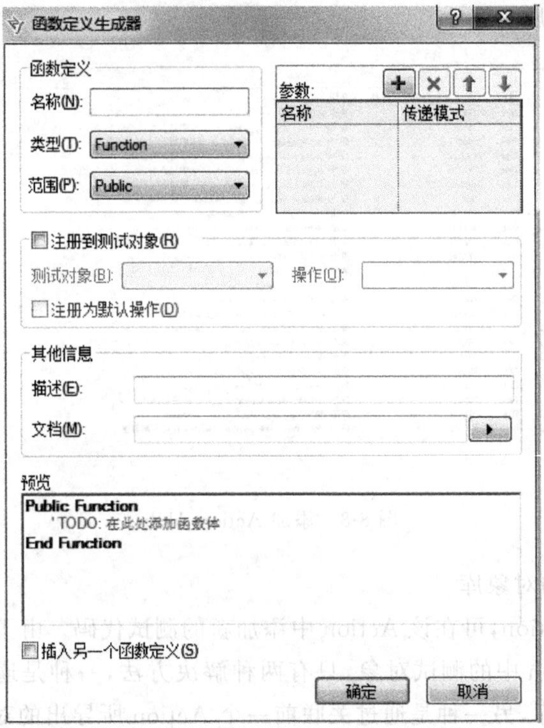

函数定义生成器

函数定义
名称(N):
类型(T): Function
范围(P): Public
参数:
名称 | 传递模式
注册到测试对象(R)
测试对象(B): 操作(O):
注册为默认操作(D)
其他信息
描述(E):
文档(M):
预览
Public Function
 'TODO: 在此处添加函数体
End Function
插入另一个函数定义(S)
确定 取消

图 8-9　函数定义生成器

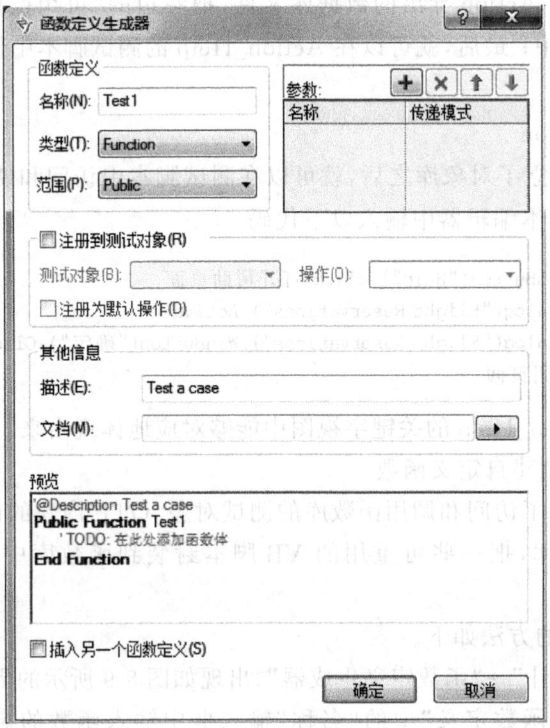

函数定义生成器

函数定义
名称(N): Test1
类型(T): Function
范围(P): Public
参数:
名称 | 传递模式
注册到测试对象(R)
测试对象(B): 操作(O):
注册为默认操作(D)
其他信息
描述(E): Test a case
文档(M):
预览
'@Description Test a case
Public Function Test1
 'TODO: 在此处添加函数体
End Function
插入另一个函数定义(S)
确定 取消

图 8-10　定义函数

(3) 单击“确定”按钮，则会在当前 Action 的测试代码中添加如图 8-11 所示的函数框架代码。在这里可以简单地写一个函数，用于向测试报告中添加一条信息。

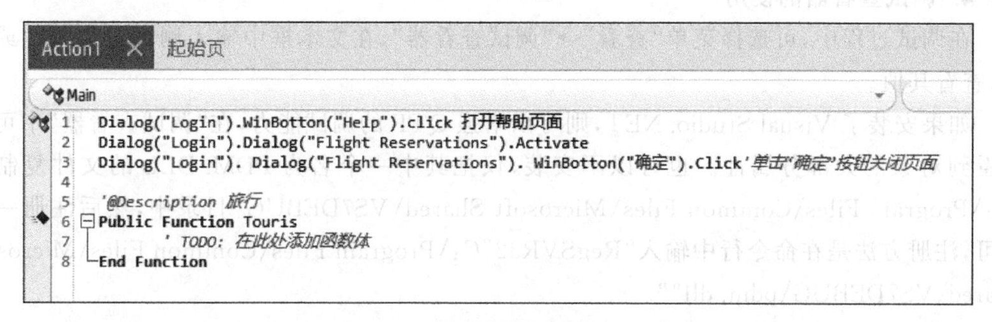

图 8-11　函数框架代码

(4) 添加完函数代码后，就可以在测试代码中调用这个函数。调用方法有两种：一种是在专家视图中编写代码调用，只需要简单地输入函数名；另一种方法是在关键字视图中，选择菜单“设计”→“步骤生成器”，选择“类型”为“函数”，选择“库”为“本地脚本函数”，然后选择“操作”为 Test1 即可，如图 8-12 所示。

```
Test1'调用函数 Test1
Dialog("Login").WinBotton("Help").click 打开帮助页面
Dialog("Login").Dialog("Flight Reservations").Activate
Dialog("Login"). Dialog("Flight Reservations"). WinBotton("确定").Click'单击"确定"按钮关闭页面

@描述 用于演示如何利用函数定义生成器创建函数
```

图 8-12　调用函数

8.2.2　调试与运行测试脚本

编辑好测试脚本后，在运行测试之前，可利用 QTP 的语法检查功能和脚本调试功能对测试脚本的逻辑进行检查。

1. 语法检查

选择菜单“设计”→“检查语法”，或者按快捷键 Ctrl＋F7 对测试脚本进行语法检查，如果语法检查通过，则在“消息”界面(可通过选择菜单“查看”→“错误”打开)提示信息“语法有效”，表示语法检查通过。

如果语法检查发现有问题，则会在信息界面中列出详细的信息，包括语法错误的信息描述，出现在哪个 Action 的哪个代码。双击该提示信息，将转到相应的测试脚本的代码行。

2. 使用断点

语法检查通过后，可直接运行测试脚本，也可设置断点对脚本进行调试。按 F5 键运行测试脚本，运行到断点所在的代码行将会停住。

3. 单步调试

在对脚本设置了断点进行调试后，可以选择菜单“运行”→“运行到该步骤”，或者按快捷键 Ctrl＋F10 跳到下一行代码，也可以选择“运行”→“步入”，或者按快捷键 F11 进入代码行中所调用的函数 Test1。

4. 调试查看器的使用

在调试过程中,可选择菜单"查看"→"调试查看器",在文本框中输入测试对象属性或变量,查看其值。

如果安装了 Visual Studio. NET,则可以增强 QTP 的调试能力,在"调试查看器"中可以查看到对象的大部分属性。也可以不安装,仅把其中一个名为 PDM. DLL 的文件复制到"C:\Program Files\Common Files\Microsoft Shared\VS7DEBUG"目录中,然后注册一下即可,注册方法是在命令行中输入"RegSVR32"C:\Program Files\Common Files\Microsoft Shared\VS7DEBUG\pdm. dll""。

5. 运行整个测试

对整个测试脚本进行语法检查和调试都无误后,可以按 F5 键运行整个测试脚本。在运行测试之前,可以对运行做必要的设置,以便满足测试的要求。选择菜单"工具"→"选项",在出现的界面里,"GUI 测试"→"测试运行"选项中的"运行模式"可选择为"普通"或"快速"。如果选择"快速",则 QTP 以尽可能快的速度运行测试脚本中的每一个测试步骤;如果选择"普通",则可以进一步设置测试运行过程中每一个步骤直接的停顿时间。这种设置有利于测试人员在 QTP 执行测试的过程中查看测试的整个过程,看是否如预期的设计一样执行测试。

6. 运行部分测试

如果有多个 Action,则可以定位到需要运行的 Action,然后选择菜单"运行"→"运行当前操作",仅运行当前的 Action。这种方式有利于单独运行 Action,查看单个 Action 测试执行的情况,有利于定位当前 Action 运行的问题。

还有另一种方式可以用于运行部分的测试,方法是选中某个测试步骤,然后单击鼠标右键,选择"从步骤运行"命令,从当前选中的测试步骤开始运行测试;也可以选择"运行到该步骤"命令,开始测试,运行到当前所选的测试步骤后停止。

7. 批量运行测试

可以使用 QTP 自带的工具 Test Batch Runner 运行测试脚本。需要在 QTP 中选择菜单"工具"→"选项"→"GUI 测试"→"测试运行",打开界面,确保"允许其他 HP 产品运行测试和组件"选项被勾选上。然后,通过选择"开始"→"所有程序"→QuickTest Professional→Tools→Test Batch Runner 启动 Test Batch Runner。在 Test Batch Runner 中选择"批量运行"来批量运行列表中的所有测试脚本。

8.2.3 分析测试结果

自动化测试的最后一个步骤就是运行测试并检查测试结果,这个步骤也是非常重要的。测试员根据测试结果来判断测试是否通过,检查测试脚本是否正确地完成了测试。

1. 选择测试运行结果的存储位置

在 QTP 中,按 F5 键运行测试脚本,会出现如图 8-13 所示的对话框。在这个界面上,可

运行 ? ×

测试名称(E): GUITest2

结果位置: C:\Users\Pan\Documents\Unified Functional Testing\GUITest2\Res1

选项:

结果位置 输入参数

将结果写入:

新运行结果文件夹(N):

C:\Users\Pan\Documents\Unified Functional Testing\GUITest2\Res1 ...

临时运行结果文件夹(覆盖任何现有临时结果)(T)

C:\Users\Pan\AppData\Local\Temp\TempResults

▶ 运行 取消

图 8-13 运行设置对话框

以选择测试运行结果存储的位置。如果选择“新运行结果文件夹”，可以为本次测试选择一个目录用于存储测试结果文件；如果选择“临时运行结果文件夹”，则将运行测试结果存储到“C:\Users\Pan\AppData\Local\Temp\TempResults”中，并且覆盖上一次该目录中的测试结果。如果希望保存每次测试运行的结果，则应该选择“新运行结果文件夹”；如果测试脚本处于调试和检查分析阶段，没必要保存每次运行的测试结果，就选择“临时运行结果文件夹”。

2. 查看概要测试运行结果

测试脚本运行结束后，可在如图 8-14 所示的界面中查看概要的测试结果信息，包括测试的名称、测试开始和结束的时间、测试脚本运行的迭代次数和测试通过的状态等。

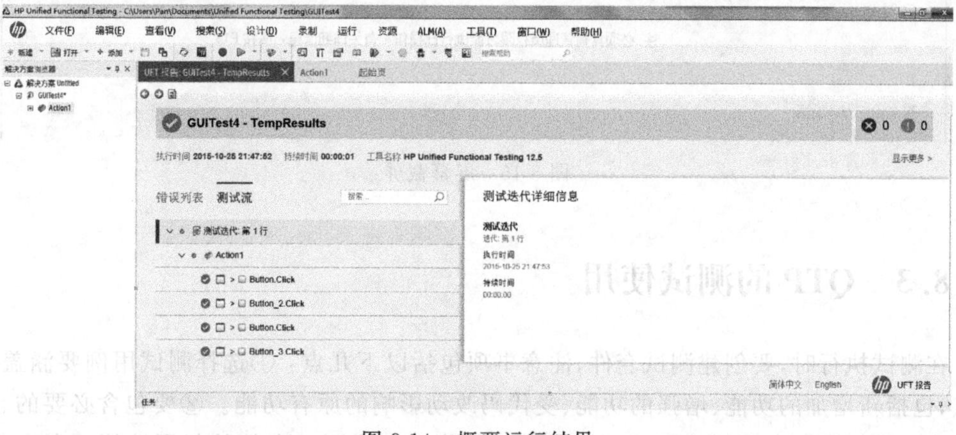

HP Unified Functional Testing - C:\Users\Pan\Documents\Unified Functional Testing\GUITest4

文件(F) 编辑(E) 查看(V) 搜索(S) 设计(D) 录制 运行 资源 ALM(A) 工具(T) 窗口(W) 帮助(H)

UFT 报告: GUITest4 - TempResults Action1 起始页

GUITest4 - TempResults 0 0

执行时间 2015-10-25 21:47:52 持续时间 00:00:01 工具名称 HP Unified Functional Testing 12.5 显示更多 >

错误列表 测试流

测试迭代: 第 1 行

Action1

Button.Click

Button_2.Click

Button.Click

Button_3.Click

测试迭代详细信息

测试迭代

迭代: 第 1 行

执行时间

2015-10-25 21:47:53

持续时间

00:00:00

简体中文 English UFT 报告

图 8-14 概要运行结果

3. 查看测试过程的截屏

如果设置了运行时保存截屏的选项,则可以在测试结果的"屏幕录制器"中查看测试步骤对应的界面截屏。

如果把"将视频保存到结果"设置为"总是",会把所有测试过程的操作录制下来,就可以像放电影一样把测试过程回放出来。这样可以直观地看到测试的过程,清楚地查看到出现问题前的界面操作,了解是什么界面操作或数据输入导致了错误的出现。

"将视频保存到结果"是以短片的形式将回放结果输出到结果中,不过这样比较占用资源,可以根据需要进行设置。通过单击"开始"→"所有程序"→HP Software→HP Unified Functional Testing→Tools→HP Micro Player,打开屏幕录制的视频。

如果要将所有画面储存在测试结果中,在"将捕获的静态图像保存到结果"选项中选择"总是"选项。一般情况下,选择"出错时"或"出错和警告时"表示在回放测试过程中出现问题时,才保存图像信息。

屏幕截屏的设置方法是:在QTP中,选择菜单"工具"→"选项"→"GUI测试"→"屏幕捕获",在弹出的界面中,把"当发生以下情况,将视频保存到结果"勾选上,并且在下拉框中选择"总是",如图8-15所示。

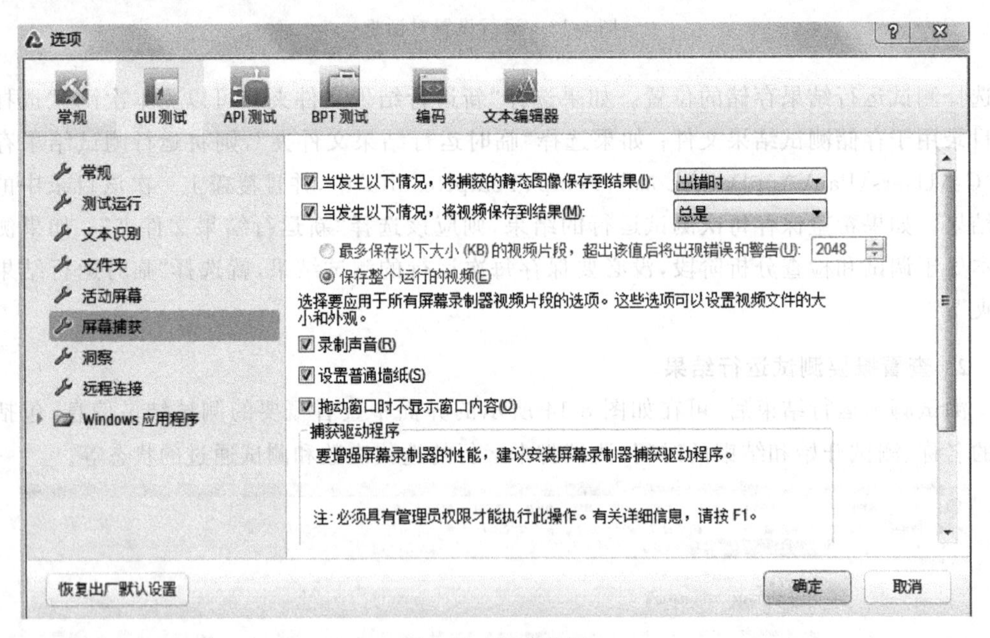

图8-15 屏幕截屏

8.3 QTP的测试使用

在测试执行时,要创建测试套件,注意事项包括以下几点:①选择测试用例要涵盖的功能点,包括新增加的功能、增强的功能、受代码改动影响的原有功能。②要包含必要的、不同的测试环境。③考虑不同的测试环境对测试的影响。④测试套件的复用性等。在本节中,

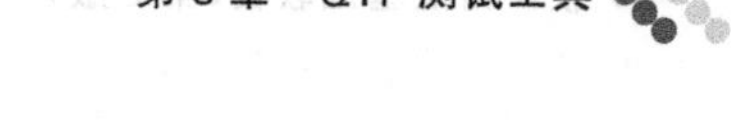

我们使用 QTP 进行功能测试,从录制测试脚本开始,进行基本的测试(同步点、检查点),然后进行数据驱动测试。

8.3.1 录制测试脚本与执行

例 8-1 使用 QuickTest 录制一个测试脚本,在 12306 网站上查询从广州到上海的高铁班次。

1. 执行 QuickTest 并开启一个全新的测试脚本

(1) 启动 QuickTest 并打开新测试,如果 QuickTest 尚未打开,请选择"开始"→"程序"→QuickTest Professional→QuickTest Professional。在"插件管理器"中,确认 Web 加载项处于选定状态,并清除所有其他加载项。单击"确定"按钮,关闭"插件管理器",并打开 QuickTest。

注意:QuickTest 加载选定的插件时,将显示 QuickTest 初始屏幕。这可能需要几秒钟的时间。

(2) 如果"欢迎使用"窗口打开,请单击"空白测试"。否则,选择"文件"→"新建",或单击"新建"按钮,将打开空白测试。如果 QuickTest 已打开,请选择"帮助"→"关于QuickTest Professional"检查加载的加载项。如果未加载 Web 加载项,则必须退出并重新启动 QuickTest。当"插件管理器"打开时,选择 Web 加载项,并清除所有其他加载项。选择"文件"→"新建",或单击"新建"按钮,将打开空白测试。

(3) 如果启动 QuickTest 时未打开"插件管理器",请选择"工具"→"选项"。在"常规"选项卡中,选择"启动时显示插件管理器"。退出并重新启动 QuickTest 后,将打开"插件管理器",开始在 12306 网站上进行录制。选择"测试"→"录制",或单击"录制"按钮,将打开"录制和运行设置"对话框。

2. 开始在 12306 网站上录制测试脚本

(1) 单击菜单中的"录制/录制 F6",或单击"录制"按钮 ● 。将打开"录制和运行设置"对话框,如图 8-16 所示。

(2) 在 Web 选项卡中选择"Open the following address when a record or run session begins",选择运行参数化浏览器类型并勾选相关设置"Do not record and run on browsers that are already open"及"Close the browser when the test closes"。

(3) 从"浏览器"列表中选择"Microsoft Internet Explorer"类型,并确认"地址"框中的 URL 为"https://www.12306.cn/index/"(网站地址),确认处于选定状态。在录制的时候,QuickTest 会自动打开 IE 浏览器并连接到 12306 范例网站上。然后单击"确定"按钮。

(4) 在 Windows Applications 选项卡中,确认"Record and run only on"处于选定状态,且未列出任何应用程序。并勾选相关选项"Application opened by Quick Test"及"Application specified below",如图 8-17 所示。

(5) 如果选择"Record and run test on any open Windows-based application"单选按钮,则在录制过程中,QuickTest 会记录你对所有的 Windows 程序所做的操作。如果选择"Record and run only on"单选按钮,则在录制过程中,QuickTest 会记录对那些添加到下面"应用程序详细信息"列表框中的应用程序的操作(可以通过"+""Edit""-"按钮来编辑该列表)。

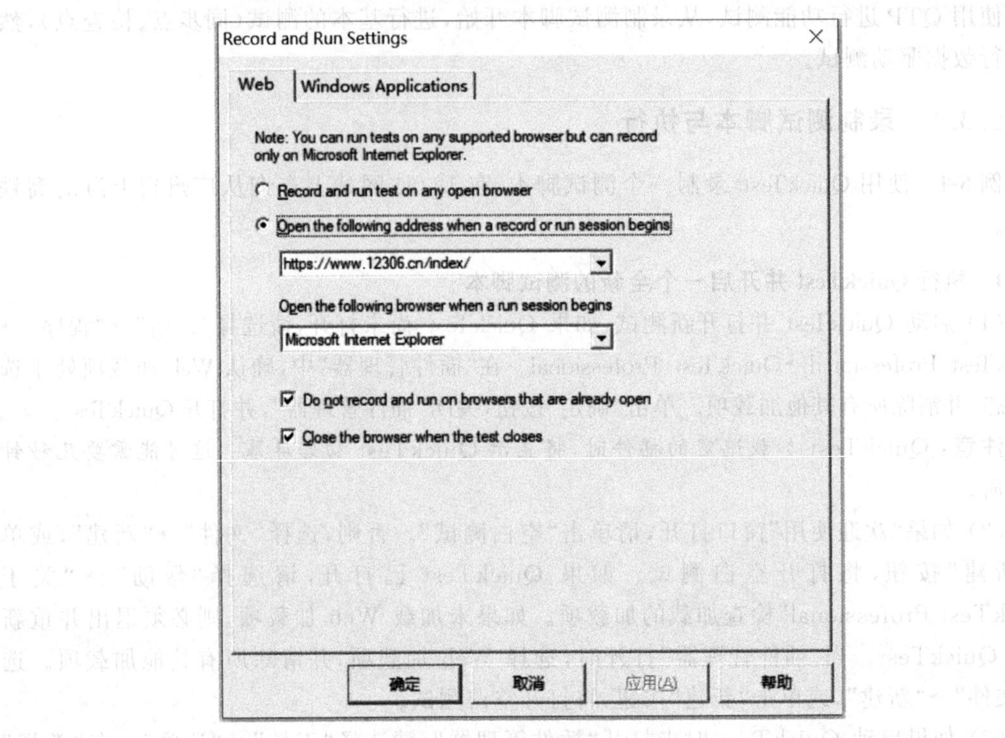

图 8-16　录制和运行设置

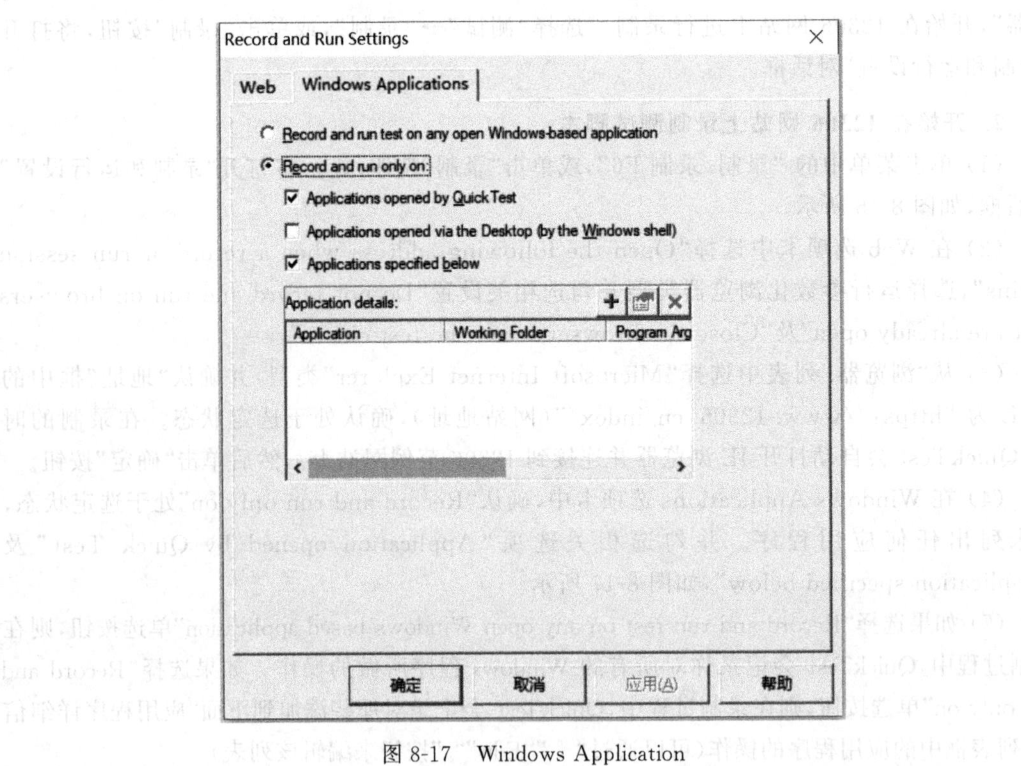

图 8-17　Windows Application

(6) 此处选择第二个单选按钮，因为我们只是对 12306 范例网站进行操作，不涉及 Windows 应用程序，所以保持列表为空。

(7) 单击"确定"按钮，开始进行录制，将自动打开 IE 浏览器并连接到 12306 范例网站上。

注：打开 IE 浏览器进行录制，如果单击网页没有反应，QTP 中没有脚本生成，则关闭 IE 的保护模式：单击"设置"→Internet 选项→"安全"→取消已经勾选的"启用保护模式"。试试再次录制 QTP 是否有响应。

3. 登录 12306 网站

单击"登录"，在"用户名"和"密码"框中输入在 12306 中注册的用户名和密码。单击"立即登录"，将打开"中国铁路 12306"网页，如图 8-18 所示。

图 8-18 中国铁路 12306

4. 输入列车班次详细信息

单击"车票"，选择"单程"。

输入以下订票数据：

出发地：广州

目的地：上海

出发日期：11 月 15 日

其他字段保留默认值，单击"查询"，将打开"查询结果"页面。

注意：选择日期时，必须单击下拉列表，滚动到其他未显示的项，然后进行选择。这是因为仅当列表中的值发生变化时，QuickTest 才会录制步骤。如果接受当前显示的日期，本教程将无法正确完成。

如果在录制该测试时输入日期，请勿单击 View Calendar 按钮（该按钮会打开一个基于

Java 的日历)。测试不会录制使用该日历选择的日期,因为本教程中未加载 Java 加载项(Java 加载项是一种可单独购买的外部加载项)。

要检查加载了哪些加载项,请单击"帮助"→"关于 QuickTest Professional"。要更改可用于自己测试的加载项,必须关闭并重新打开 QuickTest Professional。

5. 选择高铁班次

可以保留默认值,单击"预订"按钮,打开"列车信息"页面。

6. 完成查询流程

回到 12306 的网站首页。

7. 停止录制

在 QuickTest 中,单击"测试"工具栏上的"停止"按钮,停止录制进程。

现在已查询到了 11 月 15 日从 广州开往上海的高铁票。QuickTest 录制了从单击"录制"按钮直到单击"停止"按钮期间的 Web 浏览器的操作,如图 8-19 所示。

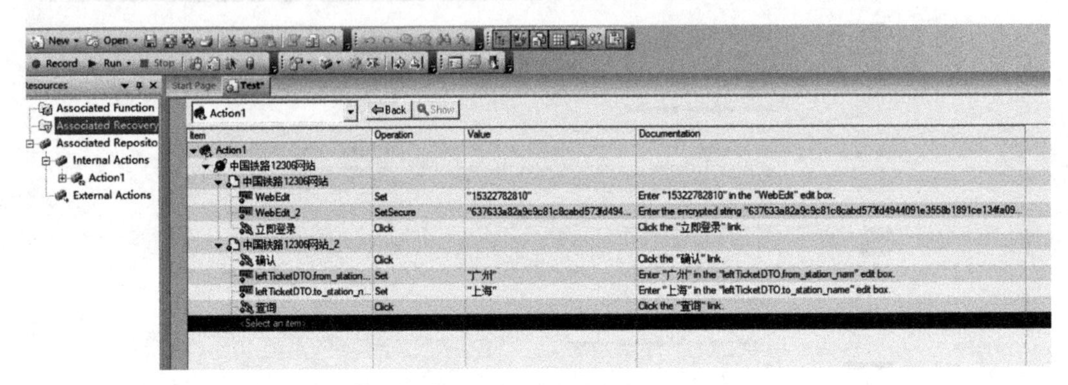

图 8-19 停止录制脚本

8. 保存测试脚本

选择"文件"→"保存",或单击"保存"按钮,将打开"保存"对话框,且显示为"GUITest"文件夹。创建名为 Tours 的文件夹,将其选中,然后单击"打开"。

在"文件名"字段中输入"Train",单击"保存"按钮。测试名"Train"将显示在 QuickTest 主窗口中的标题栏中。

通过以上 8 个步骤,我们录制了一个完整的测试脚本:查询从广州到上海的高铁票。

8.3.2 基本测试(同步点、各类检查点)

1. 同步点

QTP 支持 VBScript 脚本语言,在执行脚本的过程中,执行语句之间的等待时间是短而固定的,脚本执行完当前语句,等待固定时间后便开始执行下一条语句。QTP 中的同步点技术能有效地解决由于后一条语句先于前一条语句执行而导致脚本阻塞,抛出异常的问题。在脚本中添加同步点(synchronization point),如果在执行过程中遇到了同步点,则会暂停脚本的执行,等待一段时间,直到对象的属性取到了预先设定的值,才开始执行下一条语句。如果在预设的间隔时间内没有获取到预先设定的值，则会抛出错误信息。

当测试人员执行测试时，根据实际情况需求，可以对所测试的应用程序每次操作的响应时间进行修改，这个等待时间的默认值为 0s。假如应用程序响应的时间超过 QTP 等待时间，测试执行就可能会失败。如果在测试执行过程中遇到这样的情况，可以同样通过以下方式解决。

1）运行 QTP 脚本过程中经常出现：QTP 自动单击某个按钮，但软件还未给出响应，或者响应需要一段时间，QTP 就继续自动单击其他按钮。这样有可能导致逻辑出错或弹出“识别不到对象”等问题。此时，就需要设置每个步骤之间的延时时间，具体操作：打开 QTP→单击 Tools→Options→Run→Run mode 设置时延。若将数值加大，例如预设为“1000”，则会造成录制的动作变慢；反之则变快。如图 8-20 所示。

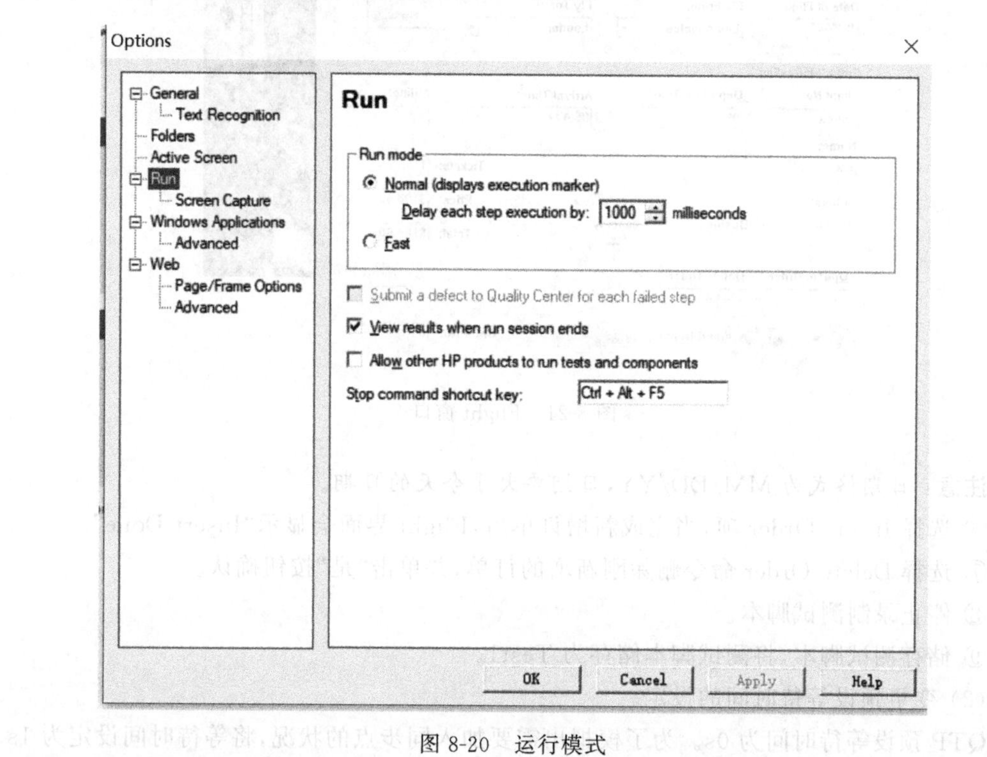

图 8-20 运行模式

2）在测试脚本中插入同步点，当 QTP 执行到同步点时，会暂停执行以等待应用程序某些状态发生改变后，再继续执行。这种方式也是经常被使用的方式。

例 8-2 在 QTP 中进行如下操作并对操作进行测试：

• 在 Flight Reservation 中建立一张新的订单，并新增到数据库中。
• 变更预设等待时间的设定。
• 如何识别何种问题需要以同步点解决。
• 加入同步点。
• 执行测试脚本并检查结果。

操作步骤如下：

(1) 录制测试脚本(方法同8.3.1节)

① 开启QTP然后进行正常录制。

② 开启Flight并登录。

③ 开始以正常录制模式录制测试脚本。

④ 建立新的订单。在Flight Reservation中输入相关资料。

⑤ 填写航班与旅客资料，如图8-21所示。

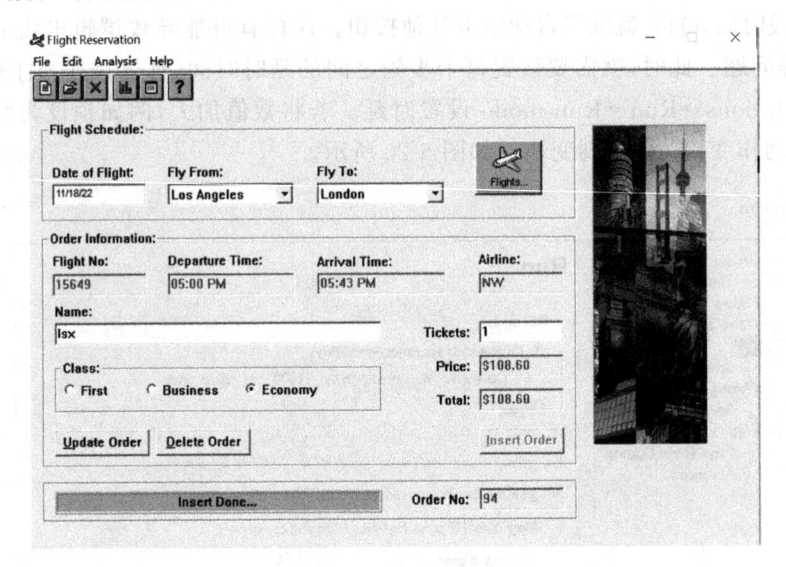

图8-21 Flight窗口

注意：日期格式为MM/DD/YY，日期要大于今天的日期。

⑥ 选择Insert Order项，当完成新增订单后，Flight界面会显示“Insert Done”。

⑦ 选择Delete Order命令删除刚新增的订单，并单击“是”按钮确认。

⑧ 停止录制测试脚本。

⑨ 储存测试脚本，将测试脚本储存为Test1。

(2) 变更预设等待时间的设定。

QTP预设等待时间为0s。为了模拟出需要加入同步点的状况，将等待时间设定为1s。

① 打开QTP→tools。

② 选择Tools→Options命令。

③ 在Run→Run mode中将0改为1000。

④ 单击Apply按钮，关闭对话窗口。

(3) 如何识别需要以同步点解决的问题。

当执行Test1测试脚本时，将会出现同步点的问题。

① 执行QTP并开启Test1。

② 开启Flight并登录。

③ 选择“运行”或者单击F5键，则运行窗口将会开启，单击“运行”按钮开始执行测试。

④ 在测试脚本执行的过程中，特别注意当QTP单击Delete Order按钮时发生了什么状况。

⑤ 暂停执行。

当QTP执行到单击Delete Order按钮时，由于Insert Order的动作尚未完成，而QTP最多只等待1s，所以当1s过去后，而Delete Order按钮还是disabled的状态，造成QTP无法单击Delete Order按钮，并弹出“Window(“HP My Flight Sample Application”). Dialog(“Notification”). Win Button(“是(Y)”). Click”的对话窗口，表示QTP要操作的GUI对象是disabled的，所以无法执行。

⑥ 单击“停止”按钮。这时可以看到黄色小箭头停在点选的“Notification”这行指令上。接下来要在Test1测试脚本中插入同步点，这个同步点会获取状态列上“Order completed”的图像，然后，当再次执行测试脚本时，QTP会等到Insert Order完成后，才执行单击Delete Order按钮的动作。

(4) 插入同步点。

① 按照前面的流程再次操作一遍，到达插入订单的位置。

② 打开QTP→Tools→Options→Run→Run mode设置时延为1000，并应用。

③ 单击Insert并选择Synchronization Point，如图8-22所示。

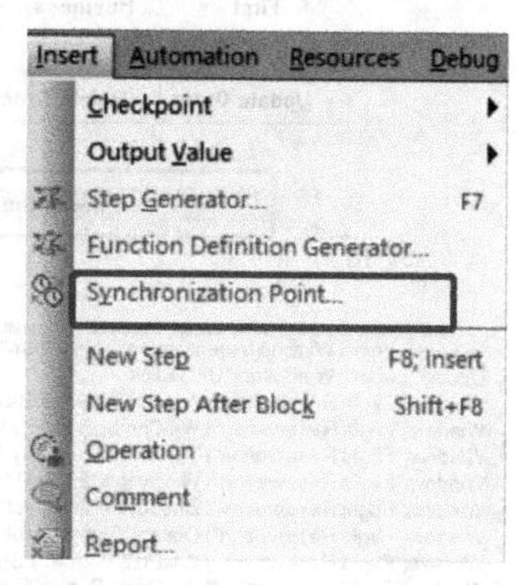

图8-22 插入同步点

④ 插入同步点。单击Fight Reservation中的Insert Done按钮，在Object Selection窗口选择“WinObject: Insert Done”，单击OK，弹出Add Synchronization Point窗口，其中Property name选“text”，Property value输入"Insert Done…"，然后单击OK，如图8-23所示。

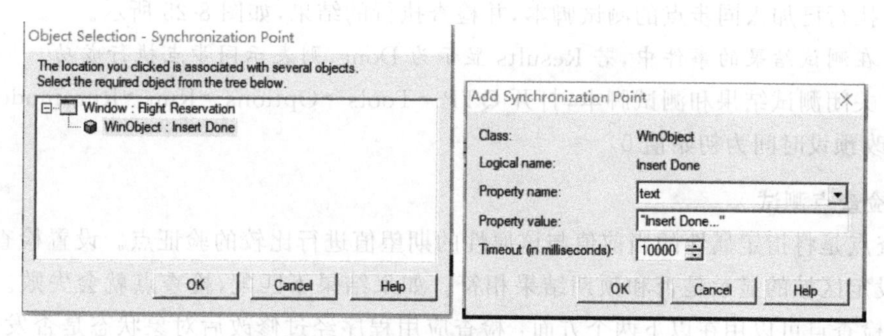

图8-23 插入Insert Done同步点

⑤ 当脚本文件中出现“Window(“Flight Reservation”). ActiveX(“Threed Panel Control”). Click 160.12”，即表明成功插入同步点，如图8-24所示。

注意：只有在录制的时候才可以选择同步点，常态下没有同步点选项。

⑥ 再删除订单，完成同步点测试的录入。

(5) 存储测试脚本。

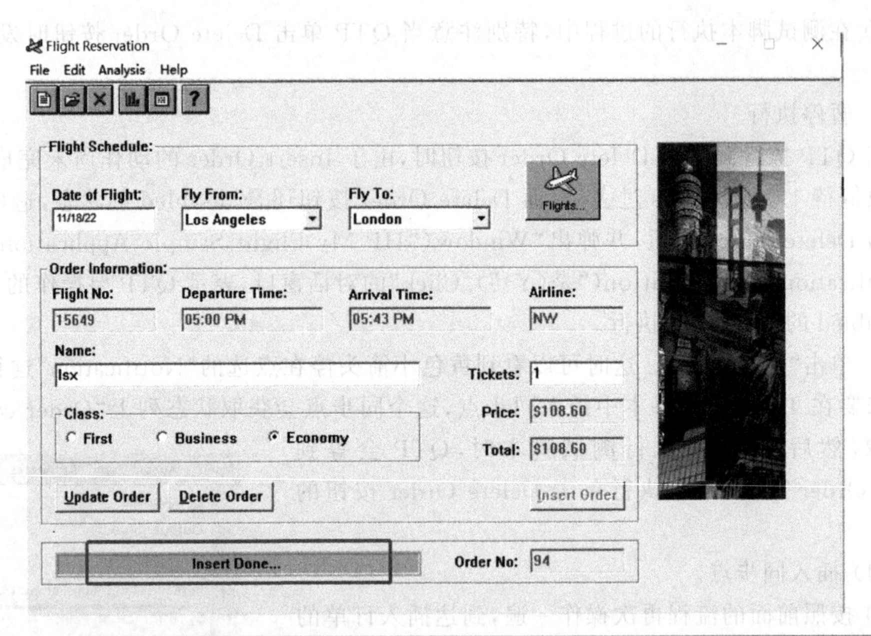


```
Dialog("Login").WinEdit("Agent Name:").Set "zero"
Dialog("Login").WinButton("OK").Click
Window("Flight Reservation").ActiveX("MaskEdBox").Type "111722"
Window("Flight Reservation").WinComboBox("Fly From:").Select "Los Angeles"
Window("Flight Reservation").WinComboBox("Fly To:").Select "London"
Window("Flight Reservation").WinButton("FLIGHT").Click
Window("Flight Reservation").Dialog("Flights Table").WinList("From").Select "16789   LAX   12:48 PM   LON   01:33 PM   SR   $161.40"
Window("Flight Reservation").Dialog("Flights Table").WinButton("OK").Click
Window("Flight Reservation").WinEdit("Name:").Set "lsx"
Window("Flight Reservation").WinRadioButton("First").Set
Window("Flight Reservation").WinButton("Insert Order").Click
Window("Flight Reservation").ActiveX("Threed Panel Control").Click 160,12
Window("Flight Reservation").WinButton("Delete Order").Click
Window("Flight Reservation").Dialog("Flight Reservations").WinButton("是(Y)").Click
Window("Flight Reservation").Close
```

图 8-24 同步点插入脚本

(6) 执行已加入同步点的测试脚本,并检查执行的结果,如图 8-25 所示。

注:*在测试结果的事件中,若 Results 显示为 Done,则表示同步点执行成功。*

(7) 关闭测试结果和测试脚本,打开 QTP→Tools→Options→Run→Run mode 设置时延,并修改预设时间为初始值 0。

2. 检查点测试

检查点是将指定属性的当前值与该属性的期望值进行比较的验证点。设置检查点可以检查所设定区域的显示是否和预期结果相符。如果结果不匹配,检查点就会失败。在功能测试中,检查点可以用在以下两个方面:检查应用程序经过修改后对象状态是否发生变化;检查对象数据是否和预期数据一致。可以在录制测试的过程中,或录制结束后,向测试脚本中添加检查点。在"测试结果"窗口中可以查看检查点的结果。检查点测试类型有标准检查点、图像检查点、表检查点、位图检查点、网页检查点、XML 检查点、文本/文本区域检查点等,如表 8-1 所示。

大多数检查点都可以在录制过程中或在录制之后添加到测试中。下列部分解释了如何在创建的测试中创建上述某些检查点。

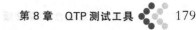

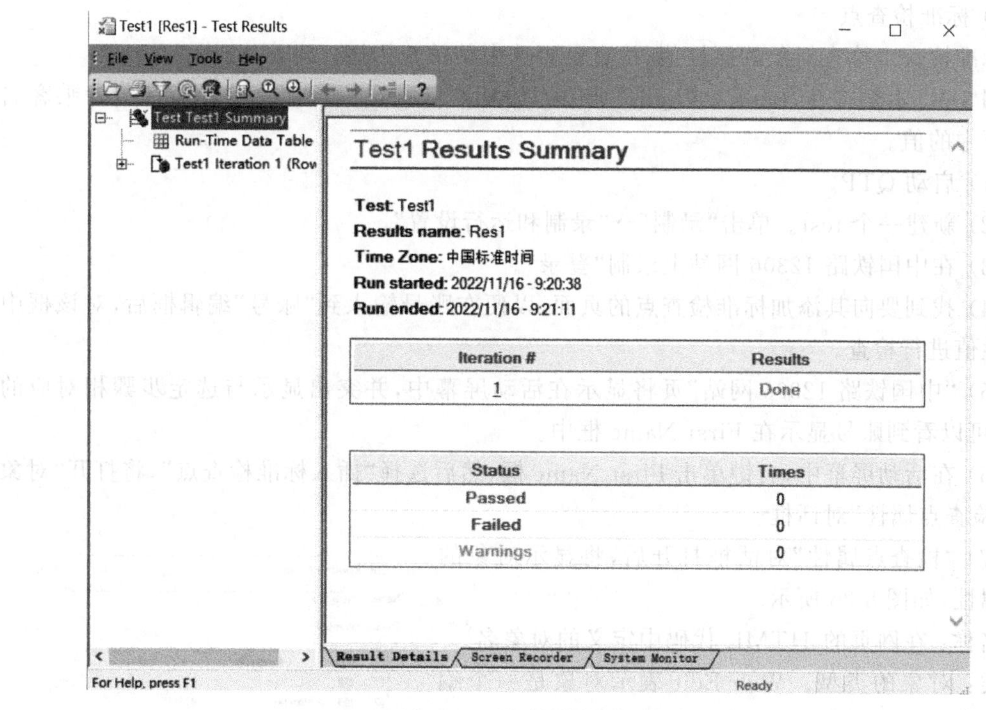

图 8-25　同步点测试结果

表 8-1　检查点类型表

检查点类型	说　　明	范　　例
标准检查点	检查对象的属性	检查某个按钮是否被选取
图片检查点	检查图片的属性	检查图片的来源文件是否正确
表格检查点	检查表格的内容	检查表格内的内容是否正确
网页检查点	检查网页的属性	检查网页加载的时间，核实网页是否含有不正确的链接
文本/文本区域检查点	检查网页上或是窗口上出现的文本是否正确	检查登录系统后是否出现登录成功的文本
图像检查点	提取网页和窗口的画面，检查画面是否正确	检查网页或者网页的一部分是否如期显示
数据库检查点	检查数据库的内容是否正确	检查数据库查询的值是否正确
XML 检查点	检查 XML 文件的内容	XML 检测点有 XML 文件检测点和 XML 应用检测点。XML 文件检测点用于检查一个 XML 文件；XML 应用检测点用于检查一个 Web 页面的 XML 文档

注意：当 QTP 创建检查点时，它会基于检查点内的信息（例如，已检查的值）分配名称。即使随后修改了其所基于的信息，检查点名称也不会改变。在关键字视图中查找显示的检查点时，请记住这一点。但要注意，QTP 可能会截短关键字视图中所显示的名称。

下面分别对标准检查点、页面检查点、文本检查点及表检查点进行测试。

1) 标准检查点

标准检查点检查对象的属性值,检查是否选中某单选按钮。

例 8-3 本例将在"Book a Flight"页中添加标准检查点。该检查点将验证包含乘客名字的框中的值。

(1) 启动 QTP。

(2) 新建一个 test。单击"录制"→"录制和运行设置"。

(3) 在中国铁路 12306 网站上录制"登录"。

(4) 找到要向其添加标准检查点的页面,以便在账号输入到"账号"编辑框后,对该框中的属性值进行检查。

(5) "中国铁路 12306 网站"页将显示在活动屏幕中,并突出显示与选定步骤相对应的对象,可以看到账号显示在 First Name 框中。

(6) 在活动屏幕中,右键单击 First Name 框,然后选择"插入标准检查点",将打开"对象选择-检查点属性"对话框。

(7) "检查点属性"对话框打开后,将显示对象的下列属性,如图 8-26 所示。

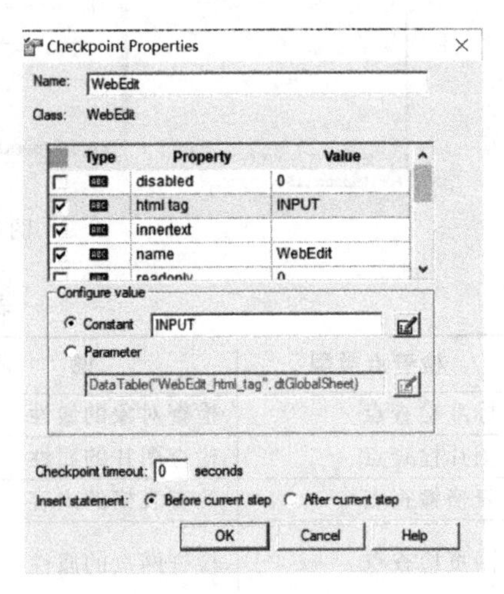

图 8-26 检查点属性

名称:在网页的 HTML 代码中定义的对象名。

类:对象的类型。Web Edit 表示对象是一个编辑框。类型列中的"ABC"图标表示该属性的值是一个常量。对于每个对象类,QTP 都会建议默认的属性检查。以下描述了默认的检查。

属性和值:

html tag INPUT:"INPUT"是 HTML 源代码中定义的 HTML 标记。

innertext:在这种情况下,innertext 的值为空。检查点将检查到该值为空。

name passFirst0:passFirst0 是编辑框的名称。

type text:text 是 HTML 源代码中定义的对象类型。

value <FirstName>(在录制时输入的名字):在编辑框中输入的值。

名字是在执行"passFirst0 Set..."步骤时输入到 First Name 框中的。因此,在"检查点属性"对话框的"插入语句"区域中,选择"当前步骤之后"。这将在"passFirst0 Set..."步骤(在该步骤中输入名字)之后插入检查点。

接受其他默认的设置并单击"确定"按钮。QTP 将标准检查点步骤添加到测试的选定步骤之后。

选择"文件"→"保存",或单击"保存"按钮。

运行结果如图 8-27 所示,Results 显示 Passed 表示检查点通过。

2) 页面检查点

页面检查点主要检查网页的特性、加载网页所需的时间,或者检查网页是否包含中断链接。

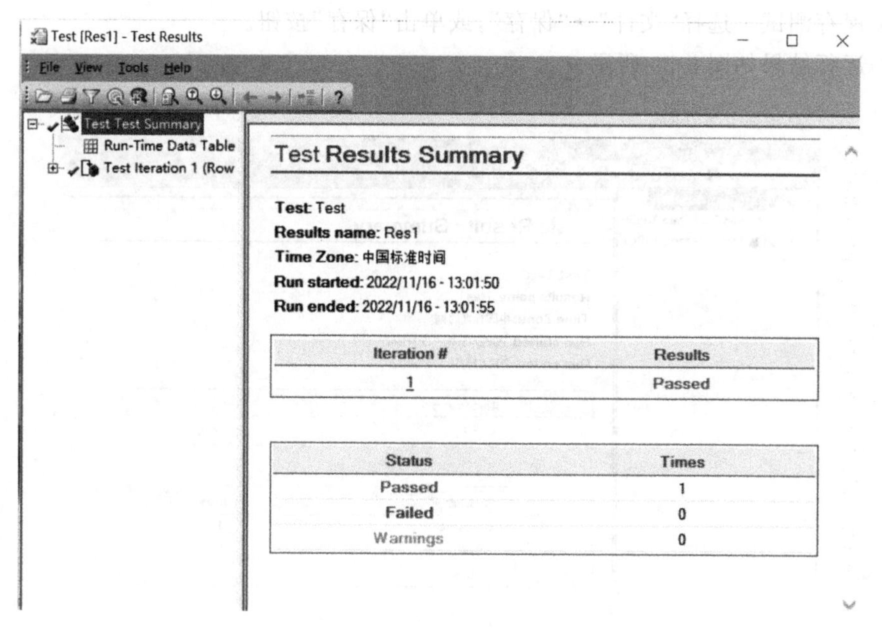

图 8-27 检查点运行结果

例 8-4 在本例中，将向测试中添加页面检查点。页面检查点检查运行测试时在页面中所找到的链接和图像的数量是否与录制测试时所找到的数量相同。

(1) 在关键字视图中，单击(+)展开“Action1”→“中国铁路 12306 网站”。

(2) 在关键字视图中突出显示“中国铁路 12306 网站”行，该页将显示在活动屏幕中。

(3) 在活动屏幕中右键单击任何位置，然后选择 Insert Standard CheckPoint，将打开 Page Checkpoint Properties 对话框。注意，该对话框可能包含不同的元素，这取决于用户在活动屏幕中所单击的位置。

(4) 突出显示“中国铁路 12306 网站”(顶级)并单击 OK 按钮，将打开“页面检查点属性”对话框，如图 8-28 所示。

注：这里必须选择 After current step，因为跳转到当前网页是在执行后。

运行测试时，QTP 将检查页面中链接和图像的数量以及加载时间(如对话框顶部窗格中所述)。QTP 还检查每个链接的实际目标 URL 和每个图像的实际来源。

(5) 接受默认设置并单击“确定”按钮。

QTP 将向您的测试中添加页面检查点。该操作在关键字视图中显示为“Book a Flight：Mercury”页上的检查点操作。

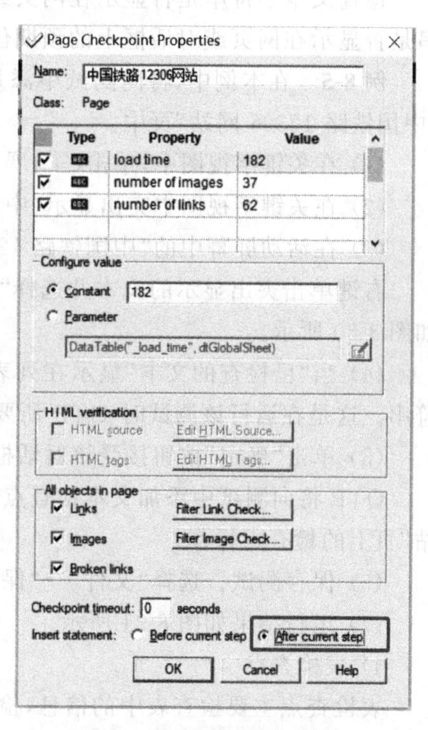

图 8-28 页面检查点属性

(6) 保存测试。选择“文件”→“保存”,或单击“保存”按钮。

(7) 运行结果如图 8-29 所示。

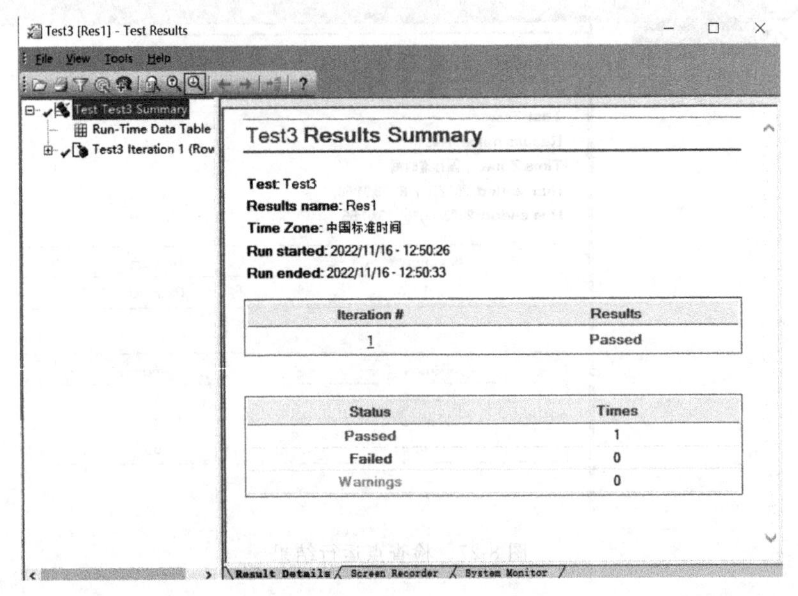

图 8-29 页面检查点结果

3) 文本检查点

检查文本字符串是否显示在网页或应用程序窗口中的适当位置。检查预期的文本字符串是否显示在网页或对话框上的预期位置。

例 8-5 在本例中,将向测试中添加文本检查点,以检查“欢迎登录 12306”是否显示在“中国铁路 12306 网站”页中。

(1) 在关键字视图中,单击(+)展开“Action1”→“中国铁路 12306 网站”。

(2) 在关键字视图中突出显示“中国铁路 12306 网站”页,该页将显示在活动屏幕中。

(3) 在活动屏幕中的“中国铁路 12306 网站”的下面,突出显示文本“欢迎登录 12306”。右键单击突出显示的文本并选择“插入文本检查点”,将打开“文本检查点属性”对话框。如图 8-30 所示。

(4) 当“已检查的文本”显示在列表框中时,“常量”字段将显示用户突出显示的文本字符串。这是在运行该测试时 QTP 所要查找的文本。

(5) 单击“确定”按钮接受该对话框中的默认设置。

QTP 将向测试中添加文本检查点。该操作在关键字视图中显示为“中国铁路 12306 网站”页上的检查点操作。

(6) 保存测试。选择“文件”→“保存”,或单击“保存”按钮。

(7) 运行结果如图 8-31 所示。

4) 表检查点

表检查点主要检查表中的信息,检查表单元格中的值是否正确。

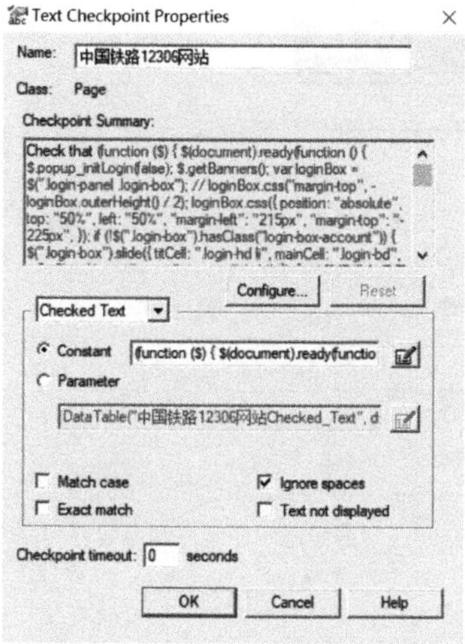

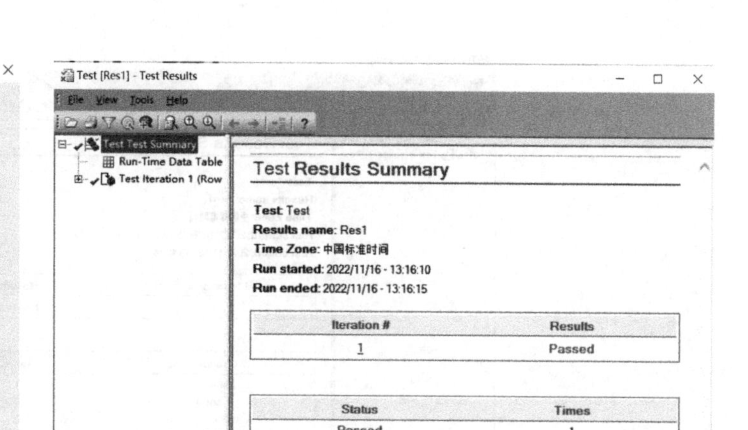

图 8-30 文本检查点属性

图 8-31 文本检查点结果

例 8-6 在本例中，将添加表检查点，检查出发列车订票的价格（如“中国铁路 12306 网站”页所示）。找到要向其添加表检查点的页面。

（1）在关键字视图中，单击（+）展开“中国铁路 12306 网站”→“中国铁路 12306 网站”。

（2）在关键字视图中突出显示“passFirst0”步骤，该页将显示在活动屏幕中。

（3）在活动屏幕中，右键单击账号，即“188 ***** 205”，然后选择“插入标准检查点”。

（4）打开“对象选择-检查点属性”对话框。选择“中国铁路 12306 网站”。

注意：选定的表将在活动屏幕中突出显示。

（5）单击“确定”按钮。将打开“表检查点属性”对话框，并显示该表的行和列。如图 8-32 所示。

注意：默认情况下，所有单元格中都会显示复选标记。可以双击单元格切换单元格选择，或者双击行标题或列标题切换选定的行或列中的所有单元格的选择。

（6）双击每个列标题清除复选标记。双击第 3 列、第 3 行交叉处的单元格，选定该单元格的值（QTP 只检查包含复选标记的单元格）。

提示：可通过拖动列标题或行标题的边界来更改列宽和行高。

（7）单击“确定”按钮关闭该对话框。

（8）保存测试。选择“文件”→“保存”，或单击“保存”按钮。

（9）运行结果如图 8-33 所示。

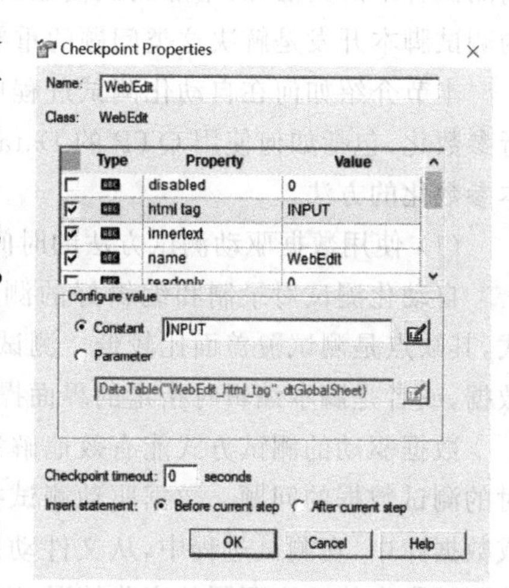

图 8-32 表检查点属性

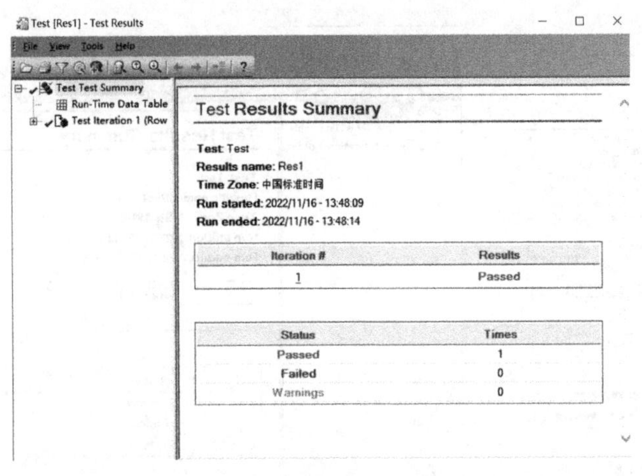

图 8-33 表检查点结果

8.3.3 数据驱动测试

建立好测试脚本后，测试人员可能会想要用多组不同的数据去执行测试脚本。为此，测试人员可以将测试脚本转换成数据驱动(Data-driven)测试脚本，并建立一个数据表提供测试所需要的多组数据。

1. 数据驱动测试方法

数据驱动的测试方法要解决的核心问题是把数据从测试脚本中分离出来，从而实现测试脚本参数化。

测试脚本的开发和维护是自动化测试的重要环节。适当地调整和增强测试脚本，能提高测试脚本的灵活性，增加测试覆盖面，以及提高应对测试对象变更的能力。数据驱动方式的测试脚本开发是解决这类问题的重要手段。

本节介绍如何在自动化测试过程中使用数据驱动的测试脚本开发方式，对测试脚本进行参数化，包括如何使用 QTP 的 Data Table 参数化、Action 参数化、环境变量参数化等脚本参数化的方法。

(1) 使用数据驱动测试方法的时间。

自动化测试对录制和编辑好的测试步骤进行回放。这种方式是线性的自动化测试方式，其缺点是测试覆盖面比较低。测试回放的只是录制时进行的界面操作，以及输入的测试数据，或者是脚本编辑时指定的界面操作和测试数据。

数据驱动的测试方式能有效地解决让测试脚本执行时，不仅仅局限于测试录制或编辑时的测试数据的问题。数据驱动测试把测试脚本中的测试数据提取出来，存储到外部文件或数据库中，在测试过程中，从文件动态读入测试数据。如果希望测试的覆盖面更广，或者让测试脚本能适应不同的变化情况，则需要参数化运行测试脚本，采用数据驱动的测试脚本开发方式。

(2) 数据驱动测试一般按照以下步骤进行。

① 参数化测试步骤的数据，绑定到数据表格中的某个字段。

② 编辑数据表格，在表格中编辑多行测试数据(取决于测试用例以及测试覆盖率的需要)。

③ 设置迭代次数，选择数据行，运行测试脚本，每次迭代从中选择一行数据。

QTP 提供了一些功能特性，让这些步骤的实现过程得以简化。例如，使用 Data Table 视图来编辑和存储参数；另外，还提供“Data Driver 向导”，用于协助测试人员快速查找和定位需要进行参数化的对象，并使用向导进一步参数化。

2. 参数化测试

在 QTP 中，可以通过把测试脚本中固定的值替换成参数的方式来扩展测试脚本。这个过程也叫参数化测试，能有效地提高测试的灵活性。

1) 通过参数化测试提高测试的灵活性

可以通过参数化的方式，从外部数据源或数据产生器读取测试数据，从而扩大测试的覆盖面，提高测试的灵活性。在 QTP 中，可以使用多种方式来对测试脚本进行参数化。数据表参数化(Data Table Parameters)是其中一种重要的方式，还有环境变量参数化(Environment Variable Parameters)、随机数参数化(Random Number Parameters)等。

对于这样一个测试脚本，仅能检查特定的航班订票记录的正确性。如果希望测试脚本对多个航班订票记录的正确性都能检查，则需要进行必要的参数化。

2) 参数化测试操作步骤

首先，把测试步骤中的输入数据进行参数化，例如航班日期、航班始点和终点等信息。下面，以“输入终点”的测试步骤的参数化过程为例，介绍如何在关键字视图中对测试脚本进行参数化。

(1) 选择“toPort:”所在的测试步骤行，单击“值”列所在的单元格，如图 8-34 所示。

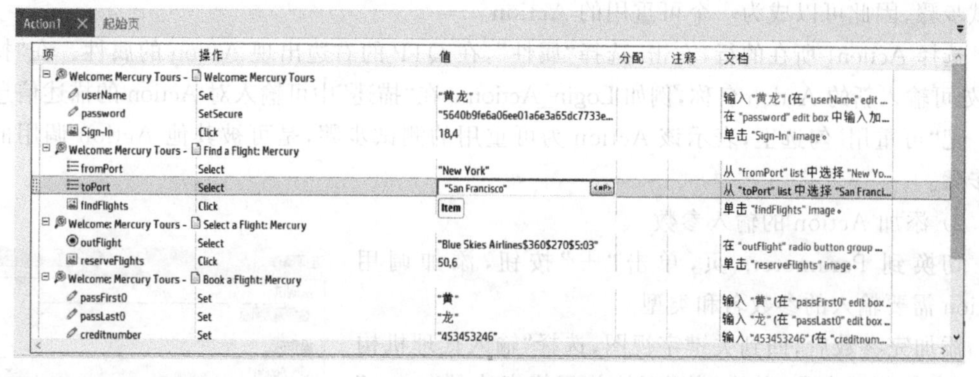

图 8-34　设置参数值

(2) 单击单元格旁边的“<＃p>”按钮，或按快捷键 Ctrl+F11。

(3) 在出现的界面中单击“确定”按钮。在关键字视图中可以看到，“值”已经被参数化。

(4) 这时，在之后的界面中选择菜单“查看→数据表”。

QTP 在运行时，会从数据表格中提取数据来对测试过程中的各项输入进行参数化。

3) 使用随机数进行参数化

对于“选择航班”这个测试步骤的参数化会有不同，因为航班会跟随所选择的起点选取其中一项，最后，再通过 Select 方法选择航班。

4）参数化检查点

测试脚本的最后一个测试步骤是检查订票记录中的航班终点是否正确，同样需要进行适当的参数化，方法如下：

(1) 单击检查点所在测试步骤的“值”列中的单元格。

(2) 单击旁边的按钮。

(3) 在出现的界面“设定值”中选择 Parameter，单击“确定”按钮接受默认的设置。也可以单击旁边的“编辑”按钮进行参数化的详细设置。

在 Parameter types 中选择“数据表”；可以在“名称”处修改参数名，或接受默认的命名，产生数据列；也可以选择 toPort，因为检查点所指的航班终点得到的预期值应该与测试步骤中选择航班终点时的输入数据一致，否则认为有误。

5）设置数据表格迭代方式

测试步骤和检查点的参数化工作都完成后，可以得到一个测试步骤。切换到专家视图后，可以查看测试脚本。

在运行这个测试脚本之前，还要做一些必要的设置。选择“文件”→“设置”，出现测试设置界面，切换到“运行”页，在“数据表迭代”中可以设置数据表格的迭代方式。

3. Action 测试输入的参数化

在 QTP 中，重复使用的测试用例可以转换成公共用例。适当参数化后，可被其他测试用例调用。

1）编辑 Action 的属性

QTP 的 Flight 程序中的登录模块的测试步骤是在执行其他测试步骤之前都要经过的测试步骤，因此可以成为一个可重用的 Action。

选择 Action1 所在的行，右击，选择“属性”，在 QTP 的右边出现 Action 的属性。在“操作名”处可输入新的 Action 名称，例如 Login_Action。在“描述”中可输入对 Action 的描述信息。

把“可重用”勾选上，表示该 Action 为可重用的测试步骤，是可被其他 Action 调用的测试步骤。

2）添加 Action 的输入参数

切换到 Parameters 页，单击“+”按钮，添加调用 Action 需要输入的参数名和类型。

添加完参数后，回到关键字视图，选择“输入代理机构名”所在的测试步骤，单击“值”列的单元格旁边的“<#>”按钮。在出现的界面 Parameters 中，选择“测试”→“操作参数”，然后，选择刚才编辑好的参数“代理名称”，单击“确定”按钮。重复这个步骤，为“输入登录密码”的测试步骤设置参数，得到测试步骤。

3）调用 Action

完成 Login_Action 的参数化后，就可以在其他 Action 中调用这个 Action。方法是在 Action 的测试步骤中，选择菜单“设计”→“调用现有操作”插入现有的 Action，如图 8-35 所示。

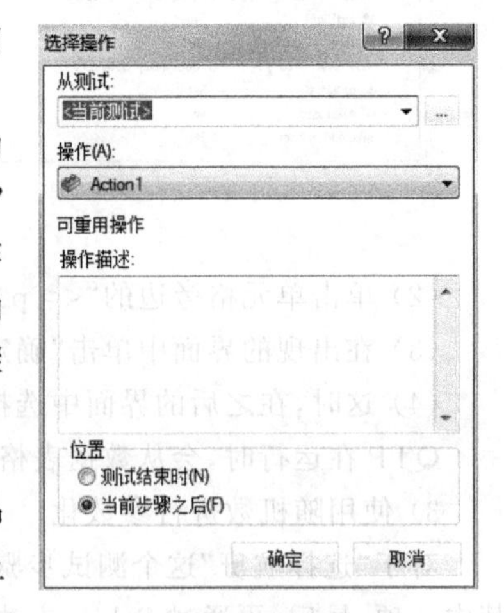

图 8-35 调用现有操作

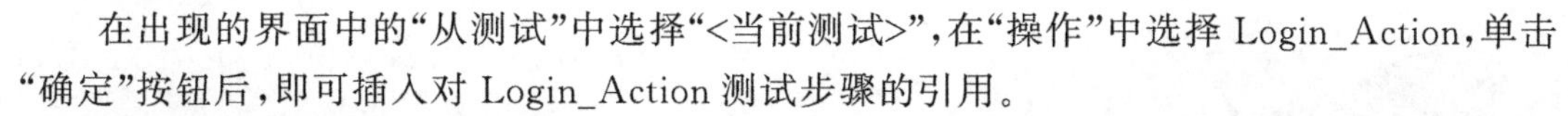

在出现的界面中的“从测试”中选择“<当前测试>”，在“操作”中选择 Login_Action，单击“确定”按钮后，即可插入对 Login_Action 测试步骤的引用。

在出现的界面中选择 Login_Action 所在的行，单击鼠标右键，选择菜单“操作调用属性”，可以设置数据表迭代和参数值。

4. 使用环境变量进行参数化

在 QTP 中，除了前面所讲的几种参数化测试的方式外，还可以使用环境变量进行测试的参数化。使用环境变量进行参数化测试的步骤如下：

(1) 定义和设置环境变量；

(2) 在测试步骤中绑定环境变量值；

(3) 输出环境变量到 XML 文件；

(4) 导入外部环境变量文件。

5. 使用数据驱动器来参数化测试

为了简化测试脚本参数化的过程，QTP 还提供了名为“数据驱动”的功能，可自动检测脚本中可能需要进行参数化的变量。

1) 数据驱动器的使用方法

“数据驱动”可以帮助测试人员快速找到需要参数化的测试对象、检查点的数据。

2) 数据驱动向导

单击菜单“工具”选项，出现数据驱动程序。在出现界面中的下侧窗口，定位到测试步骤所操作的界面控件，在右边显示参数化的名称和数据，单击“参数化”按钮，可进行一步步参数化设置。在出现的界面中，可选择“逐步参数化”和“全部参数化”，单击“完成”按钮，即可设置完成测试步骤的参数化。

小结

本章介绍了 QTP 的基本功能和基本操作，列举了录制脚本、编辑脚本、调试运行测试脚本以及对测试结果进行分析的步骤。给出了 QTP 各种测试方法的使用方法，包括插入同步点、各类检查点、数据驱动、参数化等，并用实例说明了各种操作过程。

习题

1. 自动化测试工具 QTP 包括哪几个部分？
2. 利用 QTP 进行测试操作的步骤是什么？
3. 运行测试脚本有哪些方式？
4. 在测试过程中为什么要插入同步点？怎样插入同步点？
5. 各类检查点有什么作用？怎样使用检查点？
6. 数据驱动有什么作用？具体怎样使用？
7. 参数化的作用是什么？怎样使用？

第 9 章 LoadRunner 测试工具

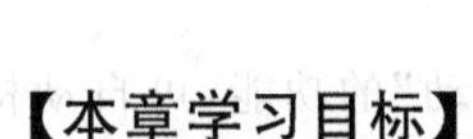

- 了解性能测试的相关知识。
- 了解 LoadRunner 测试工具的基本组成及基本功能。
- 掌握 LoadRunner 测试工具的负载测试的操作使用。

本章首先介绍性能测试相关知识，再介绍 LoadRunner 测试工具的组成及基本功能，最后介绍 LoadRunner 测试工具的使用方法。

9.1 LoadRunner 简介

9.1.1 性能测试的基本概念

软件的性能是一种非功能性特性，它关注的不是软件是否完成特定的功能，而是软件在完成该功能时展示出来的性能。其性能指标有系统响应时间、吞吐量、并发用户数、资源利用率、性能计数器等。

性能测试通过自动化的测试工具模拟多种正常、峰值以及异常负载条件，对系统的各项性能指标进行测试。性能测试主要有并发测试、压力测试、可靠性测试、负载测试、配置测试、失效恢复测试等。

1. 性能测试的内容

根据性能指标，性能测试的主要内容如下。

(1) 系统是否很快响应用户的要求？

(2) 系统能否处理预期的用户负载并具有盈余能力？

(3) 系统能否处理业务所需的事务数量？

(4) 在预期和非预期的用户负载下，系统是否稳定？

(5) 系统能否确保用户在真正使用系统时获得积极的体验？

2. 性能测试的目标

根据性能指标,性能测试的主要目标如下。

(1) 客户需求:系统响应时间、支持客户数等。

(2) 客户的硬件环境:服务器的配置(CPU、内存、磁盘),客户端的配置。

(3) 连接数:数据库缓冲池的连接、IE的连接。

9.1.2 LoadRunner概述

LoadRunner是一种预测系统行为和性能的工业标准级负载测试工具。它通过模拟上千万用户实施并发负载及实时性能监测的方式来确认和查找问题,强调对整个企业架构进行测试,能够预测系统的行为,优化系统的性能。

LoadRunner原是由Mercury公司研发的产品,2006年已被HP公司收购。

1. LoadRunner组成

LoadRunner由以下4部分组成。

(1) VuGen(Virtual User Generator,虚拟用户生成器):用来录制操作创建虚拟用户脚本。

(2) Controller(压力控制器):执行虚拟脚本产生虚拟用户,对被测试系统发出请求和接收响应,模拟实际的负载。

(3) Analysis(结果分析器):通过测试结果的数据,分析测试结果。

(4) Launcher:提供一个集中界面,启动LoadRunner所有的模块。

2. LoadRunner原理

负载性能测试工具的原理通常是通过录制、回放脚本,模拟多用户同时访问被测试系统制造负载,产生并记录各种性能指标,生成分析结果,从而完成性能测试的任务。

3. LoadRunner的特点

LoadRunner具有如下的特点。

(1) 能轻松地创建虚拟用户。

(2) 能创建真实的负载。

(3) 能定位性能问题。

(4) 分析结果精确,能定位问题所在。

(5) 具备完整的企业应用环境支持。

4. LoadRunner支持的协议和平台

HP公司的LoadRunner能让企业保护自己的收入来源,无须购置额外硬件而最大限度地利用现有的IT资源,并确保终端用户在应用系统的各个环节中对其测试应用的质量、可靠性和可扩展性都有良好的评价。

目前,企业的网络应用环境都必须支持大量用户,网络体系结构中包含各类应用环境而且由不同供应商提供软件和硬件产品。

LoadRunner支持广泛的协议和平台,具体如下。

(1) Application Deployment Solutions：包括 Citrix 和 Microsoft Remote Desktop Protocol(RDP)。

(2) Client/Server：包括 DB2 CLI、DNS、Informix、Microsoft. NET、MS SQL、Sybase Dblib 和 Windows Sockets。

(3) Custom：包括 C Templates、Visual Basic Templates、Java Templates、JavaScript 和 VBScript 类型脚本。

(4) Distributed Components：包括 COM/DCOM 和 Microsoft. NET。

(5) E-Business：包括 AMF、AJAX、FTP、LDAP、Microsoft. NET、Web(Click and Script)、Web(HTML/HTTP)和 Web Services。

(6) Enterprise Java Beans(EJB)。

(7) ERP/CRM：包括 Oracle Web Applications 11i、Oracle NCA、PeopleSoft Enterprise、PeopleSoft-Tuxedo、SAP-Web、SAPGUI、SAP(Click and Script)和 Siebel(Siebel-DB2 CL1、Siebel-MSSQL、Siebel-Web 和 Siebel-Oracle)。

(8) Java：Java 类型的协议，如 Corba-Java、Rmi-Java、Jacada 和 JMS。

(9) Legacy：Terminal Emulation(RTE)。

(10) Mailing Services：包括 Internet Messaging(IMAP)、MS Exchange(MAPI)、POP3 和 SMTP。

(11) Middleware：包括 Tuxedo 6 和 Tuxedo 7。

(12) Streaming：包括 RealPlayer 和 MediaPlayer。

(13) Wireless：Multimedia Messaging Services(MMS)和 WAP。

9.2 LoadRunner 的基本功能

9.2.1 创建虚拟用户

使用 LoadRunner 的 VuGen，就能很简便地建立系统负载。该引擎能够生成虚拟用户，以虚拟用户的方式模拟真实用户的业务操作行为。它先记录下业务流程，然后将其转化为测试脚本。利用虚拟用户，可以在运行 Windows、UNIX 或 Linux 系统的机器上同时产生成千上万个用户访问。另外，TurboLoad 也可以产生相当于每天几十万名在线用户和数以百万计的单击数的负载。

用 VuGen 建立测试脚本后，可以对其进行参数化操作，这一操作能利用几套不同的实际发生数据来测试应用程序，从而反映出本系统的负载能力。LoadRunner 通过它的 Data Wizard 来自动实现其测试数据的参数化。Data Wizard 直接连接数据库服务器，从中可以获取所需要的数据并直接将其输入到测试脚本，避免了人工处理数据的需要，节省了大量的时间。

还可利用 LoadRunner 控制某些行为特性。例如，只需要单击一下鼠标，就能轻易控制交易的数量、交易频率、虚拟用户的思考时间和连接速度等。

9.2.2 创建负载

虚拟用户建立后，需要设定负载方案、业务流程组合和虚拟用户数量。用 LoadRunner

的 Controller，能很快组织起多用户的测试方案。Controller 的 Rendezvous 功能提供了一个互动的环境，在其中既能建立起持续且循环的负载，又能管理和驱动负载测试方案，还可以利用它的日程计划服务来定义用户在什么时候访问系统以产生负载。这样，就能将测试过程自动化。同样还可以用 Controller 来限定负载方案，在这个方案中所有的用户同时执行一个动作（如登录到某个系统的界面）来模拟峰值负载的情况。另外，还能通过监测系统架构中各个组件的性能（包括服务器、数据库、网络设备等）来帮助客户决定系统的配置。

LoadRunner 通过它的 AutoLoad 技术，提供更强的测试灵活性。使用 LoadRunner 可以根据目前的用户人数事先预定测试目标，优化测试流程。例如，测试目标可以是确定应用系统承受的每秒点击数或每秒的交易量。

9.2.3 实时监测

LoadRunner 内含集成的实时监测器，在负载测试过程中的任何时候，都可以观察到应用系统的运行性能。这些性能监测器实时显示交易性能数据（如响应时间）和其他系统组件（包括应用服务器、Web 服务器、网络设备和数据库等）的实时性能。这样，就可以在测试过程中从客户和服务器两方面评估这些系统组件的运行性能，从而更快地发现问题。

还可以利用 LoadRunner 的 ContentCheck TM，判断负载下的应用程序功能正常与否。ContentCheck 在虚拟用户运行时，检测应用程序的网络数据包内容，从中确定是否有错误内容传送出去。它的实时浏览器帮助从终端用户的角度观察程序性能状况。

9.2.4 分析测试结果

当测试执行完毕，LoadRunner 自动收集汇总所有的测试数据，并提供高级的分析和报告工具，以便迅速查找到性能问题并追溯缘由。使用 LoadRunner 的 Web 交易细节监测器，可以了解到将所有的图像、框架和文本下载到每一网页上所需的时间。例如，这个交易细节分析机制能够分析是否因为一个大尺寸的图形文件或是第三方的数据组件造成应用系统运行速度减慢。另外，Web 交易细节监测器能够分解客户端、网络和服务器上端到端的反应时间，便于确认问题，定位查找真正出错的组件。例如，可以将网络延时进行分解，以判断 DNS 解析时间、连接服务器或 SSL 认证所花费的时间。通过使用 LoadRunner 的分析工具，用户能够很快地查找到出错的位置和原因并做出相应的调整。

9.2.5 重复测试保证系统发布的高性能

负载测试是一个重复过程。每次处理完一个出错情况，都需要对应用程序在相同的方案下，再进行一次负载测试，以此检验所做的修正是否改善了运行性能。这样，才能保证系统发布的高性能。

9.2.6 其他特性

利用 LoadRunner，可以很方便地了解系统的性能。它的 Controller 允许重复执行与出错修改前相同的测试方案。它的基于 HTML 的报告提供一个比较性能结果所需的基准，以此衡量在一段时间内,有多大程度的改进并确保应用成功。由于这些报告是基于HTML的文本,可以将其发布于公司的内部网上,便于随时查阅。

HP公司的产品和服务都是集成设计的,能完全相融地一起运作。由于它们具有相同的核心技术,来自LoadRunner和ActiveTest TM的测试脚本,在HP公司的负载测试服务项目中,可以被重复用于性能监测。借助Mercury Interactive的监测功能——Topaz TM和ActiveWatch TM,测试脚本可重复使用,从而平衡投资收益,甚至能为测试的前期部署和生产系统的监测提供完整的应用性能管理解决方案。

9.3 使用LoadRunner负载/压力测试

LoadRunner包含很多组件,其中最常用的有VuGen、Controller、Analysis。使用LoadRunner进行的负载测试通常由6个阶段组成:计划、脚本创建、场景定义、场景执行、监视场景和结果分析,如图9-1所示。

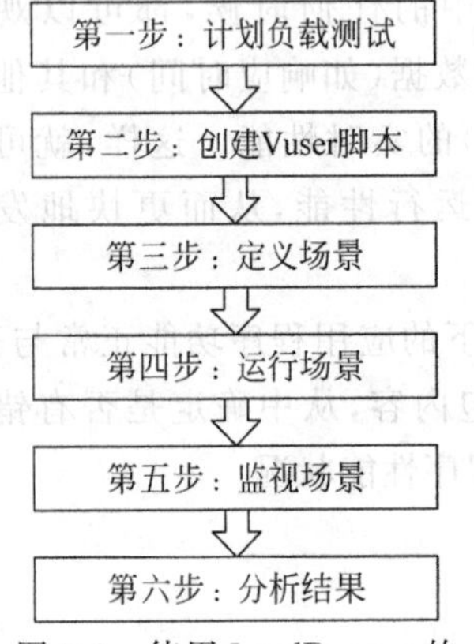

图9-1 使用LoadRunner的测试过程

计划负载测试:定义性能测试要求,如并发用户的数量、典型业务流程和所需响应时间。

创建Vuser脚本:将最终用户活动捕获到自动脚本中。

定义场景:使用LoadRunner Controller设置负载测试环境。

运行场景:通过LoadRunner Controller驱动、管理和监控负载测试。

监视场景:监视各个服务器的运行情况。

分析结果:使用LoadRunner Analysis创建图和报告并评估性能。

9.3.1 制订负载测试计划

测试计划是成功的负载测试的关键点之一。任何类型测试的第一步都是制订比较详细的测试计划。一个比较好的测试计划能够保证LoadRunner完成负载测试的目标。

制订负载测试计划一般情况下需要三个步骤:分析应用程序,确定测试目标,执行测试计划,如图9-2所示。

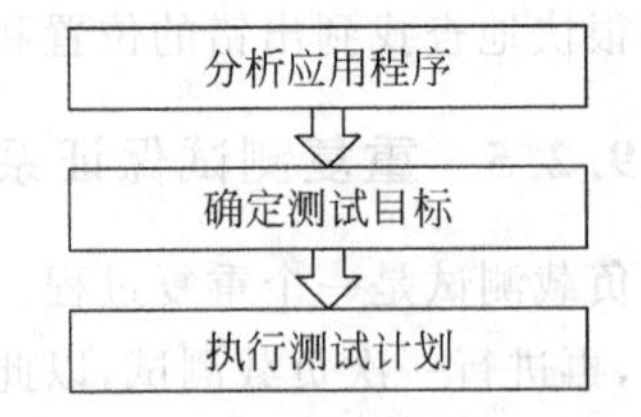

图9-2 制订负载测试计划的步骤

1. 分析应用程序

在制订计划时,测试工作者首先必须对所测试系统的软硬件以及配置情况非常熟悉,这样才能保证使用LoadRunner创建的测试环境能真实地反映实际运行的环境。

1) 确定系统的组成

一个要测试的系统由哪些组件组成?各个组件之间的通信怎样?测试工作者必须了解清楚这些方面,才能画出系统的组成图。如图9-3所示是一个系统组成图的例子。

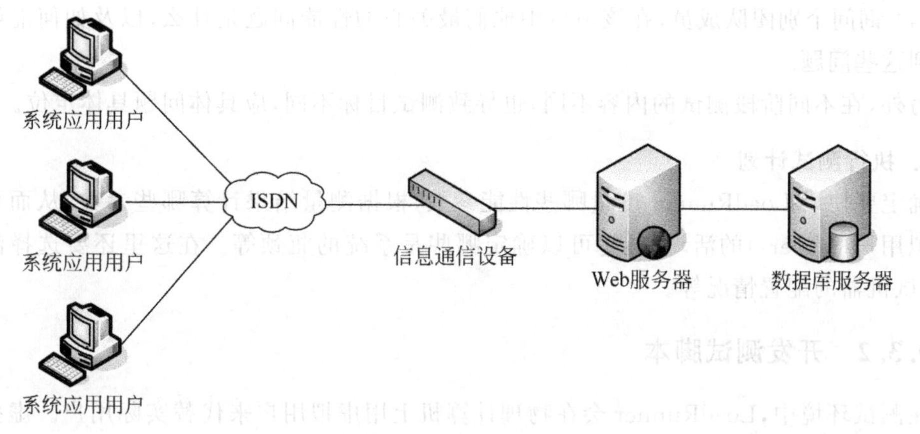

图 9-3　系统组成图

2) 描述系统配置

画出系统组成图后，对组成图进行完善，主要考虑以下内容。

(1) 预计有多少用户会连接到此系统上？

(2) 客户机的配置情况如何(包括硬件、内存、操作系统、软件工具等)？

(3) 服务器使用什么类型的数据库，服务器的配置情况如何？

(4) 客户机和服务器之间采用什么方式进行通信？

(5) 还有什么组件(如调制解调器等)会影响响应时间指标。

(6) 通信装置(网卡、路由器等)的吞吐量是多少，每个通信装置能够处理多少并发用户。

3) 分析最普遍的使用方法

了解该系统最常用的功能，确定哪些功能需要优先测试，什么角色使用该系统以及每个角色会有多少人，每个角色的地理分布情况等，从而预测负载的最高峰出现的情况。

2. 确定测试目标

测试目标有如下几类。

(1) 确定性能测试工作的总目标。例如：

① 检测需要调整的瓶颈。

② 帮助开发团队确定针对各种配置选项的性能特征。

③ 为可伸缩性和容量规划工作提供输入数据。

(2) 与个别团队成员或团队一起审查项目计划，询问如下问题：

① 在最后一次与本次迭代之间，哪些功能、结构和(或者)硬件会发生变化？

② 调整是这种变化的结果所要求的吗？能否通过收集某些度量来帮助进行这种调整？

③ 这种变化可能会影响以前已经测试或收集过的度量领域吗？

(3) 与个别团队成员或者团队一起检查物理及逻辑结构。

在检查结构时，询问如下问题：

① 以前曾经做过或者使用过这种结构吗？

② 在这种结构中，如何能够较早确定其是否在可接受的参数内运行？

③ 需要调整吗？能够运行什么测试，或者能够收集什么度量来帮助做出这种决定？

(4) 询问个别团队成员,在该项目中他们最关心的性能问题是什么,以及如何能够尽早检测到这些问题。

另外,在不同阶段测试的内容不同,也导致测试目标不同,应具体问题具体定位。

3. 执行测试计划

确定要使用 LoadRunner 度量哪些性能参数,根据测量结果计算哪些参数,从而可以确定虚拟用户(Vusers)的活动,最终可以确定哪些是系统的瓶颈等。在这里还要选择测试环境、测试机器的配置情况等。

9.3.2 开发测试脚本

在测试环境中,LoadRunner 会在物理计算机上用虚拟用户来代替实际用户。虚拟用户通过以可重复、可预测的方式模拟典型用户的操作,在系统上创建负载。

LoadRunner 使用虚拟用户的活动模拟真实用户操作 Web 应用程序,而虚拟用户的活动就包含在测试脚本中,所以说测试脚本对于测试来说是非常重要的。开发测试脚本要使用 VuGen 组件。测试脚本要完成的内容有:每一个虚拟用户的活动;定义结合点;定义事务。

LoadRunner 的虚拟用户生成器(VuGen)采用录制并播放机制。在应用程序中按照业务流程操作时,VuGen 将这些操作录制到自动脚本中,以便作为负载测试的基础。

1. 开始录制用户活动

要开始录制用户操作,请打开 VuGen 并创建一个空白脚本。通过录制事件和添加手动增强内容来填充空白脚本。具体操作步骤如下。

(1) 启动 LoadRunner,选择"开始"→"所有程序"→Mercury LoadRunner→LoadRunner,将打开 Mercury LoadRunner 窗口,如图 9-4 所示。

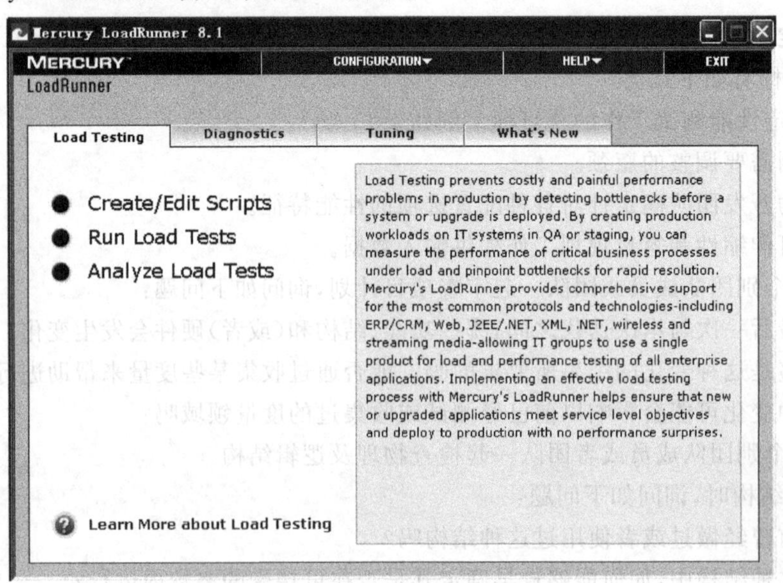

图 9-4 Mercury LoadRunner 窗口

(2) 打开 VuGen,在 Launcher 窗口中,单击“负载测试”(Load Testing)标签,单击“创建/编辑脚本”(Create/Edit Script),将打开 VuGen 的开始页。

(3) 创建一个空白的 Web 脚本,在 VuGen 开始页的“脚本”(Script)选项卡中,单击“新建 Vuser 脚本”(New Single Protocol Script),将打开“新建虚拟用户”(New Virtual User)对话框,其中显示用于新建单协议脚本的选项,如图 9-5 所示。

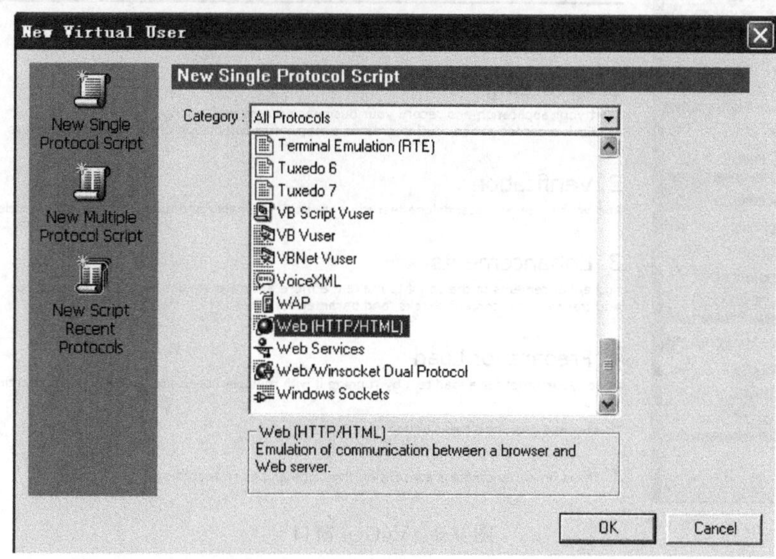

图 9-5　New Virtual User 对话框

协议是客户端用来与系统后端进行通信的语言。Mercury Tours 是基于 Web 的应用程序,因此将创建一个 Web 虚拟用户脚本。

确保“类别”(Category)类型为“所有协议”(All Protocols)。VuGen 将显示所有可用于单协议脚本的协议列表。向下滚动该列表,选择 Web(HTTP/HTML)并单击 OK 按钮创建一个空白的 Web 脚本。

2. VuGen 窗口介绍

VuGen 窗口包括以下三个组成部分,如图 9-6 所示。

(1) 工具条:可以定制自己的 VuGen 窗口,以显示或隐藏各种工具条。如果需要显示或隐藏工具条,可以选择 View→Toolbars 勾选或取消相关的工具条,如图 9-7 所示。

(2) 任务步骤:在窗口的左侧区域,VuGen 显示了一个树形结构的 VuGen 操作列表,并且用相应的图标标示。对于每个在录制阶段执行过的操作,VuGen 会创建一个步骤,某些步骤会有子集操作,如图 9-8 所示。

(3) 任务快照窗口:在左侧区域,VuGen 显示了当前选择的步骤操作窗口。任务快照是 VuGen 记录步骤时显示器的内容截图。

3. 录制业务流程以创建脚本

创建用户模拟的下一步是录制实际用户执行的事件。在前面已介绍过如何创建一个空白 Web 脚本。现在可以开始将事件直接录制到脚本中。具体操作步骤如下。

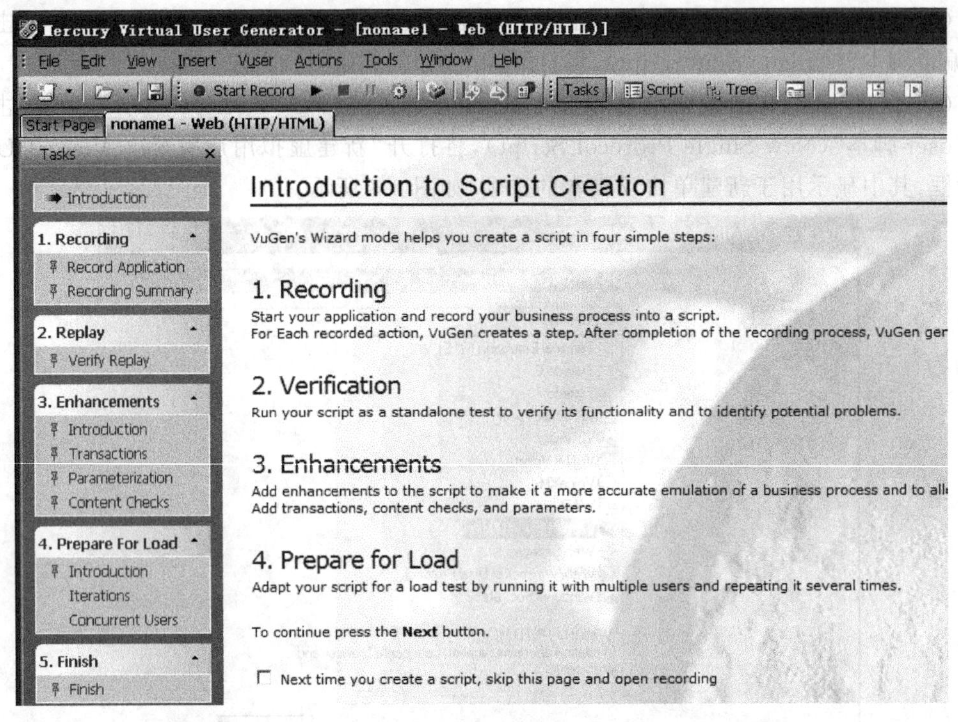

图 9-6　VuGen 窗口

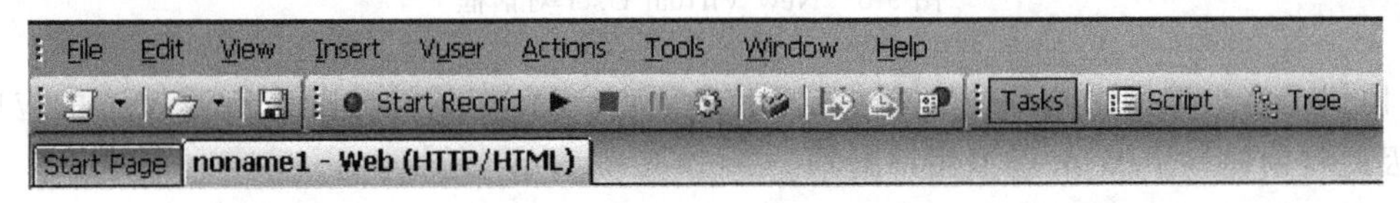

图 9-7　工具条

(1) 连接到要录制的网站上。在任务窗格中，单击 1. Recording 中的“录制应用程序”(Record Program)，单击说明窗格底部的“开始录制”(Start Record)按钮。也可以选择 Vuser→Start Record 或单击界面顶部工具栏中的 Start Record 按钮，打开如图 9-9 所示的对话框。

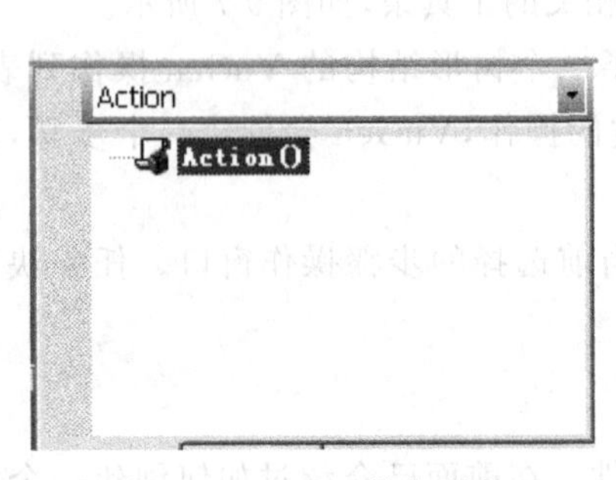

图 9-8　VuGen 操作列表

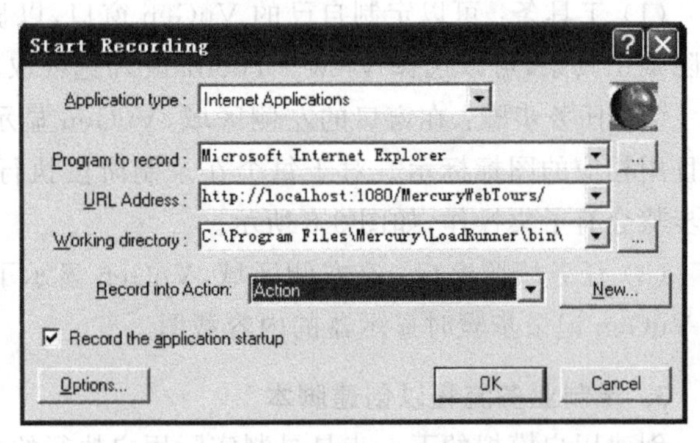

图 9-9　Start Recording 对话框

在 URL 地址栏中,输入“http://localhost:1080/MercuryWebTours/”。

在 Record into Action 下拉列表中,选择 Action,单击 OK 按钮。

此操作将打开一个新的 Web 浏览器,并显示 Mercury Tours 站点。此后将打开浮动录制工具栏,如图 9-10 所示。

图 9-10　浮动录制工具栏

注意:如果录制 MercuryWebTours 示例网站,打开网页时出现错误,应确保 Web 服务已经打开。在“开始”菜单打开 Mercury LoadRunner→Samples→Web→Start Web Server。

(2) 录制网站内所有的操作功能,例如,登录到 Mercury Tours 网站、输入航班详细信息、选择航班、输入付费信息并预订航班、查看路线等操作。

(3) 停止录制。在对网站的所有操作完成之后,在工具栏上单击■(停止)按钮停止录制过程。生成 Vuser 脚本时,“代码生成”(Create Script)窗口将打开。然后,VuGen 向导将自动继续任务窗格中的下一步,并显示录制概要(如果没有看到概要,可单击任务窗格中的 Recording Summary)。

(4) 保存文件。选择“文件”(File)→“保存”(Save),或单击按钮。在“文件名”(File Name)框中输入“basic_tutorial”,并单击 Save 按钮。VuGen 将把该文件保存在 LoadRunner 脚本的文件夹中,并在标题栏中显示该测试名称。

4. 查看脚本

VuGen 录制了从单击 Start Record 按钮到单击 Stop 按钮之间所执行的步骤,可以分别从树视图或者脚本视图中查看录制的脚本。树视图是基于图标的视图,列出了作为步骤的虚拟用户操作;脚本视图是基于文本的视图,列出了作为函数的虚拟用户操作。

1) 树视图

在树视图中查看脚本,单击 View→Tree View 或者单击 Tree(树视图)按钮。要跨整个窗口查看树视图,单击 Action 按钮显示任务窗格,如图 9-11 所示。

对于录制期间所执行的每一个步骤,VuGen 都在测试树中生成一个图标和一个标题。在树视图中,将看到作为脚本步骤的用户操作。大多数步骤都附带相应更易于理解,更易于在工程师之间共享的录制快照,这有助于通过对比快照以验证脚本的准确性。VuGen 还在回放期间创建每一步骤的快照。

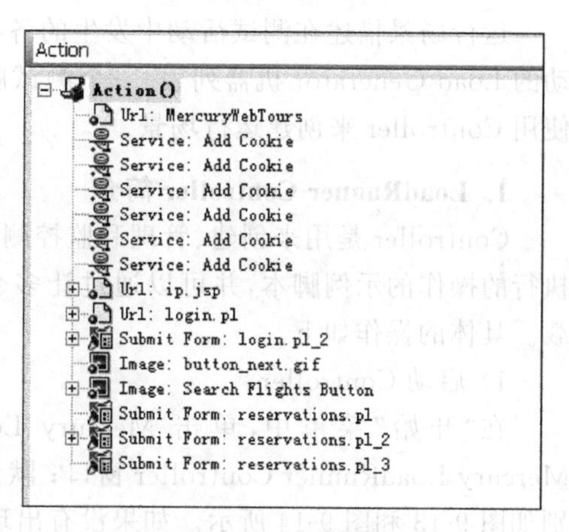

图 9-11　树视图

单击测试树任一步骤旁边的加号“+”,可以看到预订航班时所录制的思考时间。思考时间表示在各步骤之间所等待的实际时间,可以用于模拟负载下的快速和缓慢用户行为。思考时间是一种机制,通过它可以使负载测试更准确地反映实际用户的行为。

2) 脚本视图

脚本视图是一种基于文本的视图,列出了作为API函数的虚拟用户操作。在脚本视图中查看脚本,单击View→Script View或单击 Script (脚本视图)按钮,如图9-12所示。

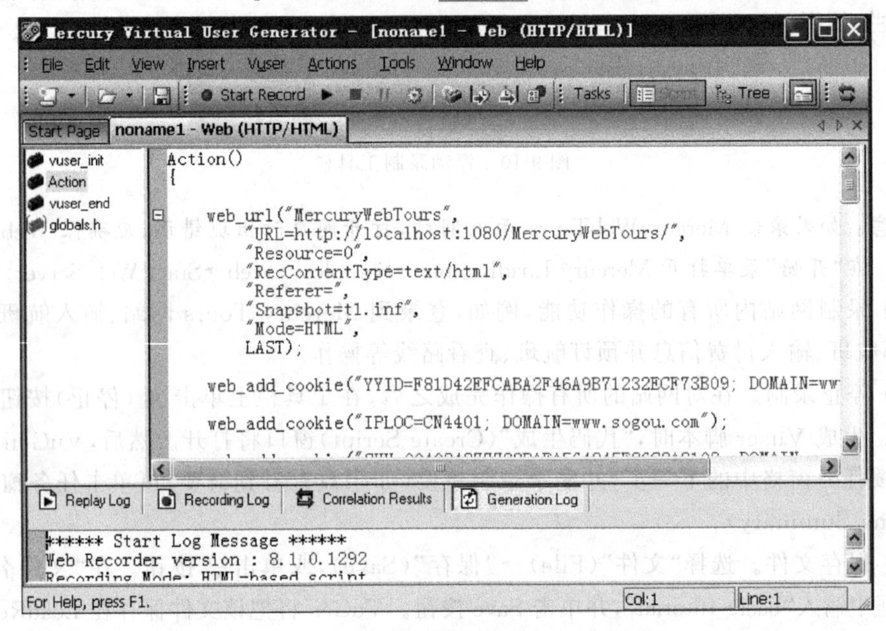

图 9-12 脚本视图

在脚本视图中,VuGen将在编辑器中显示编码的函数及其变量值的脚本。可以将C或LoadRunner API函数以及控制流语句直接输入此窗口中。

9.3.3 创建运行场景

运行场景描述在测试活动中发生的各种事件。一个运行场景包括一个运行虚拟用户活动的Load Generator机器列表、一个测试脚本的列表以及大量的虚拟用户和虚拟用户组。使用Controller来创建运行场景。

1. LoadRunner Controller 简介

Controller是用来创建、管理和监控测试的中央控制台。Controller可以模拟实际用户执行的操作的示例脚本,并可以通过让多个虚拟用户同时执行这些操作,在系统中创建负载。具体的操作如下。

1) 启动Controller

在"开始"菜单中,单击Mercury LoadRunner→Applications→Controller,将打开Mercury LoadRunner Controller窗口;默认情况下,打开时将显示New Scenario对话框,分别如图9-13和图9-14所示。如果没有出现该对话框,可以在菜单中执行File→New命令,或者在工具栏中单击New按钮。

Controller主要有两种场景类型:Manual Scenario和Goal-Oriented Scenario。其中,Manual Scenario是使用手工方式建立测试场景,该场景可以设置虚拟用户的个数和虚拟用户运行的时间,还可以测试系统同时承受的用户的最大个数;Goal-Oriented Scenario是面

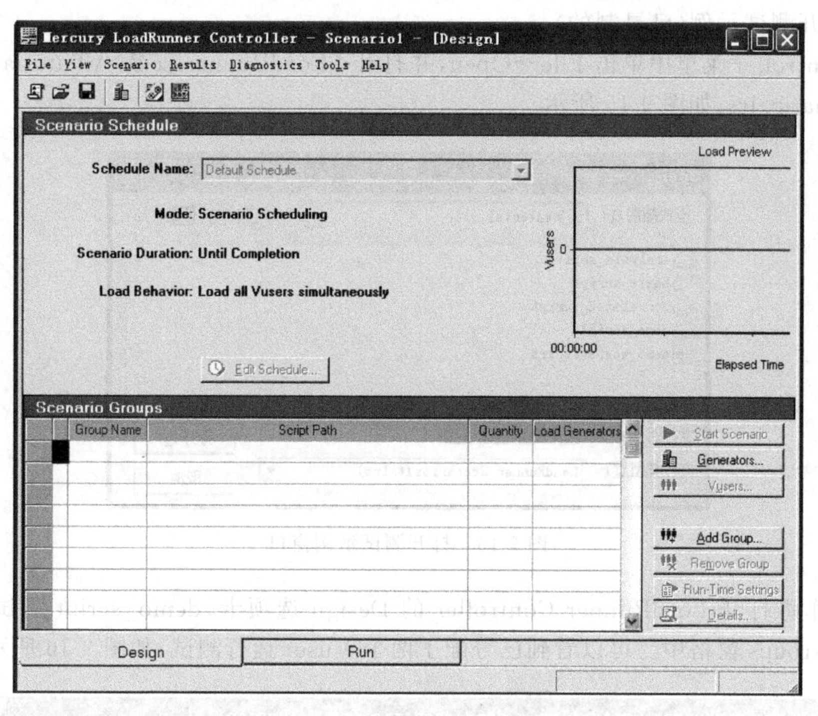

图 9-13　Mercury LoadRunner Controller 窗口

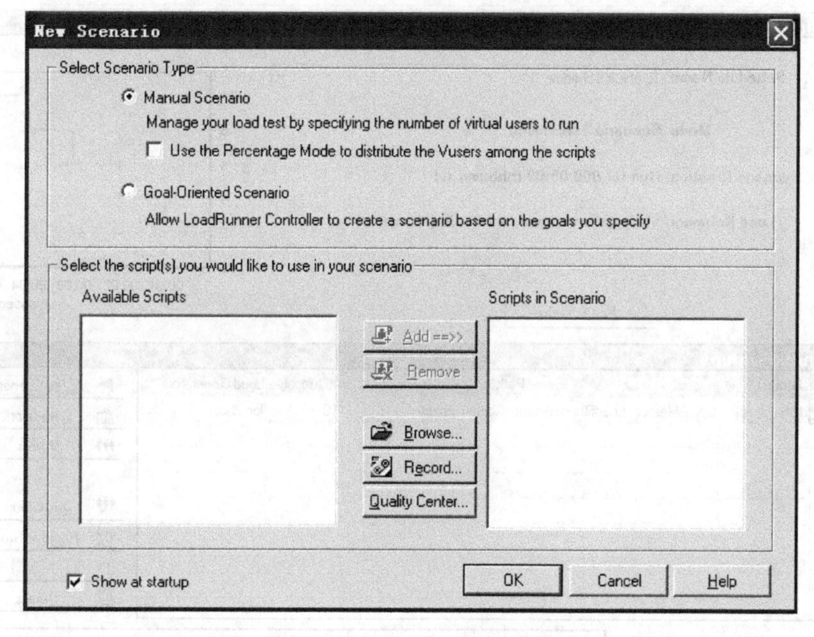

图 9-14　New Scenario 对话框

向目标的测试场景，该场景主要用于测试系统是否能够完成特定的目标。这里选择 Manual Scenario。

2) 打开测试示例(已录制的)

在 Controller 菜单中单击 File→Open,并打开< LoadRunner 安装>\Tutorial 目录中的 demo_scenario.lrs,如图 9-15 所示。

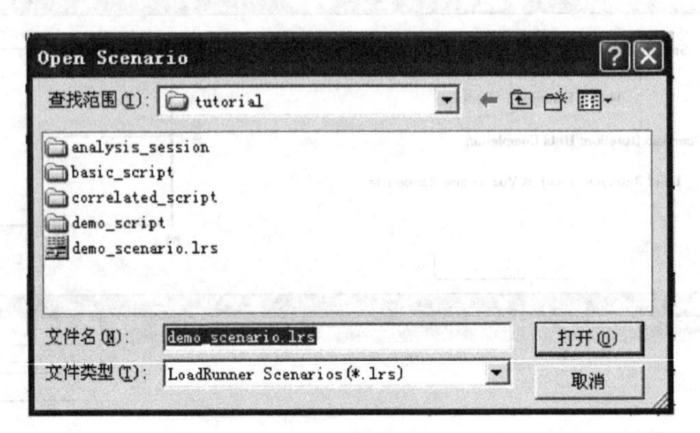

图 9-15　打开测试示例窗口

此操作将打开 LoadRunner Controller 的 Design 选项卡,demo_script 测试将出现在 Scenario Groups 窗格中。可以看到已分配了两个 Vuser 运行测试,如图 9-16 所示。

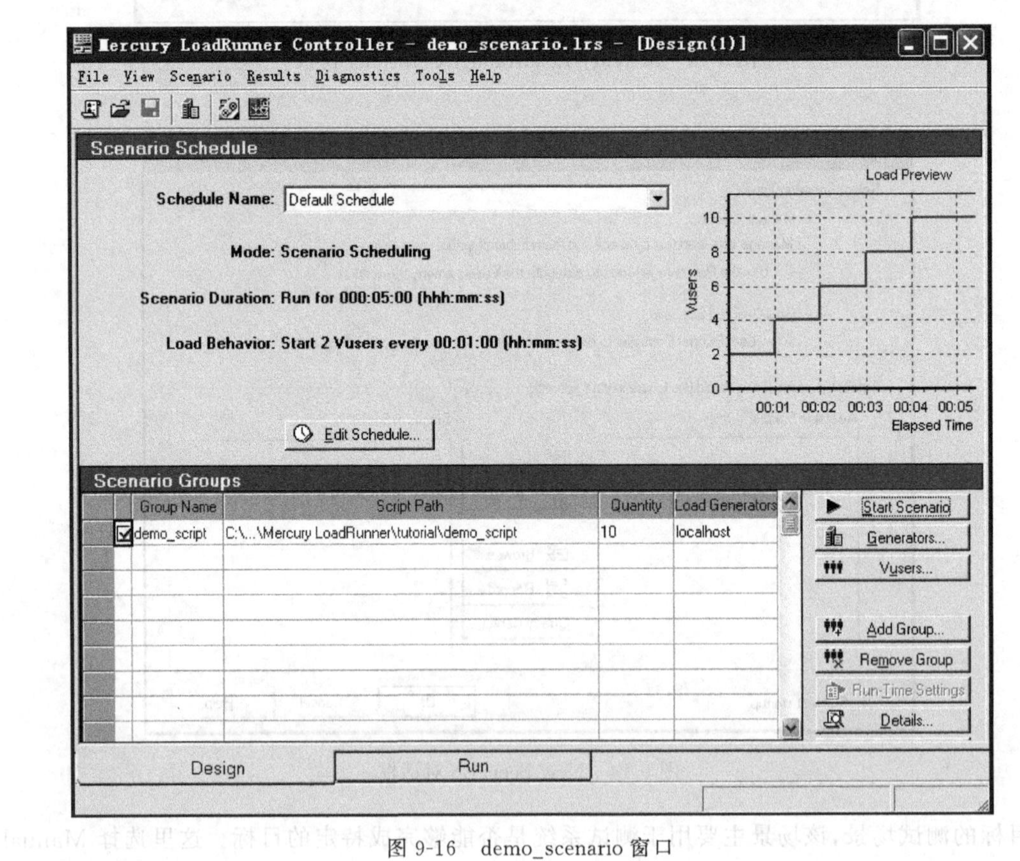

图 9-16　demo_scenario 窗口

3）对场景进行相关设计

（1）场景计划：在 Scenario Plan 部分，可以设置负载行为以精确地描绘用户行为。还可以确定将负载应用于应用程序的速率、负载测试持续的时间以及如何停止负载。

（2）场景组：可以在 Scenario Groups 部分配置 Vuser 组。在此部分中，可以创建代表系统典型用户的各种组。可以定义这些典型用户运行的操作、运行的 Vuser 个数以及 Vuser 运行时所用的计算机。

2. 负载生成器（Generators）操作

添加完脚本，并且定义好场景中运行的虚拟用户数（Vuser）之后，可以配置负载生成器。负载生成器通过运行虚拟用户对系统产生负载，并在每台计算机上创建多个虚拟用户。在本部分中，将讲述如何把负载生成器添加到场景中以及如何测试负载生成器连接。

1）添加负载生成器

单击 Generators...（生成器）按钮，打开 Load Generators 对话框，显示本机 localhost 负载生成器的详细描述，如图 9-17 所示。其中，Status 为 Down，表示控制器和负载生成器没有连接。在该对话框中，也可以添加负载生成器。

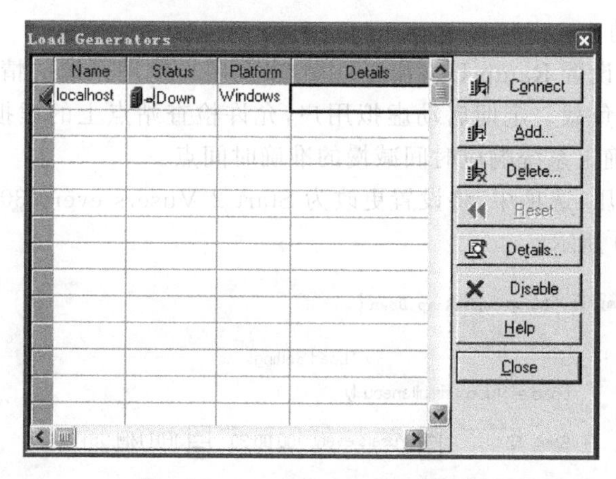

图 9-17　Load Generators 对话框

2）负载生成器的连接

当场景运行时，Controller（控制器）将会自动连接到负载生成器。在运行场景连接之前，可以先测试它们的连接情况。在 Load Generators 对话框中的生成器（如 localhost）上右击，在弹出的快捷菜单中选择 Connect 命令，此时，Status 状态变为 Ready，则表示已经连接成功。

3. 模拟实际的负载行为

添加负载生成器之后，就可以配置负载行为。典型的用户不会正好在同一时间登录和注销系统。LoadRunner 允许多个用户逐渐登录系统和注销系统。它还可以确认负载测试的持续时间以及停止场景的方式。现在使用 Controller 计划生成器更改默认的负载设置。

1）更改 Scenario Schedule 默认设置

单击 Scenario Design 窗口中的 Scenario Schedule 中的 Edit Schedule... 按钮，打开

Schedule Builder 对话框,然后可设置约定的内容,如图 9-18 所示。

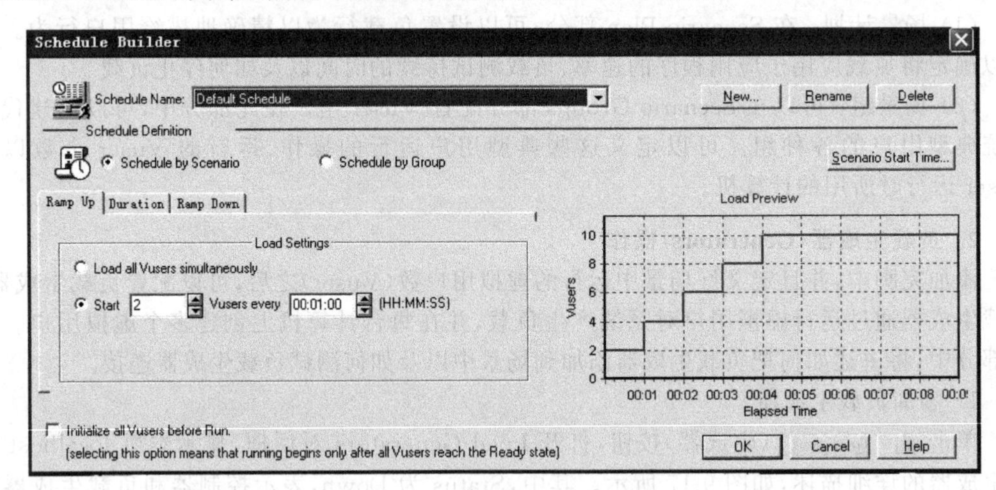

图 9-18 Schedule Builder 对话框

2) 设定逐渐启动

在该窗口中可以设置 Ramp Up(加压)中的多个用户使用系统的情况,如同时添加负载或间隔一定时间添加负载。定期启动虚拟用户,允许检查站点上的虚拟用户负载随时间逐渐增加,并可以帮助确定系统响应时间减慢的准确时间点。

在 Ramp Up(加压)选项中,将设置更改为 Start 2 Vusers every 30SS(每 30s 启动两个虚拟用户),如图 9-19 所示。

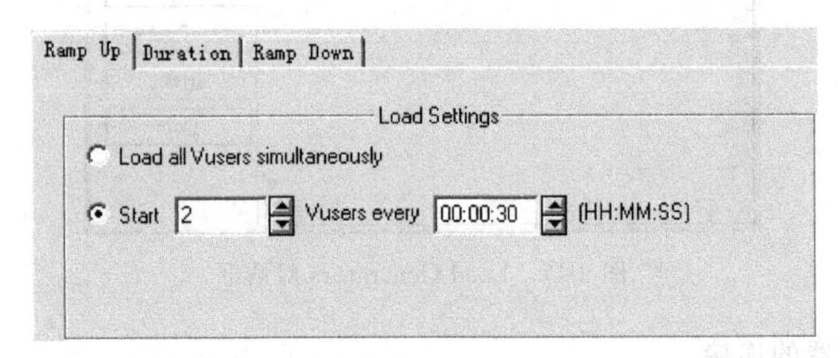

图 9-19 Ramp Up 选项卡

3) 初始化虚拟用户

初始化表示为负载测试的运行准备虚拟用户和负载生成器。加压前初始化虚拟用户可以减少 CPU 消耗并有助于提供更加真实的结果。选择 Load all Vuser simultaneously(运行前初始化所有虚拟用户)。

4) 计划持续时间

可以设置 Duration(持续时间)中虚拟用户执行业务处理的周期,从而测试出服务器上的连续负载情况。注意,如果设置了持续时间,测试将运行该持续时间内必须实现的迭代数,而不管测试运行时设置的迭代次数。在 Duration(持续时间)选项卡中,将设置更改为 Run for 10MM after the ramp up has been completed(在加压完成之后运行 10min),如图 9-20 所示。

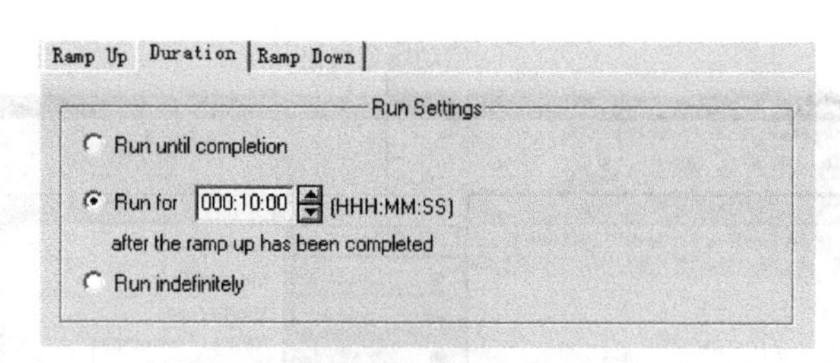

图 9-20　Duration 选项卡

5）计划逐渐关闭

在 Ramp Down 选项卡中，可设置同时停止负载或逐渐停止负载。建议逐渐停止虚拟用户，这样有助于在应用程序达到阈值之后检测内存漏洞和检查系统恢复情况。在该选项卡中，将设置更改为 Stop 2 Vusers every 30 SS（每 30s 停止两个 Vuser），如图 9-21 所示。

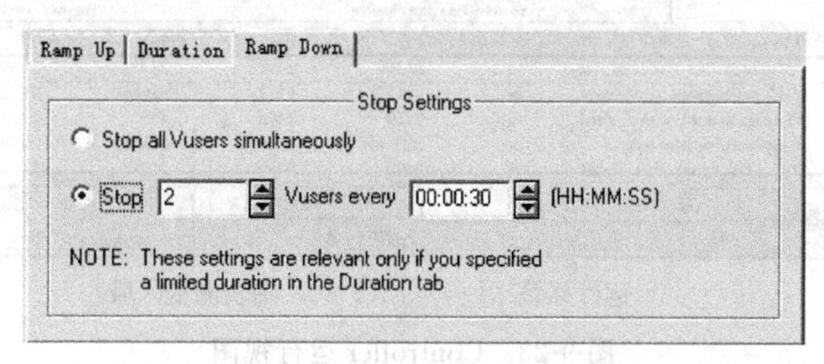

图 9-21　Ramp Down 选项卡

6）查看计划程序的图形表示

右边的 Load Preview 图显示定义的场景配置文件的加压、持续时间和减压，可以预览对负载设置的结果。梯形曲线表示增加负载及取消负载的设置情况，如图 9-22 所示。

通过以上这些设置可以使系统的测试环境更接近于实际使用环境。

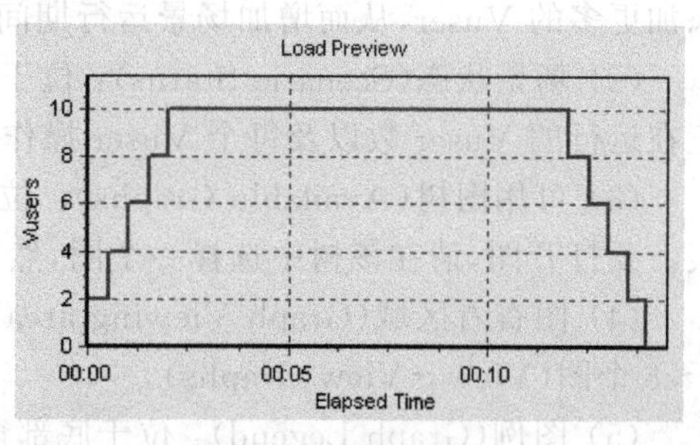

图 9-22　负载预览图

9.3.4　运行测试场景

添加负载并完成场景设置后，运行测试就会为应用程序添加负载，并通过监视器观测应用程序在负载环境下的性能表现。

1. 查看测试场景内容

在 Controller 窗口中，单击 Start Scenario（启动场景）按钮，在 Run 窗口中可看到运行结果的视图显示，如图 9-23 所示。运行后的负载测试结果会以各种曲线的形式显示在各种视图中。要查看某条曲线的详细信息，可将鼠标放在曲线上。当鼠标变成小手形状时，单击鼠标，曲线变粗，在 Run 视图下方会显示各种颜色曲线的相关信息。

（1）场景组（Scenario Groups）：位于左上窗格中，可以查看场景组中的 Vuser 的状态。使用该窗格右侧的按钮可以启动、停止和重置场景，查看单个 Vuser 的状态，并且可以手动

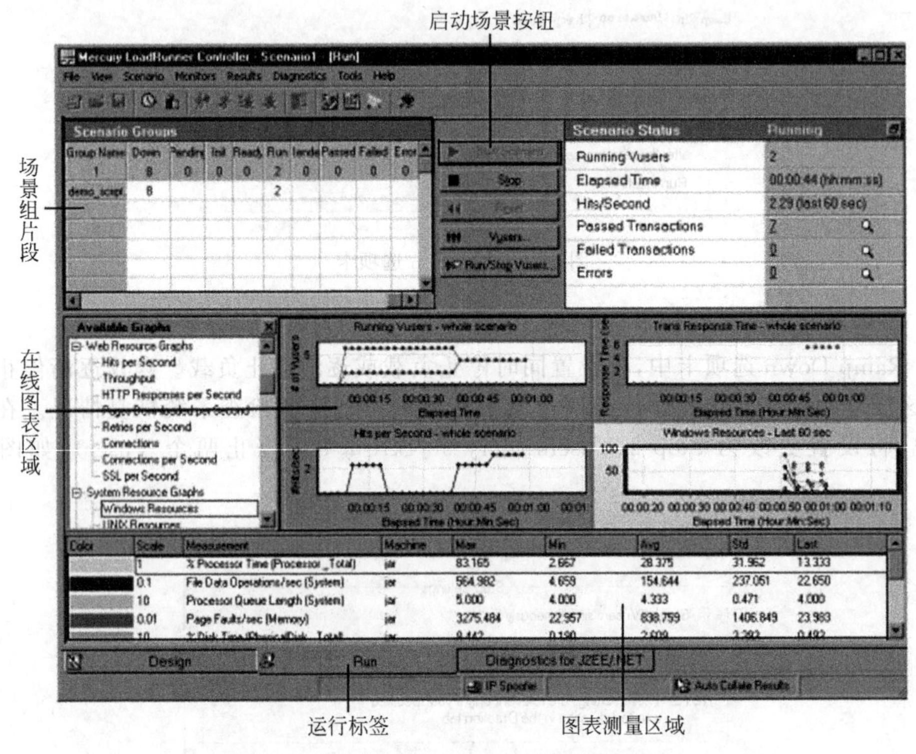

图 9-23 Controller 运行视图

添加更多的 Vuser,从而增加场景运行期间应用程序上的负载。

(2) 场景状态(Scenario Status):位于右上窗格中,可以查看负载测试的概要,其中包括正在运行的 Vuser 数以及每个 Vuser 操作的状态。

(3) 可用图树(Available Graphs):位于中部左侧窗格中,可以查看 LoadRunner 图列表。要打开图,请在该树中选择一个图,然后将其拖动到图查看区域中。

(4) 图查看区域(Graph Viewing area):位于中部右侧窗格中,可以自定义显示以查看 1~8 个图(View→View Graphs)。

(5) 图例(Graph Legend):位于底部窗格中,可以查看选定图中的数据。

2. 运行负载测试场景的操作

1) 打开 Controller 运行视图

选择位于屏幕底部的 Run(运行)选项卡。注意,在 Scenario Groups(场景组)区域的 Stopped(关闭)列有 8 个 Vuser,都是创建场景时所创建的,如图 9-24 所示。

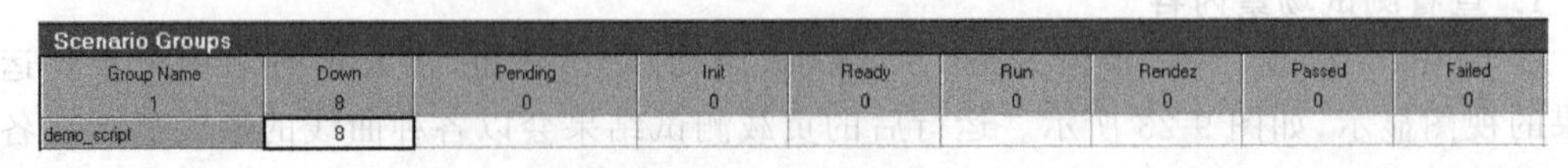

Scenario Groups

Group Name	Down	Pending	Init	Ready	Run	Rendez	Passed	Failed
1	8	0	0	0	0	0	0	0
demo_script	8							

图 9-24 Run 选项卡

由于场景尚未运行,所有其他计数器仍保持为零,并且查看区域中的所有图(除了 Windows 资源)均为空白。在下一步中启动场景后,图和计数器将开始显示信息。

2）启动场景

单击 ▶ Start Scenario（启动场景）按钮开始运行测试。如果第一次运行该程序，Controller 将启动场景。结果文件自动保存到负载生成器的临时目录中。

如果要重复此测试，将提示覆盖现有结果文件。单击 No 按钮，这是因为第一次负载测试的结果应该用作基准结果以与后续负载测试结果进行比较，如图 9-25 所示。

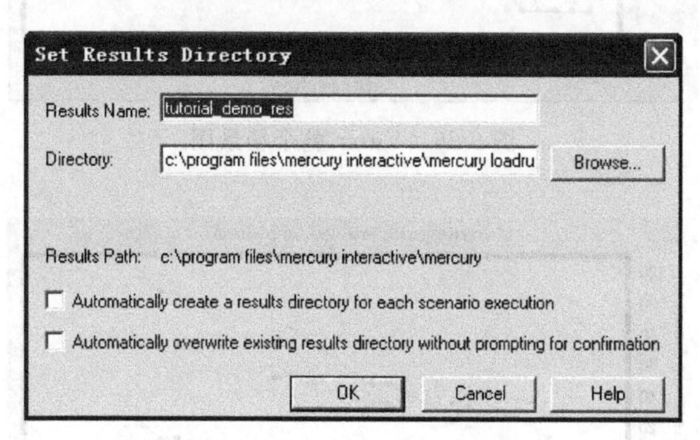

图 9-25 “场景”运行测试

指定新的结果目录，对每个结果集输入唯一且有意义的名称，原因是在分析图时，可能需要重叠几个场景运行的结果。

9.3.5 监视与分析结果

设置了负载行为之后，可以监视到各个服务器的运行情况以及应用程序对系统的影响。监视场景通过添加性能计数器来实现。

创建应用程序中的负载的同时，应了解应用程序的实时执行情况以及可能会遇到的问题。利用 LoadRunner 的集成监控器套件可以度量测试期间每一个层、服务器和系统组件的性能。LoadRunner 包括用于各种主要后端系统组件（其中包括 Web、应用程序、网络、数据库和 ERP/CRM 服务器）的监视器。

1. 查看默认图

默认情况下，Controller 显示正在运行的 Vuser 图、事务响应时间图、每秒单击次数图和 Windows 资源图。由于前三个图不需要配置，下面配置 Windows 资源监控器以进行此测试。

（1）通过正在运行的 Vuser-整个场景图，可以监控指定时间正在运行的 Vuser 数。可以看到 Vuser 以每分钟两个 Vuser 的速率逐渐开始运行，如图 9-26 所示。

（2）通过事务响应时间-整个场景图，可以监控完成每个事务所花费的时间，如图 9-27 所示。可以看到随着越来越多的 Vuser 运行接受测试的应用程序，事务响应时间将增加，提供给客户的服务水平将降低。

（3）通过每秒单击次数-整个场景图，可以监控场景运行的每一秒内 Vuser 在 Web 服务器上的单击次数（HTTP 请求数）。这样可以跟踪了解在服务器上生成的负载量。

（4）通过 Windows 资源图，可以监控在场景执行期间度量的 Windows 资源使用情况（如 CPU、磁盘或内存使用率）。

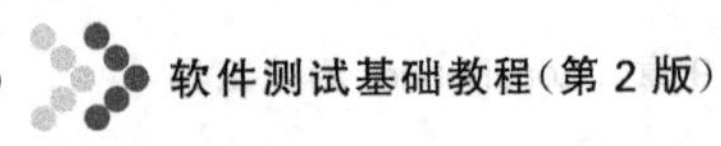

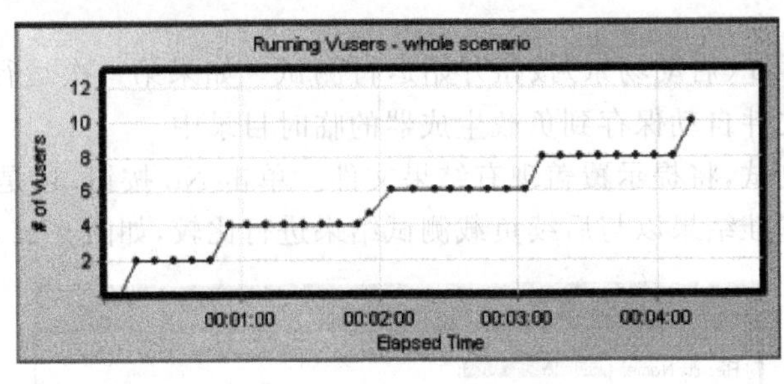

图 9-26　Vuser-整个场景图

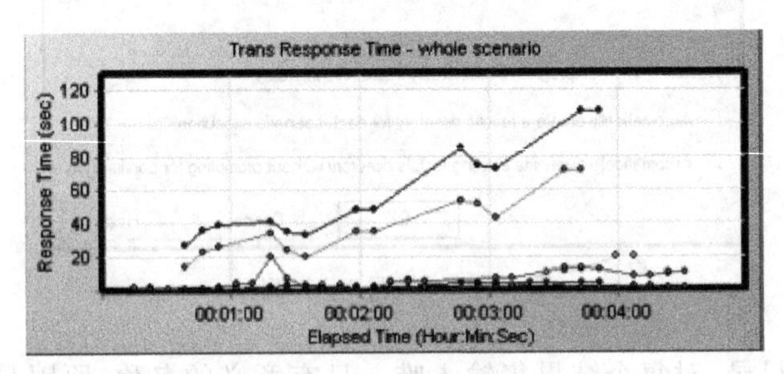

图 9-27　事务响应时间-整个场景图

2. 查看错误信息

如果计算机处理的负载很重,就可能遇到错误。在可用图树中选择错误统计信息图并将其拖入 Windows 资源图窗格中。错误统计信息图提供了有关场景执行期间发生错误的时间及错误数的详细信息。这些错误按照错误源(如在脚本中的位置或负载生成器名)分组,如图 9-28 所示。

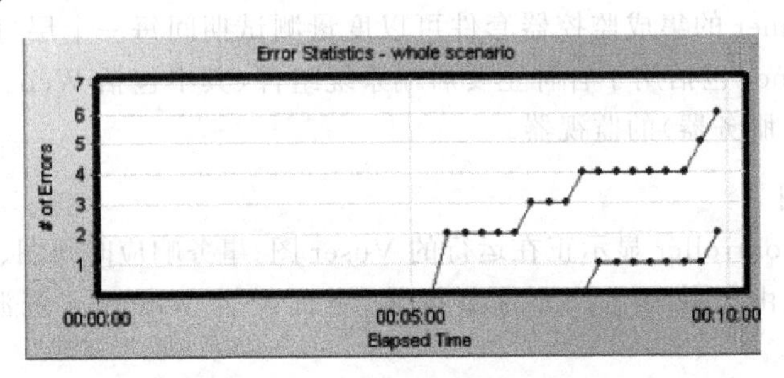

图 9-28　Windows 资源图窗格

在此例中,可以看到 5min 后系统错误数开始不断增加。这些错误是由响应时间降低引起的超时所导致的。

3. 分析结果

经过脚本录制、设计场景和运行场景之后,需要对测试结果进行分析,发现问题,以提高系统的性能。结果分析主要依据负载测试期间 LoadRunner 工具生成的性能分析信息的图和报告。可以将多个场景中的结果组合在一起来比较多个图,也可以使用自动关联工具将所有包含能够对响应时间产生影响的数据的图合并,并确认出现问题的原因。使用这些图和报告,可以容易地识别应用程序中的瓶颈,并确定需要对系统进行哪些更改来提高系统性能。

Analysis Session 是脚本在场景运行后,对 LoadRunner 的运行结果文件(后缀为.lrr)进行修改后保存产生的 Session(会话)文件。Analysis Session 可以对 Session 进行保存。

1) 启动 Analysis 会话

(1) 打开 Mercury LoadRunner

选择"开始"→"所有程序"→Mercury LoadRunner→LoadRunner,将打开 Mercury LoadRunner 窗口。

(2) 打开 LoadRunner Analysis

在"负载测试"(Load testing)选项卡中,单击"分析负载测试"(Analyze Load Tests),将打开 LoadRunner Analysis。

(3) 打开 Analysis 会话文件

在 Analysis 窗口中,选择 File→Open 命令,将打开"打开现有 Analysis 会话文件"(Open Existing Analysis Session File)对话框。在<LoadRunner 安装目录>\Tutorial 文件夹中,选择 analysis_session 并单击"打开"按钮,如图 9-29 所示。Analysis 将在 Analysis 窗口中打开该会话文件。

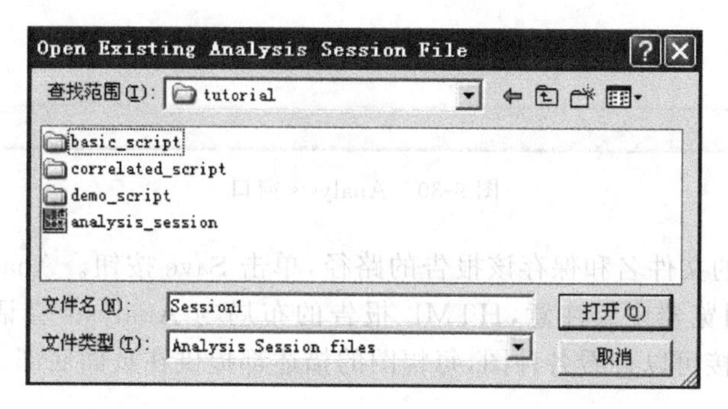

图 9-29 "打开现有 Analysis 会话文件"对话框

2) Analysis 窗口描述

Analysis 窗口包括三个主要部分,如图 9-30 所示。

(1) 图树:在左窗格中,Analysis 将显示可以打开查看的图。可以在此处显示打开 Analysis 时未显示的新图,或删除不想再查看的图。

(2) 图查看区域:Analysis 在此右窗格中显示图。默认情况下,当打开一个会话时,Analysis 概要报告将显示在此区域。

(3) 图例:位于底部窗格中,可以查看选定图中的数据。请在图查看区域查看 Analysis 概要报告。

3) 发布结果

可以以 HTML 或 Microsoft Word 报告的形式发布 Analysis 会话的结果。该报告使用设计者模板创建,并且包括所提供的图和数据的解释和图例。

HTML 报告可以在任何浏览器中打开和查看。要创建 HTML 报告,请执行下列操作。

(1) 在"报告"(Reports)菜单中选择"HTML 报告"(HTML Report)。

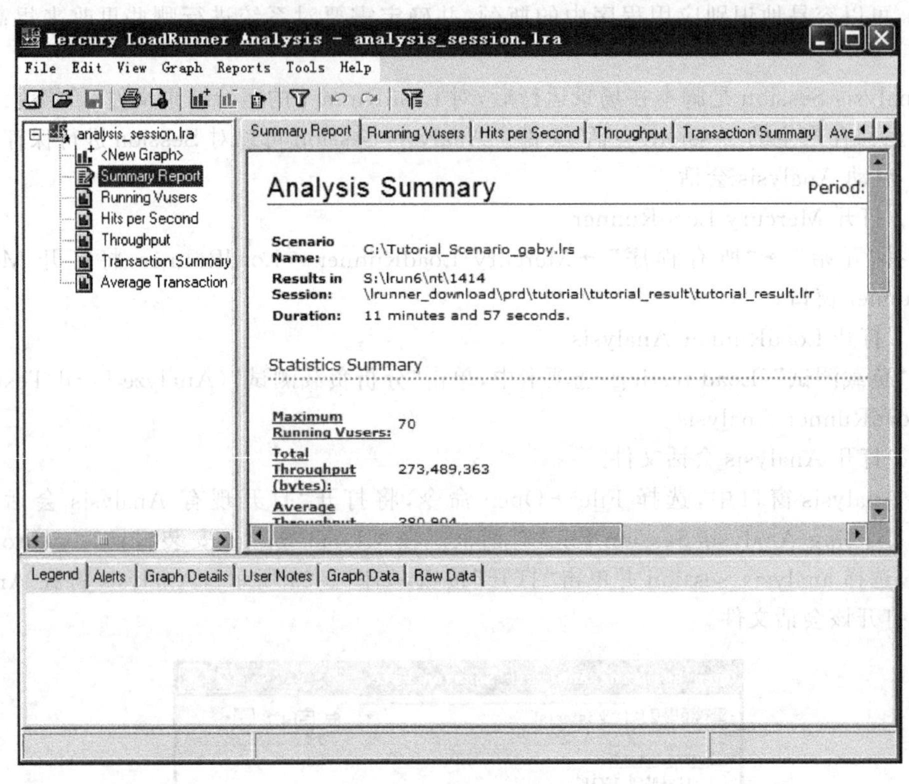

图 9-30 Analysis 窗口

(2) 选择报告的文件名和保存该报告的路径,单击 Save 按钮。Analysis 将创建报告并将其显示在 Web 浏览器中。注意,HTML 报告的布局与 Analysis 会话的布局十分类似。单击左窗格中的链接可以查看各种图,每幅图的描述都提供在页面底部。

9.4 LoadRunner 测试实例

本节中登录广东技术师范大学网站首页 http://www.gpnu.edu.cn/,然后进入学生综合服务平台 http://www.gpnu.edu.cn/zxxs.htm,接着进入网络教学平台系统 http://10.0.10.184/jwglxt/xtgl/login_slogin.html,输入用户名和密码之后进入课程查询界面,可以进行各种查询操作,如查询课程简介、教学大纲、个人账号、课程公告、教学资源、课程作业和交流论坛等。设置创建 50 个虚拟用户,并进行压力测试的过程,最后对所得的结果进行分析。(由于每个场景都要进行类似的过程,所以只以此为例。)

9.4.1 录制与回放

1. 启动 VuGen 脚本生成器

启动 LoadRunner 的 VuGen 界面之后,选择 File→New 命令,创建新的虚拟用户,如图 9-31 所示。在其中选择 Web(HTTP/HTML)用户协议。

2. 开始录制

单击 OK 按钮之后出现开始录制系统的选项，输入广东技术师范大学网站首页(http://www.gpnu.edu.cn)并进行相关设置，如图 9-31 所示。

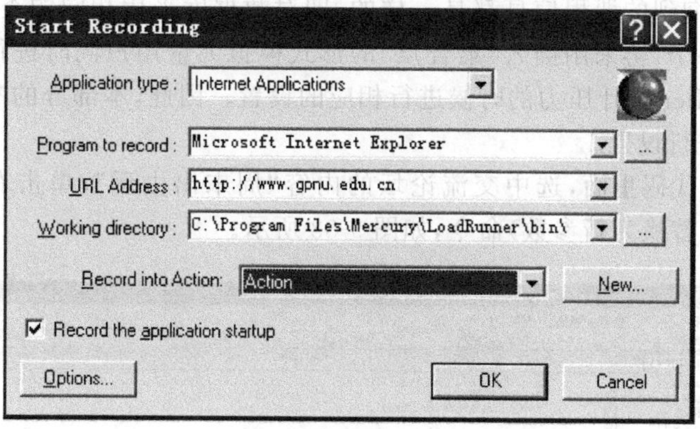

Start Recording
Application type: Internet Applications
Program to record: Microsoft Internet Explorer
URL Address: http://www.gpnu.edu.cn
Working directory: C:\Program Files\Mercury\LoadRunner\bin\
Record into Action: Action　New...
Record the application startup
Options...　OK　Cancel

图 9-31　输入测试网址

单击“录制”按钮后，按照前面介绍的操作流程进行录制，录制完成后的代码界面如图 9-32 所示。

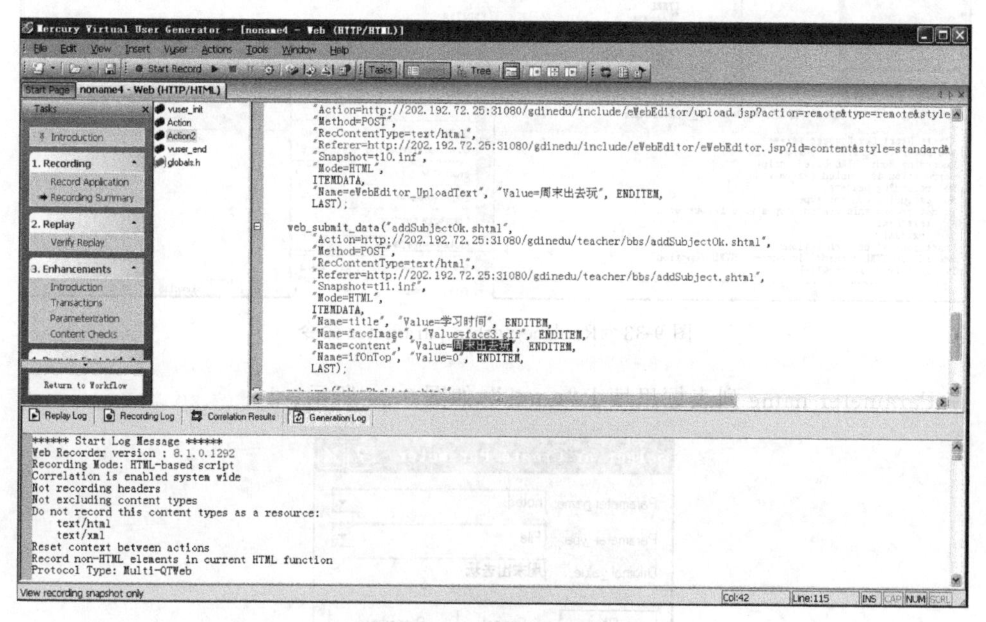

图 9-32　录制后的代码界面

在如图 9-32 所示的窗口中，主要有三个部分：左边部分有 vuser_init、Action 和 vuser_end 三个主要部分以及全局函数 globals.h；右边部分是 LoadRunner 对用户操作过程录制的代码；最下面是软件对代码的分析信息。然后对录制代码进行回放操作并且成功。

接下来进行修改虚拟用户脚本的工作。因为 LoadRunner 通过创建模拟虚拟用户的形式来模拟真实用户的操作过程，并通过这样的形式对服务器产生压力，进行各种测试，所以可以节省大量的人力物力。

3. 参数化设置

因为忽略用户登录系统过程,并且每个用户登录系统之后所查询的个人信息数据量都不是很大,而且查询到的课程信息都是一样的,即对数据库采用相同的查询语句,所以登录的用户可以只有一个,再采用插入"集合点"的形式模拟大量用户同时进行课程信息查询的操作,并在Controller设计压力的时候进行相应的设置。因此,本部分的参数化设置主要是对交流论坛部分进行设置。

在Action2的代码里面,选中交流论坛的内容"周末出去玩",单击右键,选中Replace with a parameter(替换为新参数)命令,如图9-33所示。

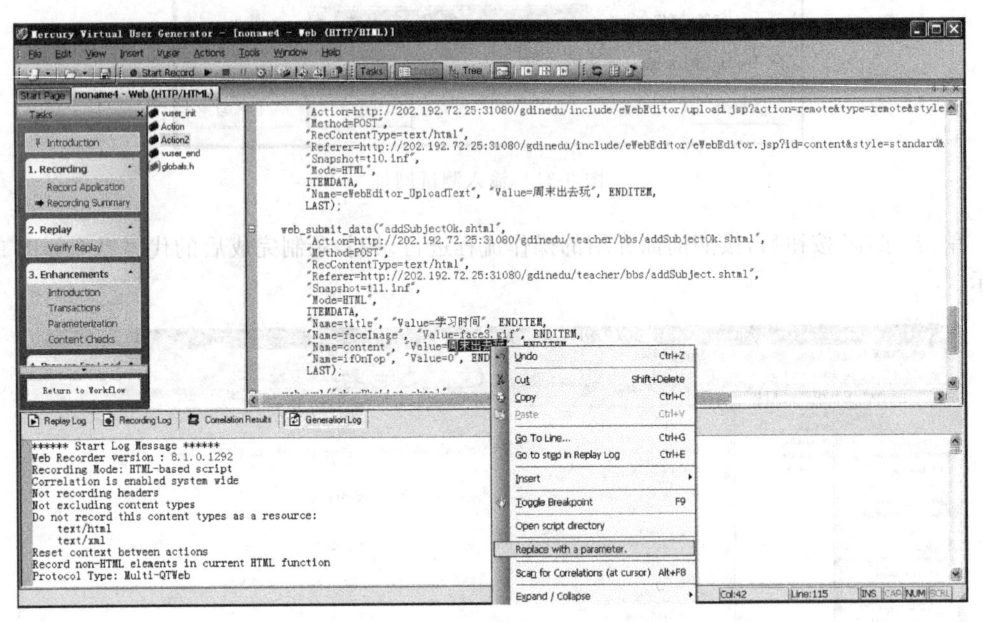

图 9-33 Replace with a parameter 命令

在Parameter name列表框里填上"notes",如图9-34所示。

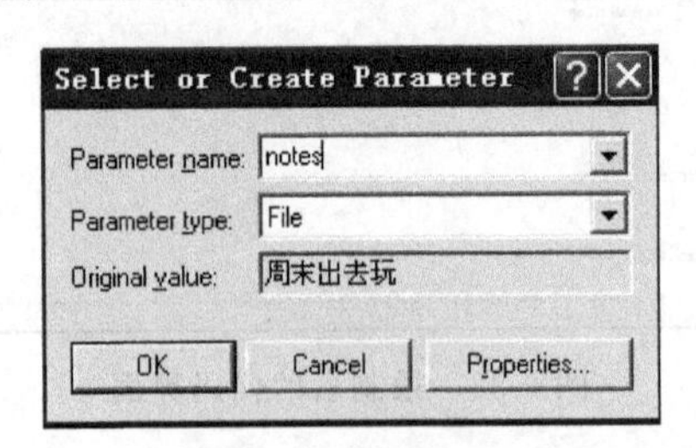

图 9-34 更改参数选项

这里的"notes"相当于C语言中的变量,也可以看成一个文件,用来存储用户的留言。可以单击"Properties"(属性)按钮,出现如图9-35所示的对话框。单击Add Row(添加行)按钮就可以添加留言的内容了。内容添加完毕之后,单击Close(关闭)按钮就完成设置了。

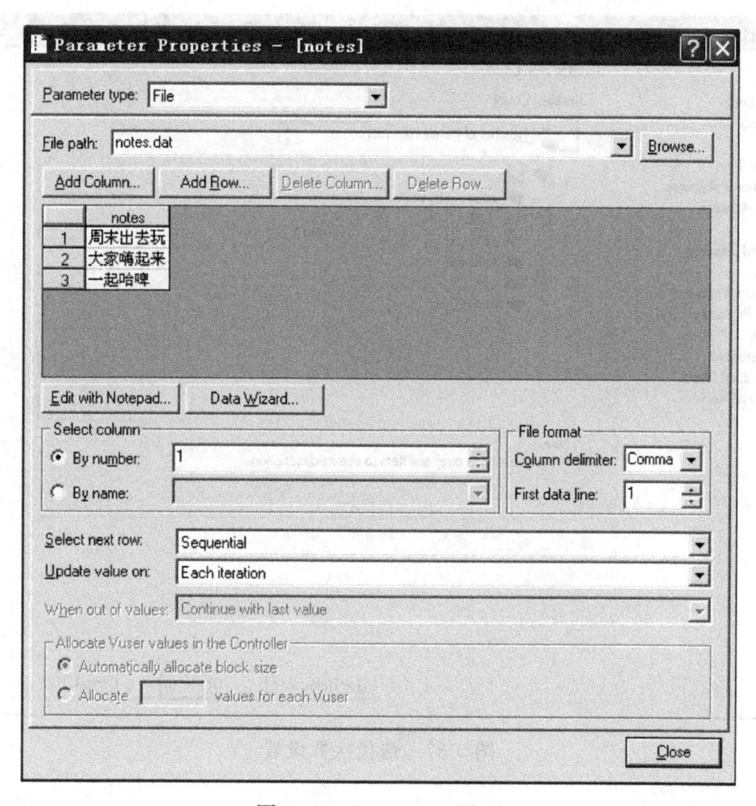

图 9-35　Properties 界面

4. 进行“运行时设置”

单击 Vuser 菜单→Run-Time Settings(运行时设置)命令,并把运行迭代次数设置为 50,如图 9-36 和图 9-37 所示。

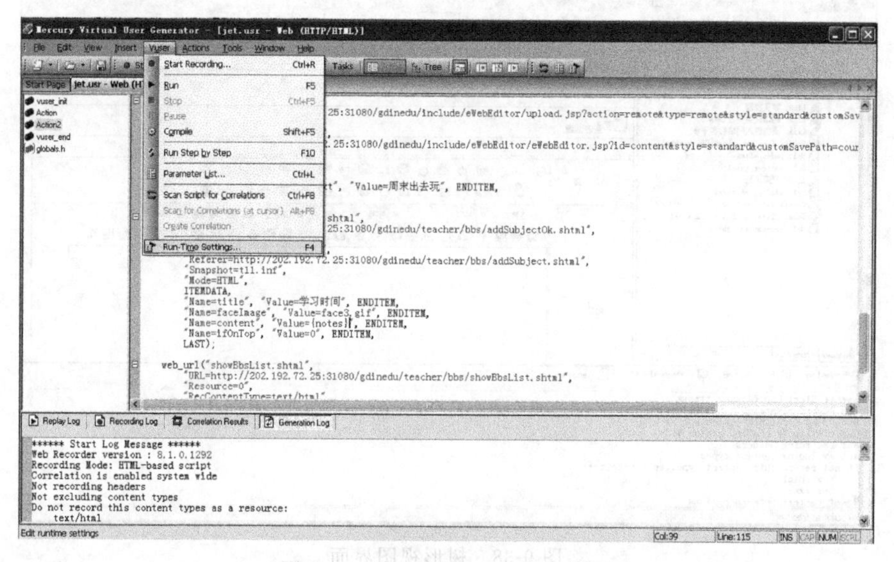

图 9-36　Run-Time Settings 界面

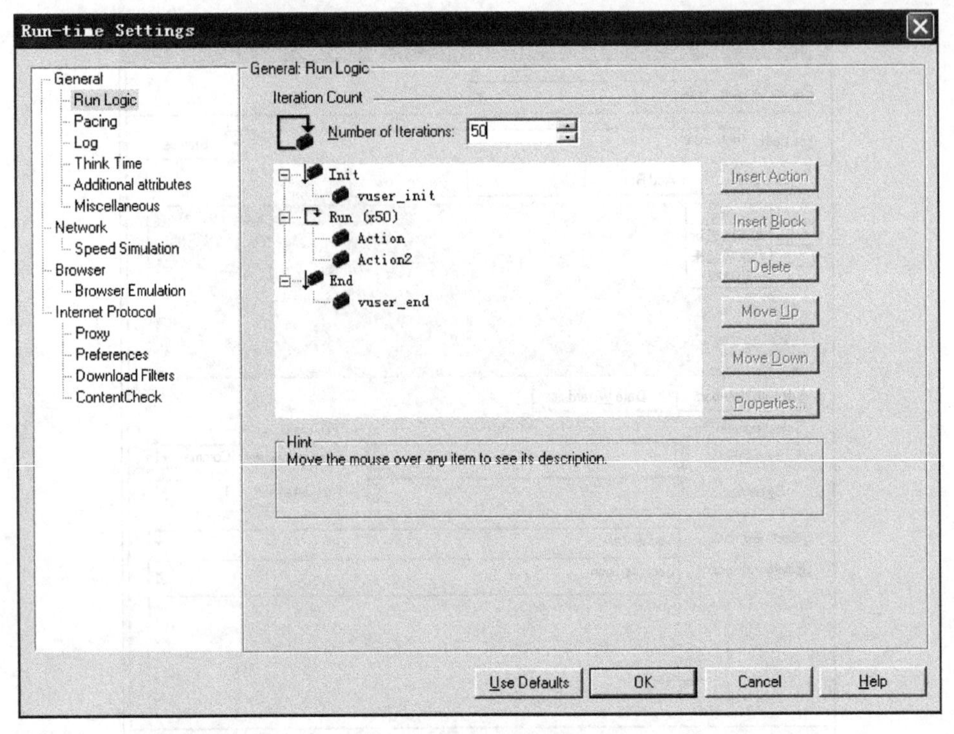

图 9-37　迭代次数设置

5. 插入事件和集合点

单击菜单 View(视图)→Tree View(树形视图)命令,将切换到树形视图,如图 9-38 所示。

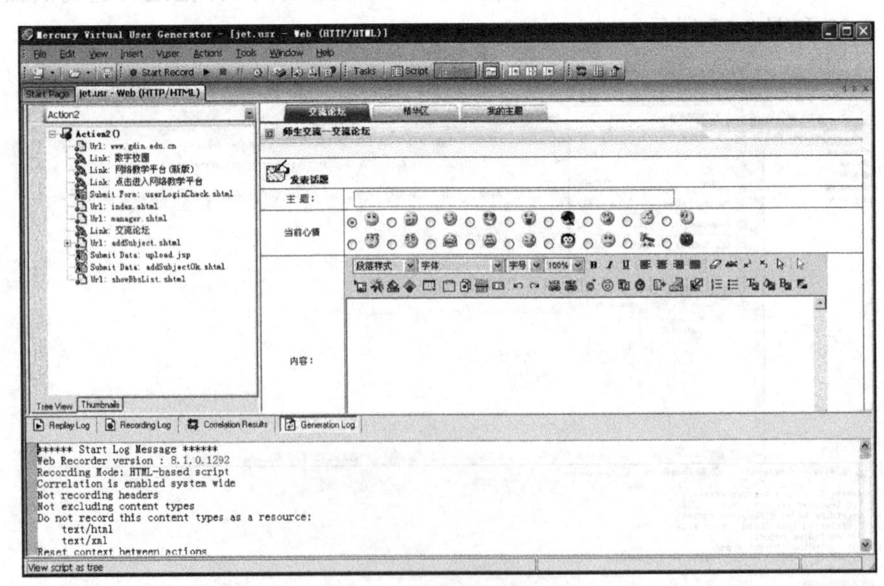

图 9-38　树形视图界面

因为测试所要获得的主要数据来自从用户登录系统到退出系统的这段时间，所以在用户登录系统之后、进行数据查询之前设置一个“开始事件”，在退出之前设置一个“结束事件”，在课程信息查询之前插入一个“集合点”，如图 9-39 和图 9-40 所示。

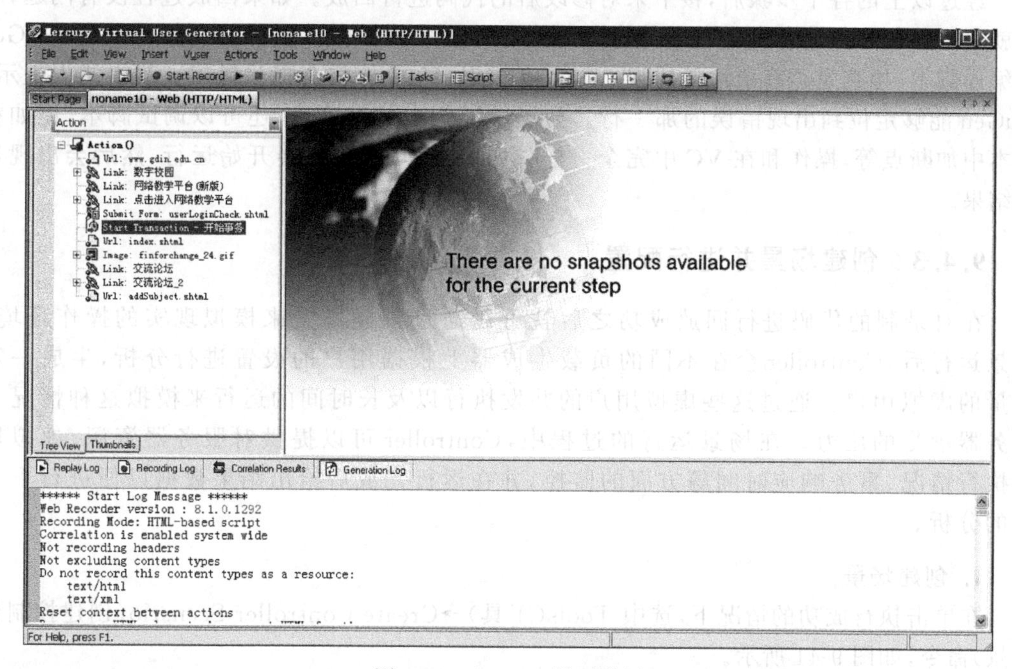

图 9-39 Action1 界面设置

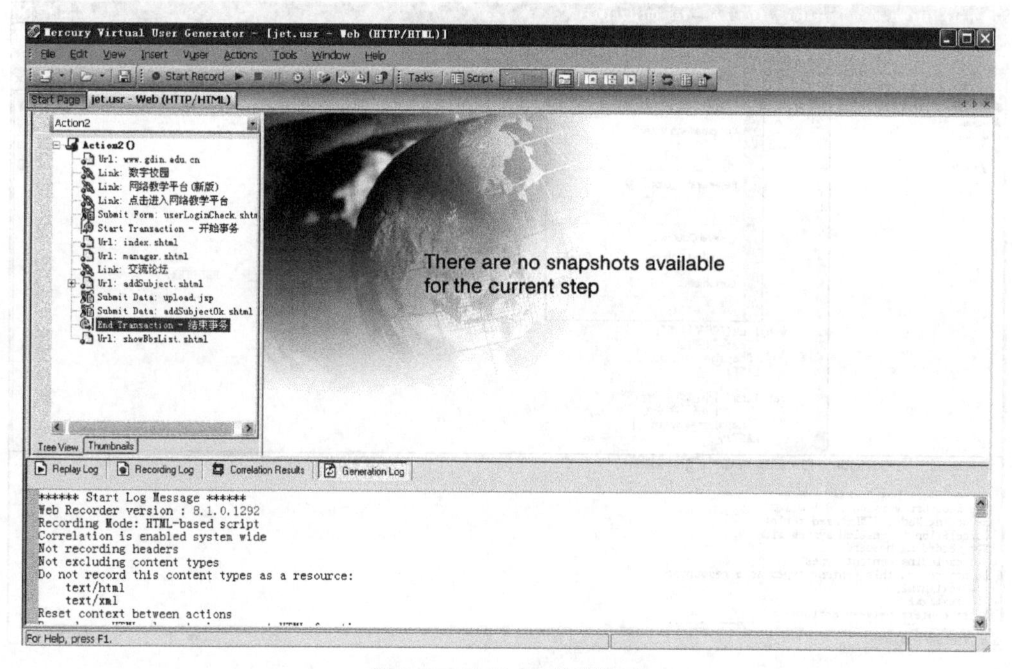

图 9-40 Action2 界面设置

9.4.2 单机运行测试脚本

经过以上的各个步骤后,接下来对修改后的代码进行回放。如果回放过程没有问题,脚本就可以运行了。运行脚本可以通过菜单或者工具栏来操作。执行"运行"命令后,VuGen先编译脚本,检查是否有语法等错误。如果有错误,VuGen将会提示错误。双击错误提示,VuGen能够定位到出现错误的那一行。为了验证脚本的正确性,还可以调试脚本,比如在脚本中加断点等,操作和在VC中完全一样。如果编译通过,就会开始运行,然后会出现运行结果。

9.4.3 创建场景并进行配置

在对录制的代码进行回放成功之后就可以通过创建场景来模拟现实的操作环境。场景运行后,Controller会在不同的负载生成器上根据用户的设置进行分析,生成一定数量的虚拟用户。通过这些虚拟用户的并发执行以及长时间的运行来模拟这种情况下服务器承受的压力。在场景运行的过程中,Controller可以提供对服务器资源、虚拟用户执行情况、事务响应时间等方面的监控,并在运行完成后给出结果数据以便进行下一步的分析。

1. 创建场景

在单击执行成功的情况下,选中Tools(工具)→Create Controller Scenario(创建控制器场景)命令,如图9-41所示。

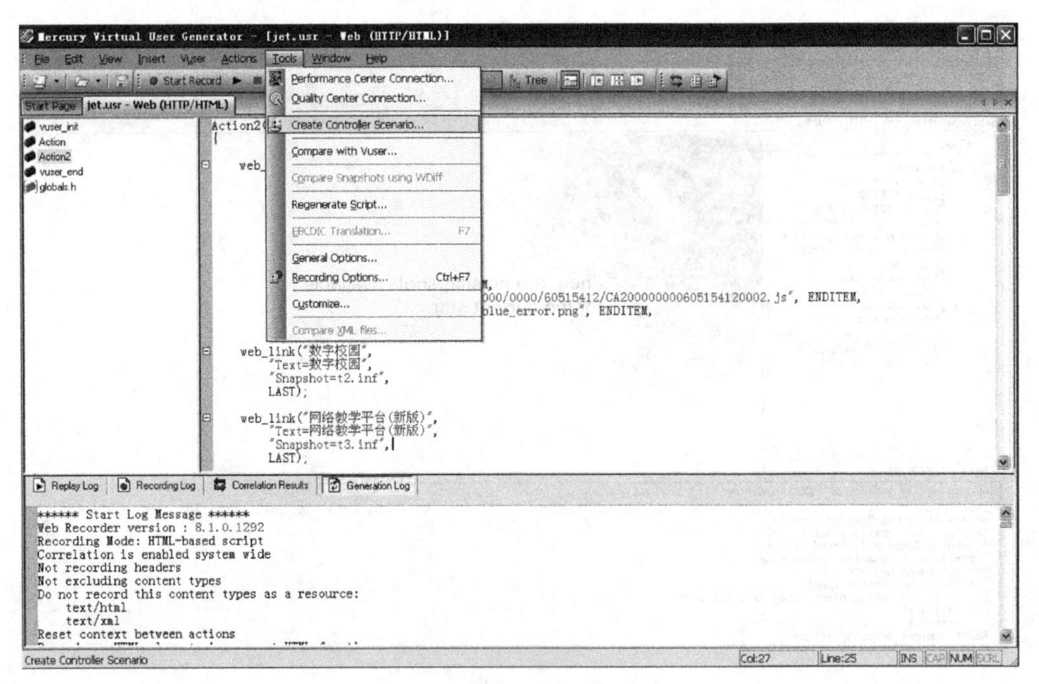

图9-41 创建场景界面

单击,出现如图 9-42 所示的对话框,在其中设置虚拟用户的数量及保存路径等信息。设置的虚拟用户数量为 50 个,单击 OK 按钮,出现如图 9-43 所示的窗口。

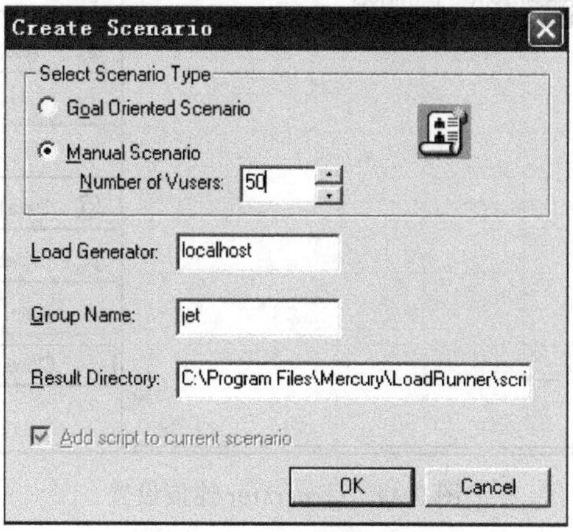

图 9-42 Vuser 数量设置

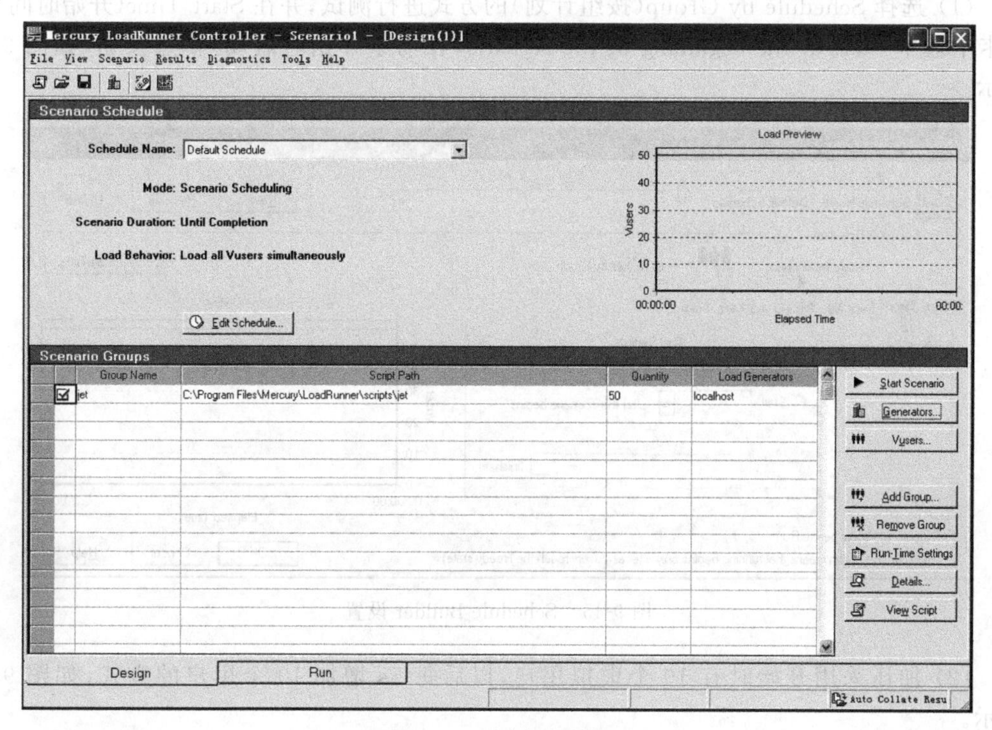

图 9-43 创建场景设置

2. 设置场景

1) 配置生成器

单击生成器之后,发现负载生成器状态是关闭的,在这样的状态下是不能进行测试的。这时候需要单击 Connect(连接)按钮,结果如图 9-44 所示。

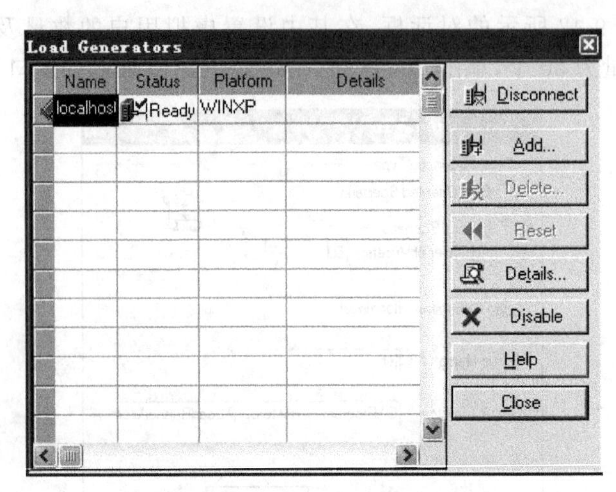

图 9-44 Generator 连接设置

2) 配置"编辑计划"

(1) 选择 Schedule by Group(按组计划)的方式进行测试,并在 Start Time(开始时间)选项卡中选中 Start at the beginning of the scenario(在场景开始时启动)单选按钮,如图 9-45 所示。

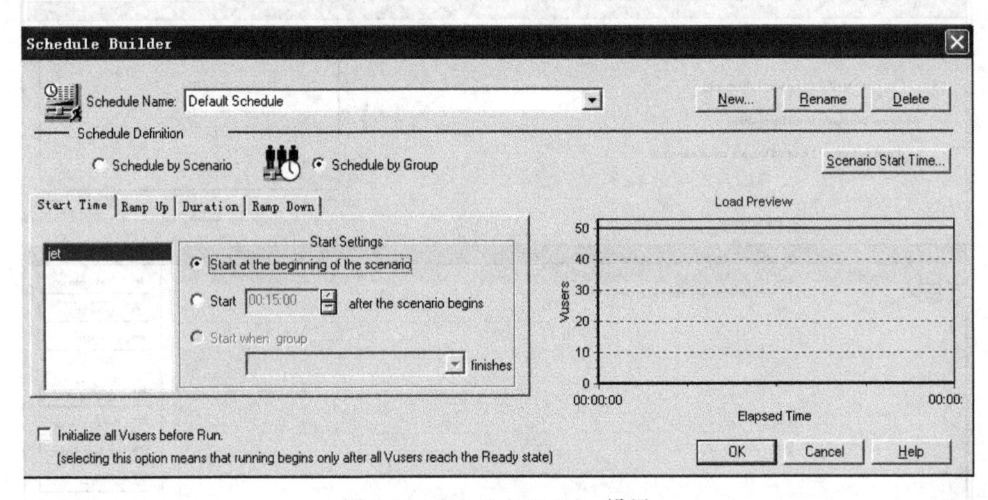

图 9-45 Schedule Builder 设置

(2) 加压采用开始时有 10 个虚拟用户,以后每 5s 增加 10 个用户的方式,如图 9-46 所示。

(3) Duration(持续时间)和 Ramp Down(减压)方式采用默认设置就可以了。在 Scenario Start(场景开始时间)中可以用来设置场景的开始时间,如图 9-47 所示。

3) 设置 IP 欺骗

(1) 启动 Controller,然后在 Controller 的 Scenario 菜单栏里面选择 Enable IP Spoofer(应用 IP 欺骗)命令,如图 9-48 所示。

(2) 在 Tools(工具)菜单栏里面选中 Expert Mode(专家模式)。

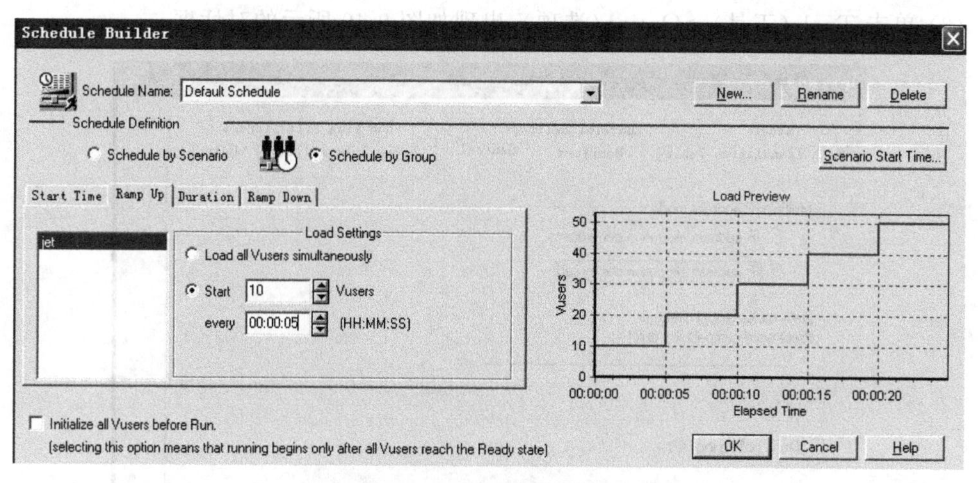

图 9-46 Ramp Up 设置

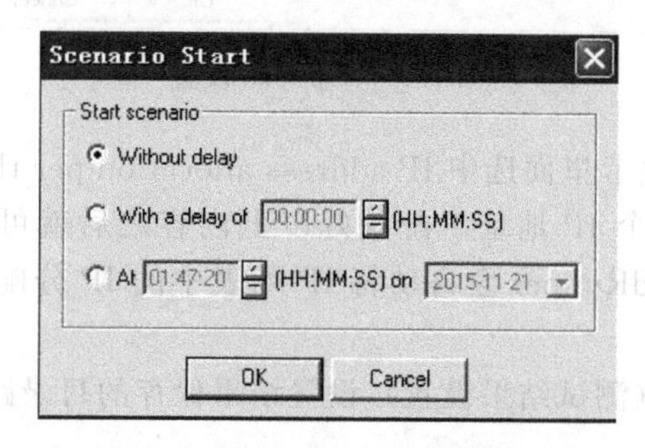

图 9-47 Scenario Start 设置

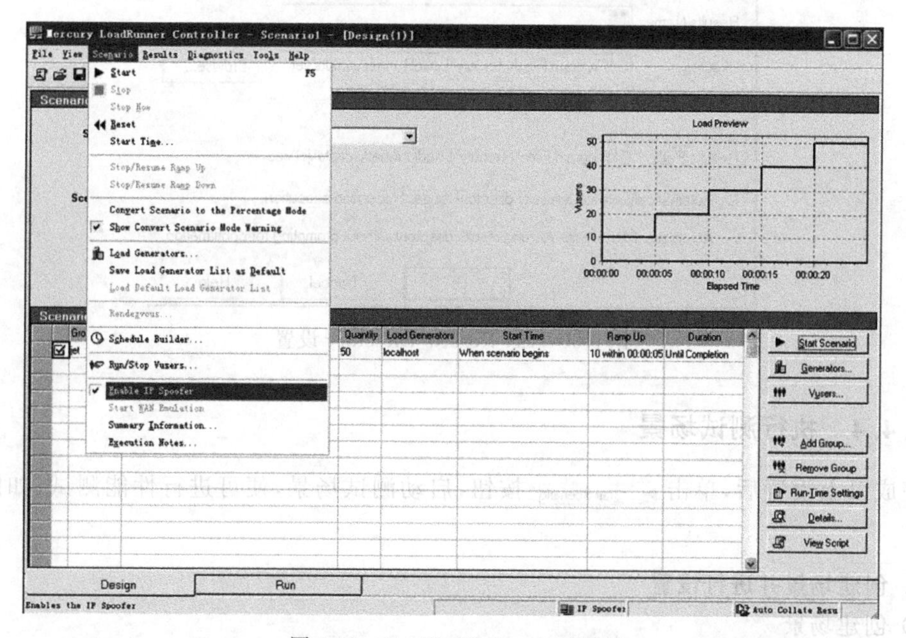

图 9-48 Enable IP Spoofer 设置

(3) 单击 Tools(工具)→Option(选项),出现如图 9-49 所示的对话框。

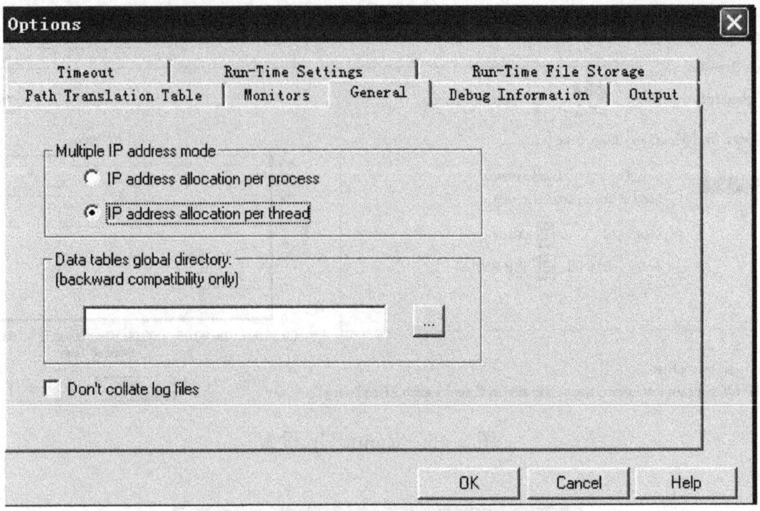

图 9-49 Options 设置

在 General(常规)选项卡里面选中 IP address allocation per thread(每个线程的 IP 地址分配),为每个线程分配一个 IP 地址。配置好以上内容之后就可以开始运行测试场景了。在场景的运行过程中,LoadRunner 会自动将 IP 列表中的 IP 分配给虚拟用户使用,模拟出接近真实情况的访问场景。

最后设置 Set Results(测试结果设置),设置结果保存的目录路径,如图 9-50 所示。

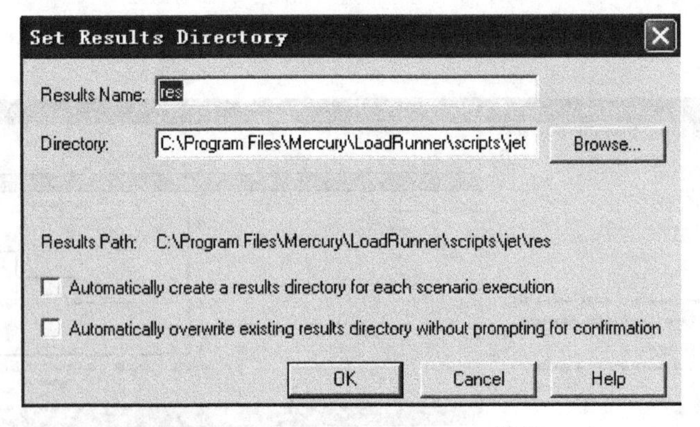

图 9-50 Set Results Directory 设置

9.4.4 执行测试场景

完成以上设置后,单击 ▶ Start Scenario 按钮,启动测试场景,便可进行性能测试,如图 9-51 所示。

1. 创建场景并进行设置

1) 创建场景

单击菜单栏上的 Tools(工具)→Add Group(添加场景组),如图 9-52 所示。

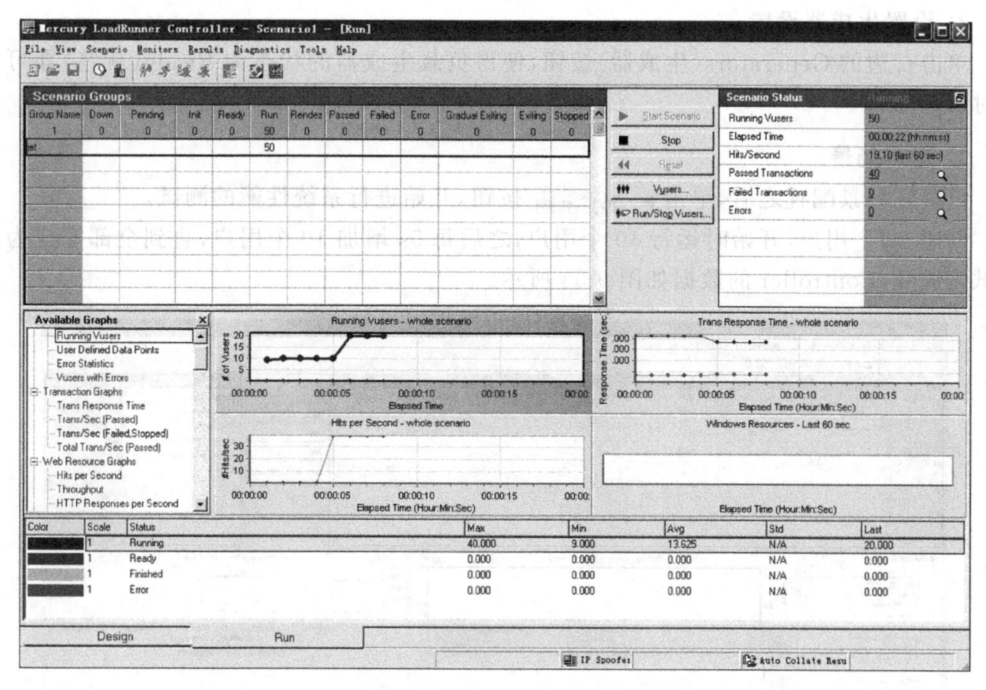

图 9-51　Scenario Run 图

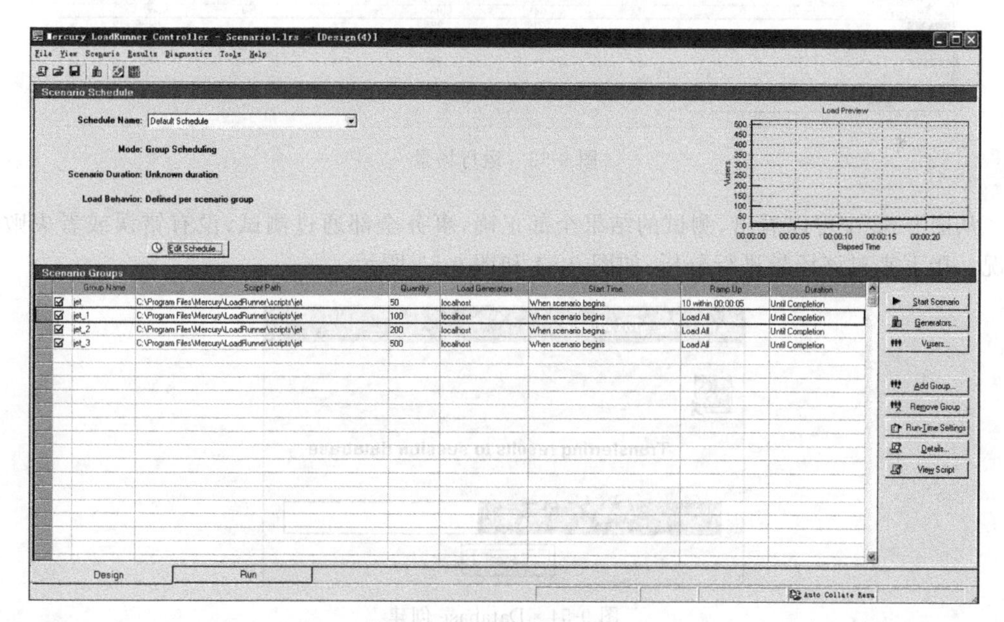

图 9-52　Add Group 界面

由图 9-52 可见，总共创建了 4 个场景。第一个场景创建 50 个用户，刚开始运行 10 个，之后每 5s 增加 10 个，直到全部完成。第二个场景创建 100 个用户，同时加载 100 个用户，直到全部完成。第三个场景同时加载 200 个用户，直到完成。第四个场景同时加载 500 个用户，直到完成。

2) 设置生成器设置

单击右边的 Generators(生成器)按钮,使得负载生成器的状态为 Ready(就绪)即可,关闭对话框。

2. 运行场景

设置好场景配置之后,单击 ▶ Start Scenario 按钮,开始进行系统性能的测试。

创建 50 个用户,开始时运行 10 个用户,之后每 5s 增加 10 个用户,直到全部完成为止。测试完成后,Controller 的数据如图 9-53 所示。

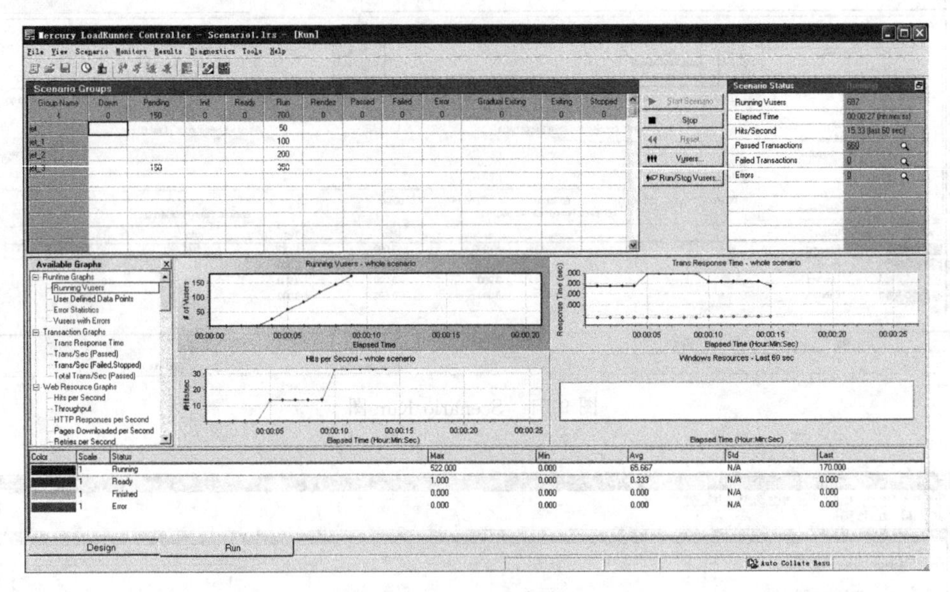

图 9-53 运行场景

从图 9-53 中可以看出,测试的结果全部正确,事务全部通过测试,没有错误或者失败的情况。接下来对该场景进行分析,如图 9-54 和图 9-55 所示。

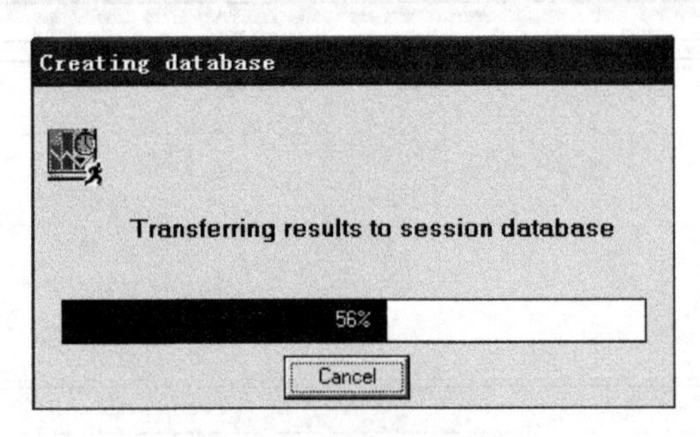

图 9-54 Database 创建

9.4.5 结果分析

1. 用户数的变化

在执行测试时,用户数的变化如图 9-56 所示。

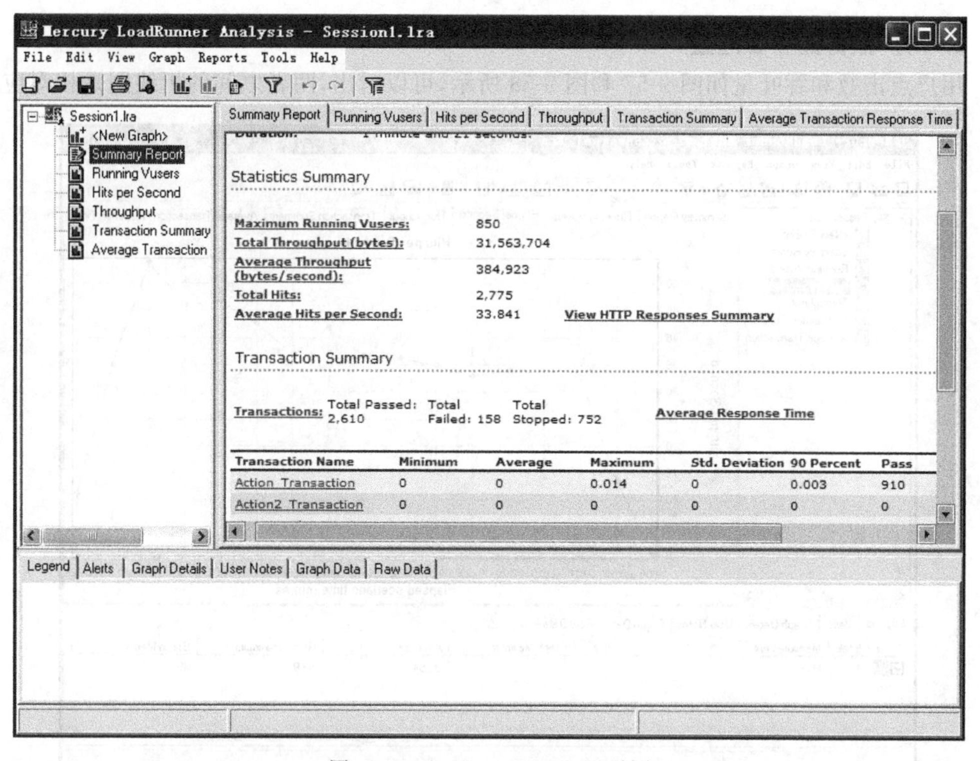

图 9-55　Analysis Result 显示图

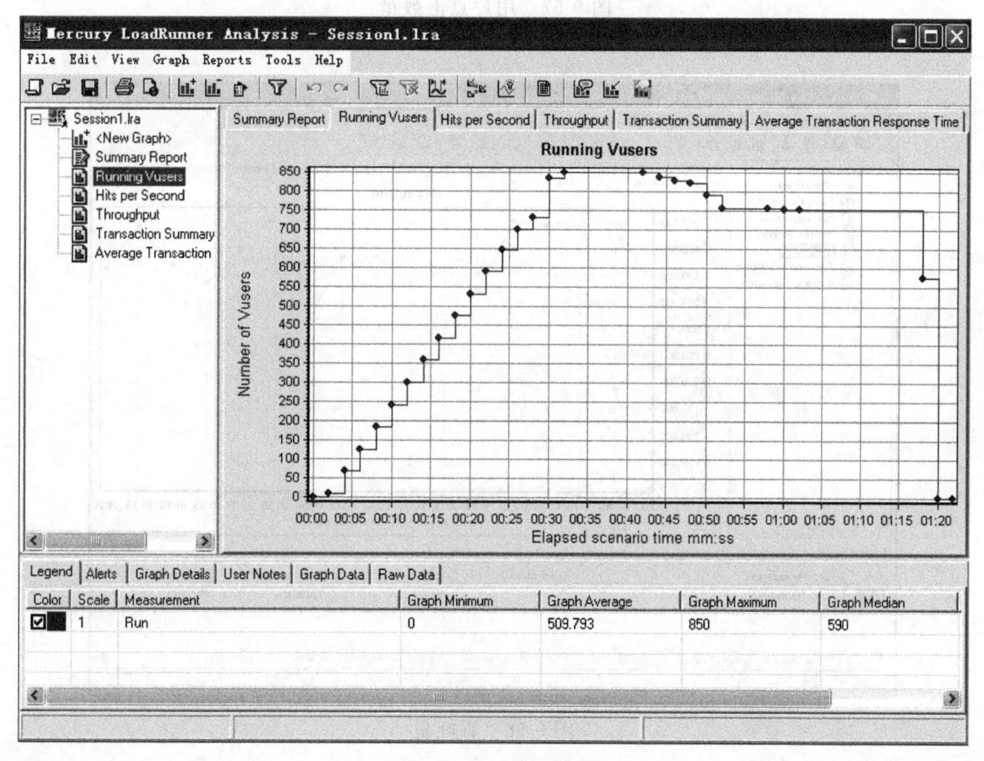

图 9-56　Vuser 数量

2. 用户点击数和吞吐量

用户点击数和吞吐量如图 9-57 和图 9-58 所示,可以看出,两者之间的折线图是相对应的。

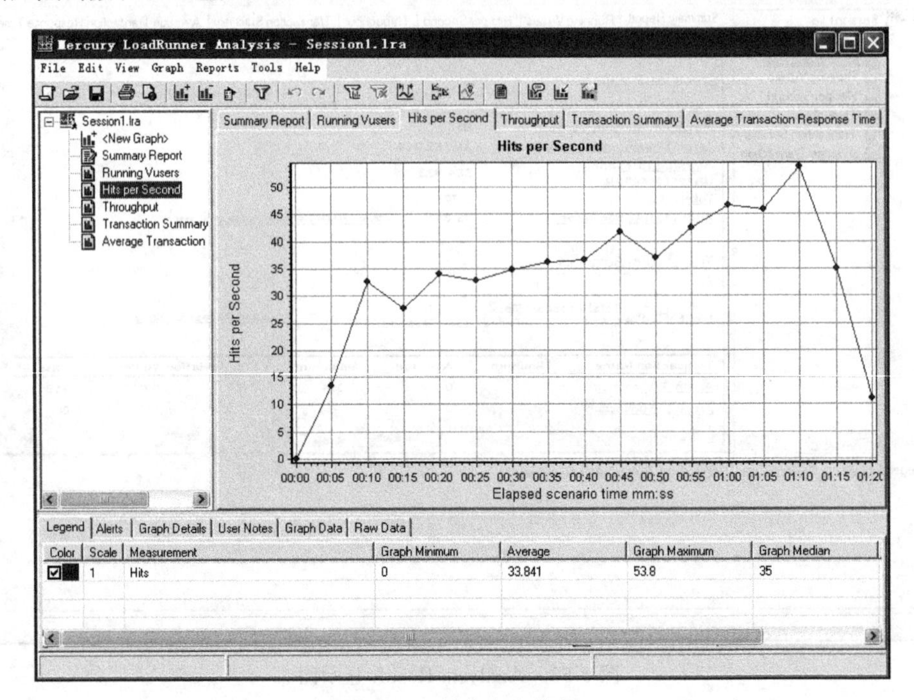

图 9-57 用户点击数量

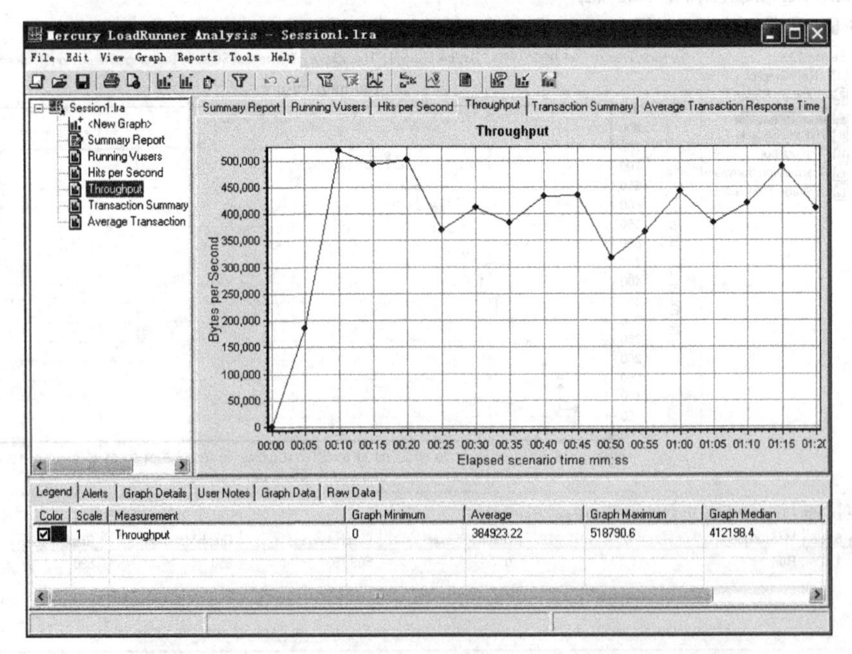

图 9-58 吞吐量

3. 事务摘要和整个场景

事务摘要和整个场景如图 9-59 和图 9-60 所示。

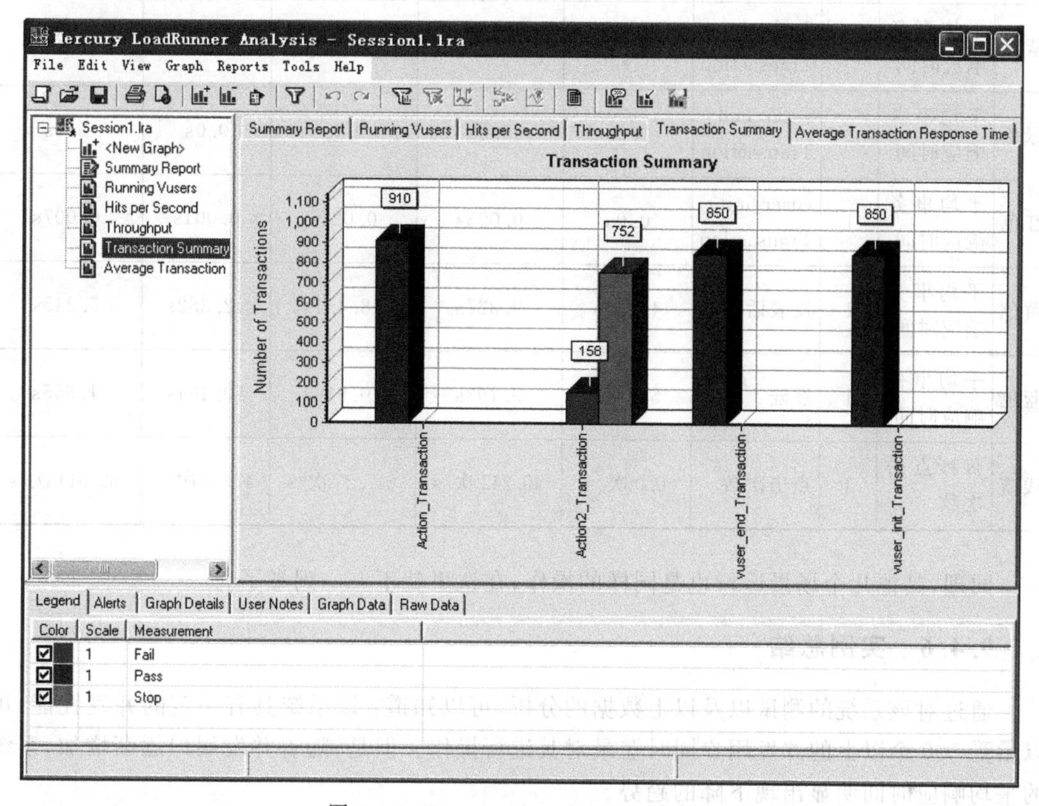

图 9-59 Transaction Summary 界面图

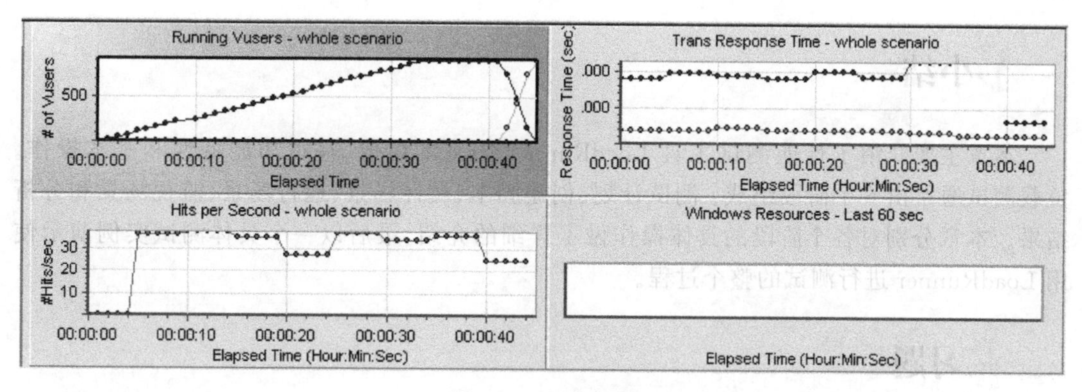

图 9-60 整个场景

结合图 9-59 和图 9-60 可以看出，在该场景的测试中，“发表话题”“初始化”“登录”三个事务的平均响应时间都在 10～30s，“Action 事务”的平均响应时间在 20～40s。场景运行分析表如表 9-1 所示。

表 9-1　场景运行分析表

颜色	图表	级别	测量	图表最小值	图表均值	图表最大值	图表中间值	图表 SD 值
紫色	平均事务响应时间	1	Action_Transaction	0.846s	0.104s	0.871s	0.982s	0.878s
绿色	平均事务响应时间	1	vuser_end_Transaction	0.0s	0.0s	0.0s	0.0s	0.0s
红色	平均事务响应时间	1	vuser_init_Transaction	0.0s	0.003s	0.027s	0.001s	0.007s
黄色	平均事务响应时间	1	发表话题	4.227s	9.327s	18.451s	12.382s	5.245s
蓝色	平均事务响应时间	1	登陆	5.685s	9.193s	10.916s	10.464s	1.855s
浅蓝	每秒点击次数	1	点击次数	0.0 次/s	40.242 次/s	217.25 次/s	47.51 次/s	62.914 次/s

同理,其他几个场景运行也是同样的操作,在这里就不一一列举了。

9.4.6　实例总结

通过对该系统的测试以及以上数据的分析,可以知道:该系统具有一定的并发性能,可以承受500个以上的并发用户同时登录对其进行操作。但是,随着并发用户逐渐增加,系统的平均响应时间明显出现下降的趋势。

由此可见,该系统的服务器在承受大量用户并发访问的时候,性能极速下降。服务器性能有待提高。

小结

本章主要介绍了性能测试工具 LoadRunner 的基本组成、基本功能特性和基本操作。负载测试通常由6个阶段组成:测试计划、创建脚本、设计场景、运行场景、监视场景和分析结果。本章分别对各个阶段的具体操作做了详细的介绍,最后以一个具体测试实例演示使用 LoadRunner 进行测试的整个过程。

习题

1. 什么是性能测试? 性能测试主要有哪些方面的指标?
2. LoadRunner 工具由几个部分组成? 其测试的原理是什么?
3. LoadRunner 的基本功能有哪些?
4. 若对一个实际存在的网站进行负载测试,你会怎样进行操作? 试简述之。

第10章 软件测试管理

10

【本章学习目标】

- 了解测试管理的基本内容。
- 了解测试管理工具的运用。
- 掌握测试报告的撰写和对测试进行评估的方法。

本章首先介绍测试计划的目标、作用,测试策略和计划的制订,然后介绍了测试范围分析与工作量的估算,资源的安排和进度管理,测试风险的控制。最后介绍测试报告的撰写和测试评估,以及测试管理工具。

10.1 测试计划

软件测试管理是软件项目管理中的重要内容。它以测试活动为管理对象,运用软件测试知识、技能、工具和方法,对测试活动进行计划、组织、执行和控制,以保证测试活动在规定的时间和成本内完成,并达到一定的质量要求。软件测试活动在整个软件开发生命周期中可以分为几个子活动,包括软件测试计划、测试用例分析与设计、测试用例实施与管理、测试报告与测试评估等。在前面的几章中已经介绍了测试的一些基本概念和测试用例的设计原则、测试用例的设计方法、自动化测试等。本章主要介绍软件测试计划、测试范围分析与工作量估算、资源安排和进度管理、测试风险的控制、测试报告等内容。

测试计划(Testing Plan)是描述了要进行的测试活动的范围、方法、资源和进度的文档;是对整个信息系统应用软件组装测试和确认测试的安排。它确定测试项、被测特性、测试任务、谁执行任务、各种可能的风险。测试计划可以有效预防计划的风险,保障计划的顺利实施。

10.1.1 测试计划的目标

1. 测试目标分类

测试目标分为整体目标和阶段性目标、特定的任务目标。

1) 整体目标

整体目标是针对软件项目或一个软件产品来确定的,如要求系统地、全面地对软件产品进行测试,包括功能测试、性能测试、适用性测试、安全测试等,并达到所预先定义的测试覆盖率。

2) 阶段性目标

阶段性目标分别针对单元测试、集成测试、系统测试和验收测试来定义所期望的结果,如单元测试的目标是每个单元在系统集成前得到测试,代码行和类的测试覆盖率都要达到90%以上。

3) 特定的任务目标

特定的任务目标是针对某些任务的测试的具体目标。

软件测试需求是源于软件需求的,而软件需求又是源于用户需求的。有些时候,在分析软件测试需求时并不存在已经文档化的软件需求规格说明。在这种情况下,要分析软件测试需求可能仍然需要追溯到用户需求,后者涉及需求工程的专门知识。在一个规范化的软件需求规格说明中,用户需求是由更高层次的业务需求(体现在项目章程、SOW、项目建议书等文档中)细化而成,它通常描述了用户使用该软件系统时会涉及的不同的执行路径、工作逻辑以及所预期的处理结果。

从用户需求出发来确定测试目标,以满足用户对软件产品的需求。对不同类型或不同应用背景的软件系统,其用户需求也是不一样的。例如,对一般的互联网应用服务,强调的是功能性、易用性和性能等方面的测试;而对于航天航空等系统,其安全性、可靠性等方面要求非常高。因此,为了制定正确的测试目标,需要充分理解用户的需求,将用户的需求转化为测试需求。基于测试需求,才能确定测试的目标。

在UML表示方法中,用户需求通常通过用例来进行刻画。用户需求将进一步转化为三类需求项,即功能需求项、性能需求项以及约束性需求项。这三类需求项就是通常意义上的软件需求项。管理这三类需求项的矩阵被称为需求矩阵。在测试资源拥有许可并且确有必要的前提下,测试的使命将是验证和确认待开发的软件及其中间产品满足需求矩阵各个需求项。然而,几乎没有几个公司或开发团队能够提供这类测试所需的诸多的资源。此时,一种可行的策略是将待测试的软件需求项按照优先关系进行排序,以帮助测试经理决策在具备既定资源的情况下,应该如何统筹安排测试工作。

对于不同阶段的测试(单元测试、集成测试、系统测试和验收测试),测试需求开发所涉及的工作内容和方法都会略有差异。例如,如果是验收测试,那么,除了个别的需求需要进一步明确外,几乎可以将测试需求等同于用户需求和业务需求(由于该类测试是以客户为主体,因此并不需要向下追溯到软件需求);如果是系统测试,除了需要对不具备可测试性的软件需求项进一步开发外,几乎可以对软件需求和测试需求不做区分;如果是集成测试,测试需求应该从概要设计规格说明中导出;如果尚不存在概要设计规格说明,就需要从软件需求规格说明出发,与软件设计人员协同工作,具体定出构成系统的各个模块、子系统、分系统的功能、性能、约束性条件以及相互接口关系,根据协同工作的结果,开发出对应的测试需求;如果是单元测试,测试需求应该从详细设计规格说明中导出,如果项目不存在概要设计规格说明,就需要从概要设计规格说明出发,与软件设计人员明确每个模块内部的对象属性与方法以及对象与对象间的通信关系。根据此结果，进一步开发相应的测试需求。通常相关依据文档的可测试性越好，测试需求开发所需要的工作量越少。

除了对软件需求项、测试需求项做优先关系排序，对不具备可测试性或不确定的需求进一步细化、明确化之外，测试需求开发阶段的工作还包括分析各测试需求项之间可能的时间关系排序。哪些测试需求项应该先测，哪些可以延后，哪些可以并行等，都需要在测试需求开发阶段一并分析清楚。

2. 测试目标的内容

确定好测试目标，才能开始制订测试计划；对不同的测试项目，软件测试的基本目标是相同的，要达到的目标如下。

(1) 为测试各项活动制订一个现实可行的、综合的计划，包括每项测试活动的对象、范围、方法、进度和预期结果。

(2) 为项目实施建立一个组织模型，并定义测试项目中每个角色的责任和工作内容。

(3) 开发有效的测试模型，能正确地验证正在开发的软件系统。

(4) 确定测试所需要的时间和资源，以保证其可获得性、有效性。

(5) 确立每个测试阶段测试完成以及测试成功的标准、要实现的目标。

(6) 识别出测试活动中的各种风险，并消除可能存在的风险，降低由不可能消除的风险所带来的损失。

10.1.2 测试计划的作用

测试计划是软件测试中最重要的步骤之一。它在软件开发的前期对软件测试做出清晰、完整的计划，不仅对整个测试起到关键性的作用，而且对开发人员的开发工作，整个项目的规划，项目经理的审查都有辅助性作用。

测试计划的作用分为内部作用和外部作用。

1. 内部作用

(1) 作为测试计划的结果，让相关人员和开发人员来评审。

(2) 存储计划执行的细节，让测试人员进行同行评审。

(3) 存储计划进度表、测试环境等更多的信息。

2. 外部作用

测试计划的外部作用是为顾客提供信心，通常向顾客交代有关测试过程、人员的技能、资源、使用的工具等信息。

10.1.3 测试策略的制定

1. 测试策略的内涵

测试策略是在一定的软件测试标准、测试规范的指导下，依据测试项目的特定环境约束而规定的软件测试的原则、方式、方法的集合。测试策略描述测试工程的总体方法和目标。描述在进行哪一阶段的测试(单元测试、集成测试、系统测试)以及每个阶段内在进行的测试种类(功能测试、性能测试、覆盖测试等)。为了最大程度发现项目中存在的错误，在测试实施之前必须确定有效的测试策略。

2. 测试策略的制定

在制定测试策略的过程中，需要考虑用户的特点、系统功能之间的关系、资源配置、上个版本的测试质量和已有的测试经验等各方面的因素。

测试策略的制定主要包含以下三个方面的内容。

(1) 确定测试过程要使用的测试技术和工具；

(2) 制定测试启动、停止、完成的标准；

(3) 进行风险分析和应对方案制定。例如，测试外部接口，模拟物理损坏、安全性威胁。测试计划最关键的一步就是将软件分解成单元，按照需求编写测试计划。

3. 测试策略的优化

测试策略应该尽量简单、清晰。针对不同的测试阶段(单元测试、集成测试、系统测试等)、不同的测试对象或测试目标制定相对应的测试策略。例如，在单元测试阶段，应该执行严格的代码复查，以保证在早期就能发现大部分的问题；而对功能性的回归测试，尽量借助自动化测试工具来完成，并且要求每天执行冒烟测试或BVT(Build Verification Test)；在安全性测试、配置测试执行时可进行一些探索性测试。

因此，一个好的测试策略应该包括如下内容。

(1) 实施的测试类型和测试目标；

(2) 实施测试的阶段及其相应的技术；

(3) 用于评估测试结果的方法和标准；

(4) 对采取测试的策略所带来的影响或风险的说明等。

10.1.4 测试计划的制订

制订测试计划是为了确定测试目标、测试范围和测试任务，掌握所需的各种资源和投入，预见可能出现的问题和风险，采取正确的测试策略以指导测试的顺利执行，最终按时按量完成测试任务，达到测试目标。

测试计划的制订可以分为以下几个步骤。

1. 搜集测试资料

需要搜集制订软件测试计划的各类相关资料。搜集的资料越详细，对被测试软件的了解就越多，制订的软件测试计划就会越合理。

需要搜集的资料内容如下。

(1) 软件项目背景：包括软件的类别和用途、项目拟投入的资源和时间、项目开发团队和用户相关信息等。

(2) 软件技术特征：包括软件主要功能、软件所支持的平台、软件开发环境、用户界面、软件所涉及的第三方软件和相关技术等。

(3) 软件测试背景：包括测试团队的背景、拟投入的资源和时间、测试环境和测试工具、拟采用的缺陷报告和版本控制方法等。

2. 制定测试方案

测试方案是软件测试的总体规则，包括测试采取的方针策略、测试环境建立、测试人员分配、测试进度安排等。主要考虑的因素如下。

(1) 软件因素：考虑软件现在的状况和将来可能的发展。从软件本身的规模、复杂度、缺陷多少和发生频率、将来新增功能等方面考虑。

(2) 资源因素：考虑能够投入测试的资源，包括硬件、软件、测试团队和拟投入的资金预算等。

(3) 风险因素：考虑测试过程中会出现的偏差给软件公司等带来损失的可能性和程度。

3. 撰写测试计划文档

测试计划文档为测试执行、管理、跟踪等提供依据，包括测试目标、测试范围、实施方案、时间和资源安排等内容。一个好的测试计划应该保证其目标和范围是可行的，提供的数据是准确的，采用的方法是高效的，并对公司的资源限制有一定的灵活性。

IEEE 829—1983 标准定义了软件测试文档包含的相关内容。但在实际操作过程中，可以根据公司和项目的实际情况，对文档内容进行适当裁剪，得到符合实际需要的软件测试计划。

4. 评审和更新测试计划

测试计划编写完成后，要对测试计划的正确性、全面性以及可行性等进行评审，评审人员的组成包括软件开发人员、营销人员、测试负责人以及其他有关项目负责人。评审的标准主要从测试文档包含的要素和特征方面进行，可参考一些成功案例。在软件测试的实际执行过程中，因为项目需求、环境、资源等各方面的变更，相关的测试方法、资源与时间安排可能也相应变更，必须对测试计划进行更新，保证其一致性和可追溯性。

10.1.5　测试计划模板

测试计划参考模板内容如下。

1　引言

1.1　编写目的

说明本测试计划的具体编写目的，指出预期的读者范围。

1.2　背景

说明：

a. 测试计划所从属的软件系统的名称；

b. 该开发项目的历史，列出用户和执行此项目测试的计算中心，说明在开始执行本测试计划之前必须完成的各项工作。

1.3　定义

列出本文件中用到的专门术语的定义和外文首字母组词的原词组。

1.4　参考资料

列出要用到的参考资料，如：

a. 本项目经核准的计划任务书或合同、上级机关的批文；

b. 属于本项目的其他已发表的文件;

c. 本文件中各处引用的文件、资料,包括所要用到的软件开发标准。列出这些文件的标题、文件编号、发表日期和出版单位,说明能够得到这些文件资料的来源。

2 计划

2.1 软件说明

提供一份图表,并逐项说明被测软件的功能、输入和输出等质量指标,作为叙述测试计划的提纲。

2.2 测试内容

列出组装测试和确认测试中的每一项测试内容的名称标识符,这些测试的进度安排以及这些测试的内容和目的,如模块功能测试、接口正确性测试、数据文件存取的测试、运行时间的测试、设计约束和极限的测试等。

2.3 测试1(标识符)

给出这项测试内容的参与单位及被测试的部位。

2.3.1 进度安排

给出对这项测试的进度安排,包括进行测试的日期和工作内容(如熟悉环境、培训、准备输入数据等)。

2.3.2 条件

陈述本项测试工作对资源的要求,包括:

a. 设备:所用到的设备类型、数量和预定使用时间。

b. 软件:列出将被用来支持本项测试过程而本身又并不是被测软件的组成部分的软件,如测试驱动程序、测试监控程序、仿真程序、桩模块等。

c. 人员:列出在测试工作期间预期可由用户和开发任务组提供的工作人员的人数、技术水平及有关的预备知识,包括一些特殊要求,如倒班操作和数据输入人员。

2.3.3 测试资料

列出本项测试所需的资料,如:

a. 有关本项任务的文件;

b. 被测试程序及其所在的媒体;

c. 测试的输入和输出举例;

d. 有关控制此项测试的方法、过程的图表。

2.3.4 测试培训

说明或引用资料说明为被测软件的使用提供培训的计划。规定培训的内容、受训的人员及从事培训的工作人员。

2.4 测试2(标识符)

用与本测试计划2.3条相类似的方式说明用于另一项及其后各项测试内容的测试工作计划。

3 测试设计说明

3.1 测试1(标识符)

说明对第一项测试内容的测试设计考虑。

3.1.1 控制

说明本测试的控制方式，如输入是人工、半自动或自动引入；控制操作的顺序以及结果的记录方法。

3.1.2 输入

说明本项测试中所使用的输入数据及选择这些输入数据的策略。

3.1.3 输出

说明预期的输出数据，如测试结果及可能产生的中间结果或运行信息。

3.1.4 过程

说明完成此项测试的步骤和控制命令，包括测试的准备、初始化、中间步骤和运行结束方式。

3.2 测试2(标识符)

用与本测试计划3.1条相类似的方式说明第二项及其后各项测试工作的设计考虑。

4 评价准则

4.1 范围

说明所选择的测试用例能够检查的范围及其局限性。

4.2 数据整理

陈述为了把测试数据加工成便于评价的适当形式，使得测试结果可以同已知结果进行比较而要用到的转换处理技术(手工方式或自动方式)；如果是用自动方式整理数据，还要说明为进行处理而要用到的硬件、软件资源。

4.3 尺度

说明用来判断测试工作是否能通过的评价尺度，如合理的输出结果的类型、测试输出结果与预期输出之间的容许偏差范围、允许中断或停机的最大次数。

4.4 测试人员需求

4.5 其他(仪器、服务器等)

5 风险评估

5.1 人力方面

5.2 时间方面

5.3 环境方面

5.4 资源方面

5.5 部门合作方面

6 其他内容

10.2 测试范围分析与工作量估算

10.2.1 测试范围分析

在确定了测试目标后，为了达到这些目标，要执行相应的测试任务。在执行测试任务过程中，需要分析测试的范围，并根据测试的范围、任务和其他条件，决定测试的环境和测试的工作量。

在进行测试范围分析时,一般先进行功能测试范围的分析,再进行非功能测试范围的分析。

1. 功能测试范围分析

功能测试范围分析,主要根据软件产品的规格说明书来完成,并结合功能之间的逻辑关系、用户的使用习惯等,进一步细化功能测试范围。例如,将功能划分为若干模块分别进行测试。功能测试范围分析的分解方法有多种,可以按功能层次分解,也可以按功能区域、功能逻辑进行分解。功能模块之间的接口或相互交叉的地方不能被忽视,应列入功能测试范围之内。功能测试范围分析,可以借助流程图和框图等工具。在面向对象的软件开发中,常常绘制 UML 用例图、活动图、协作图和状态图等,可以在其基础上进行功能测试范围的分析。

2. 非功能测试范围分析

对于非功能测试范围的分析,可以从性能测试、兼容性测试、适用性测试和安全测试等方面来进行分析。

3. 范围管理的内容

通过对测试范围进行分析,确定测试范围管理要描述的项目范围。对于要测试的项目,范围管理的内容主要如下。

(1) 理解哪些内容构成产品的发布版本;

(2) 将发布版本分解为特性;

(3) 确定特性测试的优先级;

(4) 确定哪些特征要测试,哪些特性不要测试;

(5) 收集数据,准备估计测试资源。

10.2.2 测试工作量估算

当测试范围大致确定了需要测试的内容,这些内容需要在估计步骤中量化。估计大致分为三个阶段:规模估计、工作量估计和进度估计。这里主要讨论规模与工作量的估算。

规模估计量化需要完成的实际测试量。测试项目的规模估计有多个影响因素。

1. 被测试产品的规模

被测试产品的规模决定需要完成的测试量。被测试产品的规模越大,测试的工作量就越大。被测试产品的规模度量方法有以下几种。

(1) 代码行数:是一种常见的度量方法,但由于依赖语言、程序设计风格、程序设计的紧凑性等,有些争议。另外,代码行数只能表示编码阶段的规模估计,而不能表示其他阶段,如需求分析、概要设计等的估计。

(2) 功能点(FP):是估计应用程序规模的流行方法,由于应用程序的特性(又称功能)按输入、输出、接口、外部数据文件和查询进行分类,与设计语言是无关的。但这些功能的复杂性是逐次升高的,因此权重也逐次升高。功能经过加权平均(每种类型的功能数乘以该功能类型的权重)得到规模或复杂度的初始估计。功能点方法还提供了相关的环境因素,如分布式处理、事务处理等。

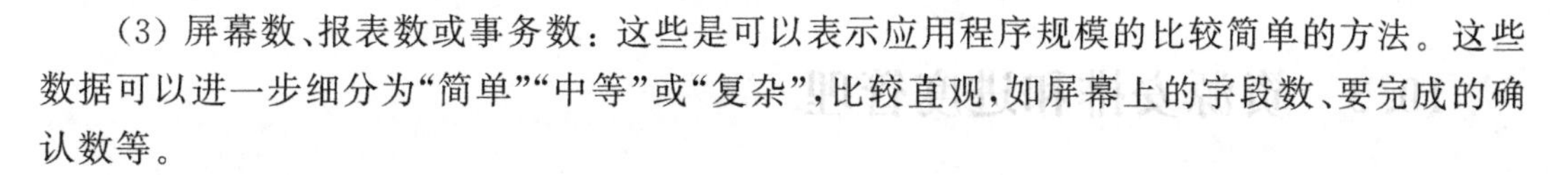

(3) 屏幕数、报表数或事务数：这些是可以表示应用程序规模的比较简单的方法。这些数据可以进一步细分为“简单”“中等”或“复杂”，比较直观，如屏幕上的字段数、要完成的确认数等。

2. 所需的自动化测试范围

当涉及自动化测试时，测试需要增加工作规模。因为自动化测试需要首先进行基本的测试用例设计(运用条件覆盖、边界值分析、等价类划分等)，然后通过测试自动化工具的程序设计语言将其脚本化。

3. 要测试的平台和互操作环境的数量

如果在多个不同的环境或配置下测试特定产品，测试任务的规模就会增加。随着平台数量或跨不同环境的接触点的增加，测试量几乎呈指数增长。

以上规模估算只是考虑常规情况，对于回归测试的规模估算需要考虑产品的变更和其他类似因素。

为了更好地进行规模估计，可将要完成的工作分解为管理的较小部分(工作分解结构WBS单元)。对于测试项目，工作分解结构单元一般是给定模块的测试用例等。这种分解将问题域或产品划分为较简单的部分，可以降低不确定性，减少未知因素。

规模估计可以采用以下任何形式表述。

(1) 测试用例数：依据测试用例数来估算测试工作量，如用功能模块所有要执行的测试用例总数，除以每个人日所能执行的测试用例平均数，就得出人日数(工作量)。

(2) 测试场景数：依据测试中需要用到的场景来估算工作量，一个场景测试用例仅测试一个场景、事务或业务流程。

(3) 要测试的配置数：与测试项目相关的软件与硬件的配置数，如在多少个相关的软件和硬件配置情况下进行测试等。

规模估计是对测试要覆盖的实际工作面的估计，是工作量估计的主要输入。工作量估计很重要，因为工作量对成本的影响往往比规模更直接。

4. 其他影响因素

除了上面相关的因素影响，还有如下一些其他的影响因素。

(1) 生产率数据：生产率是指各种测试活动的完成速度。可以从公司内部得到生产率历史数据。此数据可以进一步分解为每天可以开发的测试用例数量、每天可以运行的测试用例数量、每天可以测试的文档页数等。

(2) 重用机会：若在设计测试体系结构时考虑了重用问题，那么覆盖给定的测试规模所需的工作量可以减少。

(3) 过程的健壮性：拥有定义良好的过程，从长远来说，将会减少完成任何活动所需的工作量。

对于处在不同开发阶段的测试，测试的工作量差异可能会较大。在新产品的第一个版本开发过程中，相对以后的版本，测试的工作量要大很多，因为第一个版本的缺陷会有很多，在缺陷报告、回归测试中要花费很多的时间。在后继版本中，新功能测试的工作量可能不太大；如果程序的耦合性较强，回归测试的工作量会较大。

10.3 资源安排和进度管理

在完成测试工作量的估算后,根据软件开发计划所期望到达的时间安排表,确定测试所需的人力资源和测试所需软件、硬件资源。

10.3.1 确定测试资源

1. 确定人员、责任和培训

在测试计划中,一个主要问题是人力资源问题。人力资源是重点、关键点,并涉及项目测试组的人员构成、任务分工和责任。

测试项目需要不同的人起不同的作用。

1) 测试项目的角色

测试项目的角色包括测试工程师、测试负责人和测试经理等,这些角色要彼此具有互补性。

2) 角色任务分配

软件项目所需的人员在各个阶段是不同的。在项目计划阶段,测试组长首先进入项目,了解项目背景和确定测试需求,选定或指派功能模块或测试任务的负责人,然后与指派的人员一起参与需求评审、测试范围分析、测试策略和计划的制订等。在测试设计阶段,需要一些比较资深的测试设计人员参与,进行软件产品设计规格说明书的评审,设计测试用例,开发测试脚本。在测试执行阶段,需要较多的测试人员执行测试任务,并完成相应的回归测试。对于不同的应用领域、不同的项目,软件、硬件资源差异较大,因此,所需的相关测试人员也有所不同。

针对一个项目而建立的测试组,其团队是动态的。团队中的成员可能来自一个部门,也可能来自不同的部门。一个比较健全的测试组成员应包括:测试组长、实验室管理员、自动化测试工程师、资深测试工程师和初级测试工程师。

3) 培训

对于项目测试组进行相关培训是必需的。一般来说,除了进行项目的有关产品、业务领域的培训,还要进行测试用例方法、测试自动化原理、测试脚本开发技术和环境设置等方面的培训工作。

培训的内容可以分为纵向和横向两部分。纵向培训是知识传递过程,参与需求和设计评审的测试人员要对未参与这两方面工作的测试人员进行培训,将需求和设计评审中遇到的问题、正确的解释等内容向后者说明。横向培训是在不同团队之间进行的,如请开发人员介绍该项目所采用的相关技术、系统架构设计和具体实现的方法等。通过培训,测试小组中的成员能够了解项目的背景、用户的实际需求和产品的功能特性等,了解系统实现的方法和技术。在此基础上正确地设计出有效的测试用例,顺利完成项目的测试任务。

2. 确定资源需求

在完成测试工作量估算后,根据软件项目开发计划所期望的时间表,由项目经理对所需的各种硬件和软件资源进行估计。需要考虑以下因素。

(1) 运行被测试产品所需的机器配置;

(2) 如果用到测试自动化工具,所需购买或开发自动化测试工具的开销;

(3) 相关支持工具的开销,如编译器、测试数据生成器、配置管理工具等;

(4) 必须提供的支持软件的不同配置,如操作系统、第三方软件等;

(5) 执行机器密集型测试,如负载测试和性能测试等所需的特殊需求;

(6) 所有软件的合适数量的使用许可。

除此以外,也有一些需要满足的隐含环境需求,包括机房、支持工作人员等。

若对这些资源的估算不足,会严重影响测试工作的进展,会拖延产品的发布时间,还会影响到测试团队的积极性。

10.3.2 测试进度管理

进度管理是保证项目按时完成、控制项目成本的有效方法。在保证质量的前提下,通过里程碑设置、关键路径控制和充分的面对面沟通等方法来督促项目的进展,确保各个任务按时完成,最终达到目标。

测试进度的管理方法有多种,较正式的方法有累积缺陷曲线法和测试进度 S 曲线法。

1. 累积缺陷曲线法

基于测试能力处在较高水平的假设,在前期缺陷发现率比较高,随着测试时间的增加,缺陷发现的速率会降低(若前期发现的缺陷被程序设计人员修复),当缺陷越来越难发现时,预示着测试进入尾声。所有这些变化都在累积缺陷曲线上表现出来,所以可以通过累积缺陷曲线来管理测试进度,如图 10-1 所示。

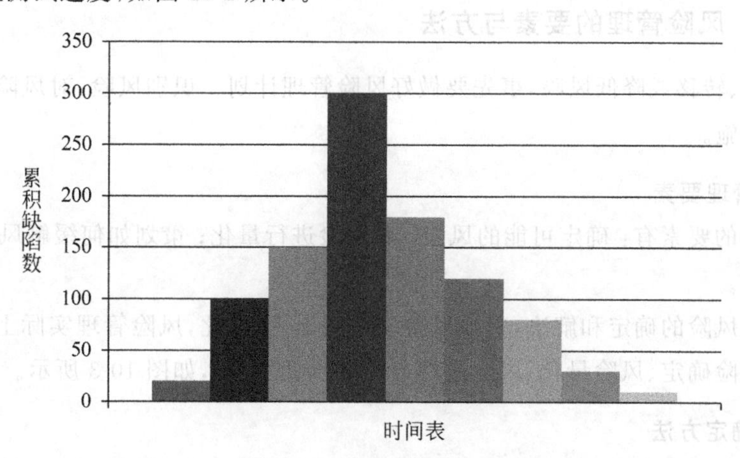

图 10-1 累积缺陷曲线图

2. 进度 S 曲线法

将实际的进度和计划的进度进行比较来发现问题,考察数据是测试用例或测试点的数量。事先将计划的工作进度输入到系统中形成曲线,然后将每日或每周记录的实际进度输入。若发现它们之间的差距较大,就需要进一步调查,找出问题的原因并予以纠正,从而使实际进度与计划进度在总体上保持一致,以控制测试的进度,如图 10-2 所示。

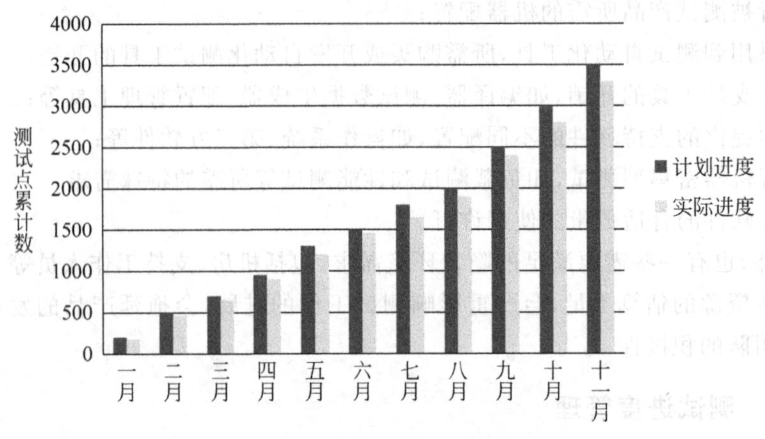

图 10-2　测试进度 S 曲线

一般来说,在计划与实际进度执行数之间存在 15%～20%的偏差时就需要启动应急行动来弥补失去的时间。

10.4　测试风险的控制

与所有项目一样,测试项目也存在风险。风险会潜在地影响项目结果事件,所以测试风险的控制是非常必要的。

10.4.1　风险管理的要素与方法

为了避免、转移或降低风险,事先要做好风险管理计划。识别风险,对风险进行评估,并采取相应的措施。

1. 风险管理要素

风险管理的要素有:确定可能的风险;对风险进行量化;策划如何缓解风险;风险出现时的应对措施。

随着一些风险的确定和解决,其他风险又可能出现,因此,风险管理实际上是一种循环,重复地执行风险确定、风险量化、风险缓解与策划、风险应对,如图 10-3 所示。

2. 风险确定方法

虽然项目可能有很多的潜在风险,但风险确定应该关注更可能发生的风险。常见的一些确定风险的方法如下。

1) 使用检查单

经过一定时间的测试积累,公司在测试中会有一些新发现,可归纳成检查单。例如,如果在安装测试中发现安装的特定步骤经常出现问题,那么在检查单中可明确列出要检查该问题。

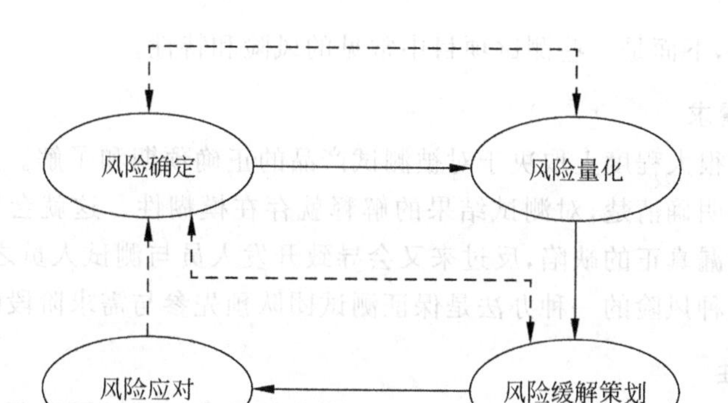

图 10-3 风险管理的要素

2）利用公司的历史和指标

如果公司收集并分析各种指标（指标是使用合适的公式或计算方法从度量中导出的数据，有项目指标、进度指标、生产力指标），那么这些信息对确定项目可能出现的风险很有价值。例如，过去的测试工作量估计偏差可以说明策划出现问题的可能性有多大。

3）整个行业的非正式网络

整个行业的非正式网络有助于确定其他公司已经遇到过的风险。

3. 风险量化

风险量化以数字的形式来描述风险。风险量化有以下两个要素。

(1) 风险发生的可能性；

(2) 风险影响的程度。

低优先级的缺陷发生的可能性很高，但是影响很小。而高优先级缺陷发生的可能性较小，但影响很大。

若用一个数字表示这两个要素，通常采用风险指数。风险指数定义为风险可能性和风险影响的乘积。常用金额方式表示。

4. 风险缓解策划

风险缓解策划，是指风险出现时所采取的应对风险事件的替代策略。例如，缓解风险的一些替代策略是让多个人共享知识和建立公司级过程和标准。为了更好地面对风险带来的影响，最好能有多种缓解策略。

10.4.2 常见的风险与特性

为了控制软件测试中的风险，必须了解测试中存在的风险。在测试过程中，常常会碰到一些问题与困惑，如：

如何确保测试环境满足测试用例所描述的要求？

如何保证每个测试人员清楚自己的测试任务和要达到的目标？

如何保证测试用例得到 100% 的执行？

如何保证所报告的每一个软件缺陷描述清楚？

如何更有效地进行回归测试，在效率与质量之间寻找平衡，等等。

测试风险很多,下面是一些测试项目中常见的风险和特性。

1. 不明确的需求

测试的成功在很大程度上取决于对被测试产品的正确预期和了解。如果产品要满足的需求没有在文档中明确清楚,对测试结果的解释就存在模糊性。这就会导致测试报告中出现错误的缺陷或遗漏真正的缺陷,反过来又会导致开发人员与测试人员之间不必要的沟通,浪费时间。降低这种风险的一种办法是保证测试团队预先参与需求阶段的工作。

2. 进度依赖性

测试团队的进度在很大程度上取决于开发团队的进度。测试团队很难确定在什么时间需要什么资源。如果测试团队被多个产品共用,或在测试服务公司中任职,那么这种风险的影响会更大。常采用的应对这种风险的策略是确定测试资源的后备项目。

3. 测试时间不足

尽管测试要求尽可能早地进行,在不同阶段进行不同的测试,但大部分的测试还是在接近产品发布时实施的。例如,系统测试和性能测试只能在整个产品完成后,接近发布的时候进行,而这些测试非常耗费测试团队的资源,并且所发现的缺陷也是开发人员较难修复的。修改这类缺陷可能需要变更体系结构和设计。这样成本很高,甚至不可能修改。开发人员修改完成这样的缺陷后,测试团队的测试时间会更少,面临的压力也会更大。

4. "影响测试继续进行"的缺陷

当测试团队报告项目缺陷后,开发团队必须进行修改。如果开发团队没有及时修改或不能修改,有些缺陷可能会影响测试团队进一步的测试。这类缺陷会对测试团队带来双重影响:首先,测试团队不能继续测试,造成空闲。其次,当缺陷修复后,测试时间相对较少。为应对这类风险,常采用确定测试资源的后备项目。

5. 测试人员的技能和测试积极性

聘用和激励测试人员是很大的挑战。测试人员的聘用、保留和技能的不断提高对于公司是至关重要的。

6. 不能获得测试自动化工具

由于手工测试容易出错,并且占用大量的人力和时间,因此需要使用自动化测试。但测试自动化工具比较昂贵,公司可能买不起或不愿买。解决的方法是公司自行开发自动化测试工具。但这也有可能会引入更大的风险,因为工具的开发同样存在风险。

典型的风险、风险征兆、相关影响和缓解应对计划见表10-1。

表10-1 典型的风险及缓解应对计划

风险	征兆	影响	缓解应对计划
需求不清楚、变更等	产品通过所有内部测试后客户发现缺陷	造成客户不满 测试计划、工作量发生变化	和用户充分沟通,做好调研、需求获取与分析工作,调整测试策略与计划,明确测试准则
开发延迟	各个模块的编码工作进度经常调整延迟	测试时间相对更少 推迟产品的发布时间	测试团队需参加开发计划的制订,定期、及时的沟通,调整测试活动

续表

风　　险	征　　兆	影　　响	缓解应对计划
测试时间不足	测试工程师经常加班 测试的时间在整个产品的生命周期中所占比例很少	缺陷漏网,被客户发现 测试团队内部出现矛盾	将测试活动分散到整个产品生命周期 测试活动自动化 尽早使所有相关各方对时间进度达成共识
出现影响测试继续进行的缺陷	测试工作常常被挂起/恢复进行	浪费/闲置测试资源 当缺陷修改后测试恢复进行时,给测试团队压力 有可能推迟进度	制定让产品能够提交测试的开发退出准则 在等待时安排测试团队完成其他工作
缺少高素质的测试人员	测试部门的人员不稳定 开发团队内的矛盾相对较多	测试数据准备不足、不充分,测试质量差,存在一些缺陷 测试团队信誉受到损害	加强定期培训,提高技能 树立角色典型 在开发、测试和支持团队之间实行人员轮换制
缺少自动化测试工具	手工测试耗时太多	手工测试浪费人力 造成测试工程师不满	展示使用自动化测试工具获得成功的案例
测试过于保守	报告无关紧要的缺陷 测试团队成为产品发布的瓶颈	测试资源没有产生好的效果 测试效率低	制定客观的测试退出准则

10.5　测试报告与测试评估

10.5.1　测试报告

测试需要测试团队与其他团队之间不断地沟通。测试报告是实现这种沟通的一种手段。在测试过程中,测试团队不断报告所发现的问题。其中有些缺陷被开发人员很快修正,但有时又产生新的缺陷,需要对新的缺陷进行报告,呈现一个动态的缺陷状态变化过程,直到所有需要修正的缺陷已被处理完成,产品准备发布。

测试报告有两种类型:测试事件报告和测试总结报告(又称测试完成报告)。

1. 测试事件报告

测试事件报告是在测试周期内遇到缺陷时的沟通,是缺陷库中的一条记录。每个缺陷都有唯一的标识符,用于标识该事件。对于影响大的测试事件,必须在测试总结报告中指出。

2. 测试周期报告

测试周期报告是测试总结报告的一种。测试项目以测试周期为单位实施,一个测试周期包括在周期内的策划与执行测试用例,每个周期都使用不同的产品版本。每个周期结束时要给出一个测试周期报告,报告主要内容如下。

(1) 本周期完成的活动总结。

(2) 本周期内发现的缺陷,并对缺陷的严重性和影响进行分类。

(3) 从缺陷修改前一个周期到当前周期的进展情况。

(4) 本周期还未修改的严重的缺陷。

(5) 工作进度、工作量与计划的偏差。

3. 测试总结报告

对一个测试周期的结果进行总结的报告称为测试总结报告。在产品验收或发布之前，测试人员需要对软件产品质量有一个完整、准确的评价，最后提交测试报告。测试报告为纠正软件存在的质量问题提供依据，并为软件验收和交付打下基础。为了完成测试报告，需要对测试过程和测试结果进行分析和评估，确认测试计划是否正确地执行，测试覆盖率是否能够到达预定要求，以及对产品质量是否有信心，最终在测试报告中给出测试和产品质量的结论。

软件测试报告(参考模板)如下。

1 引言

1.1 编写目的

1.2 项目背景

1.3 系统简介

1.4 参考资料

1.5 术语和缩略语

2 测试概要

2.1 测试用例设计

2.2 测试环境与配置

2.2.1 功能测试

2.2.2 性能测试

2.3 测试方法和工具

3 测试内容和执行情况

3.1 项目测试概况

3.1.1 测试版本

3.1.2 测试人员组织

3.1.3 测试时间安排

3.2 功能测试

3.2.1 总体 KPI

3.2.2 模块1

3.2.3 模块2

…

3.3 性能测试

3.3.1 测试用例

3.3.2 参数设置

3.3.3 通信效率

3.3.4 设备效率

3.3.5 执行效率
3.4 可靠性测试
3.5 安全性测试
3.6 易用性测试
3.7 兼容性测试
3.8 安装和手册测试
4 覆盖分析
4.1 需求覆盖
4.2 测试覆盖
5 缺陷统计与分析
5.1 缺陷汇总
5.2 缺陷分析
5.3 残留与未解决问题
6 测试结论与建议
6.1 测试结论
6.2 建议

此模板只作为参考，应根据具体情况删除或增加相关内容。

4. 产品发布建议

公司根据测试总结报告做出是否发布产品的决策。在理想情况下，公司希望发布零缺陷的产品，但现实情况下是不可能的，市场的压力可能导致发布带有缺陷的产品。如果产品中残留的缺陷的优先级和影响度都很低，或出现这些缺陷的条件不现实，公司可能决定发布带有这些缺陷的产品，但必须在征求客户支持、开发团队和测试团队的意见之后，公司高层管理才可以做出这样的决定。

10.5.2 测试评估

测试结果分析的一项重要的工作是测试评估，这里主要介绍评估测试覆盖率和基于软件缺陷的质量评估。

1. 评估测试覆盖率

覆盖率是度量测试完整性的一种手段，是测试有效性的度量。测试覆盖是对测试完全程度的评测。测试覆盖是由测试需求和测试用例的覆盖或已执行代码的覆盖表示的。测试覆盖率是用来衡量测试完成程度，或评估测试活动覆盖产品代码的一种量化结果，是评估测试工作的质量（或产品代码质量）的间接度量方法。

通过了解测试覆盖率的值，可以知道测试是否充分、测试能否结束。测试覆盖率的评估需贯穿整个软件测试过程，这样才能及时发现问题、纠正问题，不断改进测试和提高测试覆盖率，最终满足测试的质量要求。如果等到测试即将结束时进行测试覆盖率的评估，一旦结果显示覆盖率低、不满足要求，那么将延迟整个项目的发布，甚至可能使项目不能发布。

测试越充分，测试的覆盖程度越高，产品的质量就越能得到保证。常用的评估测试覆盖率方法有两种,两种评测都可以手工得到或通过测试自动化工具计算得到。

1) 基于需求的测试覆盖

基于需求的测试覆盖在测试生命周期中要评测多次,并在测试生命周期的里程碑处提供测试覆盖的标识(如已计划的、已实施的、已执行的和成功的测试覆盖)。

在执行测试活动时,使用两个测试覆盖评测,一个确定通过执行测试获得的测试覆盖,另一个确定成功的测试覆盖(即执行时未出现失败的测试,例如,没有出现缺陷或意外结果的测试)。

如果需求已经完全分类,则基于需求的覆盖策略可能足以生成测试完全程度的可计量评测。例如,如果已经确定了所有性能测试需求,则可以引用测试结果来得到评测,例如,已经核实了80%的性能测试需求。

2) 基于代码的测试覆盖

基于代码的测试覆盖评测测试过程中已经执行的代码的多少,与之相对的是要执行的剩余代码的多少。代码覆盖可以建立在控制流(语句、分支或路径)或数据流的基础上。控制流覆盖的目的是测试代码行、分支条件、代码中的路径或软件控制流的其他元素。数据流覆盖的目的是通过软件操作测试数据状态是否有效,例如,数据元素在使用之前是否已作定义。

在白盒测试中,已介绍过语句覆盖、分支覆盖、条件覆盖和基本路径覆盖等测试用例的设计方法,若将其实际测试结果进行量化,可得到语句覆盖率、分支覆盖率、条件覆盖率和基本路径覆盖率等,这些值展示了单元测试的程度。在单元测试过程中所有被执行过的语句覆盖率要求在80%以上。

即使代码覆盖率达到100%也不能代表测试覆盖率很高,例如,代码没有实现需求中定义的功能(即这部分代码没写),或者代码实现的功能与用户的功能不符等。这类问题很难通过代码覆盖率来发现。

覆盖率=(至少被执行一次的item数)/item总数

除了以上这两种衡量测试覆盖率的方法外,还可以从功能点、测试用例等方面来评估测试的覆盖率。

2. 基于软件缺陷的质量评估

软件质量是反映软件与需求相符程度的指标,而缺陷被认为是软件与需求不一致的某种表现,所以通过对测试过程中所有已发现的缺陷进行评估,可以了解软件的质量情况。缺陷评估是对测试过程中缺陷达到的比率或发现的比率提供一个软件可靠性指标。

软件缺陷评估的方法相对较多,有简单的缺陷计数,也有严格的统计建模。基于缺陷分析的产品质量评估方法有缺陷密度、缺陷率、缺陷清除率等。缺陷评测主要有以下4种度量指标。

1) 缺陷发现率

缺陷发现率是将发现的缺陷数量作为时间的函数来评估,并创建缺陷趋势图或缺陷报告,如图10-4所示。

从图10-4中可知,随着时间和修复缺陷数的增加,发现缺陷的数量在减少,而测试成本相应增加。

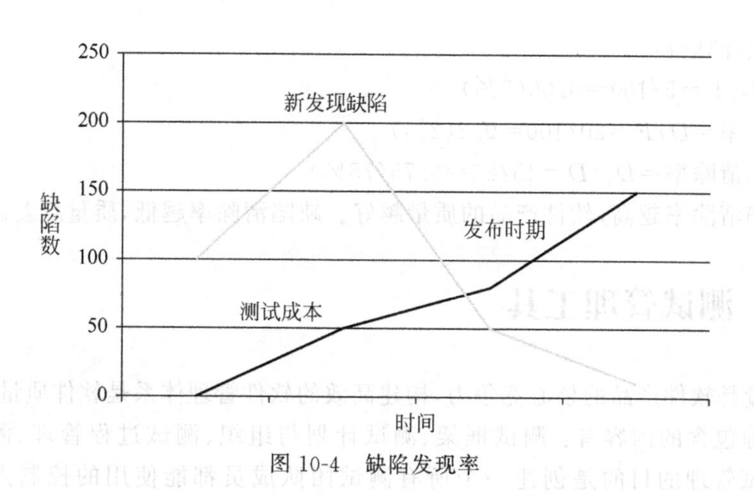

图 10-4 缺陷发现率

2）缺陷潜伏期

缺陷潜伏期是一种特殊类型的缺陷分布度量。其报告显示缺陷处于特定状态下的时间长短。

在实际测试工作中，发现缺陷的时间越晚，这个缺陷所带来的损害就越大，修复这个缺陷所耗费的成本也就越多。

3）缺陷分布(密度)

缺陷分布是指缺陷在软件规模(组件、模块等)上的分布情况，如每千行代码(KLOC)或每个功能点(或对象点、特征点等)的缺陷数。缺陷分布报告允许将缺陷计数作为一个或多个缺陷参数的函数来显示。软件缺陷分布以平均值估算法来计算出软件缺陷分布值。程序代码常以千行为单位，见下面公式：

软件缺陷密度＝软件缺陷数量/代码行或功能点的数量

若当前版本的缺陷密度较上一版本没有明显的变化或有所降低，应分析当前版本的测试效率是否降低了，如果不是，说明产品的质量得到了改善；否则，要加强测试，对开发和测试的过程进行改善。若当前版本的缺陷密度大于前一版本，应该考虑进一步提高测试效率并得以实施。否则，意味着产品质量恶化、质量很难得到保证。这时必须延长开发周期或投入更多的资源。

4）整体软件缺陷清除率

为了估算，先引入几个变量。F 为描述软件规模用的功能点；D_1 为在软件开发过程中发现的所有缺陷数；D_2 为软件发布后发现的缺陷数；D 为发现的总缺陷数。其中，$D=D_1+D_2$。

对于一个软件项目，有如下的计算公式。

$$质量=D_2/F$$

$$缺陷注入率=D/F$$

$$整体缺陷清除率=D_1/D$$

假设某一个软件项目有 100 个功能点，在开发过程中发现 15 个错误，提交后又发现了 5 个错误，则知 $F=100, D_1=15, D_2=5, D=D_1+D_2=20$。

根据公式计算得：

质量＝D_2/F＝5/100＝0.05(5%)

缺陷注入率＝D/F＝20/100＝0.2(2%)

整体缺陷清除率＝D_1/D＝15/20＝0.75(75%)

整体缺陷清除率越高，软件产品的质量越好。缺陷清除率越低，质量越差。

10.6 测试管理工具

软件质量是软件产品的核心竞争力，构建高效的软件管理体系是软件质量保证的关键。

测试管理包含的内容有：测试框架、测试计划与组织、测试过程管理、测试分析与缺陷管理。测试管理的目的是创建一个所有测试团队成员都能使用的控制点和测试资源库。测试资源库容纳测试用例、测试脚本、测试环境、测试度量与报告等。控制点可以清晰地监控管理，从确定测试需求到创建测试用例、制订测试计划、定义测试环境、测试执行，直至跟踪缺陷的整个测试流程，还可以支持测试过程中数据的分析和测试结果需求覆盖的统计，从而提供测试活动生命周期中每个测试里程碑的监管信息和目标测试软件的质量信息。

10.6.1 测试管理系统的基本构成

要管理好测试过程，测试管理系统必不可少。

1. 测试管理系统交互环境

测试管理系统不仅管理测试过程中的各种测试资源、测试用例、测试环境、测试数据、测试执行结果，而且与缺陷管理、配置管理及其他开发工具等集成在一起，形成一个有机的整体。这样对软件测试过程中的各个步骤和各个阶段进行了有效的控制和管理，提高了软件开发和测试的管理水平，保证了产品的质量，如图10-5所示。

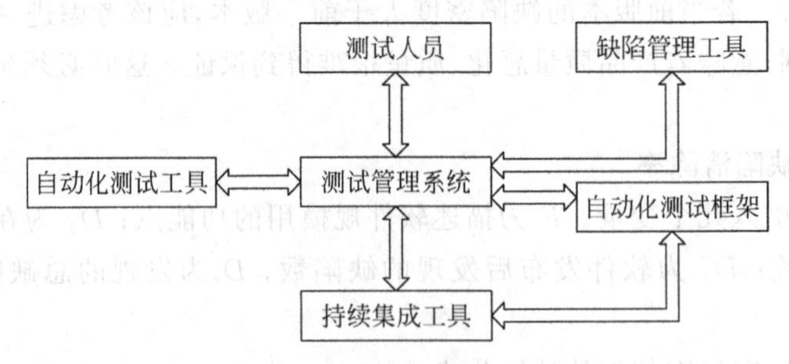

图10-5 测试管理系统交互环境

2. 测试管理系统的基本构成

测试管理系统是构建软件测试管理体系的基础，它规范了软件测试流程，保证整个测试过程处于可控状态。测试管理系统是测试人员和测试管理人员对软件产品测试过程进行管理的平台，通过测试管理系统提供的功能，测试团队实现了从测试需求管理、测试用例设计到测试执行的完整的测试过程管理。同时,测试管理系统提供测试结果的统计和分析。

测试管理的核心是测试用例和缺陷。所以,测试管理系统以测试用例库、缺陷库为核心,覆盖整个测试过程所需要的组成部分,如图10-6所示。

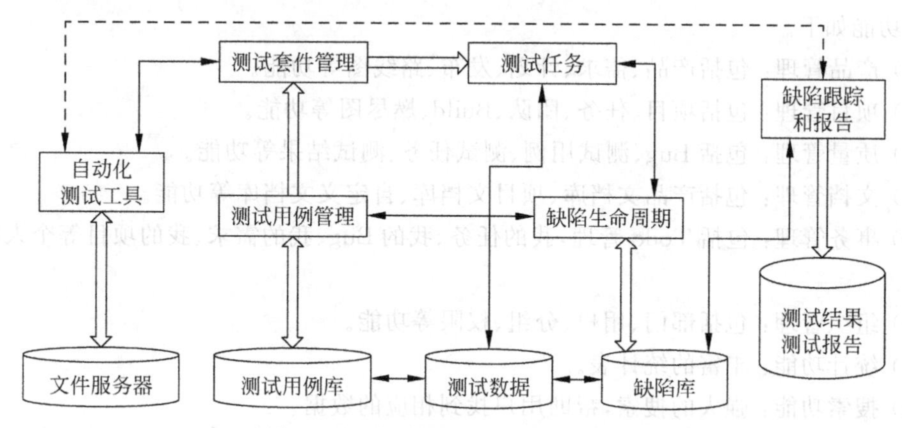

图10-6 测试管理系统的构成示意图

在测试管理中,最重要的是在测试用例、缺陷之间建立必要的映射关系,即将两者完全关联起来。每当指出一个缺陷,就知道是由哪个测试用例发现的;可列出任一测试用例所发现的缺陷情况。

因为测试脚本由源代码配置管理系统控制,所以测试管理系统不包括测试脚本的管理,且资源、需求、变更控制等项目方面的管理属于整个软件管理过程,不属于测试管理系统。

10.6.2 测试管理工具简介

测试管理工具是在指定软件开发过程中,对测试需求、计划、用例和实施过程进行管理、对软件缺陷进行跟踪处理的工具。通过使用测试管理工具,测试人员或开发人员可以更方便地记录和监控每个测试活动、阶段的结果,找出软件的缺陷和错误,记录测试活动中发现的缺陷和改进建议。通过使用测试管理工具,测试用例可以被多个测试活动或阶段复用,可以输出测试分析报告和统计报表。有些测试管理工具可以更好地支持协同操作,共享中央数据库,支持并行测试和记录,从而大大提高测试效率。

目前,市场上主流的软件测试管理工具有:TestCenter(泽众软件出品)、TestDirector(MI公司TD,8.0后改成QC),TestManager(IBM),QADirector(Compuware),TestLink(开源组织),QATraq(开源组织),oKit(金统御科技)等,下面主要介绍三种测试管理软件。

1. 禅道测试管理软件

禅道是第一款国产的优秀开源项目管理软件。它集产品管理、项目管理、质量管理、文档管理、组织管理和事务管理于一体,是一款功能完备的项目管理软件,完美地覆盖了项目管理的核心流程。禅道还首次创造性地将产品、项目、测试这三者的概念明确分开。产品人员、开发团队、测试人员三者分立,互相配合又互相制约,通过需求、任务、Bug交相互动,最终通过项目拿到合格的产品。

禅道在基于 SCRUM 管理方式的基础上,又融入了国内研发现状的很多需求,比如 Bug 管理、测试用例管理、发布管理、文档管理等。因此,禅道不仅是一款测试管理软件,更是一款完备的项目管理软件。

其功能如下。

(1) 产品管理:包括产品、需求、计划、发布、路线图等功能。

(2) 项目管理:包括项目、任务、团队、Build、燃尽图等功能。

(3) 质量管理:包括 Bug、测试用例、测试任务、测试结果等功能。

(4) 文档管理:包括产品文档库、项目文档库、自定义文档库等功能。

(5) 事务管理:包括 Todo 管理,我的任务、我的 Bug、我的需求、我的项目等个人事务管理功能。

(6) 组织管理:包括部门、用户、分组、权限等功能。

(7) 统计功能:丰富的统计表。

(8) 搜索功能:强大的搜索,帮助用户找到相应的数据。

(9) 灵活的扩展机制,几乎可以对禅道的任何地方进行扩展。

(10) 强大的 API 机制,方便与其他系统集成。

2. SoapUI 开源测试工具

SoapUI 是一个开源测试工具,通过 SOAP/HTTP 来检查、调用、实现 Web Service 的功能/负载/符合性测试。该工具既可作为一个单独的测试软件使用,也可利用插件集成到 Eclipse,maven 2.X,NetBeans 和 IntelliJ 中使用。SoapUI Pro 是 SoapUI 的商业非开源版本,实现的功能较开源的 SoapUI 更多。

SoapUI 是一个自由和开放源码的跨平台功能测试解决方案。通过一个易于使用的图形界面和企业级功能,SoapUI 让用户轻松、快速地创建和执行自动化功能、回归和负载测试。在一个测试环境中,SoapUI 提供完整的测试覆盖,并支持所有的标准协议和技术。可以说,SoapUI 是世界上最完整的测试工具之一。

SoapUI 是一个完整的自动化测试解决方案。在测试环境中,它提供业界领先的技术和标准的支持,包括 SOAP 和 REST 的 Web 服务、JMS 企业消息层、数据库、丰富的互联网应用,等等。SoapUI 有直观和强大的用户界面。SoapUI 还提供了命令行工具,可运行功能/负载测试和几乎所有的任务调度程序,或作为构建过程中的一个组成部分 MockServices 集。

3. TestCenter 测试管理软件

TestCenter 是由上海泽众软件科技有限公司开发的一款测试管理软件。它是一款主要面向业务流程的、基于 B/S 体系结构的测试管理工具。其特点是功能完善(覆盖完整的测试过程和测试对象),高度产品化(不需要与测试服务捆绑);系统稳定;提供多种支持服务方式(可达源代码级);基于模型的测试用例设计方法,更好的测试覆盖。

其功能如下。

(1) 测试任务管理:提供测试任务管理,包括需求评审、测试用例评审、缺陷任务管理。通过提供一个比较直观的机制将需求和测试用例、测试结果和报告的错误联系起来,从而确保能达到最高的测试覆盖率，能够覆盖完整的测试过程（测试计划、测试需求、测试设计、测试构建、测试执行、测试分析、缺陷管理）。

（2）编制测试计划：指导测试人员将应用需求转化为具体的测试计划，组织起明确的任务和责任，并在测试计划期间为测试小组提供关键要点和Web界面来协调团队的沟通。

（3）安排和执行测试：创建测试套件、分配测试任务和时间表、运行测试任务和分析测试结果。

（4）缺陷跟踪：添加缺陷、检查新的缺陷、修复缺陷、验证修改结果和分析缺陷数据，贯穿整个测试过程。

（5）人工与自动测试相结合：支持自动化测试或手工测试流程，支持自动化测试框架，对自动化测试提供完整的解决方案。

（6）图形化和报表输出：使用常规的图表和报告帮助对数据和信息进行分析，提供直观有效的方法来收集测试结果和分析数据。

（7）用户权限管理：将不同的用户分成用户组，对应的用户拥有可定制的界面和访问权限。

（8）和其他工具集成：支持连接第三方自动测试工具，统一管理测试用例、测试脚本、使用情景和测试结果，并可以进行错误跟踪，与开发部门实时交互。

（9）测试资产管理：规范测试对象，实现测试资源共享、测试资产管理。

TestCenter自动化测试框架如图10-7所示。

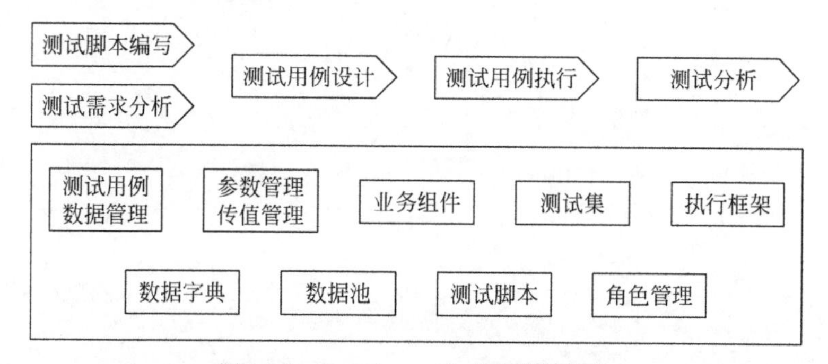

图10-7 TestCenter自动化测试框架

由图10-7可知，TestCenter封装了BPT(Business Process Testing)，使得业务组件体现了操作流程，测试用例体现了对业务流程的组件化，测试集体现了对业务流程的封装。

小结

本章主要介绍软件测试在软件开发生命周期中的几个管理子活动，包括软件测试计划的制订、测试范围的分析与工作量估算、测试资源安排和进度管理、测试风险的控制，以及测试报告撰写与测试的评估等；还介绍了测试管理活动的常用方法，以及自动化管理工具的使用。

习题

1. 测试计划的目标和内容各是什么？测试计划的制订分为哪几步？
2. 对测试范围怎样进行分析？请简述。
3. 测试工作量估算包括什么内容？影响工作量的因素有哪些？
4. 测试资源包括哪些方面？
5. 测试进度管理常采用什么方法？
6. 测试风险管理的要素与方法有哪些？
7. 测试报告有几种类型？测试报告主要包括哪些内容？
8. 对测试怎样进行评估？
9. 测试管理工具的作用是什么？常见的有哪些种类的管理工具？

第11章 软件质量保证

11

【本章学习目标】

- 了解软件行业标准体系结构。
- 了解软件测试与软件质量保证的区别。
- 了解 CMM、ISO 9001 和 IEEE。
- 掌握如何使用软件能力成熟度模型。

本章介绍软件行业标准体系结构与内容。首先介绍软件质量标准,然后介绍工作现场测试和质量保证,最后介绍软件能力成熟度模型 CMM、ISO 9001 和 IEEE 相关知识。

11.1 软件质量标准

软件质量就是"软件与明确地和隐含地定义的需求相一致的程度"。具体地说,软件质量是软件符合明确叙述的功能和性能需求、文档中明确描述的开发标准,以及所有专业开发的软件都应具有的隐含特征的程度。

影响软件质量的主要因素是从管理角度对软件质量的度量,可划分为三组,分别反映用户在使用软件产品时的三种观点,包括:正确性、健壮性、效率、完整性、可用性、风险(产品运行);可理解性、可维修性、灵活性、可测试性(产品修改);可移植性、可再用性、互运行性(产品转移)。

11.1.1 软件质量标准分类

目前,软件质量标准分为以下 5 个大类。

1. 国际标准

国际标准指定和公布供各国参考的标准。例如,国际标准化组织 ISO(International Standards Organization)具有广泛的代表性和权威性,它所公布的标准具有国际影响力。

2. 国家标准

国家标准是由政府或国家级的机构制定或批准,适用于本国范围的标准。例如,GB(Guo Biao)是中华人民共和国国家技术监督局公布实施的标准;ANSI(American National Standards Institute)是美国国家标准协会;BS(British Standard)是英国标准等。

3. 行业标准

行业标准是由一些行业机构、学术团体或国防机构制定,并适用于某个业务领域的标准。例如,GJB是中华人民共和国国家军用标准;DOD-STD(Department of Defense-standards)是美国国防标准等。

4. 企业标准

企业标准是由一些大型企业或公司制定的适用于本部门的标准。例如,美国IBM公司通用产品部门在1984年制定的"程序设计开发指南"等。

5. 项目规范

项目规范是为满足一些科研生产项目需要而组织制定的一些具体项目的操作规范,具有专用性。

11.1.2 衡量软件质量常用的指标

1. 源代码行数

源代码行数(Source Lines of Code,SLOC)可能是最简单的衡量指标,主要体现了软件的规模,并为项目增长和规划提供了相关数据。例如,如果每月统计一次代码的行数,就可以绘制一个项目发展概览图。当然,由于存在项目重构或是设计阶段等因素,这种方式并不太可靠,但是可以为项目的发展提供一个视角。

也可以只统计逻辑代码行(Source Logical Line of Code,SLLOC),这样可以获得稍准确的信息。逻辑代码行不包含空行、单个括号行和注释行。可以使用Metrics工具来统计。代码行数不应该用来评估开发者的效率,否则,可能会产生重复、不可维护的或不专业的代码。

2. 每个代码段/模块/时间段中的Bug数

要想实现更好的测试以及更高的可维护性,Bug跟踪是必不可少的。每个代码段、模块或时间段(天、周、月等)内的Bug可以很容易通过工具(如Mantis)统计出来。这样,可以及早发现并及时修复。

Bug数可以作为评估开发者效率的指标之一,但必须注意,如果过分强调这种评估方法,软件开发者和测试者可能会成为敌人。在生产企业中,要保证员工彼此之间的凝聚力。为了更好地实现评估,可以根据重要性和解决所需的成本将Bug划分为低、中、高三个级别。

3. 代码覆盖率

在单元测试阶段,代码覆盖率常常被拿来作为衡量测试好坏的指标,也用来考核测试任务完成情况。可以使用的工具也有很多,如Cobertura等。

代码覆盖率并不能代表单元测试的整体质量,但可以提供一些测试覆盖率相关的信息,可以和其他一些测试指标一起来使用。

此外，在查看代码覆盖率时，还需注意单元测试代码、集成测试场景和结果等。

4. 设计/开发约束

软件开发中有很多设计约束和原则，其中包括：

(1) 类/方法的长度。

(2) 一个类中方法/属性的个数。

(3) 方法/构造函数参数的个数。

(4) 代码文件中魔术数字、字符串的使用(魔术数字指直接写在代码中的具体数值，其他人难以理解数字的意义)。

(5) 注释行比例等。

代码的可维护性和可读性是很重要的，开发团队可以选择以上这些原则中的一个或全部，并通过一些自动化工具(如 Maven PMD 插件)来遵循这些原则。这将大大提高软件产品的质量。

5. 圈复杂度

圈复杂度用来衡量一个模块判定结构的复杂程度。它已经成为评估软件质量的一个重要标准，能帮助开发者识别难于测试和维护的模块，在成本、进度和性能之间寻求平衡。圈复杂度可以使用 PMD 工具来自动化计算。

11.2 工作现场测试和软件质量保证

软件测试团队的主要职责和工作是对软件的确认和验证。软件质量保证团队与测试团队不同，软件质量保证人员的主要职责是检查和评价当前软件的开发过程，找出改进过程的方法，以达到防止软件缺陷出现的目标。

11.2.1 现场测试

在前面已经介绍过，软件测试的目标是尽可能早地找出软件缺陷，并确保其得以修复。也可以这样简单描述：软件测试对软件进行评价、报告和按步执行，找出软件缺陷，有效地描述它们，通知相关人员，并跟踪软件缺陷直至解决。但在实际工作中，作为一名测试员，要对找出的软件缺陷负起责任，在整个软件生命周期中跟踪缺陷，说服相关人员使其得以修复，是非常难实行的。因此，最简捷的解决方式是把这些缺陷放在软件缺陷数据库中，期待最终有人注意并进行相应的处理。这一点是能够做到的。

按软件测试原则和规章进行工作的软件测试员具有一个非常独特和重要的特征：软件测试员不负责软件的质量。因为软件测试员只是寻找软件缺陷，而发现缺陷并不能使质量低劣的产品变好。软件测试员只是报告事实。软件质量的保证不是单靠测试来解决的，就好比医生只量体温是不能退烧的。

11.2.2 软件质量保证

软件质量保证(Software Quality Assurance，SQA)是建立一套有计划、有系统的方法，来向管理层保证拟定出的标准、步骤、实践和方法能够正确地被所有项目采用。

软件质量保证的目的是使软件过程对于管理人员可见。它通过对软件产品和活动进行评审和审计来验证软件是否合乎标准。软件质量保证组在项目开始时就一起参与建立计划、标准和过程。这些将使软件项目满足机构方针的要求。

从软件测试到软件质量保证是一个渐进的过程,是一种逐渐提高成熟度的方法。

1. 软件质量保证基本目标

软件质量保证的基本目标如下。

(1) 软件质量保证工作是有计划进行的。

(2) 客观地验证软件项目产品和工作是否遵循恰当的标准、步骤和需求。

(3) 将软件质量保证工作及结果通知给相关组别和个人。

(4) 高级管理层接触到在项目内部不能解决的不符合类问题。

(5) 软件质量需要全面的测试工作来保证。

2. 全面质量管理

全面质量管理(Total Quality Management,TQM)是为了能够以最经济的方式,在考虑到充分满足用户要求的条件下进行市场研究、设计、生产和服务,把企业内各部门研制质量、维持质量和提高质量的活动构成为一体的一种有效体系。包括如下内容。

(1) 全过程的质量管理:将产品质量产生、形成和实现的各个互相影响的过程控制起来,形成一个综合性质量管理体系,预防为主,防检结合。

(2) 全员的质量管理:加强企业员工"质量第一"培训,增强人员责任心,使员工做好本职工作。

(3) 全企业的质量管理:组织层面上,质量目标的实现依赖于企业各层次(上层、中层和下层)的管理工作,尤以高层起决定性作用。职能层面上,企业产品的研制、维护和改进质量等所有活动构成一个整体。

(4) 多方法的质量管理:根据不同情况、不同因素,采取广泛、灵活、现代化的多种多样的方式方法进行质量管理。

其核心理念是关注顾客、全员参与、持续改进等,如图11-1所示。

3. 质量保证实现的具体方法

质量保证实现的具体方法如下。

(1) 定义项目类型和生命周期。

(2) 建立SQA计划,确定项目审计内容。

(3) 生成SQA报告。

(4) 审计SQA报告。

(5) 独立汇报。

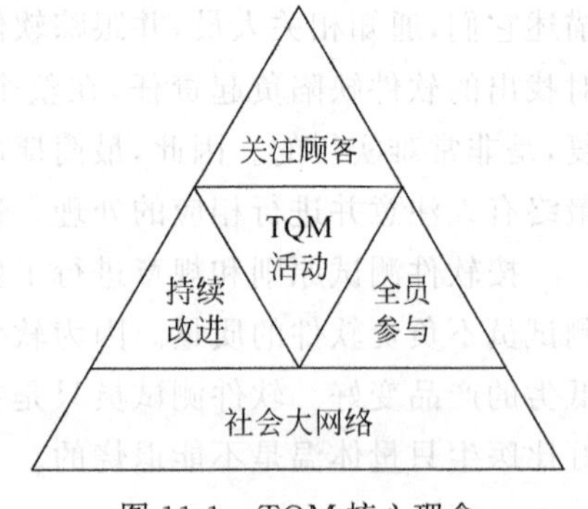

图11-1 TQM核心理念

4. SQA活动通用框架

SQA活动通用框架如下。

(1) 提出软件质量要求。

(2) 确定开发方案。

(3) 阶段评审。

(4) 测试管理。

(5) 文档化管理。

(6) 验证产品与相应文档和标准的一致性。

(7) 建立测量机制。

(8) 记录并生成报告。

11.3 能力成熟度模型

11.3.1 能力成熟度模型(CMM)的引入和定义

1. CMM 的引入

一个项目的主要内容是成本、进度、质量。良好的项目管理就是综合三方面的因素,平衡三方面的目标,最终依照目标完成任务。项目的这三个方面是相互制约和影响的,有时对这三方面的平衡策略甚至成为企业级的要求,决定了企业的行为。例如,IBM 的软件是以质量为最重要目标的,而微软的"足够好的软件"策略更是耳熟能详,这些质量目标其实立足于企业的战略目标。所以用于进行质量保证的 SQA 工作也应当立足于企业的战略目标,从这个角度思考 SQA,形成对 SQA 的理论认识。

软件界已经达成共识:影响软件项目进度、成本、质量的因素主要是"人、过程、技术"。根据现代软件工程对众多失败项目的调查,可以发现管理是项目失败的主要原因。这说明了"要保证项目不失败,应当更加关注管理","良好的管理可以保证项目的成功"。

CMM 首先是作为一个"评估标准"出现的,用于定义和评价软件公司开发过程的成熟度,提供怎样做才能提高软件质量的指导。它是在美国国防部的指导下,由软件开发团体和软件工程学院(SEI)及 Carnegie Mellon 大学共同开发的。

CMM 关注的软件生产具有如下特点。

(1) 质量重要。

(2) 规模较大。

这是 CMM 产生的原因。它引入了"全面质量管理"的思想,尤其侧重"全面质量管理"中的"过程方法",并且引入了"统计过程控制"的方法。可以说这两个思想是 CMM 背后的基础。

2. CMM 的定义

CMM(capability maturity model for software)是对于软件组织在定义、实现、度量、控制和改善其软件过程的进程中各个发展阶段的描述。CMM 的核心是把软件开发视为一个过程,并根据这一原则对软件开发和维护进行过程监控和研究,以使其更加科学化、标准化,使企业能够更好地实现商业目标。

11.3.2 CMM 的基本内容

CMM 的特别之处在于它是通用的,同等适用于任意规模的软件公司。CMM 模型划分为 5 个级别,共计 18 个关键过程域,52 个目标,300 多个关键实践。每一个 CMM 等级的评估周期(从准备到完成)约 12～30 个月。这里主要介绍 CMM 的 5 个级别和 18 个关键过程域。

1. CMM 的 5 个等级

CMM 明确地定义了 5 个不同的"成熟度"等级,分别是初始级、可重复级、已定义级、可管理级和优化级。一个组织可按一系列小的改良性步骤向更高的成熟度等级前进,如图 11-2 所示。

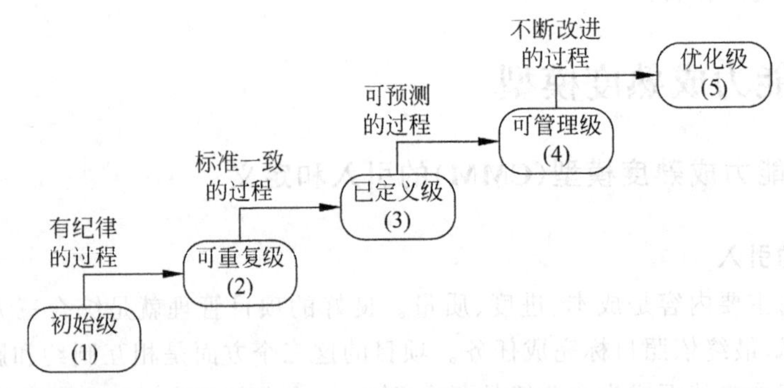

图 11-2 CMM 的 5 个等级

(1) 初始级:该等级软件开发过程是随意的,项目成功主要依赖个人精英的行为和运气。整个过程没有通用的计划、监视和过程控制。开发的时间和费用无法预测。测试过程与其他过程混在一起。

(2) 可重复级:该等级已经使用基本项目管理过程的思想来跟踪项目费用、进度、功能和质量,并且有一定的组织性,使用了基本软件测试行为。有了软件测试计划和测试用例。

(3) 已定义级:该等级具备了组织化思想,通用管理和工程活动被标准化和文档化。这些标准也在不同的项目中采用并得到证实。有了测试计划文档的审批,测试团队与开发人员已经独立,测试结果用于确定软件完成的时间。

(4) 可管理级:在该等级中,组织过程处于统计的控制下,产品质量事先以量化的方式指定。软件在未达到目标之前不得发布。在整个项目开发过程中,收集开发过程和软件质量的详细情况,经过调整校正偏差,使项目按计划进行。

(5) 优化级:该等级尝试新的技术和处理过程,评价结果,采用提高和创新的变动以期达到质量更佳的等级。

2. CMM 的 18 个关键过程域

CMM 从等级 2 到等级 5 共有 18 个关键过程域,如图 11-3 所示。

3. 软件能力成熟集成模型(CMMI)

CMMI(capability maturity model for software integrated)是软件工程模型、系统工程模型、集成化产品模型和过程开发模型以及集成化供应管理模型等多个模型的集合。

CMMI 是以三个基本成熟模型为基础综合形成的,分别是面向软件开发的"软件工程 CMM"、面向系统工程的"系统工程 CMM"和面向并行工程的"集成的产品和过程开发 CMM",加上外购协作 CMM。

CMMI 过程域的四维表示如表 11-1 所示。

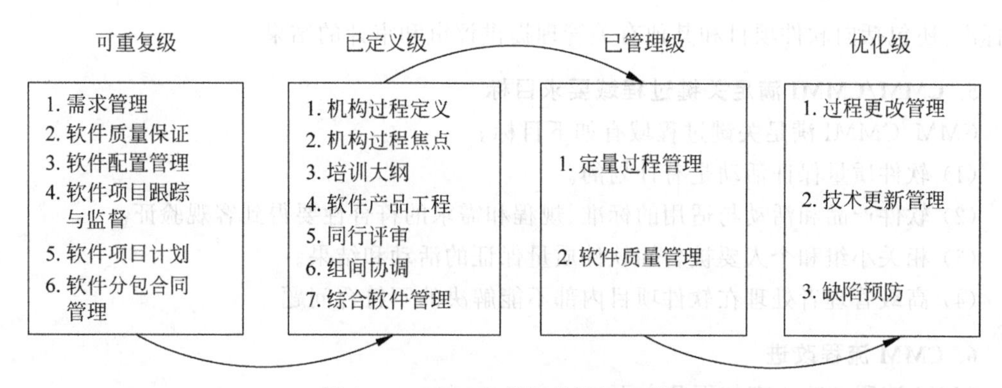

图 11-3 CMM 各等级的关键过程域

表 11-1 CMMI 过程域的四维表示

组别(维度)	过 程 域	成熟度层次
项目管理	项目计划 PP	2
	项目监督和控制 PMC	2
	供应商合同管理 SAM	2
	集成项目管理 IPM	3
	风险管理 PSKM	3
	集成组 IT	3
	集成供应商管理 ISM	3
	量化项目管理 QPM	4
组织过程	组织(层)过程定义 OPD	3
	组织(层)过程焦点 OPF	3
	组织(层)培训 OT	3
	组织(层)过程性能 OPP	4
	组织改革与实施 OID	5
工程	需求管理 REQM	2
	需求开发 RD	3
	技术解决方案 TS	3
	产品集成 PI	3
	验证 VER	3
	确认 VAL	3
保证支持	配置管理 CM	2
	过程和产品质量保证 PPQA	2
	度量和分析 MA	2
	决策分析和解决方案 DAR	3
	组织集成环境 OEI	3
	原因分析和解决方案 CAR	5

4. CMM 中的质量框架

软件质量保证(SQA)是 CMM 可重复级中的 6 个关键过程域之一。在 CMMI 中该关键过程域升级为管理中的过程与产品质量保证过程(process and product quality assurance, PPQA)。软件质量保证包括评审和审计软件产品和活动,以验证它们是否符合适用的规程和标准,还包括向软件项目和其他有关管理提供评审和审计的结果。

5. CMM/CMMI 满足关键过程域要求目标

CMM/CMMI 满足关键过程域有如下目标。

(1) 软件质量保证活动是有计划的。

(2) 软件产品和活动与适用的标准、规程和需求的符合性要得到客观验证。

(3) 相关小组和个人要被告知软件质量保证的活动和结果。

(4) 高级管理者处理在软件项目内部不能解决的不符合问题。

6. CMM 流程改进

CMM 流程的改进有如下几方面。

(1) 确定流程改进的总体框架。

(2) 细化框架内的要求。

(3) 明确流程改进的度量方法与标准。

11.4 ISO 9001

11.4.1 ISO 9000 系列标准的引入

1. ISO 9000 的引入

ISO 9000 族标准是国际标准化组织(ISO)于 1987 年颁布的在全世界范围内通用的关于质量管理和质量保证方面的一系列标准,定义了一套基本达标的实践,帮助公司不断地交付符合客户质量要求的产品。ISO 9000 族标准是指由 ISO/TC176(国际标准化组织质量管理和质量保证技术委员会)制定的所有国际标准。

引入原因如下。

1) 质量管理的理论与实践发展

随着质量管理的理论与实践的发展,许多国家和企业为了保证产品质量,选择和控制供应商,纷纷制定国家或公司标准,对公司内部和供方的质量活动制定质量体系要求,产生了质量保证标准。

2) 国际贸易迅速发展

随着国际贸易的迅速发展,为了适应产品和资本流动的国际化趋势,寻求消除国际贸易中技术壁垒的措施,ISO/TC176 组织各国专家在总结各国质量管理经验的基础上,制定了 ISO 9000 系列国际标准。

2. ISO 9001:2015 最新版本

国际标准一般都应间隔 5 年左右修订一次。ISO 9000 标准从 1987 年首次发布到 1994 年第一次修订相隔 7 年,1994 版 ISO 9001 标准内容过分趋向于硬件制造业,其他行业应用不便。自 1994 版发布至今又经过了 21 年,现行 1994 版 ISO 9001 标准的 20 个要素结构模式将相互关联的过程分离,没有体现出现代管理的“过程”概念。

据 ISO 国际标准化组织消息,2015 年 9 月份 ISO 9001:2015 正式版已发布。ISO 9001:2015 新版,再也见不到《质量手册》和《程序文件》这类难以理解的文件形式了,统一用

“形成文件的信息”取而代之。通篇也见不到“记录”这两个字眼了,统一用“活动结果的证据”取而代之。

3. ISO 9000 的意义

ISO 9000 的意义有以下两个方面。

(1) ISO 9000 目标在于开发过程,而不是产品,关心的是进行工作的组织方式,而不是工作成果。我们知道,质量是相对的、主观的。公司的目标应该是达到满足客户要求的质量等级,利用满足质量的开发过程有助于实现目标。

(2) ISO 9000 只决定过程的要求是什么,而不管如何达到。具体如何去组织和执行完全取决于组织和执行的各个小组或群体,具有灵活性。

11.4.2 ISO 9001 简介

ISO 9001 是 ISO 9000 族标准所包括的一组质量管理体系核心标准之一。ISO 9001 用于证实组织具有提供满足顾客要求和适用法规要求的产品的能力,目的在于增加顾客满意度。随着商品经济的不断扩大和日益国际化,为提高产品的信誉,减少重复检验,削弱和消除贸易技术壁垒,维护生产者、经销者、用户和消费者各方权益,ISO 9000 作为第三认证方,不受产销双方经济利益支配,公正、科学,是各国对产品和企业进行质量评价和监督的通行证;可作为顾客对供方质量体系审核的依据;企业须有满足其订购产品技术要求的能力。

1. 4 个核心标准

ISO 9000 具有如下 4 个核心标准。

1) ISO 9000 质量管理体系——基础和术语

介绍质量管理方面的基础理论和一些关键的名词解释。

2) ISO 9001 质量管理体系——要求

从保障顾客利益的角度出发提出一些基本的质量管理要求,常用于认证或顾客验厂。

3) ISO 9004 质量管理体系——业绩改进指南

围绕经营业绩,兼顾企业、顾客、员工等诸方面利益团队,强调做好每一项工作,为企业提供了改进业绩的参考方法。

4) ISO 19011 质量和(或)环境管理体系审核指南

为认证审核、内部审核、验厂审核等审核工作提供了工作方法和参考。

2. ISO 9000:2000 基本模型

ISO 9000:2000 的基本模型包括:管理职责、资源管理、过程管理和测量、分析与改进,它们之间的关系以及与客户的关系如图 11-4 所示。

(1) 管理职责:最高管理者应通过以下活动,对其建立、实施质量管理体系并持续改进其有效性的承诺提供证据。

① 向组织传达满足顾客和法律法规要求的重要性;

② 制定质量方针;

③ 确保质量目标的制定;

④ 进行管理评审;

⑤ 确保资源的获得。

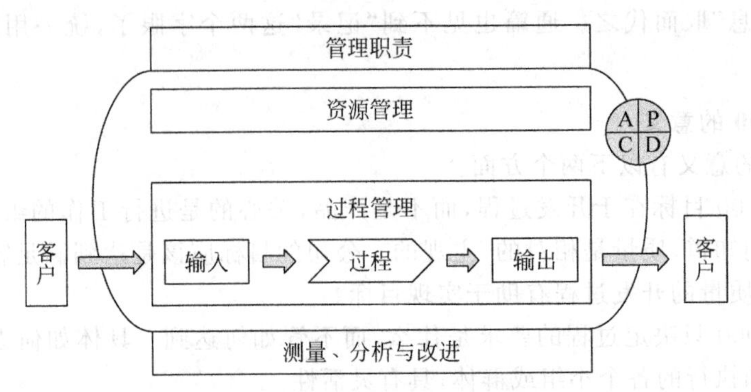

图 11-4 ISO 9000：2000 基本模型

(2) 资源管理：组织应确定、提供并维护为使产品符合要求所需的基础设施。适当地教育和培训从事影响产品质量工作的人员，使之拥有能够胜任的技能和经验。

(3) 过程管理：组织应按 GB/T 19000—2000 质量管理体系标准的要求建立质量管理体系，形成文件，加以实施和保持，并持续改进其有效性。

① 识别质量管理体系所需的过程及其在组织中的应用；

② 确定这些过程的顺序和相互作用；

③ 确定为确保这些过程的有效运作和控制所需的准则和方法；

④ 确保可以获得必要的资源和信息，以支持这些过程的运作和监视；

⑤ 监视、测量和分析这些过程；

⑥ 实施必要的措施，以实现对这些过程所策划的结果和对这些过程的持续改进。

(4) 测量、分析与改进：组织应策划并实施以下方面所需的监视、测量、分析和改进过程。

① 证实产品的符合性；

② 确保质量管理体系的符合性；

③ 持续改进质量管理体系的有效性。

3. 8条原则

(1) 以顾客为关注焦点。

(2) 领导作用。

(3) 全员参与。

(4) 过程方法。

(5) 管理的系统方法。

(6) 持续改进。

(7) 基于事实的决策方法。

(8) 互利的供方关系。

4. 8个作用

(1) 强化品质管理，提高企业效益。

(2) 增强客户信心，扩大市场份额，在产品品质竞争中永远立于不败之地。

(3) 提高全员质量意识,改善企业文化。
(4) 第三方认证,提供最广泛的认可,节省了第二方审核的精力和费用。
(5) 有效地避免产品责任。
(6) 获得了国际贸易"通行证",消除了国际贸易壁垒。
(7) 法律责任减免:如更容易的许可,更少的检查以及简化的报告要求等。
(8) 公众形象及社会关系,为消费者选择提供信心。

5. 认证流程

ISO 9001 认证的流程如下。
(1) 组织自身确定要实施 ISO 9001 认证标准。
(2) 聘请相应 ISO 9001 辅导老师进行辅导。
(3) 在辅导老师的协助下,建立 ISO 9001 认证体系,完成文件及记录表单的制作,并对相应人员进行培训。
(4) 申请 ISO 9001 认证前进行一次内审和管理评审。
(5) 向 ISO 9001 认证机构提出申请。
(6) 认证机构对企业进行现场审核。
(7) 对不符合之处整改并获取证书。

11.5 IEEE 简介

11.5.1 IEEE 概述

IEEE(Institute of Electrical and Electronic Engineers,美国电气电子工程师学会)是一个国际性的电子技术与信息科学工程师协会,建会于 1963 年 1 月 1 日,总部设在美国纽约市。在一百六十多个国家中,IEEE 拥有三百多个地方分会。目前会员数是 42 万。专业上,IEEE 有 39 个专业学会和两个联合会。IEEE 出版多种杂志、学报、书籍,每年组织三百多次专业会议。IEEE 定义的标准在工业界有极大的影响。IEEE 的标准制定内容包括电气与电子设备、试验方法、元器件、符号、定义以及测试方法等多个领域。

1. IEEE 构成

IEEE 现有 42 个主持标准化工作的专业学会或者委员会。IEEE 专门设有 IEEE 标准协会 IEEE-SA(IEEE Standard Association),负责标准化工作。IEEE-SA 下设标准局,标准局下又设置两个分委员会,即新标准制定委员会(New Standards Committee)和标准审查委员会(Standards Review Committee)。

当前有 18 个学会正在积极地制定标准,每个学会又会根据自身领域设立若干个委员会进行实际标准的制定。例如,人们熟悉的 IEEE 802 系列标准,就是 IEEE 计算机专业学会下设的 p802 委员会负责主持的。IEEE 802 又称为 LMSC(LAN/MAN Standards Committee,局域网/城域网标准委员会),致力于研究局域网和城域网的物理层和 MAC 层规范,对应 OSI 参考模型的下两层。

2. 标准通过流程

一份 IEEE 标准的通过流程如下：首先，发起人提出标准课题，接着形成由发起人组成的研究组，由此研究组向新标准制定委员会提交项目授权申请书并申请批准；依据该委员会批准的项目授权申请书，组织对此课题有兴趣的专家工作组进行审议，推荐的项目授权申请书原则上应在 4 年内完成。一旦标准草案起草完成，则先后经工作组、研究组两次无记名投票表决。若两次投票表决同意者均超过 75%，则标准草案获得通过，经 IEEE-SA 最后批准后，便可形成正式标准发布。

11.5.2 IEEE 829 测试文档国际标准

IEEE 829—1998，也被称作 829 软件测试文档标准，作为一份 IEEE 的标准，它定义了一套文档，用于 8 个已定义的软件测试阶段，每个阶段可能产生单独的文件类型。这份标准定义了文档的格式，但是没有规定它们是否必须全部被应用，也不包括这些文档的测试计划。

1. 管理计划的文档

内容包括：测试如何完成(包括 SUT 的配置)；谁来做测试；将要测试什么；测试将持续多久(虽然根据可以使用的资源的限制而有变化)；测试覆盖度的需求，例如所要求的质量等级。

2. 测试设计规格

详细描述测试环境和期望的结果以及测试通过的标准。

3. 测试用例规格

定义用于在测试设计规格中所述条件下运行的测试数据。

4. 测试过程规格

详细描述如何进行每项测试，包括每项预置条件和接下来的步骤。

5. 测试项传递报告

报告被测的软件组件何时从一个测试阶段到下一个测试阶段。

6. 测试记录

记录运行了哪个测试用例，谁运行的，以什么顺序运行，以及每个测试项是通过了还是失败了。

7. 测试附加报告

详细描述任何失败的测试项，以及实际的与之相对应的期望结果和其他旨在揭示测试为何失败的信息。这份文档之所以被命名为附加报告而不是错误报告，其原因是期望值和实际结果之间由于一些原因可能存在差异，而这并不能认为是系统存在错误。存在差异的原因包括期望值有误、测试被错误地执行，或者对需求的理解存在差异。这份报告由以下所有附加的细节组成：实际结果和期望值、何时失败，以及其他有助于解决问题的证据。这份报告还可能包括此附加项对测试所造成的影响的评估。

8. 测试摘要报告

测试摘要报告是一份提供所有直到测试完成都没有被提及的重要信息的管理报告，包括测试效果的评估、被测试软件系统的质量、来自测试附加报告的统计信息。这份报告还包括执行了哪些测试项、花费多少时间，用于改进以后的测试计划。这份最终的报告用于指出被测的软件系统是否与项目管理者所提出的可接受标准相符合。

基于 IEEE 829 编写文档时可能引用其他文档，包括：IEEE 1008，单元测试国际标准；IEEE 1012，软件验证与确认国际标准；IEEE 1028，软件审查国际标准；IEEE 1044，软件异常分类国际标准；IEEE 1044—1，软件异常分类指南；IEEE 830，系统开发需求说明书指南；IEEE 730，软件质量保证计划标准；IEEE 1061，软件质量度量及方法学标准；IEEE 12207，软件生命周期过程及生命周期数据的标准；BS 7925—1，软件测试术语表；BS 7925—2，软件构件测试标准。

小结

本章主要介绍软件质量标准及相关的概念，包括软件质量的 5 大类标准：国际标准、国家标准、行业标准、企业标准和项目规范；介绍了软件质量保证的概念和全面质量管理方法，全面质量管理的核心是关注顾客、全员参与、持续改进等；以及质量管理的标准：能力成熟度模型、ISO 9001 和 IEEE 简介。

习题

1. 软件质量的标准有几种类型？影响软件质量的因素和指标各有哪些？
2. 软件质量保证包括的基本内容有哪些？全面质量管理的核心是什么？
3. CMM 的基本内容包括哪些？
4. ISO 9001 的核心标准是什么？
5. IEEE 829—1998 测试文档主要包括哪些内容？

12 第12章 手机软件测试案例

【本章学习目标】

- 了解手机相关知识。
- 掌握手机测试流程、方法和技术。
- 掌握测试手机设计用例与使用。

本章首先介绍手机的功能、基本结构及手机测试的流程和方法等，再以中国移动智能终端软件测试为例，介绍手机软件的测试需求分析、测试用例的设计与实施、测试报告相关内容的撰写、测试分析结果，最后介绍手机测试工作人员应具有的素质要求。

12.1 手机基本知识

12.1.1 手机的主要功能

手机是人们常用的通信工具之一，它主要的功能如下。

1. 通话功能

(1) 对拨入拨出电话的管理；

(2) 对通话记录的管理；

(3) 呼叫转接、呼叫等待、通话计时计费等方便用户使用的功能。

2. 消息功能

(1) 文字短消息(SMS)的编辑、发送、接收、转发和存储等；

(2) 多媒体短消息(MMS)的编辑、发送、接收、转发、存储和配置。

3. 电话本

(1) 名片的管理；

(2) 存在 SIM 卡上的名片；

（3）存在手机内存中的名片；

（4）一个名字对应多项内容（如传真、固话、手机、E-mail 等）；

（5）名片的新建、修改、复制、转存、删除；

（6）名片以红外或短消息形式发送给其他手机；

（7）单键拨号（Speed Dialing）；

（8）号码分组（Caller Groups）。

4．增值服务

（1）名片的管理（如发送和接收：通过红外线或 SMS）；

（2）书签的管理（如发送和接收：通过红外线或 SMS 或书签形式，以及编辑、存储、新增和进入）；

（3）服务信箱（自动存储服务信息、服务信息有点播铃声、下载彩色图片和 COD 文件等）；

（4）服务设置（4G/5G 上网设置，WAP 服务设置）；

（5）多模式浏览器（4G/5G 上网，WAP 服务）；

（6）OTA 待机图片（通过无线下载待机图片）；

（7）OTA 铃声；

（8）V-calendar；

（9）XHML；

（10）移动梦网；

（11）动感地带。

5．其他功能

（1）闹钟（alarm）；

（2）日历（calendar）；

（3）计算器（calculator）；

（4）定时器（count down timer）；

（5）屏保（screen saver）；

（6）待办事项（to-do list）；

（7）游戏（games）。

6．为特定语言定做的功能

（1）中文输入（拼音/笔画）；

（2）中文菜单；

（3）农历（lunar calendar）。

7．附件

（1）充电器（charger）；

（2）耳机（headset）；

（3）车载免提（car kit）；

（4）照相头（camera）。

8. 数据连通

(1) 网络应用程序；

(2) 同步应用程序(同步应用，同步设置)；

(3) 红外线应用程序；

(4) 数据线；

(5) 手机 Flash 程序；

(6) 跟踪日志。

9. 其他应用程序

(1) 电子邮件；

(2) QQ 程序；

(3) 应用程序；

(4) 游戏程序，等等。

12.1.2 手机的基本结构

手机的基本结构分为软件结构和硬件结构。

1. 软件结构

手机软件结构如图 12-1 所示，包括用户界面、手机操作系统和总线设备等。

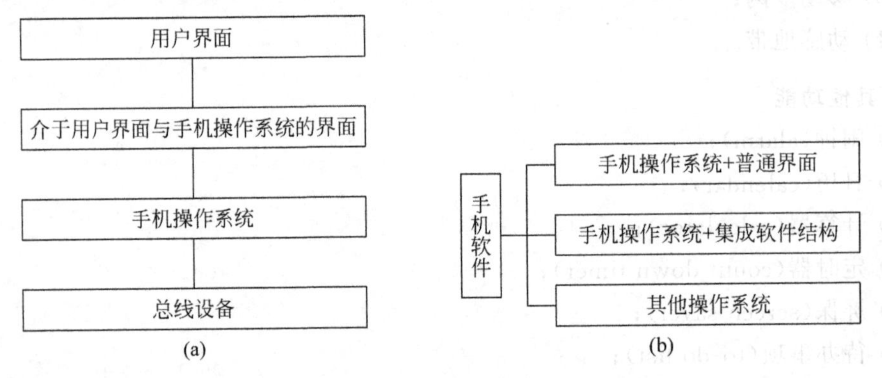

图 12-1 手机软件结构

2. 硬件结构

手机硬件结构如图 12-2 所示，主要的组成部分是 RF、UEM、UPP、Flash 等。

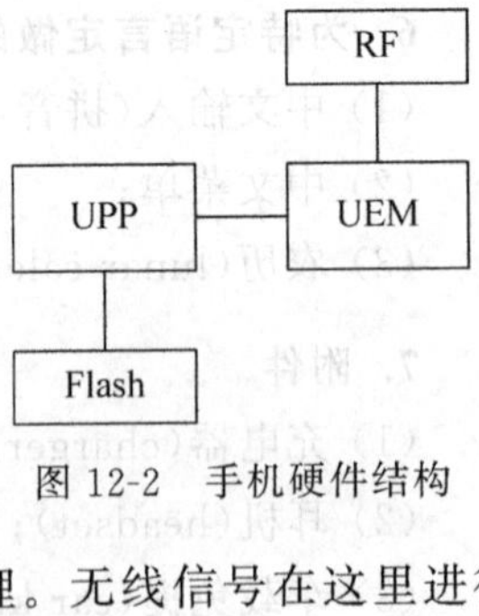

RF
UPP
UEM
Flash

图 12-2 手机硬件结构

其中：

RF 是手机的射频接收和发送设备，是手机本机与无线网络的接口。

UEM 是手机对外设备连接的接口，包括 SIM 卡、充电器、电池、RF、数据线接口、红外接口等，并提供对上述数据和信号的处理。无线信号在这里进行调制和解调。

UPP是手机的核心处理模块。DSP负责数字信号和模拟信号的转换。UPP和UEM之间存在着接口，两者之间的通信是通过接口进行的。UPP除了负责整部手机的操作系统外，还负责手机本身设备的运作，如耳机、麦克风、显示屏等。除此之外，还负责缓存和Flash（相当于硬盘）的运作。

Flash是手机的数据存储区，非临时数据都存在这里。Flash一般包括以下几个方面：Core Code、DSP Code、HW data、PPM、PMM。

12.1.3　手机软件测试时间

在制订开发计划的同时就要制订测试计划。测试在结构设计时就已经进行了，如图12-3所示。

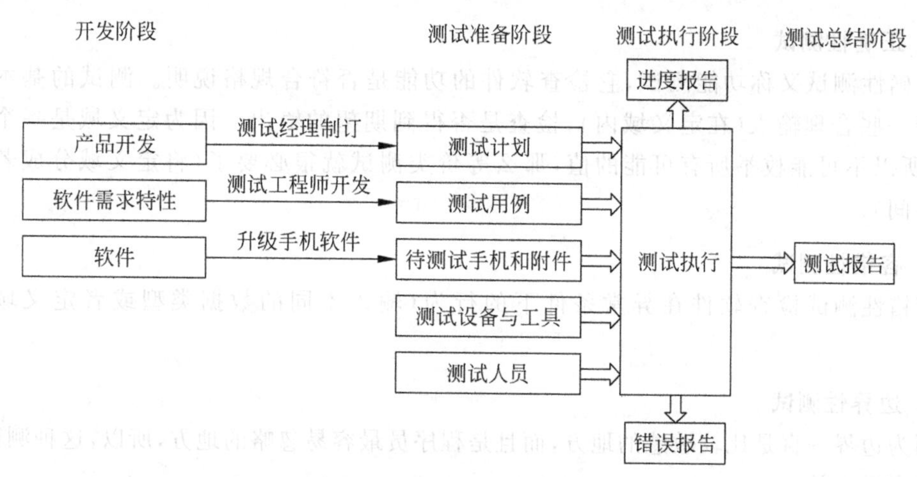

图12-3　手机测试介入开发时间

12.2　手机软件测试流程和方法

12.2.1　手机测试的流程

1. 制订测试计划

开启测试项目，在接了一个测试项目后，要在一定的期限内制订好测试的详细计划以及日程安排表。

2. 测试准备

在计划制订好之后、执行之前，必须将测试所需的人力资源、硬件资源、软件资源、文档资源以及环境和人文资源准备充分。

3. 测试执行

测试组根据测试计划和测试日程安排进行测试，并输出测试结果。

4. 测试评估

由测试结果评估小组或评估人员对测试结果进行评测,分析,并输出分析结果。

5. 文档收集

将从测试计划开始到评估结束的所有文档进行整理收集。对整个测试过程进行总结,并对测试结果进行总结。

6. 测试总结报告

提交测试结果,归还所借相关资源,文档入库,关闭测试项目。

12.2.2 手机测试的方法

1. 正确性测试

正确性测试又称功能测试,它检查软件的功能是否符合规格说明。测试的基本方法是构造一些合理输入(在定义域内),检查是否得到期望的输出。因为定义域是一个连续区间,所以不可能枚举所有可能的值,那么等价类测试就很必要了(将定义域分成若干个等价区间)。

2. 容错性测试

容错性测试检查软件在异常条件下的行为(输入不同的数据类型或者定义域之外的值)。

3. 边界性测试

因为边界一直是比较敏感的地方,而且是程序员最容易忽略的地方,所以,这种测试也往往最容易奏效。

4. 性能与效率测试

性能与效率测试主要测试软件的运行速度和对资源的利用率。性能与效率测试中很重要的一项是极限测试,因为很多软件系统会在极限测试中崩溃。

5. 易用性测试

易用性测试没有量化的指标,主观性较强。它主要是从用户的角度去考虑软件是否会有一定的使用缺陷。如果对此有任何看法,可以向项目领导反映或者与客户负责人直接交流。

6. 文档测试

文档测试主要检查文档的正确性、完备性和可理解性。但很多人甚至不知道文档是软件的一个组成部分。

工作中的文档主要是用户界面说明书和测试用例。用户界面说明书是无法改变的,测试用例则是要测试的对象。测试用例是用来测试手机软件的参考文档,但是它本身也有一定的局限性。所以,在测试的过程中,如果发现测试用例不正确或者不充分,可以直接补充,或者和项目领导商议后把不足的地方补充起来。

12.2.3　手机测试常用的技术

在手机软件测试中，常使用各种方法和技术对手机进行测试，下面将常用的测试技术相关内容列表说明，如表12-1所示。

表12-1　手机软件常用的测试技术

测试技术	测试目的	测试输入	测试输出	注意事项
释放测试	测试手机的基本功能是否实现，是否有进一步测试的必要性	测试工程师 测试用例较少(一般为200左右) 手机以及相关附件 测试环境	测试和释放结果 无错误报告	测试用例具有一定的典型性，主要是反映手机最基本功能的用例。本类测试只需要依据测试用例进行测试。 只有测试用例的通过率达到一定的值，才能宣布版本发布成功
系统测试	对手机的所有功能进行全面的测试(所有语言包)	测试工程师 测试用例较多(一般为25 000左右) 手机以及相关附件 测试环境 测试计划	总结报告 错误列表及错误报告	
部分测试(媒体等)	对手机的一部分功能进行全面的测试	测试工程师 测试用例较多(取决于测试的目的和范围) 手机以及相关附件 测试环境 测试计划	测试用例详细报告(测试通过率、错误、NA、NT) 总结报告 错误列表及错误报告	一般分为两个部分，执行测试用例和自由测试。自由测试需要测自己负责的模块。而且自由测试还负责重现前期"跑Case"时遗留的不可重现的错误
焦点测试	集中于一个或几个点进行测试	测试工程师 测试用例 手机以及相关附件 测试环境	测试结果 错误报告	
压力测试	为了解决市场上发现的重大错误而进行的有针对性的强度测试 主要是利用边缘测试(临界测试)手段	测试工程师 手机以及相关附件 测试环境 手机特点焦点列表	期望结果	存储压力：由于手机采用的是栈式存储，所以当一个存储块满了之后，如果程序员不做相应处理或者处理不好，很容易造成其他存储区被擦除，从而在UI上出现问题(其他功能无法正常使用)。 边界压力：边界一直是程序员最容易忽略的地方。 响应能力压力：有时候某个操作可能处理的时间很长，在处理期间如果测试者不断地进行其他操作，很容易出现问题。 网络流量压力(如在接电话时进行短信服务)等

续表

测试技术	测试目的	测试输入	测试输出	注意事项
自由测试	测试在系统测试中没有做完的不可重现错误,寻找平时没有找到的错误	测试工程师 手机以及相关附件 测试环境 系统测试错误列表	错误列表 错误报告	具有明显的目的性和范围 一是从 UI Spec 上找灵感 二是多关注不同 Feature 之间的交互

注:NA——Not Available(无此功能),NT——Not Test(无条件测试),Spec(the Standard Performance Evaluation Corporation)——标准性能评估机构。

12.2.4 测试相关文档说明

1. 测试计划

测试计划包括的主要内容如下。

(1) 测试的任务:即需要测试什么和不需要测试什么。

(2) 工作量估算:需要多少人,测试多少天,测试几个周期。

(3) 日程表:每人每天需要做什么。

(4) 测试方法和流程:采用什么方法,遵循哪些流程。

(5) 测试资源:需要多少人、设备、工具、文档等资源,以及对上述资源都有哪些要求。

(6) 测试输出:测试中需完成的错误报告和进度报告,测试完成后需完成的总结报告。

2. 测试用例

(1) 标题:标题一般会描述出当前要执行的测试用例是哪个功能模块的,能实现怎样的操作。标题下面有当前用例的 ID 号和软件的版本号。

(2) 描述:整体描述这个用例的测试目的,能实现什么功能,必需的测试环境和附件。测试环境包括硬件环境和软件环境。

(3) 前置条件:描述执行测试用例的前提条件。

(4) 执行:详细描述执行用例时的每一步操作。一般每一步操作都对应着一个期望中的结果。执行时可参照期望结果。

(5) 期望结果:描述执行该测试用例时期望的结果,与上面的操作执行是相对应的。

3. 错误报告

(1) 标题:标题是错误报告中非常重要的一部分,它要求简单明了地对错误做出整体的描述。

(2) 严重程度:用来描述错误的严重程度。有三个级别:较小的、严重的、致命的。致命的错误一般来说是指影响手机系统工作的错误;严重的错误指的是影响用户操作的或者某些功能实现的错误;较小的错误指的是微小的、不影响手机功能正常使用的错误。一般的错误,如中文界面中的某个字不正确,或者是英文界面中的某个单词拼写不正确,左右功能键显示有误等，都属于较小的错误。若手机的某个功能不能实现，如不能发短信，不能存电话号码，不能进行充电等都属于严重的错误；若手机开不了机，或经常死机、重启等则是致命的错误。

描述错误是否可再现；如果每次操作都能出现，就是可再现的。如果只是某一次操作才会出现这个错误，则是不可再现的。如果是不可再现错误，要记录一共出现过多少次，是在英文界面还是在中文界面。每个错误都有发生的前提条件和操作步骤。严格地说，每个错误都是可重现的。但是，发现这个错误的人可能没有能够找到这个错误的完整的前提条件或者完整的操作步骤。所以，现实中就有了很多不可重现的错误。对于一部手机而言，硬件、软件、语言包和SIM卡都是其重要的组成部分。所以，在一部手机中用某种SIM卡在某种语言的用户界面上发现了某个错误，有可能在同样的手机，同样的SIM卡，不同的语言的用户界面上就没有这个错误；也有可能在同样的手机上用不同的SIM卡也会没有这个错误；同样，在不同的手机上也有可能发现不了这个错误。总之，是否可重现，要考虑手机硬件、软件版本、SIM卡类型、UI类型等相关的影响，不能简单地说某个错误是否可重现，有的时候要加上注释。

(3) 前置条件：这里写的是在错误发生之前手机的状态。为了保证步骤简洁，这里要尽可能的详细。当然，也不要写得很啰嗦。应详细描述在错误发生之前是如何到达这个状态的，要具体到每一步的操作。在这个部分，步骤一定要清晰、简洁，让别人能够轻松地理解并完成操作。可以分成几个步骤来写。

(4) 错误描述：对发生错误的描述，用简明易懂的语言详细地把这个错误描述清楚。

(5) 期望结果描述：描述期望的操作结果。这在用例中一般都有说明，一般情况下，测试用例的执行结果就是期望的操作结果。这里描述的是，期望情况下“应该”是什么结果。

(6) 使用的SIM卡：使用的SIM卡是中国移动(CMCC)还是中国联通(CHN-CUGSM)。

(7) 软件版本和使用的语言包：所测手机软件的版本号可通过在待机状态下按“*#0000#”来获得。现在所测的手机语言包大部分都是C包。语言包可通过下面的方法来获得：把手机恢复出厂设置，进入短信的编辑窗口，此时默认的输入法如果是“拼音”，则语言包为C包。

4. 进度报告

(1) 工作时间(小时数)。

(2) 测试用例执行情况：

① 已经完成的测试用例数目；

② 其中出错的测试用例数目；

③ 通过的测试用例数目；

④ 未测的测试用例数目；

⑤ 无法测试的测试用例数目。

(3) 发现的所有错误的列表。

(4) 执行的所有测试用例及其结果的列表。

5. 总结报告

(1) 测试活动的时间。

(2) 测试投入的人力。

(3) 测试效果和结论。

(4) 测试用例通过情况列表。

(5) 发现的所有错误的列表。

(6) 所有仍未关闭的错误报告列表。

12.3 中国移动智能终端系统软件测试

12.3.1 中国移动智能终端系统简介

1. 智能终端的概念

智能终端版CRM/ESOP(客户管理/客户经理工作平台)是CRM/ESOP系统在智能终端上的延伸,其采用无线接入方式,利用智能终端的便携性,拓展了流动式营销服务手段,是对中国移动服务及营销支撑能力的有效提升。

2. 智能终端的日常业务

智能终端CRM系统立足于当前的CRM系统,涵盖了业务查询、业务办理以及业务管理三大模块功能,能够支撑普通用户基本的日常业务办理需求,如图12-4所示。

图12-4 智能终端的业务模块

3. 智能终端系统框架

中国移动智能终端的系统框架的逻辑架构包括操作系统、智能终端、PC终端等,如图12-5(a)所示。

从应用方面来划分中国移动智能终端系统的模块,由前台、后台、API、业务等构成,如图12-5(b)所示。

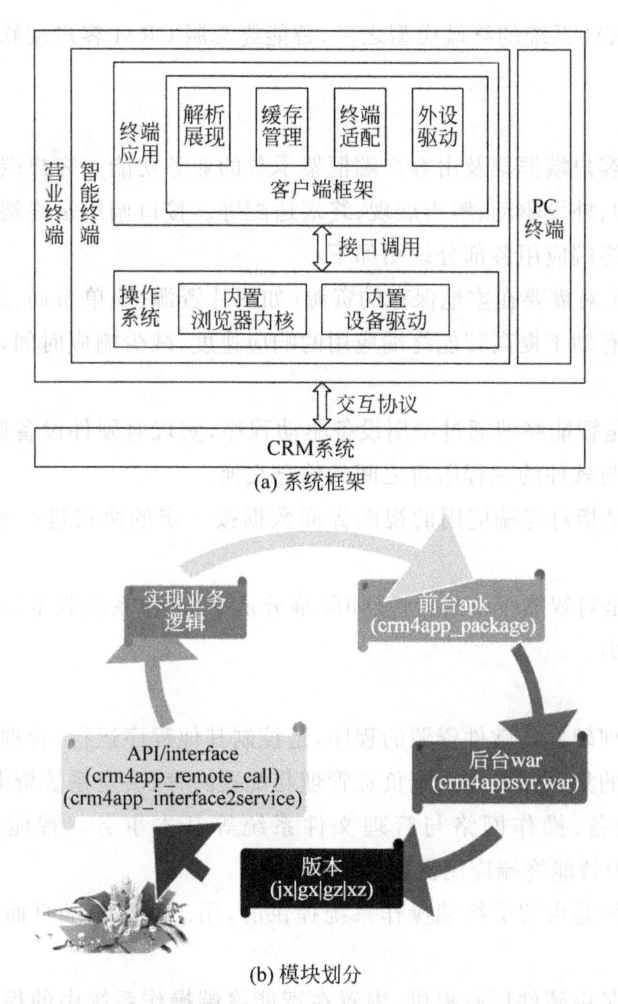

图12-5 中国移动智能终端的系统框架和模块划分

12.3.2 系统架构

智能终端版CRM整体架构设计符合NG-CRM系统总体架构,并根据智能终端在接入方式、界面展现和人机交互等方面的特点,实现在界面展现、业务逻辑、客户感知方面的全网一致性。

整体架构包含智能终端的逻辑架构、功能架构、网络架构。

1. 逻辑架构

智能终端是营业终端的一种,营业终端包含智能终端和PC终端。

智能终端版CRM采用C/S加B/S的混搭方式。C/S部分用于智能终端客户端,主要负责客户端页面数据的解析、缓存数据管理及外设驱动,是B/S处理部分的容器;B/S部分主要处理业务界面相关能力,保持和当前CRM系统能力的一致。采用此方式的目的是更好地对外设进行支持。

智能终端是CRM系统的终端类型之一,智能终端版CRM客户端软件是基于终端操作系统的应用程序。

1) 终端应用

终端应用包含客户端框架及由客户端框架承载的业务功能。客户端框架提供应用的通用能力,如缓存管理、外设驱动、解析展现、终端适配等。接口调用是终端应用和操作系统之间交互的桥梁。对终端应用各部分说明如下。

(1) 缓存管理是对需要在本地保存的资源(如图片资源、菜单布局、终端应用)进行管理的能力。缓存管理有助于提高智能终端应用的响应速度,减少响应时间,避免已鉴权用户二次鉴权。

(2) 外设驱动是智能终端通过调用设备驱动程序,实现对硬件设备操控的能力,完成在硬件设备电子信号与软件的编程语言之间的信息交换。

(3) 解析展现是指对终端应用的视图界面数据按一定的协议进行解析,并实现界面视图展现的能力。

(4) 终端适配是对智能终端的特性(如屏幕分辨率、操作系统版本等)进行识别,并保证应用正常运行的能力。

2) 操作系统

操作系统是管理硬件与软件资源的程序,是控制其他程序运行,管理系统资源并提供操作界面的系统软件的集合。操作系统负责管理与配置内存、决定系统资源供需的优先次序、控制输入与输出设备、操作网络与管理文件系统等基本事务。智能终端版CRM采用Android操作系统为智能终端应用提供运行环境。

内置浏览器内核是由智能终端操作系统提供的,用于对客户端页面交互数据进行解析的应用。

内置设备驱动是由硬件厂商提供、内置在智能终端操作系统中的程序。客户端软件通过内置设备驱动程序实现对智能终端自带硬件的驱动。

2. 功能架构

智能终端版CRM功能分为业务功能和系统功能两部分,如图12-6所示。

1) 智能终端版CRM系统功能

(1) 操作员功能。

操作员登录:操作员登录是指操作员输入工号、密码等身份验证信息进行登录的功能。登录时使用智能终端设备证书对登录请求进行签名。CRM系统接收到登录请求,首先进行登录签名验签,之后进行操作员身份认证,完成身份验证后再进入智能终端版CRM。

操作员退出:操作员退出智能终端版CRM的功能。

操作员注销:注销当前已登录操作员的功能。

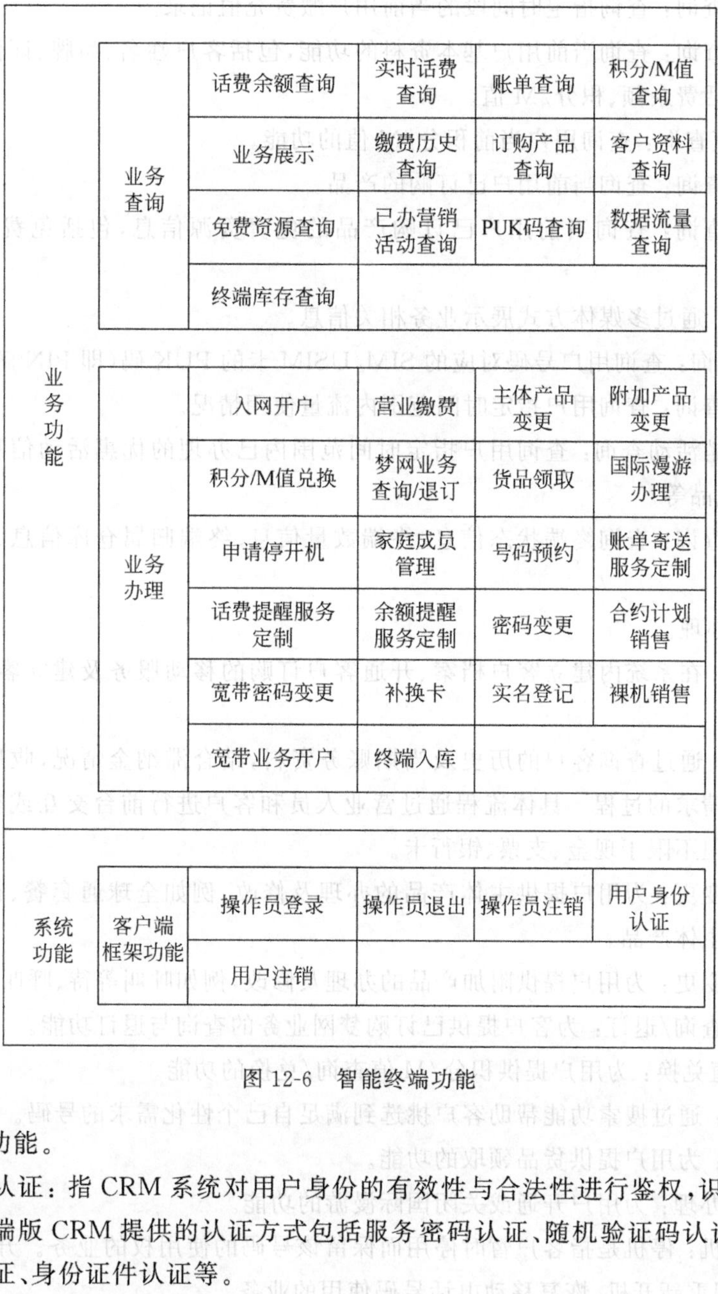

业务功能	业务查询	话费余额查询	实时话费查询	账单查询	积分/M值查询
		业务展示	缴费历史查询	订购产品查询	客户资料查询
		免费资源查询	已办营销活动查询	PUK码查询	数据流量查询
		终端库存查询			
	业务办理	入网开户	营业缴费	主体产品变更	附加产品变更
		积分/M值兑换	梦网业务查询/退订	货品领取	国际漫游办理
		申请停开机	家庭成员管理	号码预约	账单寄送服务定制
		话费提醒服务定制	余额提醒服务定制	密码变更	合约计划销售
		宽带密码变更	补换卡	实名登记	裸机销售
		宽带业务开户	终端入库		
系统功能	客户端框架功能	操作员登录	操作员退出	操作员注销	用户身份认证
		用户注销			

图 12-6　智能终端功能

(2) 用户功能。

用户身份认证：指 CRM 系统对用户身份的有效性与合法性进行鉴权，识别用户身份的过程。智能终端版 CRM 提供的认证方式包括服务密码认证、随机验证码认证、服务密码＋随机验证码认证、身份证件认证等。

用户注销：指注销当前已鉴权的用户，此处的用户是指当前已认证的用户号码。

2）智能终端版 CRM 业务功能

(1) 业务查询。

话费余额查询：查询当前用户的账户余额和实时余额。

实时话费查询：查询当前用户本账期至当前时间的累计费用总额。

账单查询：查询指定账期的账单。

缴费历史查询：查询指定时间段的当前用户缴费充值记录。

客户资料查询：查询当前用户基本资料的功能，包括客户姓名、品牌、证件类型、证件号码、用户状态、话费余额、积分/M值。

积分/M值查询：查询用户当前积分/M值的功能。

订购产品查询：查询当前用户已订购的产品。

免费资源查询：查询当前用户已订购产品的免费资源信息，包括免费资源总量和剩余量。

业务展示：通过多媒体方式展示业务相关信息。

PUK码查询：查询用户号码对应的SIM/USIM卡的PUK码(即PIN解锁码)。

数据流量查询：查询用户指定时间范围内流量使用情况。

已办理营销活动查询：查询用户指定时间范围内已办理的优惠活动信息，例如预存返话费、预存送礼品等。

终端库存查询：查询终端状态信息、终端数量信息、终端归属仓库信息、终端资源分布信息等。

(2) 业务办理。

入网开户：在系统内建立客户档案、开通客户订购的移动服务及建立客户付费信息的过程。

营业缴费：通过查询客户的历史及当期账务资料，结合滞纳金情况，收取客户费用，并同时触发销账请求的过程。具体流程通过营业人员和客户进行前台交互或客户自助完成。支付手段包括但不限于现金、支票、银行卡。

主体产品变更：为用户提供主体产品的办理及修改，例如全球通套餐、神州行套餐、动感地带套餐等主体产品。

附加产品变更：为用户提供附加产品的办理及修改，例如呼叫等待、呼叫转移等。

梦网业务查询/退订：为客户提供已订购梦网业务的查询与退订功能。

积分/M值兑换：为用户提供积分/M值查询/兑换的功能。

号码预约：通过搜索功能帮助客户挑选到满足自己个性化需求的号码。

货品领取：为用户提供货品领取的功能。

国际漫游办理：为用户开通或关闭国际漫游的功能。

申请停开机：停机是指客户暂时停用而保留该号码的使用权的业务。开机是指用户挂失、报停后办理重新开机，恢复移动电话号码使用的业务。

密码变更：为用户提供服务密码修改的功能。

家庭成员管理：提供添加和删除家庭成员的功能。

账单寄送服务定制：为用户提供开通或取消各种类型(包括短信、彩信、Email)账单寄送服务的功能。

话费提醒服务定制：为客户提供开通或取消话费提醒服务的功能。

余额提醒服务定制：为客户提供开通或取消余额提醒服务的功能。

实名登记：对用户资料进行审核、登记。

裸机销售：将不包含任何通信服务和绑定费用的手机终端销售给客户。

合约计划销售：将捆绑合约计划的定制终端销售给在网用户。

补换卡：因用户不慎丢失、损坏 SIM 卡，SIM 卡存在质量问题，或因业务功能的改变或者 PUK 码锁死等原因需要补回或更换 SIM 卡的业务。

宽带业务开户：在系统内建立客户档案、开通客户订购的宽带服务及建立客户付费信息的过程。

宽带密码变更：为宽带用户提供服务密码修改的功能。

终端入库：对终端到达网点时进行到货确认的功能。

3. 网络架构

智能终端通过无线网络访问 CRM 系统有以下两种方式。

(1) 通过私有 APN 加专线接入。在这种方式下，智能终端客户端通过专有 APN 与专线连接到生产网络。

(2) 通过公有 APN、Wi-Fi 接入。在这种方式下，智能终端通过公网连接到 DMZ 区再连接至生产网络。

智能终端网络拓扑图如图 12-7 所示。

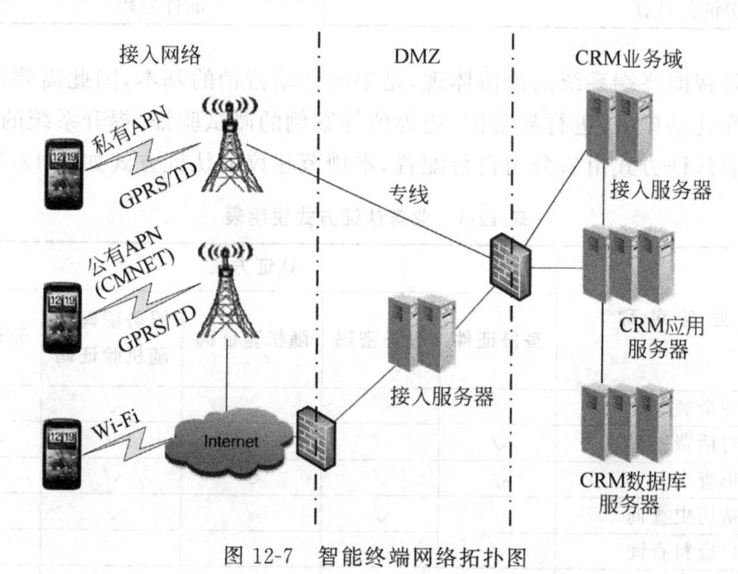

图 12-7　智能终端网络拓扑图

12.3.3　测试需求分析

智能终端系统属于综合性、复杂度比较高的系统，它包含许多功能，主要包含业务功能以及系统功能两大模块。业务功能包含业务查询和业务办理功能；系统功能包含操作员的登录、退出、注销功能和用户身份认证与注销功能。这里只针对系统的功能进行测试，主要确保系统功能可以正确执行。

1. 功能测试

系统功能的测试主要包括操作员登录、退出、注销功能和用户身份认证与注销功能,其中,操作员登录、退出与注销功能是为用户办理业务的前提,因此该功能为最先验证功能。为核实用户身份、防止用户敏感信息泄漏,在业务查询或业务办理前需对用户身份进行认证。因此用户身份认证与注销功能需要安排在其他功能测试前验证。智能终端版 CRM 提供的认证方式包括服务密码认证、随机验证码认证、服务密码+随机验证码认证、身份证件认证。

业务查询功能的测试大致可划分为两类:第一类,主要用户身份认证成功后即展示用户查询的信息,该部分只需要验证查询的结果是否正确;第二类,需要操作员选择或者输入条件后方展示结果,这部分需要做异常值、边界值等案例的测试验证。

业务功能界面原型图中的用户认证方式以服务密码认证方式为例,输入要素中的用户身份认证要素如表 12-2 所示。

表 12-2 用户身份认证要素表

认证方式	用户身份认证要素
服务密码认证	服务密码
随机验证码认证	随机验证码
服务密码+随机验证码认证	服务密码、随机验证码
身份证件认证	证件号码

业务办理是智能终端系统的价值体现,是中国移动营销的基本,因此需要确保该功能能正确地执行。在此基础上,进行异常值、边界值等案例的测试验证,提升系统的健壮性。

各业务功能认证方式由省公司自行配置,本规范建议的认证方式如表 12-3 所示。

表 12-3 业务认证方式说明表

业务类别	业务名称	认证方式					隐私信息展示
		身份证件	服务密码	随机验证码	服务密码+随机验证码	无认证	
业务查询	话费余额查询	√	√	√	√		○
	实时话费查询	√	√	√	√	√	○
	账单查询	√	√	√	√		○
	缴费历史查询	√	√	√	√		○
	客户资料查询	√	√	√	√		●
	积分/M值查询	√	√	√	√	√	○
	订购产品查询	√	√	√	√	√	○
	免费资源查询	√	√	√	√	√	○
	业务展示					√	○
	PUK码查询	√	√	√	√	√	○
	数据流量查询	√	√	√	√	√	○
	已办营销活动查询	√	√	√	√	√	○
	终端库存查询	√	√	√	√	√	○

续表

业务类别	业务名称	认证方式					隐私信息展示
		身份证件	服务密码	随机验证码	服务密码+随机验证码	无认证	
业务办理	入网开户	√					○
	营业缴费					√	○
	主体产品变更	√	√		√		●
	附加产品变更	√	√		√		●
	梦网业务查询退订	√	√		√		●
	积分/M值兑换	√	√		√		●
	号码预约	√	√		√		●
	货品领取	√	√		√		●
	国际漫游办理	√	√		√		●
	申请停开机	√	√		√		●
	密码变更	√	√		√		●
	家庭成员管理	√	√		√		●
	账单寄送服务	√	√		√		●
	话费提醒服务	√	√		√		●
	余额提醒服务	√	√		√		●
	实名登记	√	√		√		●
	裸机销售					√	●
	合约计划销售	√	√				●
	补换卡	√	√		√		●
	宽带业务开户	√					●
	宽带密码变更	√	√				○
	终端入库					√	○

说明：√——可选认证方式，○——输出要素全量展示，●——输出要素中敏感信息不对社会渠道展示，如证件号码等。

2. 性能测试

系统的性能测试主要由第三方厂家执行，如压力测试、自动化测试等。这里的测试任务，主要是对从发送请求到页面响应的时间比较异常的页面进行跟踪，使用 HttpWatch 软件监控各个请求的 JSP 页面的响应时间。对于响应时间比较长的，则寻找定位问题是否是网络问题或者查询 SQL 不规范导致系统返回信息慢等。

3. 链接测试

系统的链接测试主要是在功能测试的过程中，测试各模块交互界面是否展示异常，链接的目标页面是否正确等。

12.3.4 测试用例的设计与实现

鉴于项目的实际情况，这里只针对系统的各个功能模块、功能点进行业务功能的测试，确保系统功能可以正确执行。

1. 功能测试

功能测试主要是从软件产品的页面、架构出发,根据系统的需求文档编写测试用例。只考虑需要测试的系统的各个模块、各个功能,而不需考虑软件的内部结构及其代码内容。通过评测预期结果和实际结果来验证是否能满足用户提出的要求。

因系统功能很多,现举例如下:操作员登录如表12-4所示,用户身份认证如表12-5所示。

表12-4 操作员登录

需求序号	测试功能项	测试内容	CASE描述	预期结果	实际结果	是否通过
8.1.1	操作员登录	使用授权的操作员,输入正确的密码登录微OP	1. 在终端单击微OP打开智能终端 2. 在中国移动智能终端系统登录界面输入正确的工号和密码(95550003/password1) 3. 单击"登录"按钮	1. 在终端上单击微OP可以正常打开智能终端并进入登录界面 2. 输入正确的工号和密码单击"登录"按钮后进入主页	1. 在终端上单击微OP可以正常打开智能终端并进入登录界面 2. 输入正确的工号和密码单击"登录"按钮后进入主页	测试通过
8.1.1	操作员登录	使用非授权的操作员登录微OP	1. 在终端单击微OP打开智能终端 2. 在中国移动智能终端系统登录界面输入非授权的操作员登录微OP 3. 单击"登录"按钮	1. 在终端上单击微OP可以正常打开智能终端并进入登录界面 2. 输入非授权的操作员和密码,单击"登录"按钮失败,系统提示:"业务对该工号xxx不开放",且提示信息简单明了,不抛出代码及系统内部错误信息	1. 在终端上单击微OP可以正常打开智能终端并进入登录界面 2. 输入非授权的操作员和密码,单击"登录"按钮失败,系统提示:"业务对该工号xxx不开放",且提示信息简单明了,不抛出代码及系统内部错误信息	测试通过
8.1.1	操作员登录	使用授权的操作员登录微OP,输入错误的密码	1. 在终端单击微OP打开智能终端 2. 在中国移动智能终端系统登录界面输入正确的工号和错误的密码(95550003/password11111) 3. 单击"登录"按钮	1. 在终端上单击微OP可以正常打开智能终端并进入登录界面 2. 输入正确的工号和错误的密码单击"登录"按钮,单击"登录"按钮登录失败,系统提示:"操作员登录失败",且提示信息简单明了,不抛出代码及系统内部错误信息	1. 在终端上单击微OP可以正常打开智能终端并进入登录界面 2. 输入正确的工号和错误的密码单击"登录"按钮,单击"登录"系统按钮登录失败,系统提示:"操作员登录失败",且提示信息简单明了,不抛出代码及系统内部错误信息	测试通过

续表

需求序号	测试功能项	测试内容	CASE 描述	预期结果	实际结果	是否通过
8.1.1	操作员登录	密码错误超过次数限制	1. 在终端单击微 OP 打开智能终端 2. 在中国移动智能终端系统登录界面多次输入正确的工号和错误的密码(95550003/password11111) 3. 单击“登录”按钮	1. 在终端上单击微 OP 可以正常打开智能终端并进入登录界面 2. 系统提示：密码错误次数已经超过 5 次，请于三小时后再尝试	1. 在终端上单击微 OP 可以正常打开智能终端并进入登录界面 2. 系统提示：密码错误次数已经超过 5 次，请于三小时后再尝试	测试通过
8.1.1	操作员登录	(三小时后再尝试登录)	1. 在终端单击微 OP 打开智能终端 2. 在中国移动智能终端系统登录界面输入正确的工号和错误的密码(95550003/password11111) 3. 单击“登录”按钮 4. 输入正确的工号、正确的密码登录	1. 在终端上单击微 OP 可以正常打开智能终端并进入登录界面 2. 系统提示：操作员登录失败 3. 输入正确的工号、正确的密码后登录成功并进入主页面	1. 在终端上单击微 OP 可以正常打开智能终端并进入登录界面 2. 系统提示：操作员登录失败 3. 输入正确的工号、正确的密码后登录成功并进入主页面	测试通过
8.1.1	操作员登录	操作员为空	1. 在终端单击微 OP 打开智能终端 2. 在中国移动智能终端系统登录界面输入操作员为空 3. 单击“登录”按钮	1. 系统提示操作员不能为空	1. 系统提示操作员不能为空	测试通过
8.1.1	操作员登录	密码为空	1. 在终端单击微 OP 打开智能终端 2. 在中国移动智能终端系统登录界面输入密码为空 3. 单击“登录”按钮	1. 系统提示密码不能为空	1. 系统提示密码不能为空	测试通过

表 12-5　用户身份认证

需求序号	测试功能项	测试内容	CASE 描述	预期结果	实际结果	是否通过
8.1.4	用户身份认证	“随机密码”输入正确的手机号码和验证码	1. 登录微 OP 进入主页，单击选择 CRM 系统，选择任意业务，选择鉴权方式为“随机密码” 2. 输入正确的手机号，在获取短信验证码后填入正确的短信验证码 3. 单击“确认”按钮	1. 鉴权成功，页面跳转到选择的业务办理界面	1. 鉴权成功，页面跳转到选择的业务办理界面	测试通过

续表

需求序号	测试功能项	测试内容	CASE 描述	预期结果	实际结果	是否通过
8.1.4	用户身份认证	“随机密码”输入正确的手机号码和错误的验证码	1. 登录微 OP 进入主页,单击选择 CRM 系统,选择任意业务,选择鉴权方式为“随机密码” 2. 输入正确的手机号,在获取短信验证码后填入错误的短信验证码 3. 单击“确认”按钮	1. 鉴权失败,系统提示验证码错误 2. 提示信息简单明了,不显示系统内部代码抛错信息	1. 鉴权失败,系统提示验证码错误 2. 提示信息简单明了,不显示系统内部代码抛错信息	测试通过
8.1.4	用户身份认证	“随机密码”输入手机号码的位数不足11位	1. 登录微 OP 进入主页,单击选择 CRM 系统,选择任意业务,选择鉴权方式为“随机密码” 2. 输入的手机号不足11位,单击获取短信验证码	1. 获取短信验证码失败,请输入正确的手机号码 2. 提示信息简单明了,不显示系统内部代码抛错信息	1. 获取短信验证码失败,请输入正确的手机号码 2. 提示信息简单明了,不显示系统内部代码抛错信息	测试通过
8.1.4	用户身份认证	“随机密码”输入系统不存在的号码	1. 登录微 OP 进入主页,单击选择 CRM 系统,选择任意业务,选择鉴权方式为“随机密码” 2. 输入的手机号为11位非本网号码或不存在的号码,单击获取短信验证码	1. 无法获取手机号码 xxx 的地市,即找不到归属地,号码是非本网号码 2. 提示信息简单明了,不显示系统内部代码抛错信息	1. 无法获取手机号码 xxx 的地市,即找不到归属地,号码是非本网号码 2. 提示信息简单明了,不显示系统内部代码抛错信息	测试通过
8.1.4	用户身份认证	“随机密码”输入号码为空	1. 登录微 OP 进入主页,单击选择 CRM 系统,选择任意业务,选择鉴权方式为“随机密码” 2. 输入的手机号为空,单击获取短信验证码	1. 系统提示请输入有效的号码	1. 系统提示请输入有效的号码	测试通过
8.1.4	用户身份认证	“随机密码”输入验证码为空	1. 登录微 OP 进入主页,单击选择 CRM 系统,选择任意业务,选择鉴权方式为“随机密码” 2. 输入手机号后,输入验证码为空 3. 单击“确认”按钮	1. 系统提示验证码不能为空	1. 系统提示验证码不能为空	测试通过

续表

需求序号	测试功能项	测试内容	CASE 描述	预期结果	实际结果	是否通过
8.1.4	用户身份认证	"随机密码"输入手机号码和验证码后单击"重置"按钮	1. 登录微 OP 进入主页，单击选择 CRM 系统，选择任意业务，选择鉴权方式为"随机密码" 2. 输入正确的手机号，在获取短信验证码后填入正确的短信验证码 3. 单击"重置"按钮	1. 单击"重置"按钮，文本框手机号码和验证码被清空，可以重新输入	1. 单击"重置"按钮，文本框手机号码和验证码被清空，可以重新输入	测试通过
8.1.4	用户身份认证	"用户密码"输入正确的手机号码和用户密码	1. 登录微 OP 进入主页，单击选择 CRM 系统，选择任意业务，选择鉴权方式为"用户密码" 2. 输入正确的手机号和正确的用户服务密码 3. 单击"确认"按钮	1. 鉴权成功，页面跳转到选择的业务办理界面	1. 鉴权成功，页面跳转到选择的业务办理界面	测试通过
8.1.4	用户身份认证	"用户密码"输入正确的手机号码和错误的用户密码	1. 登录微 OP 进入主页，单击选择 CRM 系统，选择任意业务，选择鉴权方式为"用户密码" 2. 输入正确的手机号和错误的用户服务密码 3. 单击"确认"按钮	1. 鉴权失败，系统提示密码错误 2. 提示信息简单明了，不显示系统内部代码抛错信息	1. 鉴权失败，系统提示密码错误 2. 提示信息简单明了，不显示系统内部代码抛错信息	测试通过
8.1.4	用户身份认证	"用户密码"输入手机号码的位数不足11位	1. 登录微 OP 进入主页，单击选择 CRM 系统，选择任意业务，选择鉴权方式为"用户密码" 2. 输入的手机号不足 11 位，输入服务密码 3. 单击"确认"按钮	1. 鉴权失败，系统提示：请输入正确的手机号码 2. 提示信息简单明了，不显示系统内部代码抛错信息	1. 鉴权失败，系统提示：请输入正确的手机号码 2. 提示信息简单明了，不显示系统内部代码抛错信息	测试通过
8.1.4	用户身份认证	"用户密码"输入系统不存在的号码	1. 登录微 OP 进入主页，单击选择 CRM 系统，选择任意业务，选择鉴权方式为"用户密码" 2. 输入的手机号为 11 位非本网号码或不存在的号码，输入服务密码 3. 单击"确认"按钮	1. 鉴权失败，无法获取手机号码 xxx 的地市，即找不到归属地，号码是非本网号码 2. 提示信息简单明了，不显示系统内部代码抛错信息	1. 鉴权失败，无法获取手机号码 xxx 的地市，即找不到归属地，号码是非本网号码 2. 提示信息简单明了，不显示系统内部代码抛错信息	测试通过

续表

需求序号	测试功能项	测试内容	CASE描述	预期结果	实际结果	是否通过
8.1.4	用户身份认证	“用户密码”输入手机号码和用户密码后单击“重置”按钮	1. 登录微OP进入主页,单击选择CRM系统,选择任意业务,选择鉴权方式为“用户密码” 2. 输入正确的手机号,在获取短信验证码后填入正确的短信验证码 3. 单击“重置”按钮	1. 单击“重置”按钮,文本框手机号码和用户密码被清空,可以重新输入	1. 单击“重置”按钮,文本框手机号码和用户密码被清空,可以重新输入	测试通过
8.1.4	用户身份认证	“证件号码”输入正确的手机号码和证件号码	1. 登录微OP进入主页,单击选择CRM系统,选择任意业务,选择鉴权方式为“证件号码” 2. 输入正确的手机号和正确的证件号码 3. 单击“确认”按钮	1. 鉴权成功,页面跳转到选择的业务办理界面	1. 鉴权成功,页面跳转到选择的业务办理界面	测试通过
8.1.4	用户身份认证	“证件号码”输入正确的手机号码和不匹配的证件号码	1. 登录微OP进入主页,单击选择CRM系统,选择任意业务,选择鉴权方式为“证件号码” 2. 输入正确的手机号和不正确的证件号码 3. 单击“确认”按钮	1. 鉴权失败,提示证件号码不匹配 2. 提示信息简单明了,不显示系统内部代码抛错信息	1. 鉴权失败,提示证件号码不匹配 2. 提示信息简单明了,不显示系统内部代码抛错信息	测试通过
8.1.4	用户身份认证	“证件号码”输入的手机号码不足11位	1. 登录微OP进入主页,单击选择CRM系统,选择任意业务,选择鉴权方式为“证件号码” 2. 输入的手机号不足11位,输入证件号码 3. 单击“确认”按钮	1. 鉴权失败,系统提示:请输入正确的手机号码 2. 提示信息简单明了,不显示系统内部代码抛错信息	1. 鉴权失败,系统提示:请输入正确的手机号码 2. 提示信息简单明了,不显示系统内部代码抛错信息	测试通过
8.1.4	用户身份认证	“证件号码”输入系统不存在的号码	1. 登录微OP进入主页,单击选择CRM系统,选择任意业务,选择鉴权方式为“证件号码” 2. 输入的手机号为11位非本网号码或不存在的号码,输入证件号码 3. 单击“确认”按钮	1. 鉴权失败,无法获取手机号码xxx的地市,即找不到归属地,号码是非本网号码 2. 提示信息简单明了,不显示系统内部代码抛错信息	1. 鉴权失败,无法获取手机号码xxx的地市,即找不到归属地,号码是非本网号码 2. 提示信息简单明了,不显示系统内部代码抛错信息	测试通过

续表

需求序号	测试功能项	测试内容	CASE描述	预期结果	实际结果	是否通过
8.1.4	用户身份认证	“证件号码”输入手机号码和证件号码，单击“重置”按钮	1. 登录微OP进入主页，单击选择CRM系统，选择任意业务，选择鉴权方式为“证件号码” 2. 输入正确的手机号和证件号码 3. 单击“重置”按钮	1. 单击“重置”按钮，文本框手机号码和证件号码被清空，可以重新输入	1. 单击“重置”按钮，文本框手机号码和证件号码被清空，可以重新输入	测试通过
8.1.4	用户身份认证	“组合验证”输入正确的手机号码和用户密码以及验证码	1. 登录微OP进入主页，单击选择CRM系统，选择任意业务，选择鉴权方式为“组合验证” 2. 输入正确的手机号和用户密码，以及获取的验证码 3. 单击“确认”按钮	1. 鉴权成功，页面跳转到选择的业务办理界面	1. 鉴权成功，页面跳转到选择的业务办理界面	测试通过
8.1.4	用户身份认证	“组合验证”输入手机号码和用户密码以及验证码，单击“重置”按钮	1. 登录微OP进入主页，单击选择CRM系统，选择任意业务，选择鉴权方式为“组合验证” 2. 输入正确的手机号和用户密码，以及获取的验证码 3. 单击“重置”按钮	1. 重置成功，手机号码、用户密码、验证码输入框被清空，可以重新输入	1. 重置成功，手机号码、用户密码、验证码输入框被清空，可以重新输入	测试通过
8.1.4	用户身份认证	“组合验证”输入正确的手机号码和错误的用户密码，正确的验证码	1. 登录微OP进入主页，单击选择CRM系统，选择任意业务，选择鉴权方式为“组合验证” 2. 输入正确的手机号码和错误的用户密码，正确的验证码 3. 单击“确认”按钮	1. 鉴权失败，系统提示登录失败 2. 提示信息简单明了，不显示系统内部代码抛错信息	1. 鉴权失败，系统提示登录失败 2. 提示信息简单明了，不显示系统内部代码抛错信息	测试通过
8.1.4	用户身份认证	“组合验证”输入正确的手机号码和用户密码，错误的验证码	1. 登录微OP进入主页，单击选择CRM系统，选择任意业务，选择鉴权方式为“组合验证” 2. 输入正确的手机号码和用户密码，错误的验证码 3. 单击“确认”按钮	1. 鉴权失败，系统提示验证码错误 2. 提示信息简单明了，不显示系统内部代码抛错信息	1. 鉴权失败，系统提示验证码错误 2. 提示信息简单明了，不显示系统内部代码抛错信息	测试通过

续表

需求序号	测试功能项	测试内容	CASE 描述	预期结果	实际结果	是否通过
8.1.4	用户身份认证	“组合验证”输入手机号码的位数不足11位	1. 登录微OP进入主页,单击选择CRM系统,选择任意业务,选择鉴权方式为“组合验证” 2. 输入手机号码的位数不足11位,输入其他必填项 3. 单击“确认”按钮	1. 鉴权失败,系统提示:输入正确的手机号码 2. 提示信息简单明了,不显示系统内部代码抛错信息	1. 鉴权失败,系统提示:输入正确的手机号码 2. 提示信息简单明了,不显示系统内部代码抛错信息	测试通过
8.1.4	用户身份认证	“组合验证”输入系统不存在的号码	1. 登录微OP进入主页,单击选择CRM系统,选择任意业务,选择鉴权方式为“组合验证” 2. 输入系统不存在的号码,输入其他必填项 3. 单击“确认”按钮	1. 鉴权失败,系统提示:查不到号码归属地市 2. 提示信息简单明了,不显示系统内部代码抛错信息	1. 鉴权失败,系统提示:查不到号码归属地市 2. 提示信息简单明了,不显示系统内部代码抛错信息	测试通过
8.1.5	用户注销	已登录的用户单击“注销”,单击“确认”按钮	1. 用户已登录,单击右上角的“注销”按钮 2. 在弹出的确认注销对话框中单击“确认”按钮	1. 单击“确认”按钮,页面跳转到主页	1. 单击“确认”按钮,页面跳转到主页	测试通过
8.1.5	用户注销	单击“取消”按钮,不注销	1. 用户已登录,单击右上角的“注销”按钮 2. 在弹出的确认注销对话框中单击“取消”按钮	1. 单击“取消”按钮,对话框关闭,页面不跳转	1. 单击“取消”按钮,对话框关闭,页面不跳转	测试通过

2. 业务查询

业务查询包括话费余额查询、实时话费查询、账单查询、缴费历史、客户资料查询、积分M值查询、已订购产品查询、免费资源查询、业务展示、PUK码查询、数据流量查询、已办营销活动查询、终端库查询等,现举例如下:话费余额查询见表12-6,账单查询见表12-7。

表 12-6 话费余额查询

需求序号	测试功能项	测试内容	CASE 描述	预期结果	实际结果	是否通过
7.1.1	话费余额查询	用户鉴权通过后进行话费余额查询	1. 登录微OP进入主页,单击选择CRM系统,选择业务查询页签,单击“话费余额查询” 2. 鉴权通过后,进入话费余额查询界面	1. 展示账户余额和实时余额,详细为:用户号码、用户品牌、实时话费、实时余额、账户余额(包括活动名称、返还总额、月返还金额、未返还金额、未返还月份数) 2. 操作结果查看完成后,单击“返回”按钮可直接返回到导航界面	1. 用户鉴权进入该菜单,页面成功查询并展示用户的账户余额和实时余额	测试通过

表 12-7 账单查询

需求序号	测试功能项	测试内容	CASE 描述	预期结果	实际结果	是否通过
7.1.3	账单查询	查询前一个月账单信息	1. 登录微 OP 进入主页,单击选择 CRM 系统,选择业务查询页签,单击"账单查询" 2. 鉴权通过后进入账单查询界面 3. 选择查询月份为前一个月	1. 选择查询月份为前一个月,数据获取正确,且右上角统计汇总金额值以两位小数展示,单位"元" 2. 账单信息包含账期内所有费用项,单击费用项展示费用信息,单位"元",且费用项及费用信息正确	1. 当月没有账单,提示:没有任何数据可展示	测试通过
7.1.3	账单查询	查询前两个月账单信息	1. 登录微 OP 进入主页,单击选择 CRM 系统,选择业务查询页签,单击"账单查询" 2. 鉴权通过后进入账单查询界面 3. 选择查询月份为当前月的前两个月	1. 选择查询月份为前两个月,数据获取正确,且右上角统计汇总金额值以两位小数展示,单位"元" 2. 账单信息包含账期内所有费用项,单击费用项展示费用信息,单位"元",且费用项及费用信息正确	1. 展示账期内所有费用项 2. 单击费用项展示费用信息	测试通过
7.1.3	账单查询	查询前三个月账单信息	1. 登录微 OP 进入主页,单击选择 CRM 系统,选择业务查询页签,单击"账单查询" 2. 鉴权通过后进入账单查询界面 3. 选择查询月份为当前月的前三个月	1. 选择查询月份为前三个月,数据获取正确,且右上角统计汇总金额值以两位小数展示,单位"元" 2. 账单信息包含账期内所有费用项,单击费用项展示费用信息,单位"元",且费用项及费用信息正确	1. 展示账期内所有费用项 2. 单击费用项展示费用信息	测试通过

3. 业务办理

业务办理包括入网开户、营业缴费、主体产品变更、附加产品业务变更、梦网业务、号码预约、国际漫游办理、申请停开机、家庭成员管理、账单寄送等业务,现举例如下:入网开户见表 12-8,营业缴费见表 12-9。

表 12-8 入网开户

需求序号	测试功能项	测试内容	CASE 描述	预期结果	实际结果	是否通过
7.2.1	入网开户	入网开户填写用户资料	1. 登录微 OP 进入主页,单击选择 CRM 系统,选择"业务办理"页签,单击入网开户 2. 进入入网开户界面,单击选号 3. 填写相应的用户信息 4. 进行 SIM 卡的读写	1. 入网开户界面展示三个 Tab 框(代表入网开户的三个大步骤) 2. 选号可根据品牌、任意号码、结尾号段等条件查询号码资源 3. 输入信息都需按规范录入 4. SIM 卡读写成功	1. 入网开户界面展示三个 Tab 框(代表入网开户的三个大步骤) 2. 选号可根据品牌、任意号码、结尾号段等条件查询号码资源 3. 输入信息都需按规范录入,否则会提示错误信息 4. SIM 卡读写成功	测试通过

续表

需求序号	测试功能项	测试内容	CASE 描述	预期结果	实际结果	是否通过
7.2.1	入网开户	套餐选择	1. 读写 SIM 卡之后进行套餐的查询与选择	1. 套餐选择支持关键字搜索，且搜索结果正确，套餐只能选择一种，多选会提示只能选择一种	1. 套餐选择支持关键字搜索，且搜索结果正确，套餐只能选择一种，多选会提示只能选择一种	测试通过
7.2.1	入网开户	算费提交	1. 费用结算 2. 受理订单	1. 回显各种费用信息，并提供预存话费功能 2. 订单受理成功	1. 回显各种费用信息，并提供预存话费功能 2. 提示入网开户提交成功，并显示订单编号	测试通过

表 12-9　营业缴费

需求序号	测试功能项	测试内容	CASE 描述	预期结果	实际结果	是否通过
7.2.2	营业缴费	选择缴费 20	1. 登录微 OP 进入主页，单击选择 CRM 系统，选择“业务办理”页签，单击“营业缴费” 2. 鉴权通过后进入营业缴费页面 3. 选择缴费金额为 20 元，单击“提交”按钮	1. 鉴权通过后进入营业缴费页面，页面包含用户号码、用户名称、用户品牌、账户余额、用户欠费金额、“缴费金额”输入框和可选缴费项 2. 选择 20 元单击“提交”按钮后，进入营业缴费受理结果页面，页面展示受理成功，包含信息：账管缴费流水、用户号码、用户名称、用户品牌、充值金额、缴前金额、缴后金额，且展示的信息正确无误 3. 重新返回缴费页面，账户余额信息正确，为缴费后的金额 20 元＋原始余额	1. 鉴权通过后进入营业缴费页面，页面包含用户号码、用户名称、用户品牌、账户余额、用户欠费金额、“缴费金额”输入框和可选缴费项 2. 选择 20 元单击“提交”按钮后，进入营业缴费受理结果页面，页面展示受理成功，包含信息：账管缴费流水、用户号码、用户名称、用户品牌、充值金额、缴前金额、缴后金额，且展示的信息正确无误 3. 重新返回缴费页面，账户余额信息正确，为缴费后的金额 20 元＋原始余额	测试通过

续表

需求序号	测试功能项	测试内容	CASE 描述	预期结果	实际结果	是否通过
7.2.2	营业缴费	选择缴费50	1. 登录微 OP 进入主页，单击选择 CRM 系统，选择“业务办理”页签，单击“营业缴费” 2. 鉴权通过后进入营业缴费页面 3. 选择缴费金额为 50 元，单击“提交”按钮	1. 鉴权通过后进入营业缴费页面，页面包含用户号码、用户名称、用户品牌、账户余额、用户欠费金额、“缴费金额”输入框和可选缴费项 2. 选择 50 元单击“提交”按钮后，进入营业缴费受理结果页面，页面展示受理成功，包含信息：账管缴费流水、用户号码、用户名称、用户品牌、充值金额、缴前金额、缴后金额，且展示的信息正确无误 3. 重新返回缴费页面，账户余额信息正确，为缴费后的金额	1. 鉴权通过后进入营业缴费页面，页面包含用户号码、用户名称、用户品牌、账户余额、用户欠费金额、“缴费金额”输入框和可选缴费项 2. 选择 50 元单击“提交”按钮后，进入营业缴费受理结果页面，页面展示受理成功，包含信息：账管缴费流水、用户号码、用户名称、用户品牌、充值金额、缴前金额、缴后金额，且展示的信息正确无误 3. 重新返回缴费页面，账户余额信息正确，为缴费后的金额	测试通过
7.2.2	营业缴费	选择缴费100	1. 登录微 OP 进入主页，单击选择 CRM 系统，选择“业务办理”页签，单击“营业缴费” 2. 鉴权通过后进入营业缴费页面 3. 选择缴费金额为 100 元，单击“提交”按钮	1. 鉴权通过后进入营业缴费页面，页面包含用户号码、用户名称、用户品牌、账户余额、用户欠费金额、“缴费金额”输入框和可选缴费项 2. 选择 100 元单击“提交”按钮后，进入营业缴费受理结果页面，页面展示受理成功，包含信息：账管缴费流水、用户号码、用户名称、用户品牌、充值金额、缴前金额、缴后金额，且展示的信息正确无误 3. 重新返回缴费页面，账户余额信息正确，为缴费后的金额	1. 鉴权通过后进入营业缴费页面，页面包含用户号码、用户名称、用户品牌、账户余额、用户欠费金额、“缴费金额”输入框和可选缴费项 2. 选择 100 元单击“提交”按钮后，进入营业缴费受理结果页面，页面展示受理成功，包含信息：账管缴费流水、用户号码、用户名称、用户品牌、充值金额、缴前金额、缴后金额，且展示的信息正确无误 3. 重新返回缴费页面，账户余额信息正确，为缴费后的金额	测试通过

续表

需求序号	测试功能项	测试内容	CASE 描述	预期结果	实际结果	是否通过
7.2.2	营业缴费	选择缴费200	1. 登录微OP进入主页,单击选择CRM系统,选择"业务办理"页签,单击"营业缴费" 2. 鉴权通过后进入营业缴费页面 3. 选择缴费金额为200元,单击"提交"按钮	1. 鉴权通过后进入营业缴费页面,页面包含用户号码、用户名称、用户品牌、账户余额、用户欠费金额、"缴费金额"输入框和可选缴费项 2. 选择200元单击"提交"按钮后,进入营业缴费受理结果页面,页面展示受理成功,包含信息:账管缴费流水、用户号码、用户名称、用户品牌、充值金额、缴前金额、缴后金额,且展示的信息正确无误 3. 重新返回缴费页面,账户余额信息正确,为缴费后的金额	1. 鉴权通过后进入营业缴费页面,页面包含用户号码、用户名称、用户品牌、账户余额、用户欠费金额、"缴费金额"输入框和可选缴费项 2. 选择200元单击"提交"按钮后,进入营业缴费受理结果页面,页面展示受理成功,包含信息:账管缴费流水、用户号码、用户名称、用户品牌、充值金额、缴前金额、缴后金额,且展示的信息正确无误 3. 重新返回缴费页面,账户余额信息正确,为缴费后的金额	测试通过
7.2.2	营业缴费	不输入值也不选择,直接单击"提交"按钮	1. 登录微OP进入主页,单击选择CRM系统,选择"业务办理"页签,单击"营业缴费" 2. 鉴权通过后进入营业缴费页面 3. 不输入金额也不选择默认缴费项,直接单击"提交"按钮	1. 系统提示请输入正确的缴费金额	1. 系统提示请输入正确的缴费金额	测试通过
7.2.2	营业缴费	输入缴费金额为28位的数字	1. 登录微OP进入主页,单击选择CRM系统,选择"业务办理"页签,单击"营业缴费" 2. 鉴权通过后进入营业缴费页面 3. 输入缴费金额为28位的数字,单击"提交"按钮	1. 不能输入超过千万的金额,应做输入金额的长度限制	1. 输入的金额不能超过8位	测试通过

12.3.5 撰写测试报告

1. 系统功能

1) 操作员登录

【功能定义】

操作员登录是指操作员输入工号、密码等身份验证信息进行登录的功能。登录时使用智能终端设备证书对登录请求进行签名。CRM系统接收到登录请求，首先进行登录签名验签，之后进行操作员身份认证，完成身份验证后再进入智能终端版CRM。

【功能要求】

支持工号、密码、验证码等数据合法性的校验。

读取智能终端的唯一标识(IMEI、MAC)，并发送到服务端。

支持根据工号、密码、验证码等进行身份验证。

提供参数配置功能，以选择验证方式，包括短信验证码或图形验证码。

支持密码错误尝试次数限制。

【业务要素】

智能终端唯一标识、智能终端设备证书

测试验证步骤

测试案例：操作员登录。

案例描述：验证操作员登录功能是否正确。

期望结果：操作员登录功能正确。

测试环境：

测试步骤及验证：

步骤描述：

1. 在终端单击微OP打开智能终端。
2. 在中国移动智能终端系统登录界面输入正确的工号和密码(95550003/password1)。
3. 单击"登录"按钮。

预期结果：

1. 在终端上单击微OP可以正常打开智能终端并进入登录界面。
2. 输入正确的工号和密码，单击"登录"按钮后进入主页。

实际结果：与预期结果一致。

附件：(省略)

2) 用户身份认证

【功能定义】

用户身份认证是指CRM系统对用户身份的有效性与合法性进行鉴权，识别用户身份的过程。智能终端版CRM提供的认证方式包括服务密码认证、随机验证码认证、服务密码+随机验证码认证、身份证件认证等。

【功能要求】

提供用户身份认证功能。

支持服务密码认证方式。

支持随机验证码认证方式。

支持身份证件认证方式。

支持服务密码+随机验证码认证方式。

支持服务密码密文显示。

测试验证步骤

测试案例：用户身份认证。

案例描述：验证用户身份认证功能是否正确。

期望结果：用户身份认证功能正确。

测试步骤及验证：

步骤描述：

1. 登录微OP进入主页，单击选择CRM系统，选择任意业务，选择鉴权方式为“随机密码”。

2. 输入正确的手机号，在获取短信验证码后填入正确的短信验证码。

3. 单击“确认”按钮。

预期结果：

鉴权成功，页面跳转到选择的业务办理界面。

实际结果：与预期结果一致。

附件：(省略)

步骤描述：

1. 登录微OP进入主页，单击选择CRM系统，选择任意业务，选择鉴权方式为“用户密码”。

2. 输入正确的手机号和正确的用户服务密码。

3. 单击“确认”按钮。

预期结果：

鉴权成功，页面跳转到选择的业务办理界面。

实际结果：与预期结果一致。

附件：(省略)

步骤描述：

1. 登录微OP进入主页，单击选择CRM系统，选择任意业务，选择鉴权方式为“证件号码”。

2. 输入正确的手机号和正确的证件号码。

3. 单击“确认”按钮。

预期结果：

鉴权成功，页面跳转到选择的业务办理界面。

实际结果：与预期结果一致。

附件：（省略）

步骤描述：

1. 登录微 OP 进入主页，单击选择 CRM 系统，选择任意业务，选择鉴权方式为“组合验证”。

2. 输入正确的手机号和用户密码，以及获取的验证码。

3. 单击“确认”按钮。

预期结果：

鉴权成功，页面跳转到选择的业务办理界面。

实际结果：与预期结果一致。

附件：（省略）

---

2. 业务查询

1）话费余额查询

【业务定义】

话费余额查询是指查询当前用户的账户余额和实时余额。

【功能要求】

提供查询和展示账户余额和实时余额的功能。

【业务要素】

输入要素：用户号码、用户身份认证要素。

输出要素：用户号码、用户品牌、实时余额、账户余额（包括活动名称、返还总额、月返还金额、未返还金额、未返还月份数）。

【业务场景】

用户身份认证成功后，查询并通过界面展示账户余额和实时余额。

操作结果查看完成后，单击“返回”按钮可直接返回到导航界面。

测试验证步骤

测试案例：话费余额查询。

案例描述：验证话费余额查询功能是否正确。

期望结果：话费余额查询功能正确。

测试步骤及验证：

步骤描述：

1. 登录微OP进入主页,单击选择CRM系统,选择“业务查询”页签,单击“话费余额查询”。

2. 鉴权通过后,进入话费余额查询界面。

预期结果:

1. 展示账户余额和实时余额,详细为:用户号码、用户品牌、实时话费、实时余额、账户余额(包括活动名称、返还总额、月返还金额、未返还金额、未返还月份数)。

2. 操作结果查看完成后,单击“返回”按钮可直接返回到导航界面。

实际结果:与预期结果一致。

附件:(省略)

---

2) 实时话费查询

【业务定义】

实时话费查询是指查询当前用户本账期至当前时间的累计费用总额。

【功能要求】

提供查询和展示实时话费的功能。

【业务要素】

输入要素:用户号码、用户身份认证要素。

输出要素:用户号码、用户品牌、实时话费。

【业务场景】

用户身份认证成功后,查询并通过界面展示实时话费。

操作结果查看完成后,单击“返回”按钮可直接返回到导航界面。

测试验证步骤

测试案例:实时话费查询。

案例描述:验证实时话费查询是否正确。

期望结果:实时话费查询功能正确。

测试步骤及验证:

步骤描述:

1. 登录微OP进入主页,单击选择CRM系统,选择“业务查询”页签,单击“实时话费查询”。

2. 鉴权通过后进入实时话费查询界面。

预期结果:

1. 鉴权后进入实时话费查询页面。

2. 实时话费查询结果页面展示:用户号码、用户品牌、实时话费。

实际结果:与预期结果一致。

附件：如图 12-8 所示。

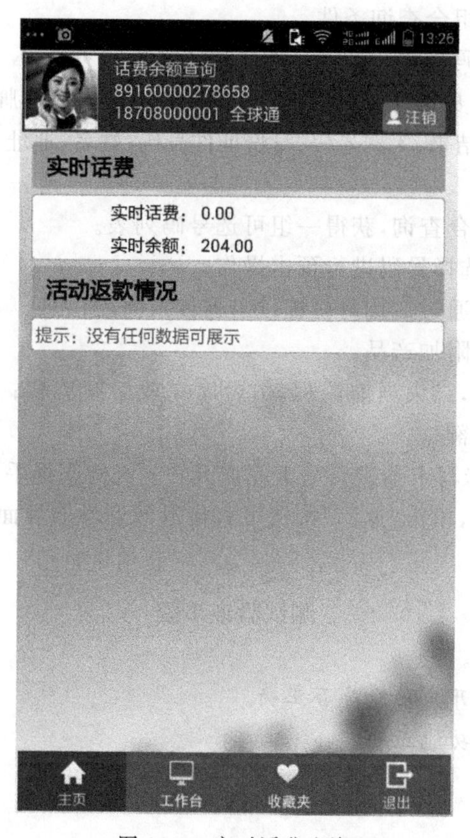

图 12-8 实时话费查询

---

3. 业务办理

1）入网开户

【业务定义】

入网开户是指在系统内建立客户档案、开通客户订购的移动服务及建立客户付费信息的过程。

此处指在智能终端版 CRM 提供入网开户的功能。

【功能要求】

支持客户资料录入的功能。

支持多种号码搜索方式，例如，生日选号、特殊意义数字组合选号、吉祥号码选号、号段选号、品牌选号等。

支持根据号码选择相关的产品。

支持根据号码模式、产品类型等，输入预存话费金额。

支持通过 SIM 卡写卡器完成写卡的功能。

【业务要素】

查询条件：号码搜索组合查询条件。

查询结果：可用的号码资源。

输入要素：入网号码、身份证件号码、姓名、地址、主体产品、品牌、预存话费金额、ICCID。

输出要素：入网开户结果、入网号码、身份证件号码、姓名、地址、主体产品、品牌、ICCID。

【业务场景】

通过多种号码方式组合查询，获得一组可选号码列表。

浏览待选号码列表，选择号码进行预占操作。

录入身份证件信息或通过二代身份证读卡器读取身份信息。

选择品牌、主体产品、附加产品。

支持选择“台席处理”，结束当前流程，由台席完成后续流程；支持选择“下一步”，由智能终端版输入预存话费金额。

支持选择使用SIM卡写卡器进行写卡完成开户；支持选择手工录入ICCID完成开户。

操作结果查看完成后，单击“返回”按钮可直接返回到导航界面。

CRM完成开户流程。

测试验证步骤

测试案例：入网开户。

案例描述：验证入网开户功能是否正确。

期望结果：入网开户功能正确。

测试步骤及验证：

步骤描述：

1. 登录微OP进入主页，单击选择CRM系统，选择“业务办理”页签，单击“入网开户”。
2. 进入入网开户界面，单击“选号”。
3. 填写相应的用户信息。
4. 进行SIM卡的读写。
5. 查询选择套餐。
6. 费用结算。
7. 受理订单。

预期结果：

1. 入网开户界面展示三个Tab框(代表入网开户的3大步骤)。
2. 选号可根据品牌、任意号码、结尾号段等条件查询号码资源。
3. 输入信息都需按规范录入。
4. SIM卡读写成功。
5. 套餐选择支持关键字搜索，且搜索结果正确；套餐只能选择一种，多选会提示只能选择一种。
6. 回显各种费用信息，并提供预存话费功能。
7. 提示入网开户提交成功，并显示订单编号。

实际结果：跟预期结果一致。

附件：如图 12-9 所示。

入网开户
拉萨移动
陈红梅　95550075
1.填写资料　2.选择套餐　3.算费提交
客户信息
手机号码：　选号
客户姓名：
客户性别：[1]男
证件类型：[1]身份证
证件号码：
客户地址：
主页　工作台　收藏夹　注销　退出

(a)

号码预约
拉萨移动
陈红梅　95550075
选中条件后点击查询按钮进行搜索
全球通　动感地带　神州行
137　138　免费
尾数无4　尾数带8
查询
主页　工作台　收藏夹　注销　退出

(b)

号码列表
18889089684　选择
15289110065　选择
13791012936　选择
13791012432　选择
14789086849　选择
18289016887　选择
18798900639　选择
18289019692　选择
13791041491　选择
13791042585　选择

(c)

18:09
入网开户
拉萨移动
陈伟华　95550003
1.填写资料　2.选择套餐　3.算费提交
客户信息
手机号码：18308016593　选号
客户姓名：杨鹏
客户性别：[1]男
证件类型：[2]护照
证件号码：430421198601262752
客户地址：湖南省衡阳县西渡镇咸育村小冲组717号
邮政编码：
主页　工作台　收藏夹　退出

(d)

图 12-9　入网开户

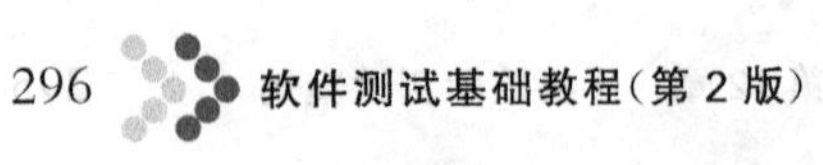

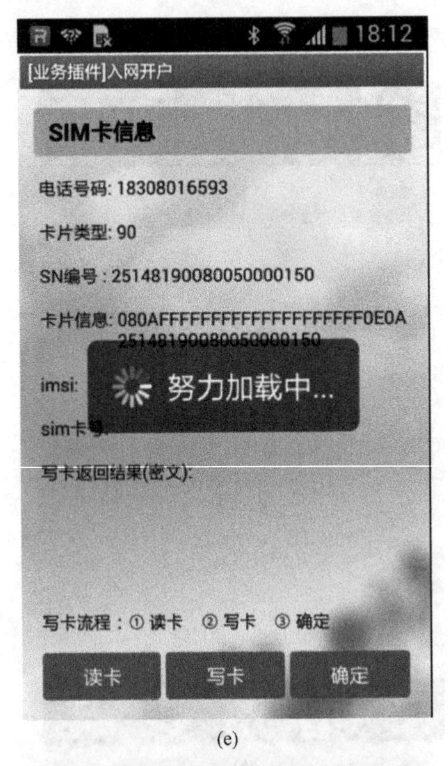
18:12
[业务插件]入网开户
SIM卡信息
电话号码: 18308016593
卡片类型: 90
SN编号 : 25148190080050000150
卡片信息: 080AFFFFFFFFFFFFFFFFFFFFF0E0A
25148190080050000150
imsi:
努力加载中...
sim卡号:
写卡返回结果(密文):
写卡流程 : ① 读卡 ② 写卡 ③ 确定
读卡
写卡
确定

(e)

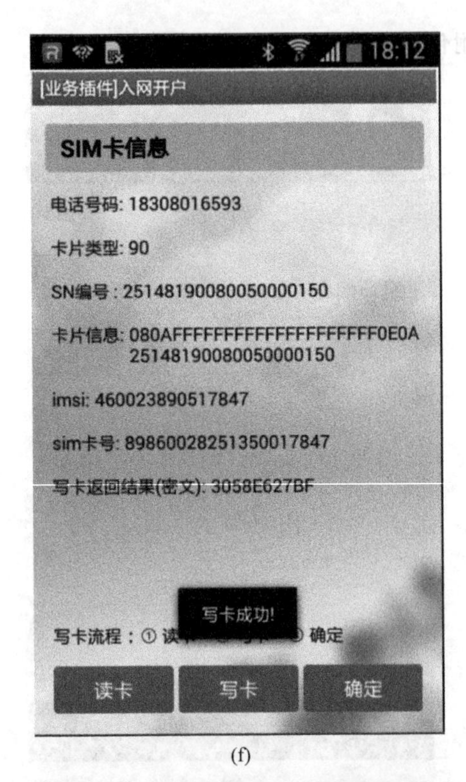
18:12
[业务插件]入网开户
SIM卡信息
电话号码: 18308016593
卡片类型: 90
SN编号 : 25148190080050000150
卡片信息: 080AFFFFFFFFFFFFFFFFFFFFF0E0A
25148190080050000150
imsi: 460023890517847
sim卡号: 89860028251350017847
写卡返回结果(密文): 3058E627BF
写卡成功!
写卡流程 : ① 读
确定
读卡
写卡
确定

(f)

18:13
入网开户
拉萨移动
陈伟华 95550003
1.填写资料
2.选择套餐
3.算费提交
邮政编码： 510000
实名制
用户信息
服务密码： ••••••
确认密码： ••••••
sim卡号： 89860028251350017847
写卡
下一步
主页
工作台
收藏夹
退出

(g)

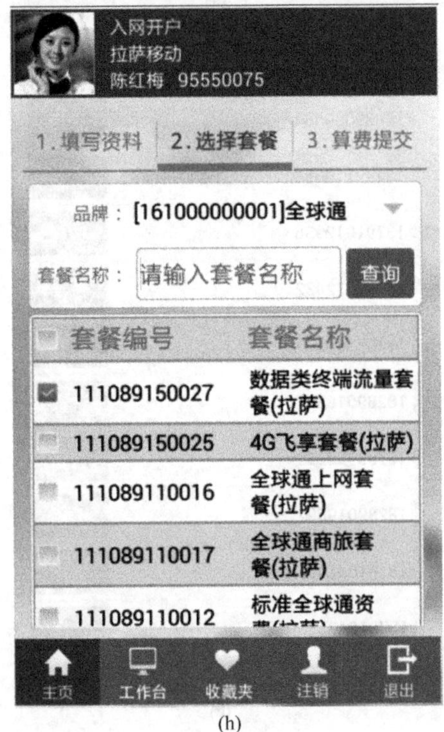
入网开户
拉萨移动
陈红梅 95550075
1.填写资料
2.选择套餐
3.算费提交
品牌： [161000000001]全球通
套餐名称： 请输入套餐名称
查询
套餐编号
套餐名称
111089150027
数据类终端流量套餐(拉萨)
111089150025
4G飞享套餐(拉萨)
111089110016
全球通上网套餐(拉萨)
111089110017
全球通商旅套餐(拉萨)
111089110012
标准全球通资
主页
工作台
收藏夹
注销
退出

(h)

图 12-9 （续）

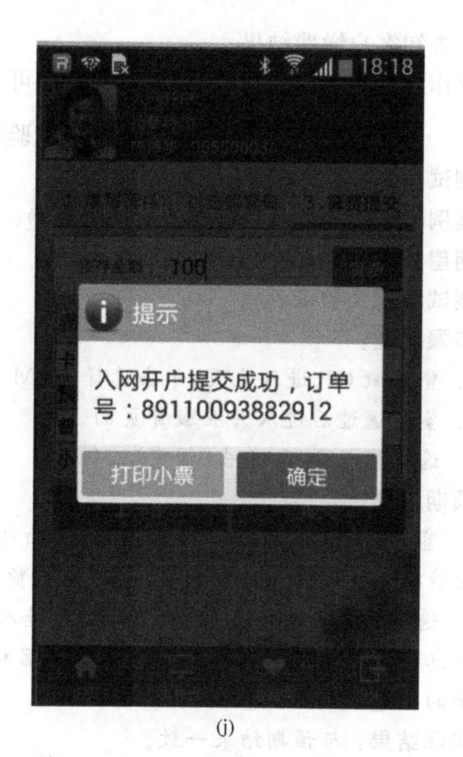

(i)　　(j)

图 12-9 （续）

2）营业缴费

【业务定义】

营业缴费是指通过查询客户的历史及当期账务资料，结合滞纳金情况，收取客户费用，并同时触发销账请求的过程。具体流程通过营业人员和客户进行前台交互或客户自助完成。支付手段包括现金、支票、银行卡。

【功能要求】

提供本省用户的缴费功能。

提供查询和展示用户话费余额的功能。

提供查询和缴清欠费金额的功能，缴费金额最小单位：元。

提供以短信方式告知客户缴费结果的功能。

【业务要素】

输入要素：用户号码、缴费金额。

输出要素：用户号码、用户姓名、用户品牌、缴费金额、缴前余额、缴后余额、正式发票。

【业务场景】

输入用户号码，进入缴费界面。

显示用户话费余额。

输入缴费金额（支持直接输入和选择定额输入），缴费最小单位：元；通过界面展示和短信方式告知客户缴费结果。

操作结果查看完成后,单击“返回”按钮可直接返回到导航界面。

测试验证步骤

测试案例:营业缴费。

案例描述:验证营业缴费功能是否正确。

期望结果:营业缴费功能正确。

测试步骤及验证:

步骤描述:

1. 登录微OP进入主页,单击选择CRM系统,选择“业务办理”页签,单击“营业缴费”。
2. 鉴权通过后进入营业缴费页面。
3. 选择缴费金额,单击“提交”按钮。

预期结果:

1. 鉴权通过后进入营业缴费页面,页面包含用户号码、用户名称、用户品牌、账户余额、用户欠费金额、“缴费金额”输入框和可选缴费项。

2. 选择缴费金额单击“提交”按钮后,进入营业缴费受理结果页面,页面展示受理成功,包含信息:账管缴费流水、用户号码、用户名称、用户品牌、充值金额、缴前金额、缴后金额,且展示的信息正确无误。

实际结果:与预期结果一致。

附件:如图12-10所示。

图12-10 营业缴费

12.3.6　测试结果分析

由于中国移动智能终端系统是立足于当前的CRM系统而建设的，因此该系统在业务逻辑方面的正确性、健壮性是比较高的。同时，该系统经过研发部门的验证后再发到各省份现场进行最后的系统测试，这也更大程度地保证了系统主要业务的准确性。然而，系统是否能适用于西藏CRM系统，还需要在现场再次进行验证。毕竟，测试人员是通过模拟发送报文的形式进行系统功能的测试验证的。

经过对系统功能、业务查询、业务办理三大模块的各个功能的测试验证，对部分缺陷情况进行了整理，如表12-10所示。

表12-10　缺陷记录表

所属模块	业务名称	问题描述	是否修复	备注
系统功能	—	—	—	
业务查询	已办理营销活动查询	1. 时间控件与需求规格不符合，无法直接对年、月、日进行设置 2. 时间控件背景色为橙色，与系统主调蓝色不符合	是	已修复
业务查询	客户资料查询	用户状态未转译	是	已修复
业务办理	主体产品变更	短信随机码功能未实现，待优化	是	直接跳过短信随机码校验
业务办理	附加产品变更	短信随机码功能未实现，待优化	是	直接跳过短信随机码校验
业务办理	用户开户	1. 通过二代证身份识别设备读取身份证件信息进行客户校验：未实现待优化 2. 支持拍照上传身份证件正/反面图片：未实现待优化	否	设备识别证件实现方案尚在讨论中，暂以手动录入方式代替
业务办理	宽带业务开户	1. 通过二代证身份识别设备读取身份证件信息进行客户校验：未实现待优化 2. 支持拍照上传身份证件正/反面图片：未实现待优化	否	设备识别证件实现方案尚在讨论中，暂以手动录入方式代替
业务办理	家庭成员管理	用户鉴权后用户姓名、用户品牌不展示	是	已修复

经过一系列的功能测试，测试人员发现并跟进解决了系统存在的故障缺陷。除了部分业务功能尚未实现外，系统基础的功能已经实现并可正常运行，目前发现的缺陷暂已修复。系统也已上线，主要的推广功能正式投入生产应用中。另外，随着市场需求的不断变动，一些新的需求也将不断地添加进来。后续的系统越来越复杂，测试难度也将逐渐加大。通过此次测试任务，测试人员不仅增进了对业务知识的了解，也对软件测试技术有了更深的体会。此次测试任务为后续的软件测试任务奠定了扎实的基础。

12.4 手机软件测试工程师的素质要求

12.4.1 项目领导的职责和能力

(1) 熟悉本组成员,包括成员的知识、能力、经验、爱好等。

(2) 作为客户方和本组成员的接口,负责两者之间的沟通。

(3) 负责分配本组的任务,包括制订计划和日程安排。

(4) 总结每天的工作结果,若有重要的错误须汇报客户方负责人。

(5) 负责新进测试工程师的培训。

(6) 回答本组内其他测试人员的问题。

(7) 制作工作进度表,随时报告本组工作进度。

(8) 监督协调本组成员的工作。

(9) 收集本组成员的建议与要求。

(10) 组织部分测试工作会议,检查测试条件是否满足控制工作质量。

12.4.2 管理员的工作内容及技能

(1) 确认错误的真实性。

(2) 确定错误的优先权和严重级别。

(3) 遇到问题时需要和客户方负责人商量。

(4) 每日处理和解答测试人员及工程师的问题。

(5) 管理员必须具有如下的技能:

① 比其他人员更熟悉用户界面系统性能评估测试;

② 更熟悉处理错误的过程;

③ 更熟悉一个错误的生命周期;

④ 更熟悉相关工具,如 Lotus Notes 协作平台、PC suite(个人计算机套件)、Phoenix 连接器等。

12.4.3 测试工程师的职责和素质

(1) 态度明确、端正,有责任心,工作作风严谨。

(2) 具备良好的沟通和协调能力,能够积极主动地与别人交流。

(3) 掌握读取用户界面规范的技能。

(4) 编写错误报告和设计测试用例。

(5) 熟练使用相应的软件和工具。

(6) 执行测试工作。

(7) 学习数据库里的错误报告(格式、内容和别人的思路)。

(8) 技术能力:

① 测试知识和技术;

② 编程知识和技术;

③ 无线协议知识；
④ 软件知识；
⑤ 硬件知识。
(9) 语言水平：有良好的专业英语阅读水平。

小结

本章从一般手机的构造和功能着手，介绍手机测试的基本流程、方法以及技术等内容。然后用中国移动智能终端的测试实例说明手机测试的一系列内容：需求分析、用例的设计与实施、撰写测试报告、结果分析等。最后说明软件测试工作者应具有的职责及基本技能。

习题

1. 手机软件测试开始的时间在什么时候？
2. 手机软件测试常用的方法和技术有哪些？
3. 中国移动智能终端系统有几种基本架构？其包括的业务主要有哪些？
4. 对中国移动智能终端系统测试的过程有哪些？若对其他系统进行测试，你会怎样去做？谈谈你的想法。
5. 手机测试工程师有什么样的职责与要求？

参考文献

[1] 徐光侠.韦庆杰.软件测试技术教程[M].北京：人民邮电出版社，2011.
[2] 朱少民.软件测试[M].北京：人民邮电出版社，2009.
[3] PATTON R.软件测试[M].张小松，译.北京：机械工业出版社，2009.
[4] AMMANN P，OFFUTT J.软件测试基础[M].郁莲，等译.北京：机械工业出版社，2011.
[5] MATHUR，A P.软件测试基础教程[M].王峰，等译.北京：机械工业出版社，2013.
[6] DESIKAN S，RAMESH G.软件测试原理与实践[M].韩柯，等译.北京：机械工业出版社，2009.
[7] 陈汶滨，朱小梅，任冬梅，等.软件测试技术基础[M].北京：清华大学出版社，2008.
[8] 江开耀，张俊兰，李晔.软件工程[M].西安：西安电子科技大学出版社，2003.

图书资源支持

感谢您一直以来对清华版图书的支持和爱护。为了配合本书的使用，本书提供配套的资源，有需求的读者请扫描下方的“书圈”微信公众号二维码，在图书专区下载，也可以拨打电话或发送电子邮件咨询。

如果您在使用本书的过程中遇到了什么问题，或者有相关图书出版计划，也请您发邮件告诉我们，以便我们更好地为您服务。

我们的联系方式：

地　　址：北京市海淀区双清路学研大厦 A 座 714

邮　　编：100084

电　　话：010-83470236　010-83470237

客服邮箱：2301891038@qq.com

QQ：2301891038（请写明您的单位和姓名）

资源下载：关注公众号“书圈”下载配套资源。

资源下载、样书申请

书圈

图书案例

清华计算机学堂

观看课程直播

图书资源支持

感谢您一直以来对清华版图书的支持和爱护。为了配合本书的使用，本书提供配套的资源，有需求的读者请扫描下方的"书圈"微信公众号二维码，在图书专区下载，也可以拨打电话或发送电子邮件咨询。

如果您在使用本书的过程中遇到了什么问题，或者有相关图书出版计划，也请您发邮件告诉我们，以便我们更好地为您服务。

我们的联系方式：

地　　址：北京市海淀区双清路学研大厦A座714

邮　　编：100084

电　　话：010-83470236　010-83470237

客服邮箱：2301891038@qq.com

QQ：2301891038（请写明您的单位和姓名）

资源下载：关注公众号"书圈"下载配套资源。